Java 程序设计与项目实战（全程实录）

每章范例代码

张　峰　编著

清华大学出版社
北　京

内 容 简 介

本书从初学者学习Java编程的角度出发，根据作者多年的程序设计经验，按照科学的学习规律，由浅入深、循序渐进地向读者讲述了Java开发环境的搭建、Java基础语法知识、Java算法流程、面向对象高级特性、Java的输入/输出、多线程机制、Swing界面编程、Applet的基本知识、Java 2D/3D、Java流媒体、JDBC编程等。同时每章都配有上机实验指导，每个实验都有其实验目的、实验要求和实验内容，便于老师和学生上机实验使用，每章都有Java开发过程中的问题集锦与解答，自我检测与实践以及经典考试、面试问题分析，以便进一步提高学生的编程激情。书中也提供了MP3/MP4媒体播放器、网络实时流媒体收发系统、航空电子票务综合管理系统应用案例，用于作为高年级学生的毕业设计的案例。

本书内容丰富，逻辑性强，文字流畅，通俗易懂，适合于大学教育、培训机构的Java教材，也适合自学Java编程者和从事计算机软件开发的其他编程人员，以及作为编程初学者的入门指南。

图书在版编目（CIP）数据

Java程序设计与项目实战（全程实录）/张峰编著. —北京：清华大学出版社，2011.8

ISBN 978-7-302-26276-3

I. ①J… II. ①张… III. ①JAVA语言—程序设计 IV. ①TP312

中国版本图书馆CIP数据核字（2011）第141702号

责任编辑：夏非彼 夏毓彦
责任校对：闫秀华
责任印制：杨 艳
出版发行：清华大学出版社 **地 址**：北京清华大学学研大厦A座
http://www.tup.com.cn **邮 编**：100084
社 总 机：010-62770175 **邮 购**：010-62786544
投稿与读者服务：010-62776969，c-service@tup.tsinghua.edu.cn
质 量 反 馈：010-62772015，zhiliang@tup.tsinghua.edu.cn
印 装 者：清华大学印刷厂
经 销：全国新华书店
开 本：190×260 **印 张**：30 **字 数**：768千字
附光盘1张
版 次：2011年8月第1版 **印 次**：2011年8月第1次印刷
印 数：1～4000
定 价：59.80元

产品编号：042797-01

前 言

为了使广大学生和工作者能真正掌握Java程序设计技术，感受Java程序设计语言的魅力，领悟Java程序设计的快乐，根据笔者近10年的程序开发和Java授课经验，精心编写了本书。本书并不单纯从知识角度来讲解Java程序设计，而是从实践和解决开发问题的角度来介绍Java语言，所以本书中介绍了大量上机实验指导、问题集锦与解答、自我检测与实践以及经典考试、面试问题分析，这些案例既能让读者巩固每章的知识，又可以让读者学以致用、激发编程自豪感，进而引爆内心的编程激情。

近年来，功能强大的Java语言成为最流行的程序设计语言，学习Java语言的人难计其数。然而，在笔者工作和教学过程中，发现大多数人学过Java语言后，并没有发挥Java语言和计算机的强大功能，他们通常只使用Java语言非常简单的功能，为什么有些人学过Java语言后，与简直没学过一样呢？其中一个原因就是，Java程序设计语言具有较强的实践性，目前大部分Java教程都是注重基本概念知识点的介绍，忽视了对学生编程激情的激发，书中没有上机指导、问题解答、自我检测与项目实践、考试/面试题分析，这样使得学生的实践太少。在编程领域里，没有所谓的“武林秘笈”，再好的教材也一定要配合大量上机实验指导和课后做大量习题进行自我检测与项目实践，所以本书配合了大量上机实验指导的习题及问题解答。

从本质上看，前面提到的问题都可以通过上机实践、案例开发来加强。因而，学习Java语言最好的方法是：结合计算机知识在实践中不断学习。这正是Java程序设计的秘笈所在，本书正是基于这种考虑而编写的。

本书的组织结构

全书共18章，由四部分（篇）组成。第一篇为Java基础把脉篇，共6章。第1~6章详细介绍了Java应用运行及开发环境的搭建，初识Java语言，Java标识符、关键字和类型，表达式和流控制，数组和字符串，对象、类、包和接口。第二篇为Java标准类包把脉篇，共7章，第7章详细介绍了Java中高级工具的应用，第8章详细介绍了异常的处理方法，第9章详细介绍了Java中多线程机制，第10章详细介绍了Java中流式I/O和文件的应用方法，第11章详细介绍了Java网络编程技术，第12章详细介绍了Swing用户界面设计，第13章详细介绍了Applet设计技术。第三篇为Java扩展功能把脉篇，共2章，第14章详细介绍了图形图像编程技术，第15章详细介绍了JDBC编程技术。第四篇为Java项目实战把脉篇，共3章，第16章详细介绍了MP3/MP4媒体播放器设计过程，第17章详细介绍了网络实时流媒体收发系统，第18章详细介绍了航空电子票务综合管理系统。

本书的特点和优势

全程上机实验指导，案例驱动。与同类图书相比，本书在内容设计上注重结合最新编程技术进行讲解，并且内容涉及Java语言的各个应用方面，使自学者能够全面掌握Java编程中涉及到的各种技术，本书并不是单纯从知识角度来讲解Java，而是从实践和解决开发问题的角度来介绍Java

语言，所以本书中介绍了大量上机实验指导、问题集锦与解答、自我检测与实践以及经典考试、面试问题分析，这些案例既能让读者巩固每章的知识，又可以让读者学以致用、激发编程自豪感，进而引爆内心的编程激情，这是同类图书无法比拟的。

本书最大的特点是分别以 Java 基础把脉篇、Java 标准类包把脉篇、Java 扩展功能把脉篇和 Java 项目实战把脉篇介绍 Java 各种开发技术及应用实例。在本书 18 章内容中，我们为读者准备了大量的应用实例。在设计本书内容的时候我们不断地回顾和品味自己学习 Java 开发技术的艰难过程，设身处地考虑各种水平的读者的实际需要，在各个部分设置了从简单入门到复杂应用的各种实例和应用技巧。

本书的作者都是一线的 Java 应用软件的开发人员，作为一线教学和开发人员，注重实践。对 Java 各种应用技术有深刻的理解。理论和实际开发的着眼点完全不同，前者注重理论和技术的高度，后者注重符合实际的应用需求。在本书中，一切内容的设计、整理和编写都完全针对实际开发人员的需求。

在本书中为读者提供了大量的图片和代码注释，并且尽量做到通俗易懂，循序渐进，从开发者的角度去理解和把握各种概念和技术。精心设计的上机实验内容，引导读者实践和提高，大量常见问题解答，让读者少走弯路，同时提供了大量的习题，方便读者练习和提高。

Java 技术发展迅猛，软件版本不断更新。本书及时跟随动态，对 Java SE6 的新特性作了详细的介绍。本书用到的各种技术都基于最新版本。另外，本书还提供了教学 PPT（需索取），以方便教学。

本书读者对象

- Java初学者、Java程序员
- 想自学Java编程的在校学生
- 大中专院校做课程设计和毕业设计的学生
- 大中专院校或培训机构需要Java教材的学生

注意事项

由于篇幅所限，书中少部分例子只列出部分代码，本书所有完整例子代码请参考光盘中相应的章节内容。光盘中的内容按工程方法存放，可用集成开发工具浏览书中的所有例子，另外光盘中附有详细的光盘使用说明文档，读者可参考说明文档使用工程项目文件。光盘中包括本书的全部工程项目源码文件。

本书在编写过程中得到了榆林学院学术专著基金的支持和 Newidea 公司的大力协助，在此表示衷心的感谢。参加本书编校工作的还有刘黎、李赵兴、安强强、卢磊、杨飞、王海荣、董建刚、吴疆、康亚明、王宏、李少恒、杜承宁、麻少华、边瑞锋、王乃生、周亚婷、董培英、马二平、冯妮娅、杨深刚、张治友、张记、宋向阳、白兆华、冯东杰、张波、张晓兵、杨深智、杨凡、郑新新、吴高成、王军梅、杨子珍、张新明、张仲明等。由于时间仓促，作者水平有限，书中的错误在所难免，真诚希望广大读者提出宝贵意见，如果读者在阅读本书过程中遇到疑难问题，可以把问题发到邮箱 tfnew21@sina.com 或博客 http://blog.csdn.net/tfnew21 共同交流探讨。

编者

2011.04

目　录

第1篇　Java 基础把脉篇

第 2 篇 Java 标准类包把脉篇

第 4 篇 Java 项目实战把脉篇

Java 基础把脉篇

第 1 章 Java 应用运行及开发环境的搭建

本章重点

- JDK 的下载与安装
- Eclipse 的下载与安装
- MyEclipse 的下载与安装
- Eclipse 插件的安装
- UI 界面插件的下载与安装
- JBuilder 集成开发环境介绍
- NetBeans 集成开发环境介绍

要学习 Java 开发，必须先搭建一个符合 Java 规范的开发环境。本章以实用为原则，介绍 Windows 下 Java 开发环境的配置方法及常用集成开发环境的介绍。

1.1 Windows 下 Java 开发环境的配置

1.1.1 相关软件介绍

JDK 是 Java SE6 的软件开发工具，是 Java 应用程序的基础。JDK 软件的下载地址为 https://sdlc6b.sun.com，最新版本为 Jdk 1.6，安装包是 jdk-6u5-windows-i586-p.exe（71.49MB）。

在 Windows 下，直接运行下载的 jdk-6u5-windows-i586-p.exe 安装文件，如图 1-1 所示，根据安装向导将 JDK 安装到一个目录中，例如安装到 C:\jdk1.6 目录中，如图 1-2 所示。选择安装路径如图 1-3 所示。然后安装 JRE，如图 1-4 所示。

图 1-1　JDK 安装向导

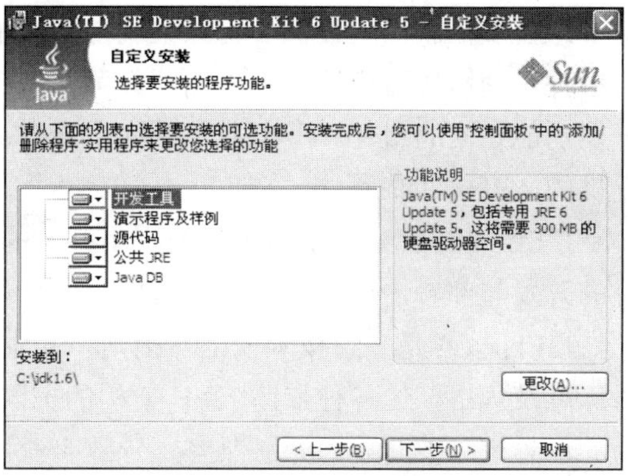

图 1-2　选择安装项

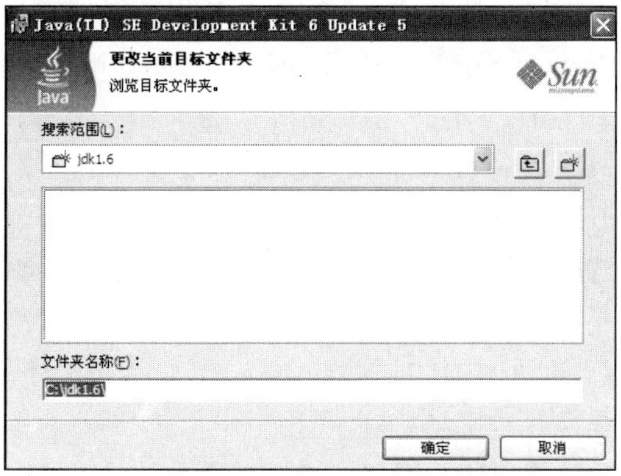

图 1-3　选择安装路径

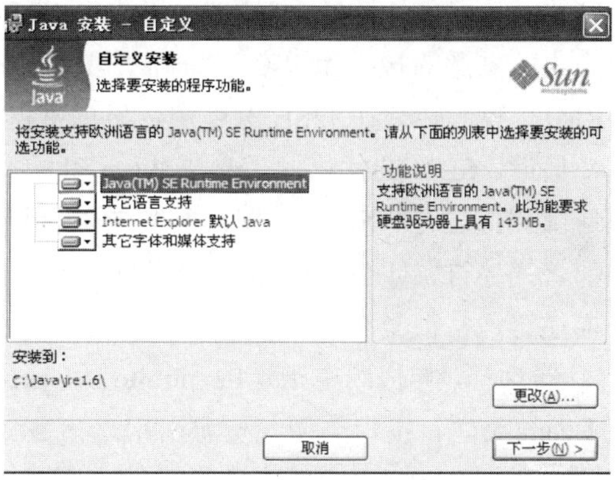

图 1-4　安装 JRE

1.1.2　应用平台

Java 平台由 Java 虚拟机（Java Virtual Machine）和 Java 应用编程接口（Application Programming Interface，简称 API）构成。Java 应用编程接口为 Java 应用提供了一个独立于操作系统的标准接口，可分为基本部分和扩展部分。在硬件或操作系统平台上安装一个 Java 平台之后，Java 应用程序就可运行。现在 Java 平台已经嵌入了几乎所有的操作系统。这样 Java 程序可以只编译一次，就可以在各种系统中运行。Java 应用编程接口已经从 1.1x 版发展到 1.2 版。目前常用的 Java 平台基于 Java 1.6，最新的版本为 Java 1.7。

Java 分为三个体系 J2SE（Java2 Standard Edition），J2EE（Java 2 Platform，Enterprise Edition），J2ME（Java 2 Micro Edition）。

J2SE 商业版本、标准版本（Java2 Standard Edition）定位在客户端，主要用于桌面应用软件的编程。J2SE 包含那些构成 Java 语言核心的类。比如数据库连接、接口定义、输入/输出、网络编程。J2SE 主要由 JVM、JRE、JDK 与 Java 语言构成。为了能运行 Java 所编写好的程序，平台上必须有 Java 虚拟机（Java Virtual Machine，JVM）。JVM 包括在 Java 运行环境（Java Runtime Environment，JRE）中，所以为了运行 Java 程序，必须取得 JRE 并进行安装。如果要开发 Java 程序，则必须取得 JDK（J2SE Development Kits），JDK 包括了 JRE 以及开发过程中所需要的一些工具程序，如 javac、java、appletviewer 等工具程序。Java 语言只是 J2SE 的一部分，除了语言之外，

Java 最重要的就是它提供了庞大且功能强大的 API 类库，提供像字符串处理、数据输入/输出、网络组件、使用者窗口接口等功能。你可以使用这些 API 作为基础来进行程序的开发，而无须重复开发功能相同的组件。事实上，在熟悉 Java 语言之后，更多的时候，都是在学习如何使用 J2SE 所提供的 API 来组成程序。

J2EE 是一套全然不同于传统应用开发的技术架构，包含许多组件，主要可简化且规范应用系统的开发与部署，进而提高可移植性、安全与重用价值。

J2EE 核心是一组技术规范与指南，其中所包含的各类组件、服务架构及技术层次，均有共通的标准及规格，让各种依循 J2EE 架构的不同平台之间，存在良好的兼容性，解决过去企业后端使用的信息产品彼此之间无法兼容，导致企业内部或外部难以互通的窘境。

J2EE 以 J2SE 为基础，定义了一系列的服务、API、协议等，适用于开发分布式、多层式（Multi-tiered）、以组件为基础、以 Web 为基础的应用程序。整个 J2EE 的体系是相当庞大的，比较为人所熟悉的技术像 JSP、Servlet、Enterprise JavaBeans（EJB）、Java Remote Method Invocation（RMI）等，必须在 J2SE 上奠定良好的基础再来学习 J2EE 的开发。

最近，SUN 的伙伴们（the folks at SUN）将 J2EE 1.5 改名为 Java EE 5，Java EE 5 平台不需要任何部署描述符（Servlet 规范所需的部署描述符 web.xml 文件除外），从而简化了部署过程。其他部署描述符（如 ejb-jar.xml 以及在 web.xml 中与 Web 服务相关的条目）已过时。J2EE 1.4 部署描述符通常很复杂，在填充它们时很容易出错。但是，Java EE 5 平台使用的是“标注”。标注是 Java 修饰符，与代码中指定的 public 和 private 类似。例如，EJB 3 规范（Java EE 5 规范的子集）为 Bean 类型、接口类型、资源引用、事务属性、安全性等定义了标注。

J2ME 是 Java 平台版本中最小的一个，J2ME 在设计其规格的时候，遵循着“对于各种不同的装置而造出一个单一的开发系统是没有意义的事”这个基本原则。于是 J2ME 先将所有的嵌入式装置大体上区分为两种：一种是运算功能有限、电力供应也有限的嵌入式装置，比如 PDA、手机；另外一种则是运算能力相对较佳、并在电力供应上相对比较充足的嵌入式装置，比如冷气机、电冰箱、电视机顶盒（set-top box）。因为这两种型态的嵌入式装置，所以 Java 引入了一个叫做 Configuration 的概念，然后把上述运算功能有限、电力有限的嵌入式装置定义在 Connected Limited Device Configuration（CLDC）规格之中；而另外一种装置则规范为 Connected Device Configuration（CDC）规格。也就是说，J2ME 先把所有的嵌入式装置利用 Configuration 的概念分隔成两种抽象的型态。

1.1.3 解析 JDK 结构

安装完 JDK 后，将在安装目录下创建不同的子目录，子目录的含义分别为：

- bin 目录：提供的是 JDK 的工具程序，包括 javac、java、javadoc、appletviewer 等程序。
- demo 目录：一些使用 Java 编写好的范例程序。
- jre 目录：JDK 自己附带的 JRE。
- lib 目录：工具程序实际上会使用的 Java 工具类（例如，javac 工具程序实际上会去使用 tools.jar 中的 com/sun/tools/javac/Main 类）。

1.2 Eclipse 的安装和使用

Eclipse 是一个免费的 IDE（集成开发环境）工具，它支持多种开发语言，并不仅仅用于 Java 应用的开发。在免费的 Java 开发工具中，Eclipse 是最受欢迎的。Eclipse 本身所提供的开发功能非常有限，但它的插件却大大提高了它的功能性。Eclipse 的插件非常多，比如 Lomboz、MyEclipse 等。下面简单介绍 Eclipse 的安装和使用。

1.2.1 Eclipse 的下载和安装

登录 http://www.eclipse.org 站点，下载 Eclipse 的最新版本。当前的最新版本是 3.4，笔者建议下载 Eclipse 3.3.1。在 Windows 平台上应下载 eclipse-SDK-3.3.1.1-win32.zip，将下载到的压缩文件解压缩，然后双击 eclipse.exe 文件，即看到 Eclipse 的启动界面，表明 Eclipse 已经安装成功。

1.2.2 MyEclipse 的下载和安装

MyEclipse 6.5（MyEclipse 不是免费的，但可先下载一个试用版）。下载地址为 http://www.myeclipseide.com/index.php，双击下载的安装文件 MyEclipse_6.5.0GA_E3.3.2_Installer_A.exe，按照安装向导运行安装。安装完成后，会在 Windows 开始菜单中创建快捷方式 MyEclipse 6.5。Eclipse 其他插件的安装由 MyEclipse 安装程序自动完成，如果要手动安装插件，通常使用扩展安装，此时请按如下步骤进行。

01 在 Eclipse 安装路径下新建 links 路径。

02 在 links 文件夹内，建立 XXX.link 文件。该文件的文件名可随意，但后缀必须是 link，通常推荐该文件的文件名与插件名相同。

03 编辑 XXX.link 的内容，该文件内通常只需一行：path=package，其中“path=”是固定的，而“package”是文件夹名。

04 在 XXX.link 文件中 path 所指的路径下新建 eclipse 文件夹，再在 eclipse 文件夹内建立 features 和 plugins 文件夹。

05 将插件中包含的 plugins 和 features 文件夹的内容，复制到上面建立的 plugins 和 features 文件夹中，重启 Eclipse 即可完成安装。由此可看出，使用扩展安装的文件结构非常清晰，每个插件有单独的文件夹。如果需要卸载某个插件，只需将该插件对应的 link 文件删除即可。

提示

MyEclipse_6.5.0GA_E3.3.2_Installer_A.exe 是一个完全安装程序，这个安装程序已包含 Eclipse3.3，从而不需要在单独安装 Eclipse。

1.2.3 UI 界面插件的下载与安装

Matisse4MyEclipse Swing UI Designer 是 MyEclipse 的 Swing 插件，安装好 MyEclipse 后，在 Windwos 系统中，选择“开始”→“程序”→“MyEclipse 6.5”，运行 MyEclipse 6.5，如图 1-5 所示。

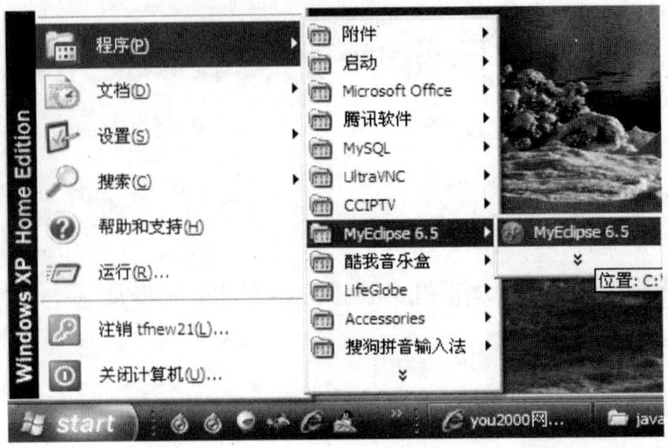

图 1-5　运行 MyEclipse 6.5

在启动 MyEclipse 过程中，需要选择 MyEclipse 的工作目录，如图 1-6 所示。本例选择的工作目录为 D:\javadir，启动后，MyEclipse 主界面如图 1-7 所示。

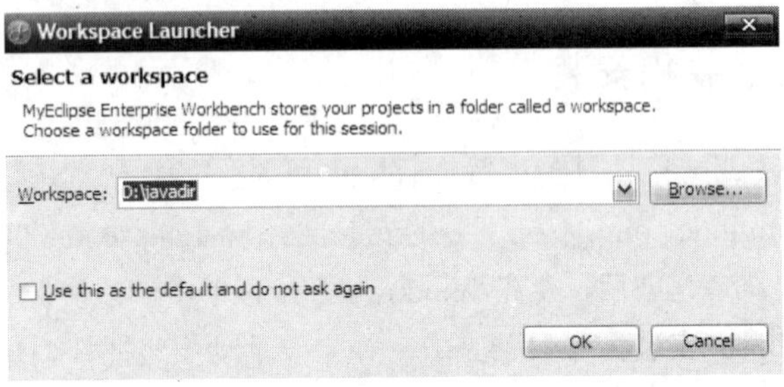

图 1-6　选择 MyEclipse 的工作目录

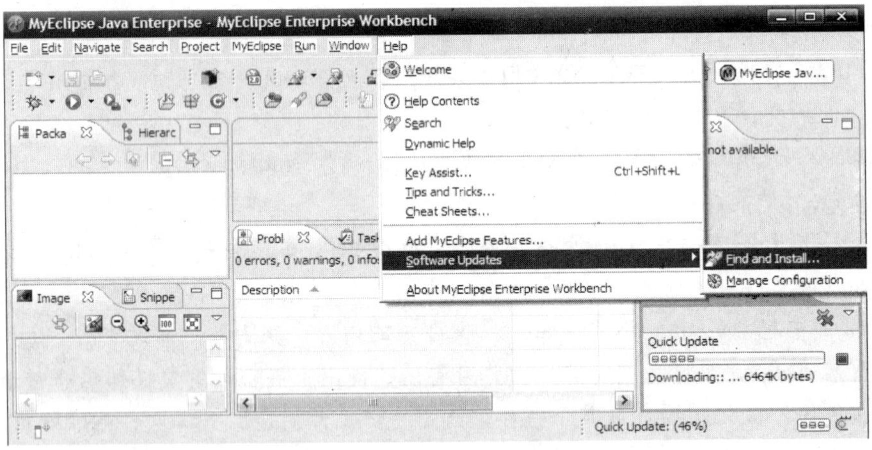

图 1-7　MyEclipse 主界面

启动 MyEclipse 后，在主界面中选择“Help”→“Software Updates”→“Find and Install..”菜单项进行在线升级，更新界面如图 1-8 所示。这里需要你所使用的计算机能够访问互联网，在更新列表中即可找到下载项。更新即可，不过需要 professional 的注册码。更新完后，需要重新启动 MyEclipse 6.5，启动后，在 MyEclipse 的主菜项中单击“File”→“New”→“Other...”，将弹出如图 1-9 所示的对话框。在对话框的列表中的 MyEclipse 结点下可看到 Swing 项，此项正是 Matisse4MyEclipse Swing UI Designer 组件项。

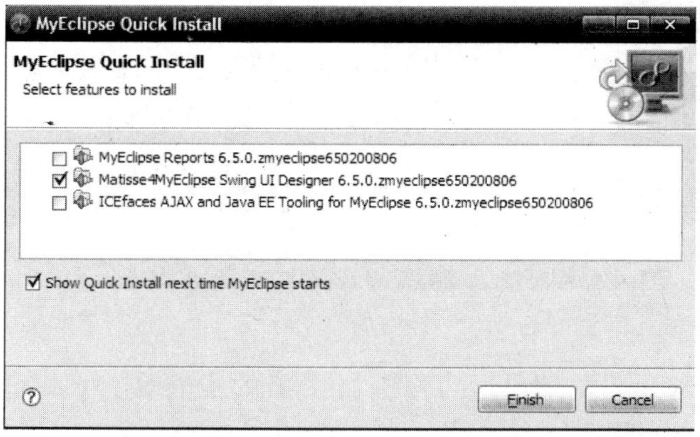

图 1-8　Matisse4MyEclipse Swing UI Designer 组件在升级

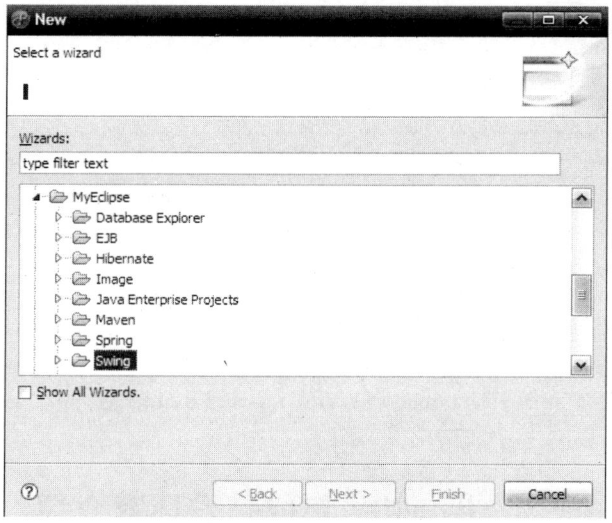

图 1-9　Matisse4MyEclipse Swing UI Designer 组件

也可以使用 Jigloo SWT/Swing GUI Builder，它是一个免费的不能用于商业用途的 SWT/Swing 构建工具。最新版本支持 Eclipse 3 以上版本，并改进对 GridBag、JGoodies 、FormLayout 和 TableLayout 的支持。下载地址为 http://www.cloudgarden.com/jigloo/，笔者下载的包为 jigloo_405.zip。解压后，将插件中包含的 plugins 和 features 文件夹的内容，复制到 Eclipse 中的 plugins 和 features 文件夹中。但这样做会使安装结构显得非常不清晰。

下面介绍另外一种比较好的解决办法。

01 在 Eclipse 安装路径下新建 links 目录。如果安装的是 MyEclipse 6.5，则在 MyEclipse6.5 安装路径中已创建了 links 目录，在本例中，MyEclipse 安装在 C 盘，如 C:\MyEclipse 6.5\eclipse\links。

02 在 links 文件夹内，建立 jigloo.link 文件。

03 编辑 jigloo.link 的内容，该文件内通常只需一行: path=C:/MyEclipse 6.5/jigloo_405 。

04 在 C:/MyEclipse 6.5/目录下创建一个 jigloo_405 文件夹，然后在 jigloo_405 文件夹下新建一个 eclipse 文件夹，再在 eclipse 文件夹内建立 features 和 plugins 文件夹。

05 将下载的包为 jigloo_405.zip 解压后，将 jigloo_405 文件夹包含的 plugins 和 features 文

件夹的内容复制到上面建立的 plugins 和 features 文件夹中，重启 MyEclipse 即可完成安装。由此可看出使用扩展安装结构非常清晰，每个插件有单独的文件夹。如果需要卸载某个插件，只需将该插件对应的 link 文件删除即可。启动 MyEclipse 后，在主菜单项中单击“File”→“New”→“Other...”，将弹出如图 1-10 所示的对话框。在对话框的列表中可看到 GUI Forms 项，此项正是 Jigloo SWT/Swing GUI Builder 组件项。

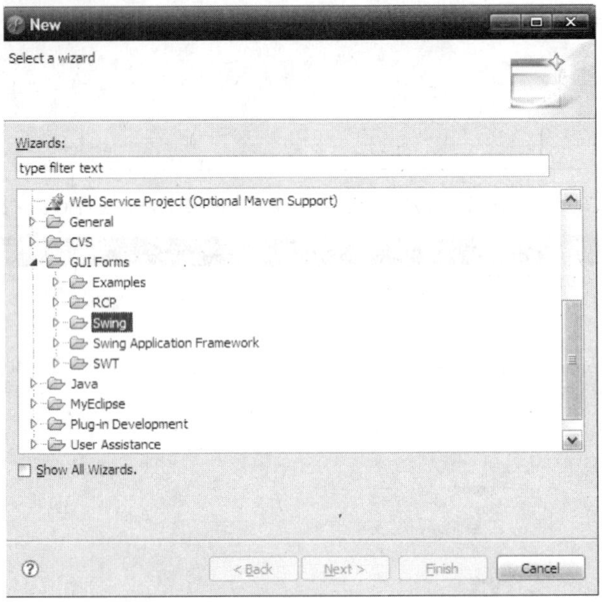

图 1-10 Jigloo SWT/Swing GUI Builder 组件

1.3 JBuilder 集成开发环境介绍

Borland 公司的开发工具 JBuilder 是全球公认最好的跨平台 Java 开发环境，可以用于构建符合工业标准的 Java 应用系统，可开发 EJB、Web、XML 以及数据库等各类应用程序。双向、可视化设计工具可以快速地构建各种 J2EE 应用程序，并部署至多种应用程序服务器，包括 Oracle WebLogic、IBM WebSphere、Sun ONE Application Server、Oracle 10g Application Server 以及整合于 JBuilder 的 Borland Enterprise Server。

JBuilder 最新版本是 JBuilder 2008，在可视化设计上，新增的 Swing 用户界面使用很方便。用户可从 http://www.borland.com 下载试用版本。该版本添加了新的代码复用工具以及来自于 Instantiations 的 Swing 设计器。这次的发行版本又带来了一些新的特性. JBuilder 2008 基于 Eclipse 的最新版本（Eclipse 3.3），它已经包括了一种被称为“ApplicationFactories （应用程序工厂）”特性。ApplicationFactories 鼓励开发人员复用，并且它使得开发人员无论从生产力还是开发速度上更上一层楼，尤其适合那些流动性大，相对分散的团队。只需要一个单一的简单工具，就可以让高级开发人员更专心的去交流，去获取式样和相关建议。总之，ApplicationFactories 已经将一个普通的 IDE 变成为应用程序专用 IDE。显然，通过 ApplicationFactories 可以将代码存到 repository 的一个单独模块里去，分享给团队，这是一个非常有用的特性。当然这个发布版本，来自 Instantiations 的 Swing 设计器也是亮点. 它是 Eclipse 插件中心里使用率最高的插件之一，使得 JBuilder 的对 Swing GUI 的支持上升了一个台阶，与 NetBeans 的 Matisse 并驾齐驱。

JBuilder 2008 其他特性包括以下几点：

- 支持最新的主流商业和开源 Java 应用服务器。
- 使用 TeamInsight™ 和 ProjectAssist™协同团队开发。
- 支持代码覆盖分析，支持内存和 CPU 性能分析。
- 支持线程调试，添加 request 分析器。
- UML 建模和编码考古学（code archeology）。
- Code metric 和 Code audit 功能（主要指代码静态检查部分）。

1.4 NetBeans 集成开发环境介绍

NetBeans 是由 Sun 建立的开放源码的软件开发工具，是一个开放框架，可扩展的开发平台，可以用于 Java、C/C++等的开发，它本身是一个开发平台，可以通过扩展插件来扩展功能。它是一个全功能的开放源码 Java IDE，可以帮助开发人员编写、编译、调试和部署 Java 应用，并将版本控制和 XML 编辑融入其众多功能之中。NetBeans 最新版本是 6.5，可从 http://dlc.sun.com.edgesuite.net/netbeans/6.1/final/下载安装包。

1.5 本章小结

本章主要介绍了如何搭建 Java 应用的开发环境。首先介绍了 JDK 的下载和安装，然后详细介绍了 Eclipse 和 MyEclipse 的安装和使用。在本章最后，介绍了 UI 界面插件的下载与安装，并简单介绍了 JBuilder 集成开发环境和 NetBeans 集成开发环境。

第 2 章　初识 Java 语言

本章重点

- Java 语言简介
- Java 语言的应用前景
- Java 虚拟机及垃圾收集
- Java 应用程序的编写，编译和运行方法
- 图解应用集成开发环境编写 Java 应用程序
- Java 与 C、C++、C#的比较

本章主要对 Java 编程语言做了一般性描述，包括 Java 虚拟机、垃圾收集和安全性等。

2.1　Java 语言简介

Java 编程语言的语法与 C++的语法相似。如果读者学过 C/C++或 C#编程语言，学习 Java 编程语言就会比较容易，Java 编程语言可用来创建任何常规编程语言所能创建的应用程序。

2.1.1　Java 的现状

Java 是 Sun 公司推出的最新一代面向对象程序设计语言，特别适合用于 Internet 应用程序开发，Java SE 6 在开发桌面应用程序方面表现的很出色，这在 Java 1.4 以前是不可想像的。Java 作为软件开发的一种革命性的技术，其地位已被确立，这表现在以下几个方面。

- 计算机业的许多大公司购买了 Java 的许可证，包括 IBM、Apple、Oracle。这一点说明，Java 已得到了业界的认可。
- 众多的软件开发商开始支持 Java 的软件产品，Borland 公司开发的基于 Java SE 6 的快速应用程序开发环境 JBuilder 2008。开放的 Java SE 6 开发平台 Eclipse、JCreater 等。Sun 公司自己的 Java SE 6 开发环境 Java SE 6 Workshop 已经发布。数据库厂商如 Illustra、Sysbase、Versant、Oracle 都在开发 CGI 接口，以支持 HTML/XML 和 Java SE 6。Oracle 10g 应用 Oracle 公司的 JDeveloper 开发工具全面整合后台服务和业务程序开发，存储过程、触发器、函数等都可能用 Java 来编写。今天是以网络为中心的计算时代，如果不支持 HTML/XML

和 Java，那么应用程序的应用范围只能限于同质的环境（相同的硬件平台）。

- Intranet 正在成为企业信息系统最佳的解决方案，而其中 J2EE 将发挥不可替代的作用。如基于 J2EE 的 MVC 开发模式（Struts+Hibernate+Spring）。Intranet 的目的是把 Internet 用于企业内部的信息系统，它的优点表现在便宜、易于使用和管理。用户不管使用何种类型的机器和操作系统，界面是统一的 Web 浏览器，而数据库、Web 页面、应用程序（用 Java 编的 Applet）则保存在 WWW 服务器上，无论是开发人员、管理人员或是用户，都可以受益于该解决方案。Java 语言正在不断发展和完善，Sun 公司（已被 Oracle 公司收购了）是主要的发展推动者，较通用的编译环境有 JDK 1.6（Java SE 6 DevelopKit）与 JWS（Java SE 6 Workshop）。还有很多其他公司正在开发 Java SE 6 语言的编译器与集成环境。

2006 年底，Sun 公司发布了 Java Standard Edition 6（Java SE 6）的最终正式版，代号 Mustang（野马）。跟 Tiger（Java SE 5）相比，Mustang 在性能方面有了不错的提升。与 Tiger 在 API 库方面的大幅度加强相比，虽然 Mustang 在 API 库方面的新特性显得不太多，但是也提供了许多实用和方便的功能，在脚本、WebService、XML、编译器 API、数据库、JMX、网络和 Instrumentation 等方面都有不错的新特性和功能加强。

2.1.2 Java 语言的应用前景

Java 语言有着广泛的应用前景，大体上可以从以下几个方面来考虑其应用。

- 所有面向对象的应用开发，包括面向对象的事件描述、处理、综合等。
- 计算过程的可视化、可操作化的软件的开发。
- 动态画面的设计，包括图形图像的调用，身份识别技术。
- 交互操作的设计（选择交互、定向交互、控制流程等）。
- Internet 的系统管理功能模块的设计，如基于 J2EE 的 MVC 开发模式（Struts+Hibernate+Spring）。包括 Web 页面的动态设计、管理和交互操作设计等。
- Intranet（企业内部网）上的软件开发（直接面向企业内部用户的软件），如 JSP、EJB、JavaBean。
- 与各类数据库连接查询的 SQL 语句实现，主要应用 JDBC 实现。
- 其他应用类型的程序。Java SE 6 在开发桌面应用程序方向更为出色。在手机开发，PDA 等系统软件方面也表现的很出色。

2.1.3 Java 编程语言的主要目标

Java 编程语言的主要目标是提供一种易于编程的语言消除其他语言在诸如指针运算和存储器管理方面影响健壮性的缺陷。利用面向对象的概念使程序真正地成为可视化程序，为使代码尽可能清晰合理、简明流畅提供了一种方法。

为提高开发速度，代码可移植性提供一种解释环境，为运行不止一个活动线程的程序提供了一种方式，通过允许下载代码模块，从而在程序运行时也能动态支持程序改变。为那些保证安全性而装载的代码模块提供了一种检查方法。

2.1.4 Java 虚拟机

Java 虚拟机规范为 Java 虚拟机（JVM）作了如下定义：

在真实机器中用软件模拟实现的一种想象机器。Java 虚拟机代码被存储在 .class 文件中，每个文件都包含最多一个 public 类。

Java 虚拟机规范为不同的硬件平台提供了一种编译 Java 技术代码的规范，该规范使 Java 软件独立于平台，因为编译是针对作为虚拟机的“一般机器”而做，这个“一般机器”可用软件模拟并运行于各种现存的计算机系统，也可用硬件来实现。

编译器在获取 Java 应用程序的源代码后，将其生成字节码，它是为 JVM 生成的一种机器码指令。每个 Java 解释器，不管它是 Java 技术开发工具，还是可运行 Applet 的 Web 浏览器，都可执行 JVM。

JVM 的代码格式由紧缩有效的字节码构成。由 JVM 字节码编写的程序必须保持适当的类型约束。大部分类型检查是在编译时完成的。

任何从属的 Java 技术解释器必须能够运行任何含有类文件的程序，这些类文件应符合 Java 虚拟机规范中所指定的类文件格式。

2.1.5 垃圾收集

许多编程语言都允许在程序运行时动态分配存储器，分配存储器的过程由于语言句法不同而有所变化，但总是要将指针返回到存储区的起始位置

当分配存储器不再需要时（存储器指针已溢出范围），程序或运行环境应取消分配存储器。

在 C/C++语言中，程序员负责取消分配存储器。有时，这是一件很困难的事情。因为你并不总是事先知道存储器应在何时被释放。当在系统中没有能够被分配的存储器时，可导致程序瘫痪，这种程序被称作具有存储器漏洞。

Java 编程语言解除了程序员取消分配存储器的责任，它可提供一种系统级线程以跟踪每一存储器的分配情况。在 Java 虚拟机的空闲周期，垃圾收集线程检查并释放那些可被释放的存储器。

垃圾收集在 Java 技术程序的生命周期中自动进行，它解除了取消分配存储器的要求，并避免了存储器漏洞。然而，垃圾收集可在 JVM 实现的周期中，产生意想不到的变化。

2.2 编写 Java 应用程序

与其他编程语言一样，Java 编程语言也被用来创建应用程序。一个共同的小应用程序范例是在屏幕上显示字串“Hello FirstHelloWorldApp!”。下列代码给出了这个 Java 应用程序。

2.2.1 FirstHelloWorldApp.java

```
// 一个简单的应用程序//第 1 行
public class FirstHelloWorldApp { //第 2 行
  public static void main (String args[]) { //第 3 行
```

注释行

声明类名

程序执行的起始点

```
        System.out.println ("Hello FirstHelloWorldApp!"); //第 4 行    声明如何使用类名、对象名和方法调用
    } //第 5 行    方法 main 下括号
}//第 6 行    类 HelloWorldApp 下括号
```

以上程序的功能是在屏幕上打印“Hello FirstHelloWorldApp!”。上面的程序可以用任何文件编辑器进行编辑，如 Windows 记录本。在本例中，为了让读者全面掌握程序结构和编译、执行过程，采用手工操作方法。在实际编程中都是采用集成开发工具，如 Eclipse 等来完成这些工作。在后面的例子中，全部采用集成开发环境来编写和编译程序。

2.2.2　解析 FirstHelloWorldApp.java

程序中的第 1 行是注释行，第 2 行是声明类名为 FirstHelloWorldApp。类名（Classname）是在源文件中指明的，类名必须与所保存的源代码文件相同，例如在本例中，公共类名为 FirstHelloWorldApp，保存的源代码文件名应为 FirstHelloWorldApp.java，它可在与源代码相同的目录上创建一个 *classname*.class 文件。在本例中，编译器创建了一个称为 FirstHelloWorldApp.class 的文件，它包含了公共类 FirstHelloWorldApp 的编译代码。

第 3 行是程序执行的起始点。Java 技术解释器必须发现这一严格定义的点，否则将拒绝运行程序。

其他程序语言（特别是 C 和 C++）也采用 main ()声明作为程序执行的起始点。如果在程序的命令行中给出了任何自变量，它们将被传递给 main()方法中被称作 args 的 String 数组。在本例题中，未使用自变量。其中 void 表明 main()不返回任何信息。这一点很重要，因为 Java 编程语言要进行严格的类型检查，包括检查调用的方法确实返回了这些方法所声明的类型。String args [] 是一个 String 数组的声明，它将包含位于类名之后的命令行中的自变量。例如 java FirstHelloWorldApp *args ［0］args ［1］*…。

第 4 行声明如何使用类名、对象名和方法调用。它使用由 System 类的 out 成员引用的 PrintStreamout 对象的 println()方法，将字串“Hello FirstHelloWorldApp!”打印到标准输出上。

在这个例子中，println()方法被输入了一个字串自变量并将其写在了标准输出流上。

本程序第 5~6 行分别是方法 main()和类 HelloWorldApp 的下括号（}）。

2.2.3　编译并运行 FirstHelloWorldApp

当创建了 FirstHelloWorldApp.java 源文件后，本例中，保存文件到 D:\javadir 目录中，在 DOS 命令窗口中，用下列程序行进行编译，如图 2-1 所示。

```
D:\javadir\javac FirstHelloWorldApp.java
```

图 2-1　在 DOS 命令窗口编译并运行 FirstHelloWorldApp

如果编译器未返回任何提示信息，新文件 FirstHelloWorldApp.class 则被存储在与源文件相同的目录中，除非另有指定。

为了运行 FirstHelloWorldApp 应用程序，需使用 Java 解释器和位于 bin 目录下的 java.exe 文件，运行程序只需在命令窗口中输入下列命令即可执行程序，如图 2-2 所示。

```
D:\javadir\java   FirstHelloWorldApp
```

图 2-2　运行 FirstHelloWorldApp 应用程序

提 示

必须设置 PATH 环境变量以发现 java 和 javac，确认它包括 java 安装目录的 bin 子目录。如 C:\jdk1.6\bin。设置环境变量的方法为：在桌面上，选中“我的电脑”，单击右键，在弹出的菜单中选择“属性”项，在弹出的系统属性对话框中，选择高级标签项，在高级标签页中，单击环境变量按钮。弹出如图 2-3 所示对话框。在系统环境变量页面中，选择系统变量目录中的 Path 项，然后单击编辑按钮，在变量值输入框添加 java 安装目录的 bin 子目录。如 C:\jdk1.6\bin。路径之间用分号（;）隔开。

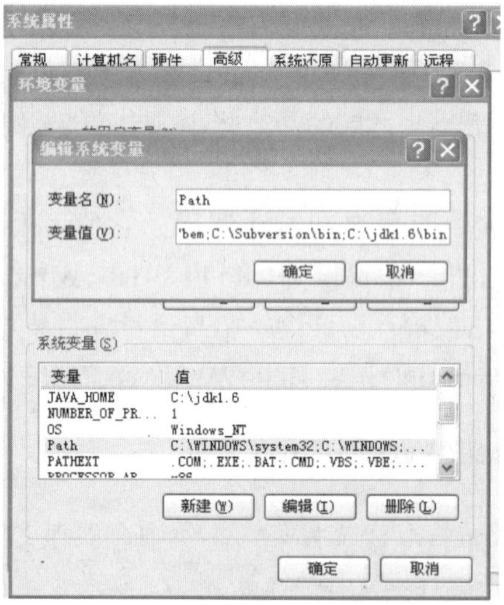

图 2-3　设置 PATH 环境变量

2.2.4　向包中添加类

Java 编程语言提供 package 机制把相关类添加到包中。上例中的 FirstHelloWorldApp 源程序文件都属于默认或未命名包。可以用 package 语句表明在源程序文件中类属于一个特殊的包。包的声明必须在源程序文件的开始处。可以以空白和注解开始，而没有其他方式。只允许有一个包声明并且它控制整个源程序文件。

包名称是分层的，由圆点分隔。通常情况下，包名称的元素被整个地小写。然而，类名称通常以一个大写字母开始，而且每个附加单词的首字母可以被大写以区分类名称中的单词。

要把类放入一个包中，必须把此包的名字放在源文件头部，并且放在对包中的类进行定义的代码之前。例如，在文件 FirstHelloWorldApp 的开始部分如下：

```
package javadir.ch2;
  // 一个简单的应用程序//第 1 行
   public class FirstHelloWorldApp { //第 2 行
     public static void main (String args[]) { //第 3 行
         System.out.println ("Hello FirstHelloWorldApp!"); //第 4 行
     } //第 5 行
   }//第 6 行
```

把包中的文件放入与此完整的包名相匹配的子目录中。例如，在包 javadir.ch2 中的所有的类文件都必须放在子目录 javadir/ch2（Windows 下的 javadir\ch2）下。类被存储在文件系统的子目录中。类的路径必须与所在包名相匹配。

在 FirstHelloWorldApp 例子中，包目录 javadir/ch2 是程序目录的一个子目录。然而这样安排很不灵活。一般，有多个程序需要访问包文件。为了使包可以在多个程序间共享，需要做以下事情：

- 把类放在一个或多个特定的目录中，比如/home/user/classdir。此目录是包的基本目录。如果加入了类 javadir.ch2. FirstHelloWorldApp，那么此类文件必须位于子目录/home/user/classdir/ javadir/ch2 下。
- 设置类路径。类路径是其子目录包含类文件的所有基本目录的集合。

例如在 FirstHelloWorldApp 例子中，FirstHelloWorldApp 源代码文件保存在 D:\javadir\ch2 目录下，其/home/user/classdir 为 D:\，javadir\ch2 为子目录。

当创建了 FirstHelloWorldApp.java 源文件后，本例中，保存文件到 D:\javadir\ch2 目录中，打开 DOS 命令窗口，用下列程序行进行编译，如图 2-4 所示。

```
D:\ javac    javadir/ch2/FirstHelloWorldApp.java
```

图 2-4　编译 FirstHelloWorldApp.java

如果编译器未返回任何提示信息，新文件 FirstHelloWorldApp.class 则被存储在与源文件相同的目录中，即 D:\javadir\ch2 目录中。

运行程序只需在命令窗口中输入下列命令即可执行程序，如图 2-5 所示。

```
D:\ java javadir/ch2/FirstHelloWorldApp
```

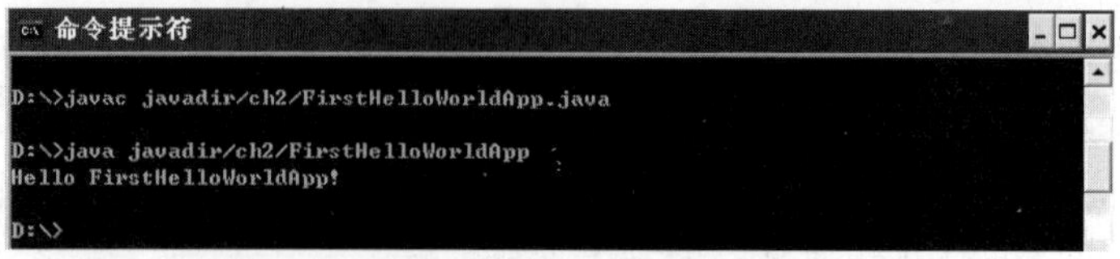

图 2-5　运行 FirstHelloWorldApp 程序

2.2.5　包的引用

当需要使用包时，使用 import 语句来告诉编译器到哪儿去寻找类。事实上，包名称在包中（比如 javadir.ch2）形成类的名称的一部分。

对包引用时，在每个类名前加上完整的包名，例如，给出一个指向此包中的类的快捷方式。一旦使用 import（导入）以后，就不再需要给出完整的包名。可以引入一个特定的类，也可以引入整个包。import 语句要放在源文件的头部（但在所有 package 语句之后）。例如，可以通过下面的语句引入在 java.util 包中的所有的类：

```
package javadir.ch2;
import java.util.*;
```

然后，就可以使用

```
Date today=new Date();
```

而不需要在前面加上包名。也可以引入包中某个特定的类：

```
import java.util.Date;
```

提　示

当使用一个包声明时，不必引入同样的包或该包的任何元素。记住，import 语句被用来将其他包中的类带到当前名空间。当前包不管是显式的还是隐含的，总是当前名空间的一部分。

2.2.6　目录布局及 CLASSPATH 环境变量

包被贮存在包含包名称分支的目录树中。例如前面的 FirstHelloWorldApp.class 文件必须保存在 path\javadir\ch2 目录中，在本例中，path 的值为 D:\javadir\ch2。

查寻类文件包的目录树的根目录是在 CLASSPATH 中设置的。编译器的-d 选项规定了包层次的根，类文件被放在它里面（前面所示的 path）。Java 技术编译器创建包目录，并在使用-d 选项时将编译的类文件移到它当中。例如执行如下命令：

```
D:\javadir\ch2\> javac -d . FirstHelloWorldApp.java
```

将创建目录结构 javadir\ch2 在当前目录中（“.”）。如 D:\javadir\ch2\javadir\ch2。

CLASSPATH 变量以前没有使用过，因为如果它没被设定，那么，工具的默认行为将自动地包括类分布的标准位置和当前工作目录。如果想访问位于其他地方的包，那么必须设定 CLASSPATH 变量来显式地覆盖默认行为。

有几个方法可以设置 CLASSPATH，最简单的方法是在系统变量中新增 CLASSPATH 环境变量。

在图 2-3 中的“系统变量”下单击“新建”按钮，在“变量名”文本框中输入 CLASSPATH，在“变量值”文本框中输入 Java 类文件的位置。例如可以输入“.; C:\jdk1.6\lib\tools.jar; C:\jdk1.6\lib\rt.jar”（jar 文件是 zip 压缩格式，其中包括.class 文件和 jar 中的 CLASSPATH 设置），每一路径中间必须以分号（;）作为分隔。

事实上 JDK 1.6 默认就会到当前工作目录（上面的设置），以及 JDK 的 lib 目录（这里假设是 C:\jdk1.6\lib）中寻找 Java 程序。所以如果 Java 程序是在这两个目录中，则不必设置 CLASSPATH 变量也可以找得到，将来如果 Java 程序不是放置在这两个目录时，则可以按上述设置 CLASSPATH。如果所使用的 JDK 工具程序具有 CLASSPATH 命令选项，则可以在执行工具程序时一并指定 CLASSPATH。例如：

```
javac -classpath classpath1;classpath3...
```

其中 classpath1、classpath 2 是实际要指定的路径。也可以在控制台窗口下执行以下的命令，直接设置目前的环境变量，包括 CLASSPATH 变量（这个设置在下次重新打开控制台窗口时就不再有效）。

```
set CLASSPATH=%CLASSPATH%;classpath1;classpath3...
```

2.2.7 编译查错

下面是编译时的常见错误：

- javac:Command not found。

PATH 变量未正确设置包括 javac 编译器。javac 编译器位于 JDK 目录下的 bin 目录。

- In class HelloWorldApp:main must be public or static。

该错误的出现是因为词 static 或 public 被放在了包含 main 方法的行之外。

- can’t find class FirstHelloWorldApp。

这个错误是在执行 java FirstHelloWorldApp 时产生的），通常，它表示在命令行中所指定的类名的拼写与 *filename*.class 文件的拼写不同。Java 编程语言是一种大小写区别对待的语言。例如：

```
public class FirstHelloWorldApp {
```

创建了一个 FirstHelloWorldApp.class，它不是编译器所预期的类名（FirstHelloWorldApp.class）。如果.java 文件包括一个公共类，那么它必须使用与那个公共类相同的文件名。例如在前例中的类的定义是 public class FirstHelloWorldApp，则源文件名必须是 FirstHelloWorldApp.java。在源文件中每次只能定义一个公共类。

一个 Java 源文件可包含三个“顶级”要素：

- 一个包声明（可选）
- 任意数量的输入语句
- 类和界面声明

该三要素必须以上述顺序出现，即任何输入语句出现在所有类定义之前；如果使用包声明，则包声明必须出现在类和输入语句之前。

类是描述提供某种功能的模块的一般术语。Java 开发集（JDK）给出了一套标准的类（称作类库），这些类可执行大部分所需的基本行为，不仅为编程任务（例如，类可提供基本的数学函数、数组和字符串），而且为图形和网络。

类库被组织成许多包，每个包都包含几个类。下列为一些重要的包：

- java.lang 包含一些形成语言核心的类，如 String、Math、Integer 和 Thread。
- java.awt 包含了构成抽象窗口工具包（AWT）的类，这个包被用来构建和管理应用程序的图形用户界面。
- java.applet 包含了可执行 Applet 特殊行为的类。
- java.net 包含执行与网络相关的操作的类和处理接口及统一资源定位器（URLs）的类。
- java.io 包含处理 I/O 文件的类。
- java.util 包含为任务设置的实用程序类，如随机数发生、定义系统特性和使用与日期日历相关的函数。

2.2.8 应用集成开发环境编写应用程序

在实际编程中都是采用集成开发工具完成开发工作，如 Eclipse 等。本小节介绍如何采用集成开发环境来编写和编译程序。

上一章已经介绍了 Java 开发环境的搭建，本章利用上章所搭建的 Java 开发环境来开发 Java 应用程序。在 Windows 系统中，选择“开始”→“程序”→“MyEclipse 6.5”，运行 MyEclipse 6.5，在启动过程中，需要选择 MyEclipse 的工作目录，如图 2-6 所示。本例选择的工作目录为 D:\javadir。

图 2-6　MyEclipse 的工作目录

启动 MyEclipse 后，主界面如图 2-7 所示。

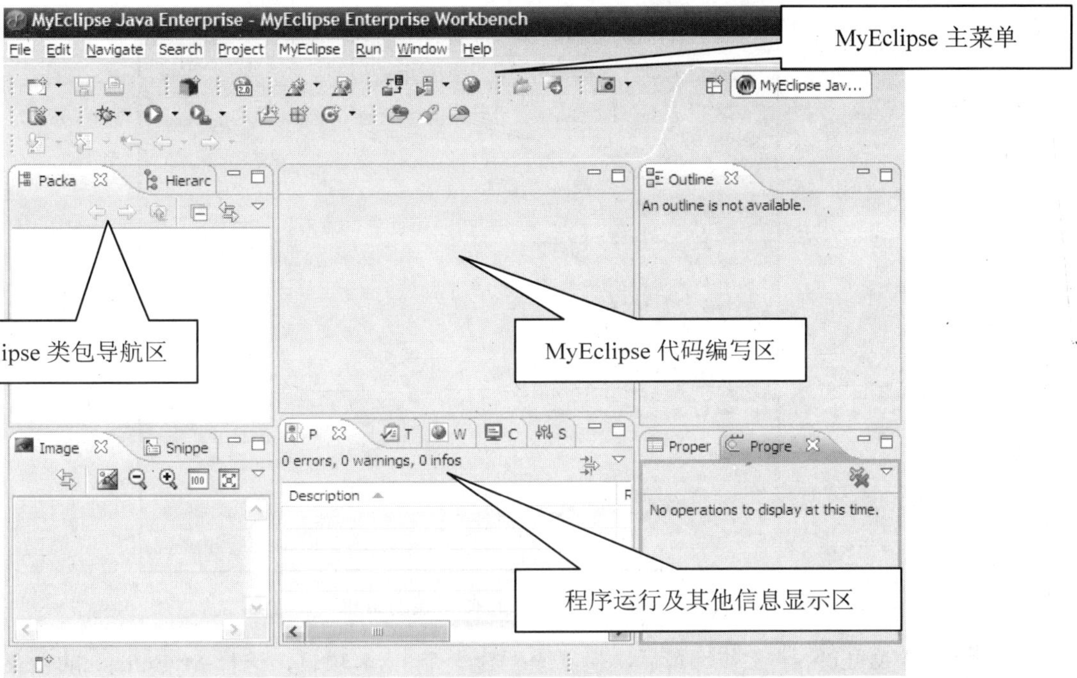

图 2-7　MyEclipse 主界面

选择 MyEclipse 的主菜单“Window”→“Preferences”→“Java”→“Installed JREs”项，出现如图 2-8 所示对话框。单击 Add 按钮，弹出如图 2-9 所示的对话框，在对话框中单击“Browse..”按钮，选择所安装的 JDK。

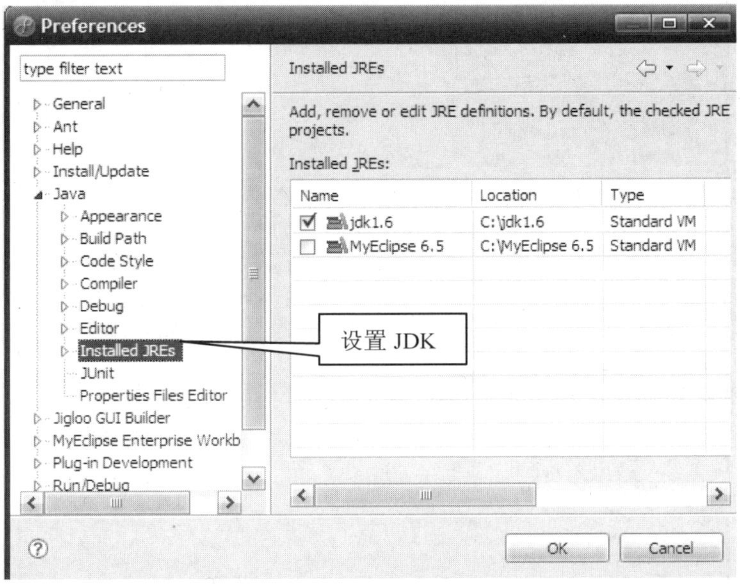

图 2-8　设置运行环境 JDK

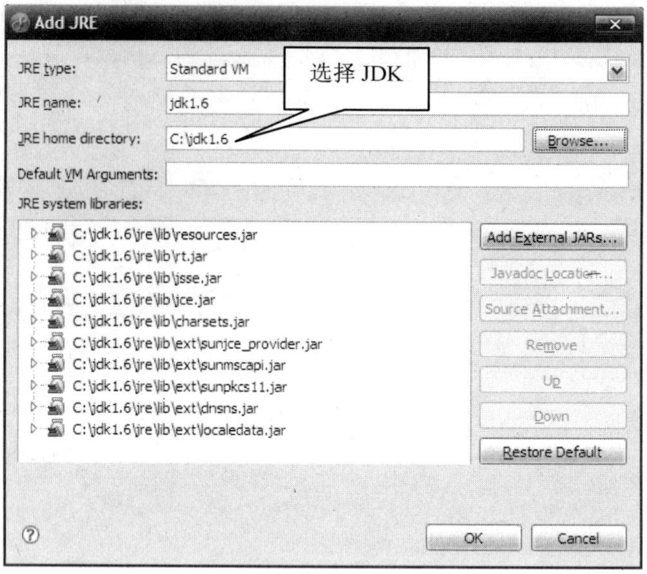

图 2-9 选择安装的 JDK

设置好 MyEclipse 工作环境后，接下来新建一个 Java 项目，选择 MyEclipse 的主菜单“File”→“New”→“Java”→“Java Project”项，弹出如图 2-10 所示对话框。新建一个 Java Project。在本例中，项目名称设置为 javaapp，其余选择默认项。设置完后，单击 Finish 按钮完成项目的创建。创建完项目后，javaapp 项目目录结构如图 2-11 所示。

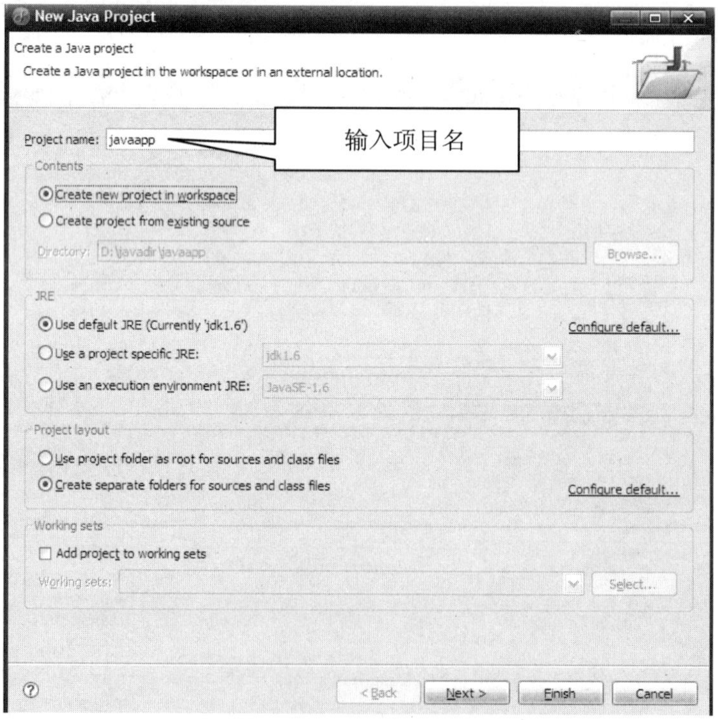

图 2-10 新建一个 Java Project

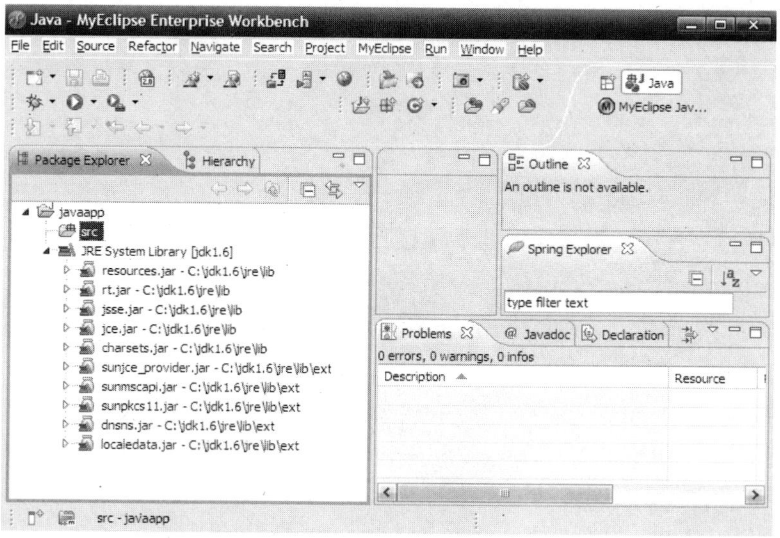

图 2-11　javaapp 项目目录结构

接下来在 javaapp 项目的 src 目录下创建包。创建包的方法为选中 javaapp 项目的 src 项，然后单击右键，在弹出的菜单中，选择“File”→“New”→“Package”项，弹出如图 2-12 所示创建包的对话框。在本例中，创建一个多级的类包，取名为 com.java.ch2。然后单击 Finish 按钮完成包的创建。创建完包后，将在 javaapp 项目的 src 目录下创建 com\javapp\ch2 文件夹。

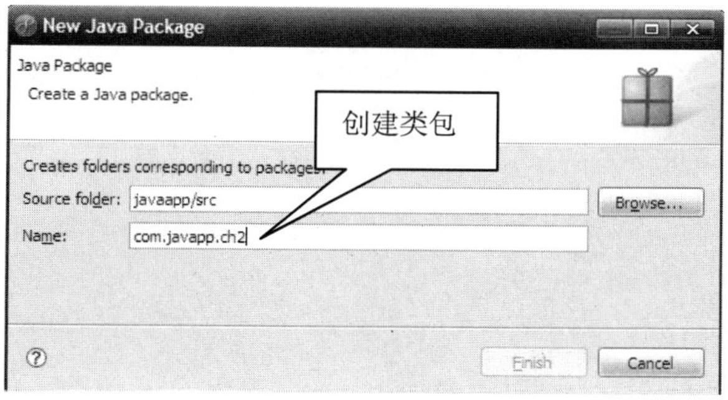

图 2-12　创建包

接下来在 javaapp 项目的 src 目录中的 com\javapp\ch2 包中创建一个 java 类，创建类的方法为选中 javaapp 项目的 src 项，然后单击右键，在弹出的菜单中，选择“File”→“New”→“Class”项，弹出如图 2-13 所示创建类的对话框。在对话框中输入包名为 com.javaapp.ch2，类名为 FirstHelloWorldApp，然后单击“Finish”按钮完成类的创建。

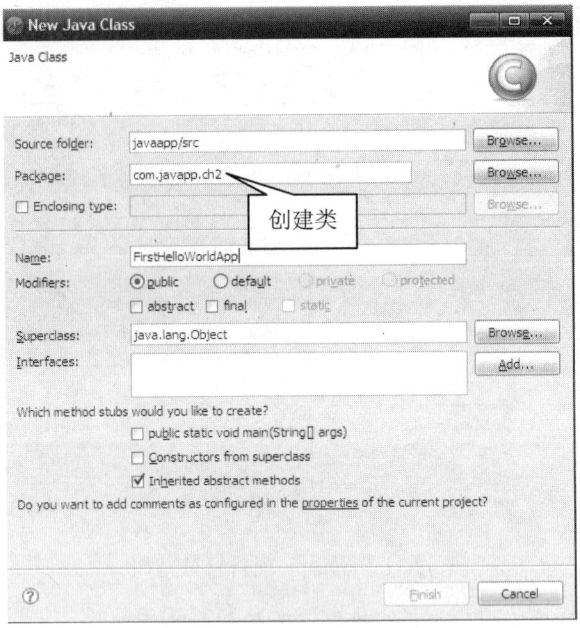

图 2-13　创建一个 java 类

接下来编写如 2.2.1 节所创建的 FirstHelloWorldApp 类，代码的编写如图 2-14 所示。

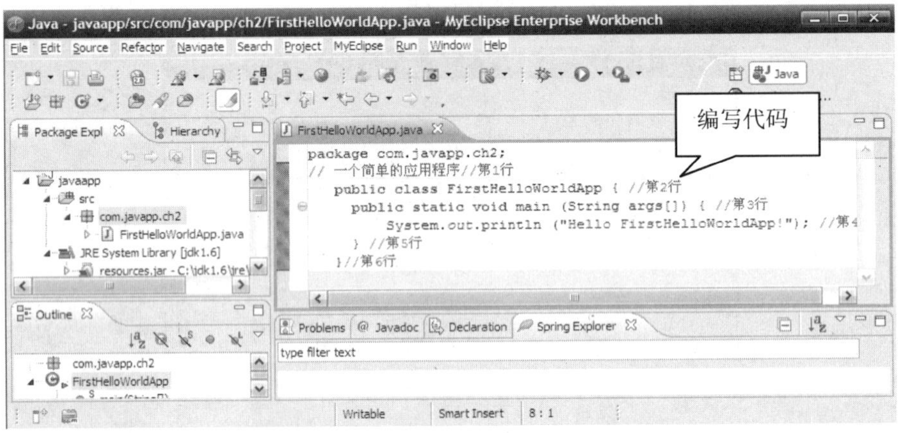

图 2-14　FirstHelloWorldApp 类代码的编写

编写完代码后，在 Package Explorer 中选中 FirstHelloWorldApp 类，然后单击右键，在弹出的菜单中，选择“Run As”→“Java Application”项，如图 2-15 所示。运行程序，结果如图 2-16 所示。

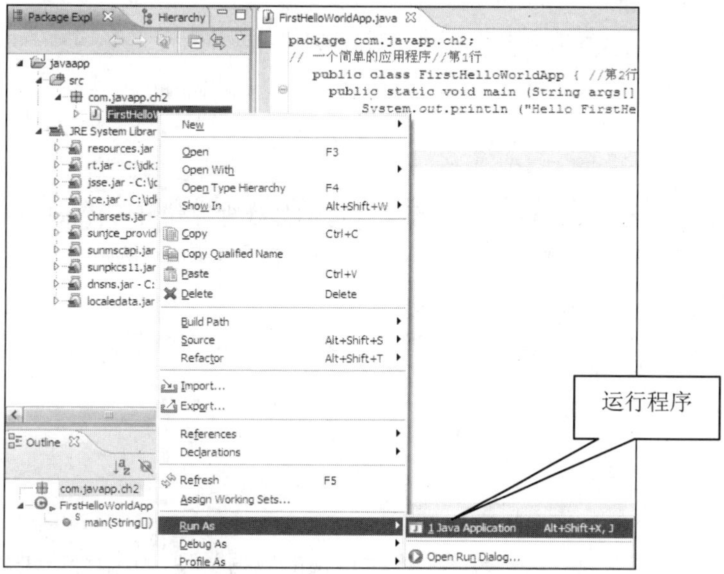

图 2-15　运行 FirstHelloWorldApp 程序

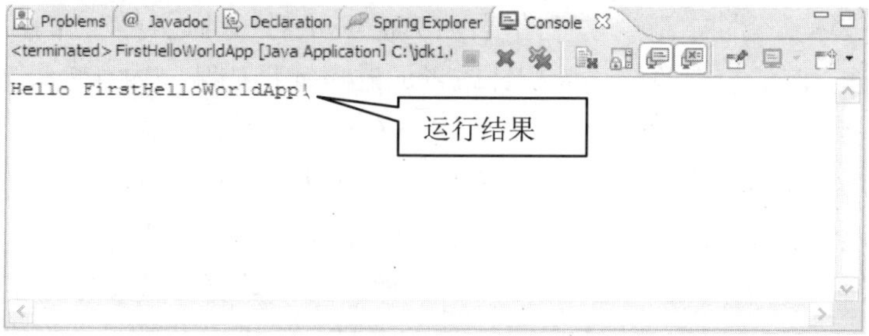

图 2-16　FirstHelloWorldApp 运行结果

2.3　Java 与 C/C++、C#的比较

对于变量的声明、参数传递、操作符、流控制等，Java 使用了和 C/C++、C# 相似的语法，使得熟悉 C/C++、C#的程序员很容易掌握 Java 编程。同时，Java 为了实现其简单、鲁棒、安全等特性，也摒弃了 C/C++中许多不合理的内容。下面详细介绍 Java 与 C/C++、C#的异同。

2.3.1　全局变量

Java 语言中，不能在所有类之外定义全局变量，只能通过在一个类中定义公用、静态的变量来实现一个全局变量。例如：

```
class ClassGlobalVar{
  public static global_var;
}
```

在类 GlobalVar 中定义变量 global_var 为 public　static，使得其他类可以访问和修改该变量。

Java 对全局变量进行了更好的封装。而在 Java 与 C/C++中依赖于不加封装的全局变量常常造成系统的崩溃。

2.3.2 goto

Java 不支持 C/C++中的 goto 语句，而是通过例外处理语句 try、catch、finally 等来代替 C/C++中用 goto 来处理遇到错误时跳转的情况，使程序可读性更强且结构清晰。

提示：goto 语句是 Java 中的保留关键字，没有在 Java 中使用。

2.3.3 指针

指针是 C/C++中最灵活，也是最容易产生错误的数据类型。由指针所进行的内存地址操作常会造成不可预知的错误，同时通过指针对某个内存地址进行显式类型转换后，可以访问一个 C++中的私有成员，从而破坏安全性，造成系统的崩溃。而 Java 对指针进行完全的控制，程序员不能直接进行任何指针操作，例如把整数转化为指针或者通过指针释放某一内存地址等。同时，数组作为类在 Java 中实现，良好地解决了数组访问越界这一 C/C++中不作检查的错误。许多程序设计语言（如 C/C++）用“函数（function）”这个术语来描述命名子程序，而在 Java 里却常用“方法（method）”这个术语来表示“做某些事情的方式”。实际上，继续把它看作是函数也无妨。尽管这只是用词上的差别，但本书将沿用 Java 的惯用法，用“方法”而不是“函数”来描述。

Java 的方法决定了一个对象能够接收什么样的消息。通过本节学习，你将会了解到定义一个方法是多么的简单。

方法的基本组成部分包括名字、参数、返回值和方法体。下面是方法的最基本定义方式：

```
ReturnType methodName( /* Argument list */ ) {
/* Method body */
}
```

返回类型是指调用方法后返回的数据类型。参数表列出了要传给方法的类型和名称信息。方法名和参数表组合在一起唯一地标识某个方法。

Java 中的方法只能作为类的一部分来创建。方法只有通过对象才能被调用，且这个对象必须能执行这个方法调用。如果试图在某个对象上调用并不具备的方法，那么在编译时，就会得到一条错误消息。通过对象调用方法时，需要先列出对象名，紧接着是句点“.”，然后是方法名和参数表。调用方法如下：

```
objectName.methodName(arg1， arg2， arg3，…);
```

例如，有一个方法 fm()，不带任何参数，返回类型是 int。如果有个名为 aclass 的对象，可以通过它调用 fm()，那么调用方法如下：

```
int x = aclass.fm();
```

返回值的类型必须要与 x 的类型兼容。这种调用方法的行为通常被称为“发送消息给对象”。面向对象的程序设计通常简单地归纳为“向对象发送消息”。

2.3.4 内存管理

在 C 语言中，程序员通过库函数 malloc()和 free()来分配和释放内存，C++中则通过运算符 new 和 delete 来分配和释放内存。再次释放已释放的内存块或未被分配的内存块，会造成系统的崩溃；同样，忘记释放不再使用的内存块也会逐渐耗尽系统资源。而在 Java 中，所有的数据结构都是对象，通过运算符 new 为它们分配内存堆。通过 new 得到对象的处理权，而实际分配给对象的内存可能随程序运行而改变，Java 对此自动地进行管理并且进行垃圾收集，有效防止了由于程序员的误操作而导致的错误，并且更好地利用了系统资源。

大多数过程型语言都有作用域（scope）的概念。作用域决定了在其内定义变量名的可见性和生命周期。在 C/C++和 Java 中，作用域由花括号的位置决定。例如：

```
{
  int x = 2;
  // 仅 x 有效
{
  int q = 6;
  // x 和 q 都有效
}
  // 仅 x 有效
  // q 超出了范围
}
```

在作用域里定义的变量只可用于作用域结束之前。

提 示

下面的代码尽管在 C/C++中是合法的，但是在 Java 中却是不合法的：

```
{
  int x = 2;
}
{
  int x = 6; // 非法声明
}
```

在编译上面的代码时，编译器将会通告变量 x 已经定义过。所以在 C/C++里将一个较大作用域的变量“隐藏”起来的做法，在 Java 里是不允许的。因为 Java 设计者认为这样做会导致程序混乱。

Java 对象不具备和基本类型一样的生命周期。当用 new 创建一个 Java 对象时，它可以存活于作用域之外。例如下面的代码：

```
{
    String sname=new String("tfnew21");
} // End of scope
```

引用 sname 在作用域终点就消失了。然而 sname 指向的 String 对象仍继续占据内存空间。在这一小段代码中，似乎无法再访问这个对象，因为对它唯一的引用已超出了作用域的范围。在后继章节中，将会介绍在程序执行过程中，如何传递和复制对象引用。

事实证明，由 new 创建的对象，只要你需要就会一直保留下去。这样许多 C++编程问题在 Java 中就完全消失了。在 C++中，最难的问题似乎在于程序员并不能从语言本身中获得任何帮助，以确保在需要调用对象时，该对象仍可用。更重要的是在 C++中，一旦使用完对象后，必须确保要销毁对象。这样便带来一个有趣的问题：如果 Java 让对象继续存在，那么靠什么才能防止这些对象填满内存空间，进而阻塞你的程序呢？这正是 C++里可能会发生的问题，这也正是 Java 神奇之所在。Java 有一个“垃圾回收器”，用来监视用 new 创建的所有对象，并辨别那些不会再被引用的对象。随后，释放这些对象的内存空间，以供其他新的对象使用。也就是说，根本不必担心内存回收的问题。只需要创建对象，一旦不再需要，它们就会自行消失。这样做就消除了这类编程问题：即由于程序员忘记释放内存而产生所谓的“内存溢出”问题。

2.3.5 数据类型的支持

在 C/C++中，对于不同的平台，编译器对于简单数据类型如 int、float 等分别分配不同长度的字节数，例如 int 在 IBM PC 中为 16 位，在 VAX-11 中为 32 位，这导致了代码的不可移植性，但在 Java 中对于这些数据类型总是分配固定长度的位数，如对 int 型，它总占 32 位，这就保证了 Java 的平台无关性。

2.3.6 类型转换

在 C/C++中，可以通过指针进行任意的类型转换，常常带来不安全性。而在 Java 中，运行时系统对对象的处理要进行类型相容性检查，以防止不安全的转换。

2.3.7 头文件

C/C++中用头文件来声明类的原型以及全局变量、库函数等。在大的系统中维护这些头文件是很困难的。而 Java 不支持头文件、类成员的类型，访问权限都封装在一个类中，运行时系统对访问进行控制以防止对私有成员的操作。同时 Java 中用 import 语句来与其他类进行通讯，以便使用它们的方法。名字管理对任何程序设计语言来说，都是一个重要问题。如果你在程序的某个模块里使用了一个名字，而其他人在这个程序的另一个模块里也使用了相同的名字，那么怎样才能区分这两个名字并防止二者互相冲突呢？这个问题在 C 语言中尤其严重，因为程序往往包含许多难以管理的名字。C++类将函数包于其内，从而避免了与其他类中的函数名冲突。然而 C++仍允许全局数据和全局函数的存在，所以还是有可能发生冲突。

Java 采用了一种全新的方法，能够避免上述所有问题。为了给一个类库生成不会与其他名字混淆的名字，Java 采用了与 Internet 域名相似的指定符。Java 设计者希望程序员反过来使用自己的 Internet 域名，因为这样可以保证它们肯定是独一无二的。

在 Java 1.0 和 Java 1.1 中，扩展名 com、edu、org、net 等约定为大写形式。然而在 Java 2 开发到一半时，设计者们发现这样做会引起一些问题，因此现在整个包名都是小写。

Java 2 的这种机制意味着所有的文件都能够自动存活于它们自己的名字空间内，而且同一个文件内的每个类都有唯一的标识符。所以不必学习特殊的语言知识来解决这个问题。Java 语言本身已经为你解决了这个问题。如果你想在自己的程序里使用预先定义好的类，那么编译器就必须知道怎么定位它们。

2.3.8 结构和联合

C/C++中的结构和联合中所有成员均为公有，这就带来了安全性问题。Java 中不包含结构和联合，所有的内容都封装在类中。

2.3.9 预处理

C/C++中用宏定义来实现的代码给程序的可读性带来了困难。在 Java 中，不支持宏定义，通过关键字 final 来声明一个常量，以实现宏定义中广泛使用的常量定义。

2.4 本章考试、面试问题分析

1. Server jvm 与 Client jvm 的区别？

在安装 JDK 后，有两个 jvm 虚拟机，分别是 server jvm 和 client jvm。如果是单机版应用程序，则可指定用 client jvm，如果是 B/S 模式，则应用服务器应指定用 server jvm，其中 server jvm 比 client jvm 进行了更多的优化，但同时这种优化有可能会引起一些在 client jvm 不会出现的问题，所以说在开发和测试的时候也尽量指定为 server jvm，启动 client jvm 和 server jvm 的方式如下：

- java -client yourclass
- java -server yourclass

其中 client jvm 是默认的启动方式。

2. GC 表示什么？为什么要有 GC?

GC 是垃圾收集（Gabage Collection），Java 提供的 GC 功能可以自动监测对象是否超出作用域从而达到自动回收内存的目的，Java 语言没有提供释放已分配内存的显式操作方法。

3. 论述 Java 垃圾回收的优点和原理

Java 语言中一个显著的特点就是引入了垃圾回收机制，这种机制使得 Java 程序员在编写程序的时候不再需要考虑内存管理。在 Java 中，内存的分配是由程序完成的，而内存的释放是由 GC 完成的，这种收支两条线的方法确实简化了程序员的工作。但同时，它也加重了 JVM 的工作。这也是 Java 程序运行速度较慢的原因之一。因为，GC 为了能够正确释放对象，GC 必须监控每一个对象的运行状态，包括对象的申请、引用、被引用、赋值等，GC 都需要进行监控。监视对象状态是为了更加准确地及时地释放对象，而释放对象的根本原则就是该对象不再被引用。所以可以把不再引用的对象设置为 null，以建议 GC 回收这些对象。对于程序员来说，GC 基本是透明的，不可见的。虽然可以运行 GC 的函数 System.gc()，但是根据 Java 语言规范定义，该函数不保证 JVM 的垃圾收集器一定会执行。因为，不同的 JVM 实现者可能使用不同的算法管理 GC。

4. 论述 JVM 加载 class 文件的原理机制？

JVM 中类的装载是由 ClassLoader 和它的子类来实现的，Java ClassLoader 是一个重要的 Java 运行时系统组件，它负责在运行时查找和装入类文件的类。

5. 执行 System.gc()是否可以马上回收内存？

当创建 Java 对象时，GC 开始监控这个对象的地址、大小以及使用情况。GC 应用有向图记录和管理堆中的所有对象。应用这种方式确定哪些对象是“可达的”，哪些对象是“不可达的”。当 GC 确定的对象为“不可达”时，GC 就会回收对象内存空间。在程序中，可以显式调用 System.gc() 方法，但是并不保证 GC 一定会执行。

6. Java 中配置环境变量时系统变量和用户的环境变量有什么区别？

系统变量是系统中所有用户公用的，比如你的登录名是默认的 Administrator，并在系统中建立一个叫 classpath 的用户变量，那么这个变量只能是 Administrator 的，但如果建立一个叫 classpath 的系统变量，那么这个变量将会是系统中所有用户公有的，任何用户都可以使用。

2.5 实验 1 Java 运行环境的安装、配置与运行

1. 实验目的

（1）掌握下载 Java SDK 软件包的方法。
（2）掌握设置 Java 程序运行环境的方法。
（3）掌握编写与运行 Java 程序的方法。
（4）了解 Java 语言的概貌。

2. 实验要求

（1）安装并设置 Java SDK 软件包。
（2）参考 2.2.1 节编写一个简单的 Java 程序，在屏幕上输出“hello,java!”。
（3）掌握运行 Java 程序的步骤。

3. 实验内容

（1）JDK 的下载与安装

JDK 的安装与下载请参考 1.1.2 节相关内容。

（2）设置环境变量

JDK 中的工具都是命令行工具，需要从命令行即 MS-DOS 控制台窗口下运行它们。为了能正确方便地使用 JDK，可手工配置一些 Windows 的环境变量，Windows 98 与 Windows XP/NT/2000

的配置略有不同。下面以 Windows XP/NT/2000 为例说明相关配置。

01 在桌面“我的电脑”图标上单击右键，选择“属性”菜单，将出现系统属性设置界面，如图 2-17 所示。

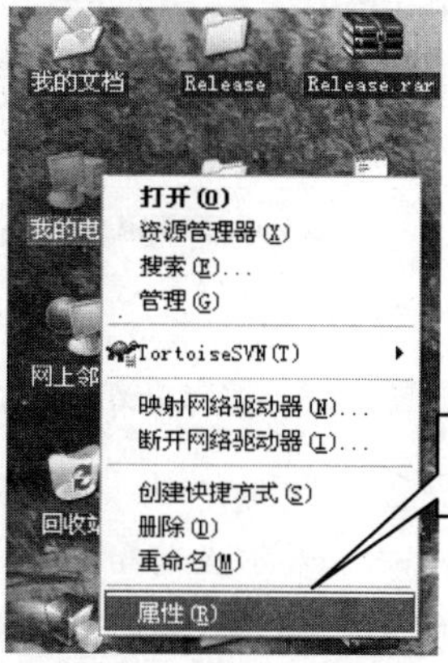

图 2-17　桌面“我的电脑”图标上单击右键

02 在“高级”选项卡中单击“环境变量”按钮。将出现“环境变量”设置界面，如图 2-18 所示。

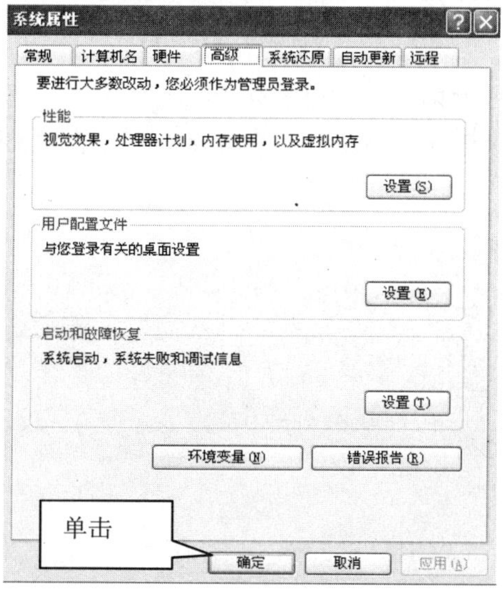

图 2-18　系统属性

03 在“系统变量”中，设置 3 项属性，JAVA_HOME、PATH、CLASSPATH（大小写均可）。若已存在则单击“编辑”，不存在则单击“新建”，设置如图 2-19 所示。

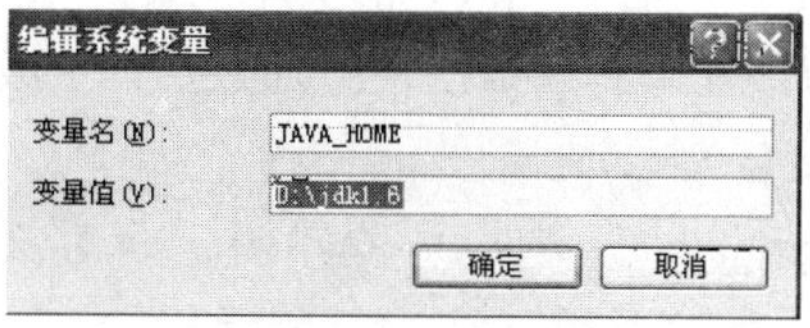

图 2-19　编辑 JAVA_HOME 变量

04 JAVA_HOME 指明 JDK 安装路径，即刚才安装时所选择的路径 D:\jdk1.6，此路径下包括 lib、bin、jre 等文件夹（此变量最好设置，因为以后运行 tomcat、eclipse 等都需要依靠此变量）。

05 在“系统变量”框中选择“Path”，然后单击“编辑”按钮，在出现的“编辑系统变量”对话框中，设为：%JAVA_HOME%\bin; %JAVA_HOME%\jre\bin，设置界面如图 2-20 所示。

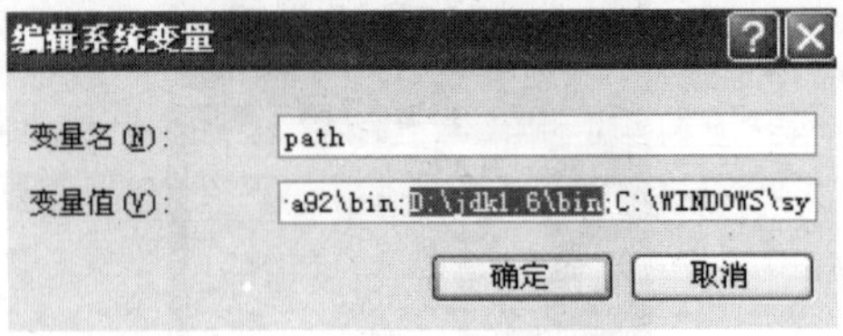

图 2-20　编辑 Path 变量

06 用同样方法设置环境变量“classpath”，其值为“.;%JAVA_HOME%\lib\dt.jar; %JAVA_HOME%\lib\tools.jar”（其中“.”表示当前路径），设置界面如图 2-21 所示。

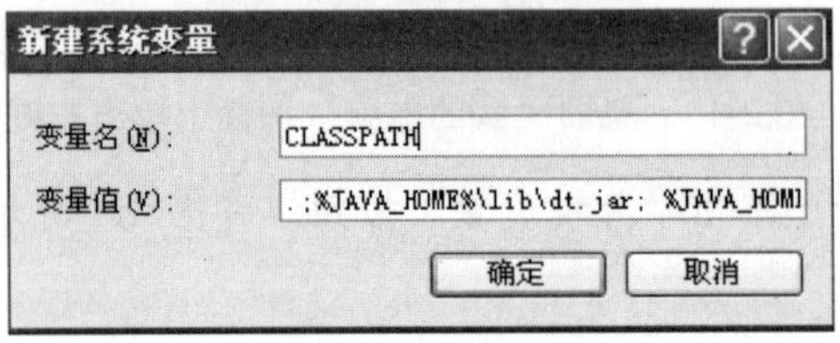

图 2-21　编辑 CLASSPATH 变量

07 设置完成后，单击“开始”→“所有程序”→“附件”→“命令提示符”打开 DOS 窗口，在命令提示符下输入“java”或“javac”，回车后，如果出现其用法参数提示信息，则表示安装正确。

（3）编写、编译 Java 源程序

打开一个纯文本编辑器，键入如下程序：

```
public class FirstHelloWorldApp {
    public static void main (String args[]) {
        System.out.println ("Hello FirstHelloWorldApp!");
    }
}
```

将文件命名为 FirstHelloWorldApp.java，保存为文本文件格式文件，例如把文件 FirstHelloWorldApp.java 保存在“D:\javadir”目录下。

（4）编译 Java 源程序

Java 源程序编写后，要使用 Java 编译器（javac.exe）进行编译，将 Java 源程序编译成可执行的程序代码。Java 源程序都是扩展名为 .java 的文本文件。编译时首先读入 Java 源程序，然后进行语法检查，如果出现问题就终止编译。语法检查通过后，生成可执行程序代码即字节码，字节码文件名和源文件名相同，扩展名为 .class。

当创建了 FirstHelloWorldApp.java 源文件后，本例中，保存文件到“D:\javadir”目录中，打开 DOS 命令窗口，用下列命令行进行编译，如图 2-22 所示。

```
D:\javadir\javac FirstHelloWorldApp.java
```

图 2-22　在 DOS 命令窗口编译并运行 FirstHelloWorldApp

如果编译器未返回任何提示信息，新文件 FirstHelloWorldApp.class 则被存储在与源文件相同的目录中，除非另有指定。

（5）运行 Java 程序

为了运行 FirstHelloWorldApp 应用程序，需使用 Java 解释器和位于 bin 目录下的 java.exe 文件，运行程序只需在命令窗口中输入下列命令即可执行程序，如图 2-23 所示。

```
D:\javadir\java   FirstHelloWorldApp
```

图 2-23　运行 FirstHelloWorldApp 应用程序

（6）安装、使用 MyEclipse 软件

在 MyEclipse 环境下编辑、编写、运行 Java 程序请参考 2.2.8 节介绍的内容。

2.6　问题集锦与解答

问：在我的计算机系统上有几个字处理程序可用，我应该使用哪个来编辑 Java 程序?

答：只要能把文件保存成文本格式并且不带任何特殊格式，使用哪个程序都可以。如果字处理程序能显示光标当前所在的打号，这是很有用处的（例如：UltraEdit 在屏幕的底部显示行号和列号）。因为 java 编译器会列出错误信息所在的行号，所以能显示行号这个特点有助于更快地调试程序。一般我们应用开发工具来完成程序的设计。

问：在 Java 程序的每行上适当地插入空格有多重要?

答：添加空格对于查看计算机程序的人尤其重要，应用开发工具时，会自动添加空格，以便于使程序结构更加清晰。可能已经编写了没有空格或用 TAB 键缩进 Java 程序，它也能成功编译。虽然每行首部的空格数不是很重要，但是在 Java 程序中你应该使用前后一致的空格。空格有助于你查看程序的组织结构和包括哪些语句的程序块。当你开始编写更复杂的程序时，你就会发现，没有空格工作起来是多么困难。

问：如果每条语句都需要以分号结束，为什么注释行可以不需要分号?

答：注释行是完全被编译器所忽略的部分，在你的程序中，“//”所在的某一行，你就是告诉 Java 编译器忽略所在行的//右边的所有内容。例如下面的程序：

```
System.out.println ("Hello FirstHelloWorldApp!"); //第 4 行
```

在此例中，编译器只处理语句

```
System.out.println ("Hello FirstHelloWorldApp!");
```

忽略注释后面的所有内容。

2.7 自我检测

1. 试图编译下面的代码块，将会出现什么结果？

```
public class Test {
    static int x;
    public static void main(String args[]){
        System.out.println("Value is " + x);
    }
}
```

（A）“Value is 0”被打印输出。

（B）一个异常 NullPointerException 被抛出。

（C）产生“illegal array declaration syntax”的编译错误。

（D）产生“possible reference before assignment”的编译错误。

2. java 语言在语言的类型上应属于那种类型的语言？

（A）编译型的语言

（B）解释型的语言

（C）脚本型的解释语言

（D）编译链接型的语言

2.8 本章小结

本章主要介绍了 Java 程序的编写过程以及 Java 与 C/C++、C#的比较。首先介绍了 Java 语言的现状和应用前景，其次介绍了 Java 程序的编写、编译、运行以及路径设置方法，同时以图解的方式介绍应用集成开发环境开发 Java 应用程序。在本章最后，介绍了 Java 与 C/C++、C#的比较。

第 3 章　Java 标识符、关键字和类型

本章重点

- Java 基本语法
- Java 数据类型
- 各种数据类型相互转化

本章主要阐述在 Java 程序中使用的基本元素，包括变量、关键字、原始类型和类类型。

3.1　Java 基本语法

3.1.1　注释

Java 中可以采用三种注释方式:

- //：用于单行注释。注释从 // 开始，终止于行尾。
- /*…*/：用于多行注释。注释从/*开始，到*/结束，且这种注释不能互相嵌套。
- /**…*/：是 Java 所特有的 doc 注释。它以/**开始，到*/结束。这种注释主要是为支持 JDK 工具 Javadoc 而采用的。Javadoc 能识别注释中用标记@标识的一些特殊变量，并把 doc 注释加入它所生成的 HTML 文件。

3.1.2　分号、块和空白

在 Java 编程语言中，语句是一行由分号（;）终止的代码。例如：

```
Sum=a+b+c+d+e;
```

与下式相同：

```
Sum=a+b+c+
 d+e+;
```

一个块（block）或一个复合语句是以上括号和下括号（{}）为边界的语句集合，块语句也被用来组合属于某个类的语句。

语句块可被嵌套。例如在第 2 章中的 FirstHelloWorldApp 类由 main 方法构成，这个方法就是

一个语句块，它是一个独立单元，单元本身可作为在类 FirstHelloWorldApp 块中的一组事务之一。其他一些块语句或组的例子如下：

```
// 一个程序块的声明
{
        x = y + 1;
        y = x + 1;
}
// 在一个类的定义中使用块
public class MyClasses {
        int age;
        int id;
        String name;
}
// 在一块中嵌套另一个块
while ( i < 100 ) {
        sum= sum + i;
        if ( sum == 2000 ) {
        aa=sum +100; // 在这里嵌套一个块
        sum = 0;
        }
}
```

在源代码元素之间允许空白，空白的数量不限。空白（包括空格、tabs 和新行）可以改善源代码的视觉感受。

3.1.3　标识符

在 Java 编程语言中，标识符是赋予变量、类或方法的名称。标识符可从一个字母、下划线（_）或美元符号（$）开始，随后也可跟数字。标识符是大小写区别对待的，并且未规定最大长度。

Java 对标识符区分大小写，标识符不能以数字开头，而且不能为保留字。合法的标识符如 TFloveYanna、Myaga-1、dollar$等，非法的标识符如 21tfnew21、room#、class（保留字）等。标识符应具有一定的含义，以增加程序的可读性。

3.1.4　Java 关键字

表 3-1 列出了使用在 Java 语言中的关键字。

表 3-1　Java 语言中的关键字

分类	关键字	含义
访问控制	private	私有的
	protected	受保护的
	public	公共的

（续表）

分类	关键字	含义
类、方法和变量修饰符	abstract	声明抽象
	class	类
	extends	扩允，继承
	final	终极，不可改变的
	implements	实现接口
	interface	接口
	native	本地
	new	创建
	static	静态
	strictfp	严格，精准
	synchronized	线程，同步
	transient	短暂
	volatile	易失
程序控制语句	break	跳出循环
	continue	继续
	return	返回
	do	运行
	while	循环
	if	如果
	else	反之
	for	循环
	instanceof	实例
	switch	开关
	case	返回开关里的结果
	default	默认
错误处理	catch	处理异常
	finally	有没有异常都执行
	throw	抛出一个异常对象
	throws	声明一个异常可能被抛出
	try	捕获异常
包相关	import	引入
	package	包
基本类型	boolean	布尔型
	byte	字节型
	char	字符型
	double	双精度
	float	浮点
	int	整型
	long	长整型
	short	短整型
	null	空
	true	真
	false	假
变量引用	super	父类，超类
	this	本类
	void	无返回值

关键字对 Java 编译器有特殊的含义，它们可标识数据类型名或程序构造（construct）名。以下是有关关键字的重要注意事项：

- true、false 和 null 为小写，而不像在 C++语言中那样为大写。严格地讲，它们不是关键字，而是文字。然而，这种区别是理论上的。
- 无 sizeof 运算符，所有类型的长度和表示是固定的，不依赖执行。
- goto 和 const 不是 Java 编程语言中使用的关键字。const 和 goto 是 Java 的保留字。所有的关键字都是小写。

3.1.5 Java 编码约定

Java 编程语言的一些编码约定是：

class——类名应该是名词，大小写可混用，但首字母应大写。例如：

```
class    EBook
class    EVariable
```

interface——接口名大小写规则与类名相同。例如：

```
interface    Account
```

method——方法名应该是动词，大小写可混用，但首字母应小写。在每个方法名内，大写字母将词分隔并限制使用下划线。例如：

```
getEBook()
setAccount()
```

3.2 数据类型

数据类型就是对内存位置的抽象表达。程序员可以利用多种数据类型：某些由编程语言定义，某些由外部库定义，还有些则由程序员来定义。很多编程语言都依赖于特定的计算机类型和对数据类型属性的具体编译实现，比如 char 和 integer 数据类型的大小等。另一方面，Java 的虚拟机负责定义其内置数据类型的各方面内容。这就意味着不管 Java 虚拟机（JVM）运行在何种低级的操作系统之上，数据类型的属性都是完全一样的。

Java 不支持 C/C++中的指针类型、结构体类型和共用体类型。Java 包含两种数据类型，分别为简单数据类型和复合数据类型。通常不同的数据类型具有不同性质。可以在一定的范围内将一种数据类型转化为另外一种数据类型，但不能够强制转化布尔数据类型，也不能强制转化两个没有关联的类。为了防止数据转化出现错误，Java 允许把一个位数小的数据类型转化为一个位数大的数据类型，但是不允许把一个位数大的数据类型转化为一个位数小的数据类型。如果你需要把一个大的数据类型转化为一个小的数据类型，必须声明为数据类型强制转化的方式进行转化。

3.2.1 简单数据类型

简单数据类型是不能再简化的、内置的数据类型，由编程语言定义，表示真实的数字、字符和整数。更大、更复杂的数据类型可以采用简单数据类型的组合来定义。在大多数情况下，简单数据类型都具有其硬件等价物，比如 int 简单类型存放在 32 位硬件寄存器内。

简单数据类型有布尔型（有二个状态 True/False）、字符型（单字符和 Unicode 字符）、整型（全部数字）、浮点型（十进制数）。在程序代码中简单数据类型全部小写。Boolean 数据类型写成 boolean 且有两个值 true 或 false。Java 在数字上不储存这些值，但是使用布尔型数据类型储存这些值。字符数据写成 char，单个 Unicode 字符的值是 16 位的 。在 Java 中 Unicode 字符（字母，特别是字符和标点符号）用单引号括起，例如'a'。Java 中的 Unicode 字符默认的值是“\u0000”，范围从\u0000 到\uFFFF。

总之，Unicode 编码系统的取值范围从 0 到 65535，但是数值必须是十六进制符号。而且要在它值的前面加上\u 。但不是所有有特殊字符都用这种方式，Java 提供了自定义的字符集，将在后面详细介绍。表 3-2 是基本数据类型定义。

表 3-2 列表基本数据类型定义

基本类型	大小	最小值	最大值	包装器类型
boolean	—	—	—	Boolean
char	16-bit	Unicode 0	Unicode 2^{16-} 1	Character
byte	8-bit	-128	+127	Byte
short	16-bit	-2^{15}	$+2^{15}$—1	Short
int	32-bit	-2^{31}	$+2^{31}$—1	Integer
long	64-bit	-2^{63}	$+2^{63}$—1	Long
float	32-bit	$3.4e^{-038}$	$3.4e^{+038}$	Float
double	64-bit	$1.7e^{-038}$	$1. 7e^{+038}$	Double
void	—	—	—	Void

3.2.2 复合数据类型

上面介绍的每一种数据类型只有一个数字、一个字符或一个状态。复合数据类型由多个元素组成。复合型数据类型分为类和数组。类和数组的名字前有一个类型属性的范围，而且组成名称的每个词的第一个字母全部以大写字母命名。例如 public NameOfClass、private NameOfClass 等。

一个类型是一个复合类型，它的代码中定义一系列对象的属性和方法。关于类的更多信息，请参考后面章节的相关介绍。一些类可以当作数据类型使用且能在程序中导入。因为字符串是一个类，但是常常被当作数据类型使用。

提 示

在 Java 中有一些类常常被当作一般的数据类型使用，例如字符串类 String、哈稀表类（Hashtable、HashMap、Hashset）、集合类 Collection、队列类 Arrays、日期类 Date 等。在程序中使用时导入相应的类既可。

3.2.3 常量与变量

1. 常量

Java 中的常量值是用文字来表示的，它区分为不同的类型比如整型常量 123、实型常量 1.23、字符常量'a'、布尔常量 true 或 false 以及字符串常量"姓名：娜娜"。与 C/C++不同，Java 中不能通过#define 命令把一个标识符定义为常量，而是用关键字 final 来实现，例如 final doublePI=3.1415992678。

2. 变量

变量是 Java 程序中的基本存储单元，它的定义包括变量名 、变量类型和作用域几个部分。

- 变量名是一个合法的标识符，它由字母、数字、下划线或美元符"$"组成的序列。Java 对变量名区分大小写，变量名不能以数字开头，而且不能为保留字。合法的变量名如 TFloveYanna、Myaga-1、dollar$等。非法的变量名如 21tfnew21、room#、class（保留字）等。变量名应具有一定的含义，以增加程序的可读性。
- 变量类型可以是上面所介绍的任意一种数据类型。
- 变量的作用域指明可访问该变量的一段代码。声明一个变量的同时也就指明了变量的作用域。按作用域的划分，变量可以有下面几种：局部变量、类变量、方法参数、例外处理参数。局部变量在方法或方法的一块代码中声明，它的作用域为它所在的代码块（整个方法或方法中的某块代码）。
- 类变量在类中声明，而不是在类的某个方法中声明，它的作用域是整个类。方法参数传递给方法，它的作用域就是这个方法。在一个确定的域中，变量名应该是唯一的。通常一个域用大括号{}来划定。
- 变量的声明格式为：

```
type identifier[=value][，identifier[=value]…];
//例如
int i_age=30，i_salary，a_count;
double d_all，d_avrage=0.0;
```

其中多个变量间用逗号隔开，d_avrage=0.0 对实型变量 d_avrage 赋初值 0.0，只有局部变量和类变量是可以这样赋初值，而方法参数和例外处理参数的变量值是由调用者给出。

提 示

变量的命名最好与实际定义的数据类型或对象名称的含义相联系。例如定义一个整型变量 int i_number、定义一个长整型变量 long l_number、定义一个字符串变量 String str_myname、定义一个字符变量、char chr_mysex 等。前面的变量命名规则为下划线左边的字符表示的是所定义的变量所属的数据类型，右边是所定义变量的具体含义。

3.2.4 整型数据

1. 整型常量

与 C/C++、C#相同，Java 的整型常量有三种形式：

- 十进制整数，例如 123、-456、0。
- 八进制整数，以 0 开头，例如 0123 表示十进制数 83，-011 表示十进制数-9。
- 十六进制整数，以 0x 或 0X 开头，例如 0x123 表示十进制数 291，-0X12 表示十进制数-18。

整型常量在机器中占 32 位，具有 int 型的值。对于 long 型值，则要在数字后加 L 或 l，如 123L 表示一个长整数，它在机器中占 64 位。

2. 整型变量

整型变量的类型有 byte、short、int、long 四种。

int 类型是最常使用的一种整数类型。它所表示的数据范围对 32 位处理器来说是-2^{31}~2^{31}-1。但对于大型计算，常会遇到很大的整数，超出 int 类型所表示的范围，这时要使用 long 类型。

由于不同的机器对于多字节数据的存储方式不同，可能是低字节向高字节存储，也可能是从高字节向低字节存储，这样在分析网络协议或文件格式时，为了解决不同机器上的字节存储顺序问题，用 byte 类型来表示数据是合适的。而通常情况下，由于其表示的数据范围很小，容易造成溢出，应避免使用。short 类型则很少使用，它限制数据的存储为先高字节，后低字节，这样在某些机器中会出错。整型变量的定义方法如下：

```
byte b_port;//指定变量 b_port 为 byte 型
short s_avrge;//指定变量 s_avrage 为 short 型
int i_age;//指定变量 i_age 为 int 型
long l_year;//指定变量 l 为 long 型
```

3.2.5 浮点型（实型）数据

1. 实型常量

与 C/C++、C#相同，Java 的实型常量有两种表示形式：

- 十进制数形式，由数字和小数点组成且必须有小数点，如 0 .123、.123、123.、123.0 等。
- 科学计数法形式。如 123e3 或 123E3，其中 e 或 E 之前必须有数且 e 或 E 后面的指数必须为整数。实常数在机器中占 64 位，具有 double 型的值。对于 float 型的值， 要在数字后加 f 或 F，如 12.3F，它在机器中占 32 位且表示精度较低。

2. 实型变量

实型变量的类型有 float 和 double 两种，双精度类型 double 比单精度类型 float 具有更高的精度和更大表示范围。

提示

与 C/C++不同，Java 中没有无符号型整数，而且明确规定了整型和浮点型数据所占的内存字节数，这样就保证了安全性、健壮性和平台无关性。

尽管 Java 是基于 C++的，但是相比之下，Java 是一种更“纯粹”的面向对象程序设计语言。C++和 Java 都是杂合型语言（hybrid language）。但是 Java 的设计者认为这种杂合性并不像在 C++中那么重要。杂合型语言允许多种编程风格。C++之所以成为一种杂合型语言主要是因为它支持与 C 语言的向后兼容。因为 C++是 C 的一个超集，所以势必包括许多 C 语言不具备的特性，这些特性使 C++在某些方面显得过于复杂。Java 语言假设只进行面向对象的程序设计。也就是说，在你开始用它设计之前，必须将你的思想转换到面向对象的世界中来（除非你的思维方式早已转换过来了）。这个入门基本功可以使你具备使用编程语言编程的能力，这种能力使你在学习和使用其他 OOP 语言时更加容易。

3.2.6　字符型数据

1．字符常量

字符常量是用单引号括起来的一个字符，如'a'、'A'。另外与 C/C++、C#相同，Java 也提供转义字符，以反斜杠（\）开头，将其后的字符转变为另外的含义。下面列出了 Java 中的转义字符。这些字符是占用 2 个字节的 Unicode 字符。因为 Unicode 被设计用来处理现在世界上所有书面语言中的字符，所以一个汉字也是被当作一个字符来处理的。对于单个字符，除了有 char 这个原始类型以外，Java 平台中的 Java.lang 包还专门提供了一个 Character 类来进行储存和操作。与 C/C++不同，Java 中的字符型数据是 16 位无符号型数据，它表示 Unicode 集，而不仅仅是 ASCII 集。例如“\u0061”表示 ISO 拉丁码的'a'。转义字符描述，如表 3-3 所示。

表 3-3　转义字符描述

转义符	描述
\ddd	1 到 3 位 8 进制数据所表示的字符(ddd)
\uxxxx	1 到 4 位 16 进制数所表示的字符(xxxx)
\'	单引号字符
\\	反斜杠字符
\r	回车
\n	换行
\f	走纸换页
\t	横向跳格
\b	退格

表 3-4 是经常使用的特殊字符和它们的 Unicode 值。

表 3-4　特殊字符和它们的 Unicode 值

Unicode 值	名称	格式名称
\u0009	制表符	<TAB>
\u000B	垂直制表符	<VT>
\u000C	换页符	<FF>
\u0020	空格	<SP>
\u000A	换行符	<LF>
\u000D	回车符	<CR>
\u000b	退格符	<BS>
\u0009	水平制表符	<HT>
\u0022	双引号	"
\u0027	单引号	'
\u005C	反斜杠	/

2. 字符型变量

字符型变量的类型为 char，它在机器中占 16 位，其范围为 0～65535。字符型变量的定义为:

```
charc_sex='m';//指定变量 c_sex 为 char 型，且赋初值为'm'
```

与 C/C++不同，Java 中的字符型数据不能用作整数，因为 Java 不提供无符号整数类型。但是同样可以把它当作整数数据来操作。例如：

```
int three=3;
char one='1';
char four=(char)(three+one);//four='4'
```

在上面的程序中计算加法时，字符型变量 one 被转化为整数，进行相加，最后把结果又转化为字符型。Character 类只能用于存储和操作单一的字符数值，Character 类的对象包含了单一字符数值。

3. 字符串常量

与 C/C++、C#相同，Java 的字符串常量是用双引号（""）括起来的一串字符，例如"This is a string.\n"。但不同的是 Java 中的字符串常量是作为 String 类的一个对象来处理，而不是一个数据。

提 示

通常在程序中字符串中需要有一些特殊的字符，如 String str_path="C:\\myJava\\doc"等就需要用反斜杠\标识这些转义符。用 Unicode 编码表示 String str_info="\u542F\u52A8"，其中\u 就是转义符，str_info 的中文值是“启动”。在 Java 源代码编译成中间代码后，源代码中所有的中文都被转化为 Unicode 编码，比如在源程序中的中文“启动”编译后就表示成了“\u542F\u52A8”。

3.2.7 布尔型数据

布尔型数据只有两个值 true 和 false，而且它们不对应于任何整值。在流控制中常用到它。布尔型变量的定义方法为：

```
boolean b_isok=true;//定义 b_isok 为布尔型变量，且初值为 true
```

3.2.8 各类数值型数据间的混合运算

1. 自动类型转换

整型、实型、字符型数据可以混合运算。运算中不同类的数据先转化为同一类型，然后进行运算。转换从低级到高级。转换规则为：

```
(byte 或 short)op int→int
(byte 或 short 或 int)op long→long
(byte 或 short 或 int 或 long)op float→float
(byte 或 short 或 int 或 long 或 float)op double→double
char op int→int
```

其中箭头左边表示参与运算的数据类型，op 为运算符（如加、减、乘、除等），右边表示转换成的进行运算的数据类型。下面就是一个在实际编程中的各种数据类型之间进行转化的代码例子，如清单 3-1 所示。

清单 3-1

```
package com.javapp.ch3;
public class CastPromotion {
	public static void main(String args[]) {
		// 定义数据类型
		byte b = 10;
		char c = 'a';
		int i = 90;
		long l_long = 555L;
		float f = 3.5f;
		double d = 1.234;
		float f1 = f * b; // float*byte->float
		int i_int = c + i; // char+int->int
		long l_num = l_long + i_int; // long+int->ling
		double d1 = f1 / i_int - d; // float/int->float， float-double->double}
		int i_cast = (int) l_num + i_int;// long 转化为 int 型时需要显式强制转化
		long l_cast = i_cast;// int 型转化为 long 型是不需要显式强制转化
		float f_num = i_cast;// int 型转化为 float 型时不需要显式强制转化
		int i_float = (int) f_num;// float 型转化为 int 型时需要显式强制转化
		byte b_flat = (byte) f_num;// float 型转化为 byte 型需要显式强制转化
		float f_num1 = b_flat;// byte 型转化为 float 型不需要显式强制转化
		int i_char = c;// 字符型转化为整型不需要显式强制转化
		char c_int = (char) i_char;// 整型转化为字符型需要显式强制转化
		System.out.println(c_int);
		System.out.println(i_char);
		Double ds=4.046;//Java math 中提供各种数值处理方法，如小位数的保留等.
		java.math.BigDecimal bg=new java.math.BigDecimal(ds);
		ds=bg.setScale(2,bg.ROUND_UP).doubleValue();//保留 2 位小数
		System.out.println(ds);
		System.out.println(bg.pow(2));//求平方
	}
}
```

2．强制类型转换

高级数据要转换成低级数据，需用到强制类型转换，如：

```
int i;
byte b=(byte)i;//把 int 型变量 i 强制转换为 byte 型
```

这种使用可能会导致溢出或精度的下降，最好不要使用。

提 示

位数短的可自动转化为位数长的，如 int 型可直接转化为 long 型，但 long 不能直接转化为 int 型，需要声明为强制转化，如定义二个变量；

```
long l_num=10; int i_num;
```

如果要想将 l_num 的值赋给 i_num，则需要进行强制转化 i_num=(int)l_num。如果 l_num 的值超出 int 所能表示的数据范围，则转化后的数据会出现数据不一致。

3.2.9 枚举类型

在 Java 1.5 以前的程序设计中，为了获得 C/C++的枚举的功能，一般需要在类中声明几个常量，实现代码如下：

```
public static final String MYLOVE = "娜娜";
public static final String MYNAME = "天峰";
public static final String MYHOST = "www.tfnew17.com";
public static final String MYFRIEND = "李少恒";
```

然而这样做有以下一些问题：

- 不是类型安全的，因为被声明为 String 类型，可以给它们赋任意的字符串值，而且有可能两个常量的值相同。
- 没有命名空间，为了区别分类，定义的常量以 MY 做前缀。
- 一旦被编译后，如果想插入常量或者他们的顺序和值被更改，使用它们的程序需要重新编译。
- 打印值代表的意义不明显。

从 Java 1.5 开始，可以使用枚举类型解决上面的问题，下面就是一个枚举类型的例子，代码如清单 3-2 所示。

清单 3-2

```
package com.javapp.ch3;
/**
 * Title: Java 进阶诀窍
 * Description: 枚举类型实例
*/
public class EnumExmple {
	public EnumExmple() {
		super();
	}
	public enum MyColors// 定义颜色枚举类型成员
	{
		Red, black, blue, green, yellow, red
	}
	public enum schoolmate_list// 定义同学录枚举类型成员
	{
		天峰, 李少恒, 冯艳娜, 麻少华, 杨深刚, 张娟, 亚婷, 培英, 慧明, 杜承宁
	}
	public static void main(String[] args) {
		MyColors color = MyColors.Red;
		switch (color) {
		case Red:
			System.out.println("best color is " + color.red);
			break;
		case black:
			System.out.println("NO " + color.black);
			break;
		default:
```

```
                System.out.println("What");
                break;
            }
            for (MyColors option : color.values())// 打印出颜色成员值
            {
                System.out.println("得到的值为:" + option);
            }
            schoolmate_list list = schoolmate_list.杜承宁;
            for (schoolmate_list option : list.values())// 打字出同学录成员姓名
            {
                System.out.println("姓名：" + option);
            }
    }
}
```

在上面的代码中，应用“enum”关键字来声明一个枚举类型，声明方法为：

```
public enum    enumlist// 定义枚举类型成员
{
        成员 1，成员 2，....，成员 n
}
```

定义好枚举类型变量后，在程序中调用的方法为：

```
enumlist    list= enumlist. 成员 n;
```

3.3 本章考试、面试问题分析

1. &和&&的区别

&是位运算符，表示按位与运算，&&是逻辑运算符，表示逻辑与。

2. char 型变量中能不能存贮一个中文汉字?为什么?

char 型变量能够定义成为一个中文，因为 java 中以 unicode 编码，一个 char 占 16 个字节，所以定义成为一个中文。

3. Java 有没有 goto 关键字?

goto 是 java 中的保留字，现在没有在 Java 中使用。

4. int 和 Integer 有什么区别?

Java 提供两种不同的类型，分别是引用类型和原始类型。int 是 java 的原始数据类型，Integer 是 Java 为 int 提供的封装类。Java 为每个原始类型提供了封装类。引用类型实例变量的默认值为 null，而原始类型实例变量的默认值与它们的类型有关。

5. 简述逻辑操作（&,|,^）与条件操作（&&,||）的区别

逻辑操作（&,|,^）与条件操作（&&,||）的区别主要有两点：

（1）条件操作只能操作布尔型，而逻辑操作不仅可以操作布尔型,而且可以操作数值型。
（2）逻辑操作不会产生短路（同时会出现 true 和 false 两个值）。

6. Java 中有没有无符号型整数？

与 C/C++不同，Java 中没有无符号型整数，而且明确规定了整型和浮点型数据所占的内存字节数，这样就保证了安全性、健壮性和平台无关性。

3.4 实验 2 Java 标识符、关键字和类型练习

1. 实验目的

（1）了解 Java 语言中各中数据类型的使用。
（2）掌握 Java 标识符的定义方法和命名规则。
（3）了解 Java 语言中常用的关键字。

2. 实验要求

编写一个声明不同数据类型变量的 Java 程序。

3. 实验内容

（1）了解变量的定义方法

编写声明不同数据类型变量的 Java 程序代码文件 Test3_1.java，源代码如下：

```
public class Test3_1 {
    public static void main(String args[]) {
        byte b=0x7;
        short s=0x6ff;
        int i=55;
        long l=0xffffL;
        char c='b';
        float f=0.21F;
        double d=0.2E-5;
        boolean   bl=true;
        System.out.println("字节型变量  b = "+b);
        System.out.println("短整型变量  s = "+s);
        System.out.println("  整型变量  i = "+i);
        System.out.println("长整型变量  l = "+l);
        System.out.println("字符型变量  c = "+c);
        System.out.println("浮点型变量  f = "+f);
        System.out.println("双精度变量  d = "+d);
        System.out.println("布尔型变量  bl = "+bl);
    }
}
```

（2）掌握变量的使用范围

编写一个实现演示变量使用范围的程序 Test3_2.java，实现源代码如下：

```
public class Test3_2 {
    static int pubvalue=2;
    public static void main(String args[]) {
        {
                int ivalue=2;
                System.out.println("pubvalue ="+ pubvalue);
                System.out.println("ivalue="+ivalue);
        }
        System.out.println("pubvalue ="+ pubvalue);
        System.out.println("ivalue="+ivalue);
        //编译时将出错，由于超出了 ivalue 的使用范围
    }
}
```

3.5 问题集锦与解答

问：应用什么编辑器来编辑 Java 程序？

答：只要能把文件保存成文本格式并且不带任何特殊格式，使用任何文本编辑器都可以。

问：为什么要在 Java 程序的每行上适当地插入空格？

答：空格对于查看计算机程序的人尤其重要——对 Java 编译器没什么作用。虽然每行首部的空格数不是很重要，但是在 Java 程序中你应该使用前后一致的空格。空格有助于查看程序的组织结构和包括哪些语句的程序块。

问：如果每条语句都需要以分号结束，为什么注释“//第 4 行”时不需要分号？

```
System.out.println ("Hello FirstHelloWorldApp!"); //第 4 行
```

答：注释行是完全被编译器所忽略的部分，如果在你的程序中，你的所在某一行上，你就是告诉 Java 编译器忽略所在行的//右边的所有内容。例如下面的程序：

```
System.out.println ("Hello FirstHelloWorldApp!"); //第 4 行
```

在此例中，编译器只处理语句

```
System.out.println ("Hello FirstHelloWorldApp!");
```

忽略注释后面的所有内容。

3.6 自我检测

1. 下面语句哪个是正确的？

（A）char='abc';　　（B）long l=oxfff;　　（C）float f=0.23;　　（D）double=0.7E-3;

2. 下面哪些是 java 语言中的关键字？

（A）sizeof；　（B）abstract；　（C）NULL；　（D）Native

3. 以下标识符中哪项是不合法的？

（A）tfigOlLong$223　（B）_abutfint　（C）$15555s　（D）21d

4. main 方法是 Java Application 程序执行的入口点，关于 main 方法的方法头以下哪项是合法的？

（A）public static void main；　（B）public static void main(String[] args)

（C）public static int main(String[] args)；　（D）public void main(String args[])

3.7 本章小结

本章主要介绍了 Java 的基本语法和基本数据类型。首先介绍了 Java 的基本语法和关键字，其次介绍了 Java 的基本数据类型。在本章最后，介绍了本章可能出现的考试、面试问题并对其进行了分析。

第 4 章　表达式和流控制

本章重点

- 表达式
- 运算符
- 分支语句
- 循环语句

本章主要讲述表达式和流控制语句。

4.1　表达式

4.1.1　变量和作用域

有两种变量的描述方法：原始类型变量和引用类型变量。变量声明的位置在方法内（方法是面向对象的术语，它可引用方法或子程序）或在方法外但在类定义之内。变量也可被定义为方法参数或构造方法参数。

在方法内定义的参数被称为局部（local）变量，有时也作为自动（automatic）、临时（temporary）或栈（stack）变量使用。在方法外定义的变量是在使用 new Xxxx ()调用构造一个对象时被创建。在构造一个对象时，可创建两种变量。一是类变量，它是用 static 关键字来声明的；只要需要对象，类变量就将存在。二是实例变量，它不需用 static 关键字来声明；只要对象被当作引用，实例变量就将存在。实例变量有时也被用作成员变量，因为它们是类的成员。

方法参数变量定义在一个方法调用中传送的自变量，每次当方法被调用时，一个新的变量就被创建并且一直存在到程序的运行跳离了该方法。当执行进入一个方法时，局部变量被创建，当执行离开该方法时，局部变量被取消。因而，局部变量有时也被引用为“临时或自动”变量。在成员函数内定义的变量对该成员变量是“局部的”，因而，你可以在几个成员函数中使用相同的变量名而代表不同的变量。该方法的应用如下所示：

```
class MyClass {
    int i; // 定义 MyClass 的实例变量
    int firstMethod() {
        int j=0; // 局部变量
```

```
        // 在这里可以访问 i 和 j
        ......
        return 1;
    } // end of firstMethod()
    int secondMethod(float f) { //方法的参数
        int j=0; //局部变量，  不同于在 firstMethod()定义的 j
        // 它的范围局限于 secondMethod()内部
        // 在这里可以访问 MyClass 中定义的实例变量 i 及在本方法内定义局部变量 j
        ........
        return 2;
    } // end of secondMethod()
} // end of class OurClass
```

4.1.2 变量初始化

在 Java 程序中，任何变量都必须经初始化后才能被使用。当一个对象被创建时，实例变量在分配存储器的同时被初始化，每种编程语言都有自己的数据操纵方式。有时候，程序员必须注意将要处理的数据是什么类型。你是直接操纵对象，还是用某种基于特殊语法的间接表示（例如 C 和 C++里的指针）来操纵对象。

所有这一切在 Java 里都得到了简化。一切都被视为对象，因此可采用单一固定的语法。尽管一切都“看作”对象，但操纵的标识符实际上是对象的一个“引用”（reference）。你可以将这一情形想象成用遥控器（引用）来操纵电视机（对象）。你只要握住这个遥控器，就能保持与电视机的连接。当有人想改变频道或者减小音量时，你实际操控的是遥控器（引用），再由遥控器来调控电视机（对象）。如果你想在房间里四处走走，同时仍能调控电视机；那么你只需携带遥控器（引用）而不是电视机（对象）。此外，即使没有电视机，遥控器亦可独立存在。也就是说，你拥有一个引用，并不一定需要有一个对象与它关联。因此，如果你想操纵一个词或句子，你可以创建一个 String 引用：

```
String sname;
```

但这里所创建的只是引用，并不是对象。如果此时向 sname 发送一个消息，就会返回一个运行时刻错误。这是因为此时 sname 实际上没有与任何事物相关联（即没有电视机）。因此，一种安全的做法是在创建一个引用的同时便进行初始化。例如：

```
String sname = "天峰";
```

但这里用到了 Java 语言的一个特性，那就是字符串可以用带引号的文本初始化。通常，你必须对对象使用一种更通用的初始化方法。

一旦创建了一个引用，就希望它能与一个新的对象相连接。通常用 new 关键字来实现这一目的。new 关键字的意思是“给我一个新对象”。所以前面的例子可以写成：

```
String sname = new String("天峰");
```

它不仅表示“给我一个新对象”，而且通过提供一个初始字符串，给出了怎样产生这个 String 的信息。

提 示

String s = new String("xyz")语句创建了两个对象，一个是“xyx”，一个是指向“xyx”的引用对象 s。
当然，字符串类型并非唯一存在的类型，Java 提供了数量众多的现成类型。重要的是，你可以自行创建类型。事实上，这是 Java 程序设计中一项基本行为，你会在本书以后章节中慢慢学到。

若类的某个成员是基本数据类型，即使没有进行初始化，Java 也会确保它获得一个默认值。基本数据类型默认值如表 4-1 所示。

表 4-1 基本数据类型

基本类型	默认值
boolean	false
char	‘\u0000’ (null)
byte	(byte)0
short	(short)0
int	0
long	0L
float	0.0f
double	0.0d

提 示

当变量作为一个类的成员使用时，Java 才确保给定其默认值，以确保那些是基本类型的成员变量得到初始化（C++没有此功能），防止产生程序错误。但是，这些初始值对你的程序来说，可能是不正确的，甚至是不合法的。所以最好明确地对变量进行初始化。
然而上述确保初始化的方法并不适用于“局部”变量（即并非是某个类的属性）。因此，如果在某个方法中有这样定义：

```
int x;
```

那么变量 x 得到的可能是任意值（与 C 和 C++中一样），而不会被自动初始化为零。所以在使用 x 前，应先对其赋一个适当的值。如果你忘记了这么做，Java 会在编译时返回给你一个错误，告诉你此变量没有初始化，这正是 Java 优于 C++的地方（许多 C++编译器会对未初始化变量给予警告，而 Java 则视为是错误）。

一个具有空值的引用不引用任何对象。试图使用它引用的对象将会引起一个异常。异常是出现在运行时的错误，这将在后面章节中讨论。

4.1.3 运算符

运算符指明操作数所进行的运算。按照运算符功能来分，基本的运算符有下面几类：

- 算术运算符（+，-，*，/，%，++，--）
- 关系运算符（>，<，>=，<=，==，!=）
- 布尔逻辑运算符（!，&&，||）

- 位运算符（> >，< <，> > >，&，|，^，~）
- 赋值运算符（=，及其扩展赋值运算符如+=）
- 条件运算符（?:）

下面详细介绍这几类运算符具体应用。

4.1.4 算术运算符

算术运算符用于整型或浮点型数据的算术运算。算术运算符主要分为二元算术运算符和一元算术运算符。

1. 二元算术运算符

二元算术运算符如表 4-2 所示。

表 4-2　二元算术运算符

运算符	用法	描述
+	op1+op2	加法
-	op1-op2	减法
*	op1*op2	乘法
/	op1/op2	除法
%	op1%op2	取模（求余）

Java 对加法运算符进行了扩展，使它能够进行字符串的连接，如" abc"+"de"，得到串"abcde"。与 C/C++不同，对取模运算符%来说，其操作数可以为浮点数，例如 37.2%10=7.2。

2. 一元算术运算符

一元算术运算符如表 4-3 表所示。

表 4-3　一元算术运算符

运算符	用法	描述
+	+op	正值
-	-op	负值
++	++op	op++ 加 1
--	--o	op-- 减 1

下面应用一元运算符定义一个变量和运算表达式，代码如下：

```
int i=0;
int j=i++;
j=++i
```

运行 i++运算后，在表达式中使用 i 的值之后，使 i 的值加 1，因此执行完 i++后，整个表达式的值为 i，即 j 的值为 0。而 i 的值变为 1。++i 在表达式使用 i 之前，使 i 的值加 1，因此执行完++i 后，整个表达式和 i 的值均加 1，即 i 和 j 的值都为 2。对于 i--与--i 与 i++和++i 情况相同。

4.1.5 关系运算符

关系运算符用来比较两个值，返回布尔类型的值 true 或 false。关系运算符都是二元运算符，如表 4-4 所示。

表 4-4 关系运算符

运算符	用法	返回 true 的条件
＞	op1＞op2	op1 大于 op2
＞+	op1＞=op2	op1 大于或等于 op2
＜	op1＜op2	op1 小于 op2
＜=	op1＜=op2	op1 小于或等于 op2
==	op1==op2	op1 与 op2 相等
!=	op1!=op2 op1	与 op2 不等

在 Java 中任何数据类型（包括基本类型和组合类型）都可以通过==或!=来比较是否相等（这与 C/C++不同）。关系运算的结果返回 true 或 false，而不是 C/C++返回的 1 或 0。关系运算符常与布尔逻辑运算符一起使用作为流控制语句的判断条件。

4.1.6 布尔逻辑运算符

布尔逻辑运算符进行布尔逻辑运算，如表 4-5 所示。

表 4-5 布尔运算符

op1	op2	op1&&op2	op1‖op2	!op1
false	false	false	false	true
false	true	false	true	true
true	false	false	true	false
true	true	true	true	false

- &&、‖ 为二元运算符，实现逻辑与、逻辑或运算。
- !为一元运算符，实现逻辑非运算。

对于布尔逻辑运算，先求出运算符左边的表达式的值，对“或”运算如果为 true，则整个表达式的结果为 true，不必对运算符右边的表达式再进行运算；同样对“与”运算，如果左边表达式的值为 false，则不必对右边的表达式求值，整个表达式的结果为 false。

下面的例子说明了关系运算符和布尔逻辑运算符在实际编程中的使用，代码如清单 4-1 所示。

清单 4-1

```
package com.javapp.ch4;
/**
 * Description: 关系运算符和布尔逻辑运算符在实际编程中的使用
 */
public class RelationAndConditionOp {
	public static void main(String args[]) {
		int a = 35,b = 54;
		boolean d = a < b; // d=true
		System.out.println("a<b=" + d);
```

```
            int ie = 2;
            if (ie != 0 && a / ie > 5) {
                System.out.println("a/e=" + a / ie);
            }
            int f = 0;
            if (f != 0 && a / f > 5) {
                System.out.println("a/f=" + a / f);
            } else {
                System.out.println("f=" + f);
            }
        }
    }
```

提　示

在上例中，第二个 if 语句在运行时不会发生除 0 溢出的错，因为 e!=0 为 false，所以就不需要对 a/e 进行运算。在 Java 中有一个比较方法 equals，equals 方法是 Object 类的一个方法，所有继承自 Object 类的类都会集成此方法，并且可以重载这个方法来实现各自的比较操作，而且 Jdk 也推荐这种做法。所以开发人员尽可以在自己的类中实现自己的 equals 方法来完成自己特定的比较功能，所以各个类的 equals 方法与==之间并没有绝对的关系，这要根据各自类中自己的实现情况来看。也就是说可能会有两种情况发生：equals 方法和= =相同或者不相同。在多数情况下这两者的区别就是究竟是对对象的引用进行比较还是对对象的值进行比较（其他特殊情况此处不予考虑）。那么= =操作符是比较的什么呢？= =操作符是比较的对象的引用而不是对象的值。equal 方法和= =操作符是否存在区别要个别对待，要根据 equal 的每个实现情况来具体判断。一般在对象的比较中，用 equals 方法，简单数据类型的比较中用==方法，当对象的值为 NULL 时，这时用 equals 方法会抛出 NullPointerException 违例，最好的办法是先用==进行比较，看对象值是否为 null，如查为 null 则给对象赋一个不为 null 的值。例如：

```
String Str_val=null;
if(Str_val==null)
Str_val="";
if(Str_val.equals(""))
System.out.println("Str_val value is null ");
```

4.1.7　位运算符

位运算符用来对二进制位进行操作，Java 中提供了如表 4-6 所示的位运算符。

表 4-6　位运算符

运算符	描述
>>	右移
>>>	右移，左边空出的位以 0 填充
<<	左移
&=	按位与赋值
|=	按位或赋值
^=	按位异或赋值

（续表）

运算符	描述
>>=	右移赋值
>>>=	右移赋值，左边空出的位以 0 填充
<<=	左移赋值
～	按位取反

位运算符中除了按位取反运算符～以外，其余均为二元运算符。操作数只能为整型和字符型数据。

4.2 流控制

与 C/C++、C#相同，Java 程序通过流控制来执行程序流，完成多个语句组成的执行。语句可以是单一的一条语句，也可以是复合语句。Java 中的流控制语句包括：

- 分支语句：if-else，break，switch，return。
- 循环语句：while，do-while，for，continue。

4.2.1 分支语句

分支语句提供了一种控制机制，使得程序的执行可以跳过某些语句不执行，而转去执行特定的语句。

1．条件语句 if-else

if-else 语句根据判定条件的真假来执行两种操作中的一种，它的格式为：

```
if(boolean-expression)
statement1;
[else
statement2;]
```

在上面的条件语句格式定义中：

- 布尔表达式 boolean-expression 是任意一个返回布尔型数据的表达式（比 C/C++的限制要严格）。
- 每个单一的语句后都必须有分号。
- 语句 statement1、statement2 可以为复合语句，这时要用大括号{} 括起。
- else 子句是任选的。
- 若布尔表达式的值为 true，则程序执行 statement1，否则执行 statement2。
- if-else 语句的一种特殊形式为：

```
//if 语句
if(iPara2>iPara1) {
    System.out.println("if 条件满足！");
```

```
        System.out.println("第 2 个数比第 1 个数大！");
}
else {
    System.out.println("if 条件不满足！");
    System.out.println("第 2 个数比第 1 个数小！");
}
```

else 子句不能单独作为语句使用，它必须和 if 配对使用。else 总是与离它最近的 if 配对 。可以通过使用大括号{}来改变配对关系。

2．**多分支语句** switch

switch 语句根据表达式的值来执行多个操作中的一个，它的一般格式如下：

```
switch (expression){
case value1:statement1;
break;
case value2:statement2;
break;
…………
case valueN:statemendN;
break;
[default:default  Statement;]
}
```

在上面的 switch 语句格式定义中：

- 表达式 expression 可以返回任一简单类型的值（整型、实型 、字符型），多分支语句把表达式返回的值与每个 case 子句中的值相比。如果匹配成功，则进行该 case 子句后的语句序列。
- case 子句中的值 value 必须是常量，而且所有 case 子句中的值是不同的。
- default 子句是任选的。当表达式的值与任一 case 子句中的值都不匹配时，程序执行 default 后面的语句。如果表达式的值与任一 case 子句中的值都不匹配且没有 default 子句，则程序不作任何操作，而是直接跳出 switch 语句。
- break 语句用来在执行完一个 case 分支后，使程序跳出 switch 语句，即终止 switch 语句的执行 。因为 case 子句只是起到一个标号的作用，用来查找匹配的入口从此处开始执行，对后面的 case 子句不再进行匹配。因此应该在每个 case 分支后，要用 break 来终止后面的 case 分支语句的执行。 在一些特殊情况下，多个不同的 case 值要执行一组相同的操作，这时可以不用 break。
- case 分支中包括多个执行语句时，可以不用大括号{}括起来。
- switch 语句的功能可以用 if-else 来实现，但在某些情况下，使 switch 语句更简炼，可读性强，而且程序的执行效率更高。

下面是一个应用 switch 语句根据考试成绩的等级打印出百分制分数段的代码，如清单 4-2 所示。

清单 4-2

```
package com.javapp.ch4;
/**
* Title: JAVA 进阶诀窍
* Description:根据考试成绩的等级打印出百分制分数段
*/
public class TestGrade {
        public TestGrade() {
                super();
        }
        public static void main(String args[]) {
                System.out.println("\n**成绩等级状态表**");
                System.out.println("A 等成绩\n");
                dispgrade('A');
                System.out.println("B 等成绩");
                dispgrade('B');
                System.out.println("C 等成绩");
                dispgrade('C');
                System.out.println("D 等成绩");
                dispgrade('D');
        }
        private static void dispgrade(char grade) {
                switch (grade) {
                case 'A':
                        System.out.println(grade + " is 85～100");
                        break;
                case 'B':
                        System.out.println(grade + " is 70～84");
                        break;
                case 'C':
                        System.out.println(grade + " is 60～69");
                        break;
                case 'D':
                        System.out.println(grade + " is  <60");
                        break;
                default:
                        System.out.println("输入的成绩错误");
                }
        }
}
```

3．返回语句 return

return 语句从当前方法中退出，返回到调用该方法的语句处继续程序的执行。返回语句有两种格式：

● return expression

返回一个值给调用该方法的语句，返回值的数据类型必须与方法声明中的返回值类型一致。可以使用强制类型转换来使类型一致。

- return

当方法说明中用 void 声明返回类型为空时，应使用这种格式，而不返回任何值。

return 语句通常用在一个方法体的最后，以退出该方法并返一个值。在 Java 中，单独的 return 语句用在一个方法体的中间时会产生编译错误，因为这时有一些语句执行不到。但可以通过把return 语句嵌入某些语句（如 if-else）来使程序在未执行完方法中的所有语句时退出 ，例如：

```
int getvalue (int i_var){
if(i_var＞1)
{
return i_var;
}
return 0;
```

提 示

在某些情况下调用 return 返回语句前，应做一些程序处理工作，例如在对数据库的操作过程中，返回读取到的数据时先应关闭打开的数据库的连接以及释放一些变量的值后再执行 return 语句。

4.2.2 循环语句

循环语句的作用是反复执行一段代码，直到满足终止循环的条件为止，一个循环一般应包括四部分内容：

- 初始化部分（initialization）：用来设置循环的一些初始条件，计数器清零等。
- 循环体部分（body）：这是反复循环的一段代码，可以是单一一条语句，也可以是复合语句。
- 迭代部分（iteration）：在当前循环结束，下一次循环开始执行的语句，常常用来使计数器加 1 或减 1。
- 终止部分（termination）：通常是一个布尔表达式，每一次循环要对该表达式求值，以验证是否满足循环终止条件。

Java 提供的循环语句有 while 语句、do-while 语句和 for 语句，下面分别介绍这些语句的应用。

1．while 语句

while 语句实现“当型”循环，它的一般格式为：

```
[initialization]
while (termination){
  body;
[iteration;]
}
```

在上面的 while 语句格式定义中：

- 当布尔表达式（termination）的值为 true 时，循环执行大括号中语句并且初始化部分和迭代部分是任选的。

- while 语句首先计算终止条件，当条件满足时才去执行循环中的语句。这是“当型”循环的特点。

2．do-while 语句

do-while 语句实现“直到型”循环，它的一般格式为：

```
[initialization]
do{
body;
[iteration;]
}while (termination);
```

在上面的 do-while 语句格式定义中：

- do-while 语句首先执行循环体，然后计算终止条件，若结果为 true，则循环执行大括号中的语句，直到布尔表达式的结果为 false。
- 与 while 语句不同的是，do-while 语句的循环体至少执行一次，这是“直到型“循环的特点。

3．for 语句

for 语句也用来实现“当型“循环，它的一般格式为：

```
for (initialization;termination;iteration){
body;
}
```

从 Java 1.5 开始，加入了更优化的 foreach 循环，foreach 的一般格式为

```
for (termination : iteration )
```

在上面的 for 语句格式定义中：

- for 语句执行时，首先执行初始化操作，然后判断终止条件是否满足，如果满足则执行循环体中的语句，最后执行迭代部分。完成一次循环后，重新判断终止条件。
- 可以在 for 语句的初始化部分声明多个变量，它的作用域为一个 for 语句。
- for 语句通常用来执行循环次数确定的情况（如对数组元素多行操作），也可以根据循环结束条件执行循环次数不确定的情况。
- 在初始化部分和迭代部分可以使用逗号语句，来进行多个动作。逗号语句是用逗号分隔的语句序列。例如：

```
for(i=0, j=10;i<j;i++, j--){
……
}
```

- 初始化、终止以及迭代部分都可以为空语句（但分号不能空），三者均为空的时候相当于一个无限循环。

4．continue 语句

continue 语句用来结束本次循环，跳过循环体中下面尚未执行的语句，接着进行终止条件的判断，以决定是否继续循环。对于 for 语句，在进行终止条件的判断前，还要先执行迭代语句。也可以用 continue 跳转到括号指明的外层循环中，例如：

```
lb1:for(int i=0;i<10;i++){ // 外层循环
for(int j=0;j<20;j++){ // 内层循环
if(j>i){
…… continue lb1;
}
……
}
……
}
```

在该例中，当满足 j>i 的条件时，程序执行完相应的语句后跳转到外层循环，执行外层循环的迭代语句 i++，然后开始下一次循环。

5．各种控制语句在实际编程中的应用

下例分别用 while、do-while 和 for 语句实现累计求和，代码如清单 4-3 所示。

清单 4-3

```
package com.javapp.ch4;
public class ExampleSum {
	public ExampleSum() {
		super();
	}
	public static void main(String args[]) {
		int i_varn = 30,i_varsum = 0; // 初始化
		System.out.println("while  测试");
		while (i_varn > 0) {
			i_varsum += i_varn; // 程序实体
			i_varn--;
		}
		System.out.println("sum is " + i_varsum);
		i_varn = 0;
		// 初始化
		i_varsum = 0;
		System.out.println("do while  测试");
		do {
			i_varsum += i_varn;
			i_varn++;
		} while (i_varn <= 30);
		System.out.println("sumi s " + i_varsum);
		System.out.println("for   测试");
		i_varsum = 0;
		for (int i = 1; i <= 30; i++) {
			i_varsum += i;
```

```
            }
            System.out.println("sum is " + i_varsum);
        }
}
```

可以从中来比较这三种循环语句，从而在不同的场合选择合适的语句。

从 Java 1.5 开始，增加了更优化的 for 循环的功能，下面的例子就是一个 for 循环代码，如清单 4-4 所示。

清单 4-4

```
package com.javapp.ch4;
/**
 * Title: JAVA 进阶诀窍
 * Description: Foreach 编程实例
*/
public class ForeachTest {
        public ForeachTest() {// 定义一个字符串数组
                String[] names = { "娜娜", "明侠", "培英", "天峰", "少花", "少恒", "老杨" };
                for (String option : names)// Foreach 的用法
                {
                        System.out.println("姓名：" + option);// 打印出数组中的数据
                }
        }
        public static void main(String[] args) {
                ForeachTest foreachtest = new ForeachTest();// 实例化类
        }
}
```

提 示

其实在 C# 中提供了 foreach 的用法：

```
foreach (string item in f)
{
      Console.WriteLine(item);
}
```

从 Java1.5 开始，也增加了这样的功能，使编程更加简洁、方便。对于集合类型和数组类型，都可以通过 foreach 语法来访问。上面的例子中，以前要依次访问数组，是比较麻烦的，如：

```
for (int i = 0; i < names.length; i++){
      String bname = names[i];
      System.out.println("我的朋友姓名：" + bname);
}
```

现在只需下面简单的语句即可：

```
for (String bname : names){
      System.out.println("我的朋友姓名：" + bname);
}
```

对集合的访问效果更明显。以前访问集合的代码：

```
for (Iterator it = c.iterator(); it.hasNext();){
        String name = (String) it.next();
        System.out.println("我的朋友姓名：" + name);
}
```

现在只需下面的语句：

```
for (String bname : c){
        System.out.println("我的朋友姓名：" + bname);
}
```

4.3　本章考试、面试问题分析

1. swtich 中的表达式值的类型能否应用用 byte 或 long，是否能应用 String 类型?

在 switch(expr1)中，expr1 是一个整数表达式。因此传递给 switch 和 case 语句的参数应该是 int、short、char 或者 byte。long、string 都不能作用于 switch。

2. 在 Java 中，如何跳出当前的多重嵌套循环？

在 Java 中，跳出当前的多重嵌套循环可用 break 或 return 关键字。

4.4　实验 3　Java 表达式和流控制练习

1. 实验目的

（1）掌握 Java 语言中运算符的优先级的应用。

（2）理解 Java 程序语法结构，掌握顺序结构、选择结构和循环结构语法的程序设计方法。

2. 实验要求

（1）编写表达式语句、复合语句的程序。

（2）编写使用不同选择结构的程序。

（3）编写使用不同循环结构结构的程序。

3. 实验内容

（1）使用关系运算符和逻辑运算符

下面程序实现使用关系运算和逻辑运算符操作功能，源代码如下：

```
class Test4_1 {
        public static void main(String args[]) {
                int age=18, box=10, width=3, month=20;
                System.out.println("关系表达式 age<box 的逻辑值为 ：  "+（age<box）);
                if (width!=0 && age/width>2)
                        System.out.println("age/width 的值为＝  "+age/width);
```

```
            if (month>0 && age/month>1)
                System.out.println("age/month = "+ age/month);
            else
                System.out.println("month 的值小于 0 "+month);
        }
}
```

（2）应用选择语句

①应用 if...else 语句

下面程序应用 if...else 语句判断某一年是否为闰年。闰年的条件是能被 4 整除，但不能被 100 整除或能被 4 整除且能被 100 整除，程序实现代码如下：

```
public class Test4_2 {
    public static void main(String args[]) {
            boolean flag; //闰年标记
            int year=2012;
            if ((year%4==0 && year%100!=0) || (year%400==0)) // 第一种方法
                System.out.println(year+" 年是闰年");
            else    System.out.println(year+" 年不是闰年");
            year=2016; // 应用嵌套判断的方法
            if (year%4==0) {
                if (year%100==0) {
                    if (year%400==0)
                        flag=true;
                    else
                        flag=false;
                }
                else
                        flag=false;
            }
            else
                flag=false;
            if (flag==true)
                System.out.println(year+" 年是闰年");
            else
                System.out.println(year+" 年不是闰年");
    }
}
```

②switch 语句的应用

下面程序使用 switch 语句实现学生成绩等级，90~100 成绩等级为 A，80~89 成绩等级为 B，依次类推，程序实现代码如下：

```
public   class Test4_3{
    public static void main(String args[]) {
        int grade =79;
        int temp=(int)(grade/10);
        switch (temp) {
            case 10: System.out.println("成绩等级为 A");
```

```
                break;
            case 9: System.out.println("成绩等级为 B");
                break;
            case 8: System.out.println("成绩等级为 C ");
                break;
            case 7: System.out.println("成绩等级为 D ");
                break;
            case 6: System.out.println("成绩等级为 E ");
                break;
            default:
             System.out.println(" 成绩不合格");
        }
    }
}
```

（3）循环语句的应用

①for 循环语句练习

下面程序应用增强的 for 循环实现对一个数组中的数据遍历输出，程序实现代码如下：

```
public    class Test4_4{
    public static void main (String args[]) {
        int[] price = new int[] { 5, 2, 1, 6, 121, 113, 137, 119,323, 8 };
        for (int n : price) {
            System.out.println(n);
        }
    }
}
```

②while 循环语句练习

下面程序用 while 循环结构打出倒直角三角形功能，程序实现代码如下：

```
public class Test4_5 {
    public static void main(String[] args) {
        int i=0;
        while(i<5){
            int k=0;
            while(k++<5-i)
                System.out.print("*");
            i++;
            System.out.println();
        }
    }
}
```

4.5 自我检测

1. 下面程序执行后，输出的结果是什么？

```
public class Test4_6{
    public static void main(String args[]){
        for(int i=0; i<4; i++)
            for(int j=0;j<5;j++){
                if(j>1) break;
                System.out.println(j+"and"+i);
            }
    }
}
```

（A）0 and 0　（B）0 and 1　（C）0 and 2　（D）0 and 3

2. 下面程序段执行后输出的结果是什么？

```
int  i = 6;
switch (i) {
    default:
        System.out.println("default");
    case 0:
        System.out.println("zero");
        break;
   case 1:
       System.out.println("one");
   case 2:
       System.out.println("two"); }
```

（A）default　（B）default, zero　（C）error default clause not defined　（D）no output displayed

3. 以下选项中循环结构合法的是哪个？

```
(A) while(int i<5){
        i++;
        System.out.println("i is "+i);
    }
(B) int j=67
    while(j){
        System.out.println(" j is "+j);
    }
(C) int j=0;
    for(int k=0;j+k!=10;j++,k++){
        System.out.println("j is "+j+ " k is "+k );
    }
(D) int j=0;
    do{
        System.out.println("j is "+j++);
        if (j==7){continue loop;}
    }while(j<12);
```

4.6　本章小结

本章主要介绍了 Java 的表述式和控制流。首先介绍了变量及变量的初始化和作用域；其次介绍了算术运算符、关系运算符、布尔逻辑运算符以及位运算符。在本章最后，介绍了程序控制流中的分支语句、循环语句。

第 5 章　数组和字符串

本章重点

- 一维数组的定义
- 多维数组的定义
- 数组的复制
- 字符串

在 Java 编程语言中，即使数组是由原始类型构成，或带有其他类型，数组也是一个对象。声明对象不能创建对象本身，而创建是一个引用，该引用可被用来引用数组。数组元素使用的实际存储器可由 new 语句或数组初始化动态分配。

数组是有序数据的集合，数组中的每个元素具有相同的数据类型，数组名和下标来唯一地确定数组中的元素。

5.1　一维数组

5.1.1　一维数组的定义

一维数组的定义方式为：

```
type arrayName[];
```

其中类型（type）可以为 Java 中任意的数据类型，数组名 arrayName 为一个合法的标识符，[]指明该变量是一个数组类型变量。例如：

```
char Array[];
```

声明一个整型数组，数组中的每个元素为整型数据。与 C 和 C++不同，Java 在数组的定义中并不为数组元素分配内存，因此[]中不用指出数组中元素个数，即数组长度，而且对如上定义的一个数组是不能访问它的任何元素的。必须给它分配内存空间，这时要用到运算符 new，其格式如下：

```
arrayName=new type[arraySize];
```

其中 arraySize 指明数组的长度。如：

```
int intArray[]
intArray=new int[9];
```

为一个整型数组分配 9 个 int 型整数所占据的内存空间。通常这两部分可以合在一起，格式如下：

```
type arrayName=new type[arraySize];
```

例如：

```
int intArray[]=new int[3];
```

5.1.2　一维数组元素的引用

定义了一个数组并用运算符 new 为它分配了内存空间后，就可以引用数组中的每一个元素。数组元素的引用方式为：

```
arrayName[index]
```

其中 index 为数组下标，它可以为整型常数或表达式。如 arr[13]、brr[j]（j 为整型）、chrr[6*j]等。下标从 0 开始，一直到数组的长度减 1。对于上面例子中的 intArray 数组来说，它有 9 个元素，分别为:

```
intArray[0]，intArray[1]，intArray[2]……intArray[8]//注意:没有 intArray[9]。
```

另外，与 C/C++中不同，Java 对数组元素要进行越界检查以保证安全性。同时，对于每个数组都有一个属性 length 指明它的长度，例如 intArray.length 指明数组 intArray 的长度。

下面的例子介绍初始化数组的各种方式以及如何对指向数组的引用赋值。代码如清单 5-1 所示。

清单 5-1

```
package com.javapp.ch5;
public class ExampleArrayDemo {
	public static void main(String args[]) {
		int i;
		int arr[] = new int[5];// 先为数组分配内存
		for (i = 0; i < 5; i++) {
			arr[i] = i;// 给数组赋值
		}
		for (i = 0; i < arr.length; i++) {
			System.out.printf("数组 arr[%d]=%d：\n",i,arr[i]);// 格式化输出，Java SE 5 新增功能
		}
		String[] sname = { "娜娜","天峰","少恒","沙沙" };// 直接对数组进行初始化
		for (String option : sname)// 用 FOR 输出数据，Java SE 6 新增功能
		{
			System.out.printf("姓名=%s    ",option);
		}
	}
}
```

该程序对数组中的每个元素赋值，然后按顺序输出。

5.1.3 一维数组的初始化

对数组元素可以按照上述的例子进行赋值。也可以在定义数组的同时进行初始化。例如：

```
String[] sname={"娜娜"，"天峰"，"少恒"，"沙沙"，"麻花"};//直接对数组进行初始化
```

用逗号（，）分隔数组的各个元素，系统自动为数组分配一定的空间。

提 示

数组没有 length()方法，有 length 的属性。String 有 length()方法。

5.1.4 一维数组在实际编程中的应用方法

下面定义一个一维数组，并用冒泡法排序（从小到大），冒泡法排序是对相邻的两个元素进行比较，并把小的元素交到前面，代码如清单 5-2 所示。

清单 5-2

```
package com.javapp.ch5;
/**
 * Description: 冒泡法排序(从小到大)
*/
public class ExampleBubbleSort {
    public static void main(String args[]) {
        int i,j;
        int intArray[] = { 12,3,1,8,720,5,0,3,4,7,8 };// 初始化数组
        int len = intArray.length;// 得到数组的长度
        System.out.println("排序前的数据为");
        for (i = 0; i < len; i++) {
            System.out.print(intArray[i] + "，");
        }
        for (i = 0; i < len - 1; i++) {
            for (j = i + 1; j < len; j++) {
                if (intArray[i] > intArray[j])// 数组中数据进行比较，由小到大
                {
                    int t = intArray[i];// 交换数据
                    intArray[i] = intArray[j];
                    intArray[j] = t;
                }
            }
        }
        System.out.println("\n 排序后的数据为");
        for (i = 0; i < len; i++) {
            System.out.print(intArray[i] + "，");
        }
    }
}
```

5.2 多维数组

与 C/C++、C#一样，Java 中多维数组被看作数组的数组。例如二维数组为一个特殊的一维数组，其每个元素又是一个一维数组。下面主要以二维数组为例来进行说明，多维数组的情况类似。

5.2.1 二维数组的定义

二维数组的定义方式为：

```
type arrayName[][];
```

与一维数组定义方式一样，定义时对数组元素也没有分配内存空间，同样要使用运算符 new 来分配内存，然后才能访问每个元素。对高维数组来说，分配内存空间有下面几种方法：

直接为每一维分配空间，例如：

```
int arr[][]=new int[2][4];
```

从最高维开始，分别为每一维分配空间，例如：

```
int arr[][]=new int[2][];
arr[0]=new int[4];
arr[1]=new int[4];
```

这两种定义实现相同的功能。这一点与 C/C++是不同的，在 C/C++中必须一次指明每一维的长度。

5.2.2 二维数组元素的引用

对二维数组中每个元素，引用方式为：

```
arrayName[index1][index2]
```

其中 index1、index2 为下标，可为整型常数或表达式，同样每一维的下标都从 0 开始。

5.2.3 二维数组的初始化

二维数组的初始化有两种方式，分别为：

- 直接对每个元素进行赋值。
- 在定义数组的同时进行初始化，例如：

```
int arr[][]={{1，3}，{1，2}，{4，2}};
```

在上面的代码中定义了一个 3×2 的数组，并对每个元素赋值。

5.2.4 二维数组在实际编程中的应用

下面定义两个二维数组并对其中的元素进行矩阵相乘。两个矩阵 Am×n、Bn×l 相乘得到 Cm×l，每个元素 Cij=aik*bk (i=1…m，n=1…n)，代码如清单 5-3 所示。

清单 5-3

```
package com.javapp.ch5;
/**
 * Description: 矩阵相乘
*/
public class ExmpleMatrixMultiply {
	public static void main(String args[]) {
	int i,j,k;
	int a[][] = new int[2][3];// 定义一个 2*3 距阵
// 4*3 行距阵
	int b[][] = { { 19,95,22,28 },{ 52,1,5,33 },{ 22,6,9,20 } };
	int c[][] = new int[2][4];// 生成 2*4 行距阵
		for (i = 0; i < 2; i++) {
			for (j = 0; j < 3; j++) {
				a[i][j] = (i + 1) * (j + 2);
			}
		}
		for (i = 0; i < 2; i++) {
			for (j = 0; j < 4; j++) {
				c[i][j] = 0;
				for (k = 0; k < 3; k++) {
					c[i][j] += a[i][k] * b[k][j];// 两距阵相乘
				}
			}
		}
		System.out.println("\n***矩阵 A***");
		for (i = 0; i < 2; i++) {
			for (j = 0; j < 3; j++) {
				System.out.print(a[i][j] + " ");
			}
			System.out.println();
		}
		System.out.println("\n***矩阵 B***");
		for (i = 0; i < 3; i++) {
			for (j = 0; j < 4; j++) {
				System.out.print(b[i][j] + " ");
			}
			System.out.println();
		}
		System.out.println("\n***矩阵 C***");
		for (i = 0; i < 2; i++) {
			for (j = 0; j < 4; j++) {
				System.out.print(c[i][j] + " ");
			}
			System.out.println();
		}
	}
}
```

5.2.5 拷贝数组

数组一旦创建后，其大小不可调整。然而，你可使用相同的引用变量来引用一个全新的数组，例如：

```
int myArray [] = new int [6];
myArray = new int [10];
```

在这种情况下，第一个数组被有效地丢失，除非对它的其他引用保留在其他地方。在编程时，通常不能确定数据的长度，一开始只能分配一个固定长度的空间，要想根据运行期间动态地改变数组的大小，可以用 Java 标准类库提供的 static 方法 System.arraycopy（源数组，起始位置，目标数组，起始位置，复制长度），用它复制数组比用 for 循环复制要快很多。System.arraycopy()为所有类型作了重载。用法如清单 5-4 所示。

清单 5-4

```
String str_arr[]=new String[10] ;
for(int i=0 ; i<20 ; i++)
{
	str_arr[i]=Integer.toString(i) ;
	if(i>=str_arr.length)
	{
		String[] str_arr2=str_arr;
		str_arr=new String[i];
		System.arraycopy(str_arr2，0，str_arr，0，str_arr2.length ) ;
	}
}
```

提示

在处理对象数组时，System.arraycopy()拷贝的是引用，而不是对象，对象本身不改变。

5.3 字符串

字符串是字符的序列，有两种类型的字符串：一种是创建以后不需要改变的，称为字符串常量，在 Java 中 String 类用于存储和处理字符串常量；另外一种字符串是创建以后，需要对其进行改变的，称为字符串变量，在 Java 中 StringBuffer 类用于存储和操作字符串变量。

在 Java 中没有内置的字符串类型，字符串常量是作为 String 类的对象存在的。

5.3.1 创建 String 类对象

String 类的对象表示的是字符串常量，一个字符串常量创建以后就不能够被修改。所以在创建 String 类对象时，通常需要向构造方法传递参数来指定创建的字符串的内容。以下是常用的 String 类构造方法：

- public String()

该构造方法用于创建一个空的字符串常量。

- public String(String value)

该构造方法用于根据一个已经存在的字符串常量来创建一个新的字符串常量，该字符串的内容和已经存在的字符串常量一致。

- public String(char value[])

该构造方法用于根据一个已经存在的字符数组来创建一个新的字符串常量。

- public String(StringBuffer buffer)

该构造方法用于根据一个已经存在的 StringBuffer 对象来创建一个新的字符串常量。

5.3.2 String 类的操作方法

1. 字符串基本方法

- 字符串的连接 public String concat(String str)

该方法的参数为一个 String 类对象，作用是将参数中的字符串 str 连接到原来字符串的后面。

- 求字符串的长度 public int length()

返回字串的长度，这里的长度指的是字符串中 Unicode 字符的数目。

- 求字符串中某一位置的字符 public char charAt(int index)

该方法在一个特定的位置索引一个字符串，以得到字符串中指定位置的字符。值得注意的是，在字符串中第一个字符的索引是 0，第二个字符的索引是 1，依次类推，最后一个字符的索引是 length()-1。

2. 字符串的比较

比较字符串可以利用 String 类提供的下列方法：

- public int compareTo（String anotherString）

该方法比较两个字符串，和 Character 类提供的 compareTo 方法相似，Character 类提供的 compareTo 方法比较的是两个字符类数据，而这里比较的是字符串数据。其比较过程实际上是两个字符串中相同位置上的字符按 Unicode 中排列顺序逐个比较的结果。如果在整个比较过程中，没有发现任何不同的地方，则表明两个字符串是完全相等的，compareTo 方法返回 0；如果在比较过程中，发现了不同的地方，则比较过程会停下来，这时一定是两个字符串在某个位置上不相同，如果当前字符串在这个位置上的字符大于参数中的这个位置上的字符，compareTo 方法返回一个大于 0 的整数，否则返回一个小于 0 的整数。

- public boolean equals（Object anObject）

该方法比较两个字符串，和 Character 类提供的 equals 方法相似，因为它们都是重载 Object 类的方法。该方法比较当前字符串和参数字符串，在两个字符串相等的时候返回 true，否则返回 false。

- public boolean equalsIgnoreCase（String anotherString）

该方法和 equals 方法相似，不同的地方在于 equalsIgnoreCase 方法将忽略字母大小写的区别。

3. 从字符串中提取子串

利用 String 类提供的 substring 方法可以从一个大的字符串中提取一个子串，该方法有两种常用的形式：

- public String substring（int　beginIndex）

该方法从 beginIndex 位置起，从当前字符串中取出剩余的字符作为一个新的字符串返回。

- public String substring（int　beginIndex，　int endIndex）

该方法从当前字符串中取出一个子串，该子串从 beginIndex 位置起至 endIndex-1 为结束。子串返的长度为 endIndex-beginIndex。

在 Java SE 6 中，String 类别上新增了 isEmpty()方法，该方法用来判断字符串是否为空，用法如下：

```
String str = "";
if(str.isEmpty()) {
        …
}
```

下面就是一个字符串在实际编程中操作使用方法的例子，代码如清单 5-5 所示。

清单 5-5

```
package com.javapp.ch5;
/**
 * Description: String 类字符串的常用操作
*/
public class StringDemo {
        public static void main(String args[]) {
                String s1 = "Mytest";
                String s2 = "中文测试";
                System.out.println("字符串 s1 为：" + s1);
                System.out.println("字符串 s1 的长度为：" + s1.length());
                System.out.println("字符串 s2 为：" + s2);
                System.out.println("字符串 s2 的长度为：" + s2.length());
                System.out.println("s1 大写形式是:" + s1.toUpperCase());
                System.out.println("s2 小写形式是:" + s2.toLowerCase());
                for (int i = 0; i < s1.length(); i++) {
                        System.out.println("s1 中的第" + i + "个字符是：" + s1.charAt(i));
                }
                System.out.println("s1+s2=" + s1 + s2);
                if (s1.compareTo(s2) == 0) {
                        System.out.println("s1 与 s2 相等");
                } else {
                        System.out.println("s1 与 s2 不相等");
                }
                if (s1.indexOf(s2) != -1) {
                        System.out.println("s2 是 s1 的子串");
                        System.out.println("s2 在 s1 中的位置为：" + s1.indexOf(s2));
                } else {
                        System.out.println("s2 不是 s1 的子串");
```

```
        }
    }
}
```

提 示

处理字符串在实际编程中经常用到，通常用标准的 Java String 类来完成与文本有关的需求。它对于处理数据量小的字符串确实很适用，但是如果处理的是数据量大的任务，它会大量消耗系统资源。由于这个原因，JDK 中引入了 StringBuffer 类来解决这一问题。Java String 对象是常量字符串。一旦被初始化和赋值，它的值和所分配的内存就被固定了。如果硬要改变它的值，将会产生一个包含新值的新 String 对象。这就是 String 对象会消耗掉很多资源的原因。下面的代码创建了一个 String 对象并使用串联（+）符号来为它添加更多字符：

```
String sample1=new String("StringBuffer 帮你");
 sample1+="减轻";
 sample1+="Java 的";
 sample1+="负担. ";
```

在上面的代码中，系统最终会创建四个 String 对象来完成上面的替换。其中第一个的文本是“StringBuffer”帮你。然后每次添加文本时都会创建一个新的对象。

这种方法的问题在于为了这么一个简单的过程而消耗了太量的资源。在这个例子中其影响也许很(指给出了很少的代码)，但是在一个拥有大型应用程序中这样做就会使性能下降。StringBuffer 类所要解决的正是这个问题。

StringBuffer 类被设计用与创建和操作动态字符串信息。为该对象分配的内存会自动扩展以容纳新增的文本。有三种方法来创建一个新的 StringBuffer 对象，创建方法如下：

```
StringBuffer sbf=new StringBuffer();
StringBuffer sbf=new StringBuffer(100);
StringBuffer sbf=new StringBuffer("StringBuffer 帮你");
```

在上面的代码中，第一行创建了不包含任何文本的对象，默认的容量是 16 个字符。第二行实例也不包含文本，容量是 100 个字符，最后一行创建了一个拥有初始化值的对象。StringBuffer 类位于 Java.lang 基础包中，因此要使用它的话不需要特殊的引入语句。

一旦创建了 StringBuffer 类的对象，就可以使用 StringBuffer 类的大量方法和属性。最显著的方法是 append，它将文本添加到当前 StringBuffer 对象内容的结尾。下面的代码示例了 append 方法的语法：

```
StringBuffer sbf=new StringBuffer();
sbf.append("t");
sbf.append("f");
sbf.append("n");
sbf.append("e");
sbf.append("w");
sbf.append("2");
sbf.append("1");
System.out.println(sbf.toString());
```

这些代码创建了 tfnew21 字符串并打印字符串。如果使用 String 对象就需要创建八个对象。注意代码中利用了 StringBuffer 类的 toString 方法。这个方法将其内容转换成一个可以被用于输出的字符串对象。它允许操作对应的文本用于输出或数据存储。

append 方法有十种重载形式，允许将各种类型的数据添加到对象的末尾。StringBuffer 类还提供了处理对象内部数据的方法。

可以使用 capacity 和 length 方法来设定对象内的字符数。capacity 方法返回为对象分配的字符数（内存）。如果超过了容量，它会自动扩展以符合需求。length 方法返回对象目前存储的字符数。可以通过 setLength 方法来增加其长度。另外，对象的容量可以通过 ensureCapacity 方法来扩展。它建立了对象的最小容量，因此如果超出则不会出现任何问题。

字符串的使用贯穿于绝大多数应用程序，不管是作为用户界面的标识或在后台处理从数据库读取的值。通常这些值并不符合要求，需要处理。你可以使用 String 类，但是它并不是设计成处理动态值的。而 StringBuffer 类正好填补了这个需求并使得系统资源的利用更加有效。

5.4 本章考试、面试问题分析

1. 数组是一种类型吗？

数组也是一种数据类型，它本身是一种引用类型。例如 int 是一个基本类型，但 int[]就是一种引用类型了。

2. String 是最基本的数据类型吗？

在 Java 中，基本数据类型包括 byte、int、char、long、float、double、boolean 和 short。java.lang.String 类是 final 类型，不是基本数据类型。

3. String 和 StringBuffer 的区别？

Java 平台提供了两个类 String 和 StringBuffer，它们可以储存和操作字符串，即包含多个字符的字符数据。String 类提供了数值不可改变的字符串。而 StringBuffer 类提供的字符串进行修改。当你知道字符数据要改变的时候你就可以使用 StringBuffer。例如，你可以使用 StringBuffers 来动态构造字符数据。

4. 数组有没有 length()这个方法？String 有没有 length()这个方法？

数组没有 length()这个方法，有 length 的属性。String 有 length()这个方法。

5. 是否可以继承 String 类？

String 类是 final 类故不可以继承。

5.5 实验 4 数组和字符串

1. 实验目的

（1）掌握 Java 中的数组定义、引用。

（2）掌握使用字符串 String 类处理字符串的方法

（3）掌握使用字符串 StringBuffer 类处理字符串的方法。

2. 实验要求

（1）编写使用 Java 数组的应用程序。

（2）掌握字符串类的编程使用方法。

3. 实验内容

（1）一维数组的应用

应用一维数组随机产生 30 个整数，对其按照升序进行排列，并对排序前后的数组按照每行 6 个数的方式输出，程序实现代码如下：

```
public class Test5_1 {
    public static void main(String args[]){
        int sort[] = new int[30];
        for(int i = 0;i < sort.length;i++){
            sort[i] = (int)(Math.random()*20);
        }
        System.out.println(">>>排序前的数据>>>");
        for(int i = 1;i <= sort.length;i++){
            if(i%6 != 0){
                System.out.print(sort[i-1]+"\t");
            }
            else{
                System.out.println(sort[i-1]);
            }
        }
        System.out.println(">>>排序后的数据>>>");
        for(int i = 0;i < sort.length;i++){
            for(int j = 0;j < i;j++){
                if(sort[i] < sort[j]){
                    int tmp = sort[i];
                    sort[i] = sort[j];
                    sort[j] = tmp;
                }
            }
        }
        for(int i = 1;i <= sort.length;i++){
            if(i%6 != 0){
                System.out.print(sort[i-1]+"\t");
            }
```

```
            else{
                System.out.println(sort[i-1]);
            }
        }
}
```

（2）二维数组的应用

利用二维数组实现两个矩阵相乘，实现代码如下：

```
public class Test5_2{
    public static void main(String args[]){
        int i,j,k;
        int a[][]=new int [2][3]; //动态初始化一个二维数组
        int b[][]={{3,1,4,6},{3,7,9,5 },{1,6,-4,-6}};//静态初始化二维数组
        int c[][]=new int[2][4]; //动态初始化一个二维数组
        for (i=0;i<2;i++)
            for (j=0; j<3 ;j++)
                a[i][j]=(i+1)*(j+2);
        for (i=0;i<2;i++){
            for (j=0;j<4;j++){
                c[i][j]=0;
                f or(k=0;k<3;k++)
                    c[i][j]+=a[i][k]*b[k][j];
                }
        }
        System.out.println("*******Matrix C********");//打印 Matrix C 标记
        for(i=0;i<2;i++){
            for (j=0;j<4;j++)
                System.out.println(c[i][j]+" ");
            System.out.println();
        }
    }
}
```

5.6 问题集锦与解答

问：在我比较两个字符串的值是，返回的结果总是 false，但是它们明明都是"tfnew21"?

答：比较字符串 String 一定要使用 equals 或 equalsIgnoreCase 方法，不能使用 ==，==比较的是两个引用（变量）是否指向了同一个对象，而不是比较其内容。

问：在 Java 程序中如何将字符串 String str = "a,b,c,d,e,f,"转化为数组?

答：应用 String atr[] = str.split(",")方法即可，按逗号拆分字符串，a[0]的值是“a”，a[1]值为“b”，以此类推。

问：如何在程序运行期间动态的改变数组的大小?

答：在 Java 中，数组一旦创建后，其大小不可调整。但是你可使用相同的引用变量来引用一个全新的数组，例如：

```
int myArray [] = new int [6];
myArray = new int [10];
```

在这种情况下，第一个数组被有效地丢失，除非对它的其他引用保留在其他地方。在编程时，通常不能确定数据的长度，一开始只能分配一个固定长度的空间，要想根据运行期间动态的改变数组的大小，可以用 Java 标准类库提供的 static 方法 System.arraycopy（源数组，起始位置，目标数组，起始位置，复制长度），用它复制数组比用 for 循环复制要快很多。System.arraycopy()为所有类型作了重载。用法如下：

```
String str_arr[]=new String[10] ;
    for(int i=0 ; i<20 ; i++)
    {
        str_arr[i]=Integer.toString(i) ;
        if(i>=str_arr.length)
        {
          String[] str_arr2=str_arr;
          str_arr=new String[i];
          System.arraycopy(str_arr2， 0， str_arr， 0， str_arr2.length ) ;
        }
}
```

在 Java SE 6 中，在 Arrays 类中新增了 copyOf()方法，它可以直接返回一个新的阵列对象，而当中包括复制的内容，用法如下：

```
int[] arr1 = {1, 2, 3, 4, 5};
int[] arr2 = Arrays.copyOf(arr1, arr1.length);
for(int i = 0; i < arr2.length; i++)
    System.out.print(arr2[i] + " ");
```

Arrays 的 copyOf()方法传回的阵列是新的阵列对象，所以改变返回阵列中的元素值，也不会影响原来的阵列。copyOf()的第二个引数指定要建立的新阵列长度，如果新阵列的长度超过原阵列的长度，则保留阵列预设值。

5.7　自我检测

1. 对于语句 String s=” hello world”，以下操作哪个是不合法的？

（A）int i=s.length();　（B）s>>>=3;　（C）String　ts=s.trim();　（D）String t=s+”!”;

2. 以下哪个表达式是不合法的（）

（A）String x = “Sky”; int y = 5; x += y;

（B）String x = “Sky”; int y = 5; if(x==y){}

（C）String x = “Sky”; int y=5; x=x+y;

（D）String x = null; int y=(x!=null) && (x.length()>0)?x.length:0

3. 行完以下代码 int[] x = new int[34]后，以下哪项说明是正确的？

（A）x[4]为 0　（B）x[4]未定义　（C）x[34]为 0　（D）x[0]为空

4. 阅读以下程序：

```
public  class  Test5_3
{
    public  static  void   main(String  args[ ]){
        int   i , j ;
        int   a[ ] = { 2,1,3,9,5};
        for   ( i = 0 ; i < a.length-1; i ++ ) {
            int   k = i;
            for   ( j = i ; j < a.length ;   j++ )
                if   ( a[j]<a[k] )   k = j;
                    int   temp =a[i];
                    a[i] = a[k];
                    a[k] = temp;
                }
            for   ( i =0 ; i<a.length; i++ )
                System.out.print(a[i]+"   ");
            System.out.println( );
    }
}
```

运行以上程序，观察输出什么内容。

5.8 本章小结

本章主要介绍了 Java 中数组的定义以及字符串的应用。首先介绍了一维数组的定义和初始化方法；其次介绍了二维数组的定义和引用方法以及数组复制的方法。在本章最后，介绍了字符串的创建与 String 类的操作方法。

第 6 章　对象、类、包和接口

本章重点

- 面向对象的基本概念
- 模板/泛型（template/generic）
- 类的定义
- 继承的定义
- 多态与动态绑定
- 抽象类与抽象方法
- 包与接口的定义
- 静态变量与内部类

在前面几章中，对 Java 的简单数据类型、数组、运算符作了详细的介绍。从本章开始，要深入讲解面向对象编程的概念。首先讲述面向对象程序设计的基本概念及要点，然后讨论 Java 中的类、对象、包和接口。

6.1　对象基础

面向对象程序（OOP）语句能使现实世界中的概念在计算机程序中变成模块。它包括构造程序的特征以及组织数据和算法的机制。OOP 语言有三个特征：封装、多态性及继承。所有这些特征与类的概念是息息相关的。

6.1.1　面向对象的基本概念

面向过程的程序设计方法从解决问题的每一个步骤入手，更适合于解决比较小的简单问题。C 语言采用面向过程的程序设计模型，但是由于 C 本身几乎没有支持代码重用的语言结构，并且缺乏统一的接口，使得当程序的规模达到一定程度时，程序员很难控制其复杂性 。

面向对象的程序设计方法则按照现实世界的特点来管理复杂的事物，把它们抽象为对象，具有自己的状态和行为，通过对消息的反应来完成一定的任务。OOD 方法提供了抽象数据类型机制，遵循软件设计的三条重要原则，即抽象、信息隐藏和模块化。

6.1.2 抽象

抽象就是提取事物的本质特性而暂时不考虑它们的细节。过程抽象和数据抽象是常用的两种主要抽象手段。所有编程语言都提供抽象（abstraction）机制。可以认为，你所能够解决的问题的复杂性直接取决于抽象的类型和质量。

一个抽象数据类型（Abstract Data Type，ADT）可以分解成4个部分，语法和语义构成抽象数据类型ADT的说明，让使用者了解这个抽象数据类型的特征。属性和方法构成ADT的实现，展示这个ADT是怎样做成的。

6.1.3 封装

将信息隐蔽的过程称为封装。有两方面的原因促使对成员访问的控制。第一个原因是防止程序员接触他们不该接触的东西——通常是内部数据类型的设计思想。若只是为了解决特定的问题，用户只需操作接口即可，毋需明白这些信息。第二个原因是允许库设计人员修改内部结构，不用担心它会对客户程序员造成什么影响。

数据隐藏通常指的就是封装。它将类的外部界面与类的实现区分开来，隐藏实现细节。迫使用户去使用外部界面，即使实现细节改变，还可通过界面承担其功能而保留原样，确保调用它的代码还继续工作。这使代码维护更简单。

6.1.4 对象

可将对象想象成对应实际问题域中有意义的个体或概念实体。此外，对象应该具有记忆自身状态的能力。同时对象应该以某种方式与系统发生关联，既对象应该与系统中其他有意义的对象进行消息传递，并提供外部服务。

- 所有东西都是对象。可将对象想象成一种新型变量；它保存着数据，但可要求它对自身进行操作。
- 程序是一大堆对象的组合；通过消息传递，各对象知道自己该做些什么。
- 每个对象都有自己的存储空间，可容纳其他对象。
- 每个对象都有一种类型。根据语法，每个对象都是某个“类”的一个“实例”。其中，“类”（Class）是“类型”（Type）的同义词。一个类最重要的特征就是“能将什么消息发给它？”
- 同一类所有对象都能接收相同的消息。
- 对象的创建、使用和生命周期。

6.1.5 对象、类和消息

一个对象就是变量和相关的方法的集合，其中变量表明对象的状态，方法表明对象所具有的行为，图6-1表示了对象的特征。

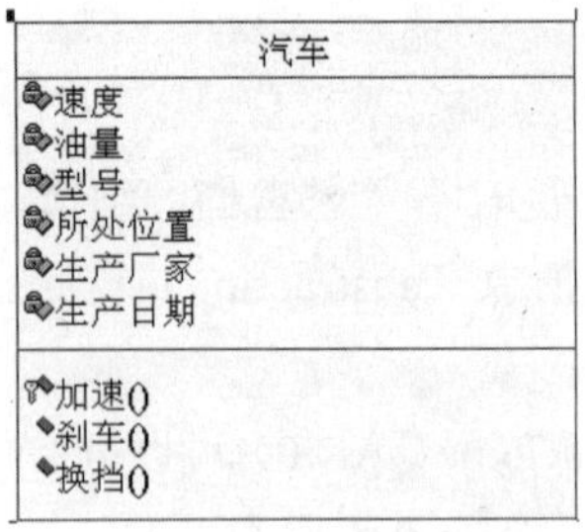

图 6-1　对象的特征

从图中可以看出，一个对象的变量构成这个对象的核心，包在它外面的方法使这个对象和其他对象分离开来。例如可以把汽车抽象为一个对象，用变量来表示它当前的状态，如速度、油量、型号、所处的位置等，它的行为则可以有加速、刹车、换挡等。操纵汽车时，不用去考虑汽车内部各个零件如何运作的细节，只需根据汽车可能的行为使用相应的方法即可。实际上，面向对象的程序设计实现了对象的封装，使不必关心对象的行为是如何实现的这样一些细节。通过对对象的封装，实现了模块化和信息隐藏，有利于程序的可移植性和安全性，同时也利于对复杂对象的处理。

对象之间必须要进行交互来实现复杂的行为。例如，要使汽车加速，必须发给它一个消息，告诉它进行何种动作（这里是加速）以及实现这种动作所需要的参数（这里是需要达到的速度等）。图 3-2 表示了对象 A 与对象 B 间的消息传递过程。

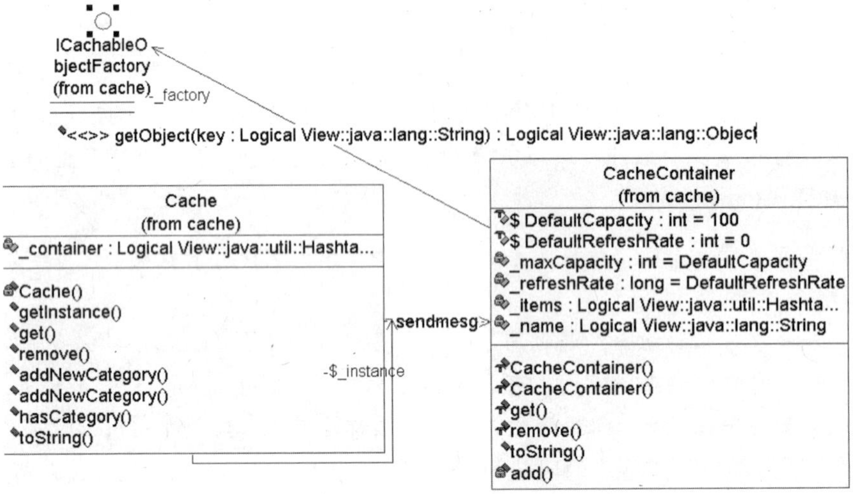

图 6-2　对象 A 与对象 B 间的消息传递过程

从图中可以看出，一个消息包含三个方面的内容：

- 消息的接收者
- 接收对象应采用的方法
- 方法所需要的参数。

接收消息的对象在执行相应的方法后，可能会给发送消息的对象返回一些信息（如上例中，汽车的仪表上会出现已经达到的速度等）。由于任何一个对象的所有行为都可以用方法来描述，通过消息机制就可以完全实现对象之间的交互，同时处于不同处理过程甚至不同主机的对象间都可以通过消息实现交互。

上面所说的对象是一个具体的事物，是类的实例化，例如每辆汽车都是一个不同的对象。但是多个对象常常具有一些共性，如所有的汽车都有轮子、方向盘、都具有一些共性，所有的汽车都有轮子、方向盘、刹车装置等。于是抽象出一类对象有共性，这就是类。类中定义一类对象共有的变量和方法。把一个类实例化即生成该类的一个对象。比如可以定义一个汽车类来描述所有汽车的共性。通过类的定义人们可以实现代码的复用。不用去描述每一个对象（如某辆汽车），而是通过创建类（如汽车类）的一个实例来创建该类的一个对象，这样大大减化了软件的设计。

6.1.6 继承

通过对象、类实现了封装，通过子类可以实现继承。对于图 3-1 来说，公共汽车、出租车、货车等都是汽车，但是不同的汽车，除了具有汽车的共性外，它们还具有自己的特点（如不同的操作方法、不同的用途等）。这时可以把它们作为汽车的子类来实现，它们继承父类（汽车）的所有状态和行为，同时增加自己的状态和行为。通过父类和子类，实现了类的层次，可以从最一般的类开始，逐步特殊化，定义一系列的子类。同时，通过继承也实现了代码的复用，使有序的复杂性线性地增长，而不是呈几何级数增长。在 C++中支持多重继承，即一个类可以继承多个父类，这使得对象的实现变得非常复杂且不可预料（设想多个父类拥有某些相同的变量和方法）。Java 中只支持单一继承，大大降低了复杂度。在 Java 中通过接口可以实现多重继承，但接口的概念简单，使用更方便，而且不仅仅限于继承，它使多个不相关的类可以具有相同的方法。

6.1.7 多态

Java 通过方法重写和方法重载来实现多态。通过方法重写，一个类中可以有多个具有相同名字的方法，以传递给它们的不同个数和类型的参数来决定使用哪种方法，这就是多态。例如对于几何行为，同时增加自己的状态作图的类，它有一个 draw()方法用来画图或输出文字，可以传递给它一个字符串、一个矩形、一个圆形，甚至还可以再指定作图的初始位置、图形的颜色等。对于每一种出现，只需实现一个新的 draw()方法即可，而不需要新起一个名字，这样大大简化了方法的实现和调用，程序员和用户都不需要记住很多的方法名，只需要传入相应的参数即可。通过方法重载，子类可以重新实现父类的某些方法，使其具有自己的特征。例如对于汽车类的加速方法，其子类（如赛车）中可能增加了一些新的部件来改善提高加速性能，这时可以在赛车类中重载父类的加速方法。重载隐藏了父类的方法 ，使子类拥有自己具体实现 ，更进一步表明了与父类相比，子类所具有的特殊性。

6.1.8 模板/泛型（template/generic）

为了复用上述容器，让它们都可以存储 Java 中的一个通用类型 Object。单根继承结构意味着所有东西都是对象，所以可以存储 Object 的容器可以存储任何东西，这使得容器很容易被复用。要使用这样的容器，你只需在其中置入对象引用（object reference），稍后还可以将它们取回。但是由于容器只存储 Object，所以当你将对象引用置入容器时，它必须被向上转型为 Object，因此它会丢失其身份。当你把它取回时，你获取了一个对 Object 对象的引用，而不是对你置入时的那个类型对象的引用。所以，你怎样才能将它变回先前你置入容器中的具有实用接口的对象呢？

这里再度用到了转型，但这一次不是向继承结构的上层转型为一个更泛化的类型，而是向下转型为更具体的类型。这种转型的方式称为向下转型（downcasting）。你可以知道向上转型是安全的，例如 Circle 是一种 Shape 类型，但是你无法知道某个 Object 是 Circle 还是 Shape，所以除非你确切知道你要处理的对象的类型，否则向下转型几乎是不安全的。然而向下转型并非彻底是危险的，因为如果你向下转型为错误的类型，你会得到被称为异常（exception）的运行时刻错误，稍后我会介绍什么是异常。尽管如此，当你从容器中取出对象引用时，还是必须要由某种方式来记住它们究竟是什么类型，这样你才能执行正确的向下转型。向下转型和运行时刻的检查需要额外的程序运行时间和程序员心血。那么创建知道自己所保存对象的类型的容器，从而消除向下转型的需求和犯错误。其解决方案被称为参数化类型（parameterized type）机制。参数化类型就是编译器可以自动定制作用于特定类型之上的类。例如通过使用参数化类型，编译器可以定制一个只接纳和取出 Shape 对象的容器。参数化类型是 C++的重要组成部分，部分原因是 C++压根没有单根继承结构。在 C++中，实现参数化类型的关键字是“template（模板）”。从 Java 1.5 开始，增加了参数化类型，因为通过使用单根继承结构可以达到相同的目的，尽管其机制显得比较笨拙。

6.2 类

Java 编程语言中的抽象数据类型概念被认为是 class。类给对象的特殊类型提供定义。它规定对象内部的数据，创建该对象的特性，以及对象在其自己的数据上运行的功能。因此类就是一块模板。Objects 是在其类模块上建立起来的，类似根据建筑图纸来建楼。同样的图纸可用来建许多楼房，而每栋楼房是它自己的一个对象。应该注意，类定义了对象是什么，但它本身不是一个对象。在程序中只能有类定义的一个副本，但可以有几个对象作为该类的实例。在 Java 编程语言中使用 new 运算符实例化一个对象。

6.2.1 类的组成

类是组成 Java 程序的基本要素。它封装了一类对象的状态和方法，是这一类对象的原型。在前几节的例子中，已经定义了一些简单的类，如清单 6-1 所示的 DemoClass 类。

清单 6-1

```
package com.javapp.ch6;
public class DemoClass {
    public static void main(String args[]) {
        System.out.println("This is a class demo!");
    }
}
```

从上面的代码可以看出，一个类的实现包含类的声明和类体两部分内容，下面分别对每一部分详细讲述。

1．类声明

一个最简单的类声明如下：

```
class className{
……
}
```

同时，在类声明中还可以包含类的父类，类所实现的接口以及修饰符 public、abstract 或 final。将分别在后面的几节中介绍。

2．类体

类体中定义了该类所有的变量和该类所支持的方法。通常变量在方法前定义（并不一定要求），定义方法如下：

```
class className{
成员变量声明
方法的声明
}
```

下面定义了一个 DemoXY 类，并且声明了它的两个变量 x、y 坐标， 初时实现 init()方法对 x、y 赋初值，如清单 6-2 所示。

清单 6-2

```
package com.javapp.ch6;
public class DemoXY {
    int xx,yy; //下定义成员变量
    void init(int i_cx,int i_cy) //定义方法
    {
        xx = i_cx;
        yy = i_cy;
    }
}
```

在上面的程序代码中，类中所定义的变量和方法都是类的成员。对类的成员可以限定访问权限，来限定其他对象对它的访问。

3．成员变量

最简单的成员变量的声明为：

```
type variableName;
```

成员变量的类型可以是 Java 中的任意数据类型及数组、类和接口。在一个类中，成员变量应该是唯一的，但是成员变量的名字可以和类的某个方法的名字相同，例如清单 6-3 所示的类。

清单 6-3

```
class DemoXY
{
    int xx，yx;
```

```
    int xx()
    {
        return xx;
    }
}
```

在上面的程序代码中，方法 xx()和变量 xx 具有相同的名字。类的成员变量和在方法中所声明的局部变量是不同的，成员变量的作用域是整个类 ，而局部变量的作用域只是方法内部。

4. 构造方法

构造方法是一种特殊的方法。Java 中的每个类都有构造方法，用来初始化该类的一个新的对象。构造方法具有和类名相同的名称，而且不返回任何据类型，在构造方法的实现中，也可以进行方法重写。下面程序代码就是实现类的构造方法定义，如清单 6-4 所示。

清单 6-4

```
package com.javapp.ch6;
public class DemoXY1 {
    int xx， yy;
    public DemoXY1() {
        xx = 0;
        yy = 0;
    }
    DemoXY1(int x， int y) {
        this.xx = xx;
        this.yy = yy;
    }
}
```

上例中，对类 DemoXY1 实现了两个构造方法，方法名均为 DemoXY1，与类名相同。而且使用了方法重写，根据不同的参数分别对点的 xx、yy 坐标赋值，在上例中，曾用 init()方法对点的 x、y 坐标进行初始赋值。二者完成相同的功能，那么用构造方法的好处在哪里呢?

当用运算符 new 为一个对象分配内存时，要调用对象的构造方法，而当创建一个对象时 ，必须用 new 为它分配内存。因此用构造方法进行初始化避免了在生成对象后每次都要调用对象的初始化方法。

6.2.2 显式成员初始化

如果将简单的赋值表达式放在成员声明中，在对象构造过程中会进行显式成员初始化。例如：

```
public class Initialized {
    private int x = 5;
    private String name = " Fred " ;
    private Date created = new Date();
    ......
}
```

6.2.3 重载方法名称

在某些情况下，可能要在同一个类中写几种做同样工作但带有不同参数的方法。考虑一个简单方法，它试图输出参数的文本表示法。这种方法被称做 println()。现在假设打印每个 int、float、String 类型需要不同的打印方法。这是合情合理的，因为各种数据类型要求不同的格式，而且可能要求不同的处理。可以分别创建三种方法，即：printInt()、printfloat()和 printString()。但这是很乏味的。Java 与其他几种编程语言一样，允许对不止一种方法重用方法名称。只有当某种东西能区分实际上需要哪种方法并去调用它时，它才能起作用。在三种打印方法的情况下，可能在参数的数量和类型的基础上对此进行区分。通过重用方法名称，可用下述方法表示：

```
public void println(int i)
public void println(float f)
public void println()
```

当在代码来调用这些方法中的一种方法时，根据提供的参数的类型选择合适的一种方法。有两个规则适用于重载方法：

（1）调用语句的参数表必须有足够的不同，以至于允许区分出正确的方法被调用。正常的拓展晋升（如单精度类型 float 到双精度类型 double）可能被应用，但是这样会导致在某些条件下的混淆。

（2）方法的返回类型可以各不相同，但它不足以使返回类型变成唯一的差异。重载方法的参数表必须不同。

6.2.4 默认构造方法

每个类至少有一个构造方法。如果不写一个构造方法，Java 编程语言将提供一个构造方法。该构造方法没有参数，而且方法体为空。默认构造方法能用 new Xxx()创建对象实例，反之，你会被要求为每个类提供一个构造方法。

提 示

如果增加一个带参数的构造方法声明到一个类中，该类以前没有显式构造方法，那么将失去该默认构造方法。基于这一点，对 new Xxx()的调用将会引起编译错误。认识到这一点很重要。

6.2.5 调用重载构造方法

如果有一个类带有几个构造方法，那么也许会想复制其中一个构造方法的某方面效果到另一个构造方法中。可以通过使用关键字 this 作为一个方法调用来达到这个目的。实现代码如下：

```
public class Employee {
    private String name;
    private int salary;
    public Employee(String n, int s) {
        name = n;
        salary = s;
```

```
    }
    public Employee(String n) {
        this(n, 0);
    }

    public Employee() {
        this( " Unknown " );
    }
}
```

在第二个构造方法中，有一个字符串参数，调用 this(n,0)将控制权传递到构造方法的另一个版本，即采用了一个 String 参数和一个 int 参数的构造方法中。在第三个构造方法中，它没有参数，调用 this("Unknownn")将控制权传递到构造方法的另一个版本，即采用了一个 String 参数的构造方法中。

提 示

对于 this 的任何调用，如果出现，在任何构造方法中必须是第一个语句。

6.3 对象

类实例化后生成对象。对象之间通过消息传递进行交互（消息传递即激活指定的某个对象的方法以改变其状态或让它产生一定的行为），最终完成复杂的任务。

6.3.1 对象生成

对象的生成包括声明、实例化和初始化三方面的内容。其定义格式为：

- type objectName: 声明了一个类型为 type 的对象。其中 type 是组合类型（包括类和接口）。对象的声明并不为对象分配内存空间。
- 对象的构造方法，返回该对象的一个引用（即该对象所在的内存地址）。用 new 可以为一个类实例化多个不同的对象。这些对象分别占用不同的内存空间，因此改变其中一个对象的状态不会影响其他对象。
- 生成对象的最后一步是执行构造方法，进行初始化。由于对构造方法可以进行重写 ，所以通过给出不同个数或类型的参数会分别调用不同的构造方法，例如生成 DemoXY1 类的对象代码为：

```
DemoXY1 p1=new DemoXY1 ();
DemoXY1 p2=new DemoXY1 (5, 10);
```

在上面的程序代码中，为类 DemoXY1 生成了两个对象 p1、p2，它们分别调用不同的构造方法，p1 调用默认的构造方法（即没有参数），p2 则调用带参数的构造方法。虽然 new 运算符返回对一个对象的引用，但与 C/C++中的指针不同，对象的引用是指向一个中间的数据结构，它存储有关数据类型的信息以及当前对象所在堆的地址，而对于对象所在的实际的内存地址是不可操作的，这就保证了安全性。

6.3.2 对象的使用

对象的使用包括引用对象的成员变量和方法，通过运算符可以实现对变量的访问和方法的调用，变量和方法可以通过设定一定的访问权限。要使用对象，首先必须构造它们并指定它们的初始状态，然后将方法应用于对象。

在 Java 程序设计语言中，使用构造方法（constructor）来构造新的实例。一个构造方法是一个新的方法，它的作用是构造并初始化对象。

构造方法是类的一种特殊方法，它的特殊性主要体现在如下的几个方面：

- 构造方法的方法名与类名相同。
- 构造方法没有返回类型。
- 构造方法的主要作用是完成对类对象的初始化工作。
- 构造方法不能由编程人员显式地直接调用。
- 在创建一个类的新对象的同时，系统会自动调用该类的构造方法为新对象初始化。

下面以一个实例来介绍构造方法的应用，首先定义一个 Point 类，代码如清单 6-5 所示。

清单 6-5

```
package com.javapp.ch6;
public class Point {
    int x,y;
    String name = "a point";
    Point() {
        x = 0;
        y = 0;
    }
    Point(int x,int y,String name) {
        this.x = x;
        this.y = y;
        this.name = name;
    }
    int getX() {
        return x;
    }
    int getY() {
        return y;
    }
    void move(int newX,int newY) {
        x = newX;
        y = newY;
    }
    Point newPoint(String name) {
        Point newP = new Point(-x,-y,name);
        return newP;
    }
    boolean equal(int x,int y) {
        if (this.x == x && this.y == y) {
```

```
                return true;
            } else {
                return false;
            }
        }
        void print() {
            System.out.println(name + ":x=" + x + "y=" + y);
        }
}
```

下面编写一个类，来分别测试 Point 类的各方法，代码如清单 6-6 所示。

清单 6-6

```
package com.javapp.ch6;
public class UsingObject {
    public static void main(String args[]) {
        Point p = new Point();
        p.print(); // 调用对象的打印方法
        p.move(250,250);
        System.out.println("**移动点后**");
        System.out.println("直接得到 X，Y 的值");
        System.out.printf("x=%d y=%d\n",p.x,p.y); // 通过对象得到 X，Y 的值
        System.out.println("通过调用方法获得 X，Y 的值");
        System.out.printf("x=%d y= %d\n",p.getX(),p.getY());// 通过方法得到 X，Y 的值
        if (p.equal(250,250)) {
            System.out.println("当前点是（250.250）");
        } else {
            System.out.println("当前点不是（250，250）");
        }
        p.newPoint("一个新建点").print();
        new Point(100,105,"新建一个点").print();
    }
```

6.3.3 构造函数的特点

从上面的程序代码可以看出，构造方法的特点有：

- 构造方法和类具有相同的名字。
- 一个类可以有多个构造方法。
- 构造方法可以有 0 个、1 个或多个参数。
- 构造方法没有返回值。
- 构造方法总是和 new 运算符一起被调用。

1. 访问对象中的变量

要访问对象的某个变量，其格式为：

```
object Reference.variable
```

其中 object Reference 是对象的一个引用，它可以是一个已生成的对象，也可以是能够生成对

象的实例，例如用：

```
Point p=new Point();
```

生成了类 Point 的对象 p 后，可以用 p.x、p.y 来访问该点的 x、y 坐标或者用 new 生成对象的引用，然后直接访问，例如：

```
int x=new point().x;
```

2. 调用对象中的方法

要调用对象的某个方法，其格式为 object Reference.Method，但是通过方法调用的方式来实现能更好地体现面向对象的特点。例如 Point 类的方法 equal 返回布尔值，可以用它来作为判断条件分别执行，实现代码如下：

```
if(p.equal (20，30)){
    ……
    //statements when equal
}else {
    ……
    //statements when unequal
}
```

另外，Point 类的方法 new Point 返回该点关于原点的对称点，返回的也是一个 Point 类型，可以访问它的变量或调用它的方法，例如：

```
p x=p.new Point().x;
p x=p.new Point().getX();
```

6.4 继承

6.4.1 继承的概念

类之间的继承关系是现实世界中遗传关系的直接模拟，它表示类之间的内在联系以及对属性和操作的共享，即子类可以沿用父类（被继承类）的某些特征。当然子类也可以具有自己独立的属性和操作。

提 示

除遗传关系外，现实世界中还普遍存在着部分—整体关系。例如飞机可由发动机、机身、机械控制系统、电子控制系统等构成聚集关系。
继承性是面向对象程序设计语言的最主要的特点，是其他语言（如面向过程语言）所没有的。

6.4.2 继承定义

继承是软件复用的一种形式。新类由已存在的类生成，通过保留它们的属性和行为并且根据新类的要求对性能加以修改，添加新的属性和行为。

如果子类只从一个父类继承，则称为单继承；如果子类从一个以上父类继承，则称为多继承。注意 Java 不支持多重继承，但它支持“接口”概念。接口使 Java 获得了多重继承的许多优点，摒弃了相应的缺点。

Java 编程语言允许一个类仅能扩展成一个其他类。这个限制被称做单继承性。单继承性与多继承性的优点是面向对象程序员之间广泛讨论的话题。Java 编程语言加强了单继承性限制而使代码更为可靠，尽管这样有时会增加程序员的工作。

使用继承性的子类的一个例子如图 6-3 所示。

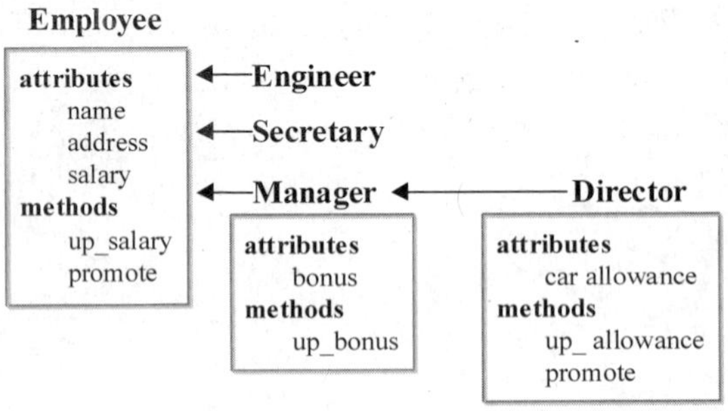

图 6-3　继承性的子类

6.4.3　扩展类

父类名跟在 extends 关键字后面，用来说明当前类是哪个已经存在类的子类并存在继承关系。子类从父类继承有两个主要方面：

- 属性的继承。例如公司是一个父类，一个公司有名称、地址、经理、雇员等，这些都属于结构方面。
- 方法的继承。一个父类定义了若干操作，例如一个公司要有项目、利润、任命经理、录用职工等操作，子公司也将继承这些行为。

下面就是一个实现类继承的例子， 首先定义雇员类 MyEmployee，然后在定义它两个子类普通员工类 LowEmployee 和高层主管类 HihEmployee。MyEmployee 代码如清单 6-7 所示。

清单 6-7

```
package com.javapp.ch6;
import java.util.Date;
import java.util.GregorianCalendar;
class MyEmployee {
	protected int age;
	protected String name;
	protected String jobtype;
	private double salary;
	private Date hireDay;
	public MyEmployee(int age,String name) {
		this.age = age;
```

```
        this.name = name;
    }
    public MyEmployee(String n,double s,int year,int month,int day) {
        name = n;
        salary = s;
        GregorianCalendar calendar = new GregorianCalendar(year,month - 1,day);
        // GregorianCalendar 方法计算月份从 0 开始
        hireDay = calendar.getTime();
    }
    public String getName() {
        return this.name;
    }
    public void setName(String name) {
        this.name = name;
    }
    public double getSalary() {
        return salary;
    }
    public Date getHireDay() {
        return hireDay;
    }
    public void setHireDay(Date hireDay) {
        this.hireDay = hireDay;
    }
    public void raiseSalary(double byPercent) {
        double raise = salary * byPercent / 100;
        salary += raise;
    }
    public int getAge() {
        return this.age;
    }
    public void setAge(int age) {
        this.age = age;
    }
}
```

普通员工类 LowEmployee 代码如清单 6-8 所示。

清单 6-8

```
package com.javapp.ch6;
public class LowEmployee extends MyEmployee {
    public LowEmployee(int age,String name) {
        super(age,name);
    }
    public static void main(String[] args) {
        String str_Depart=""; // 所属部门;
        int age=21;
        LowEmployee lowemployee = new LowEmployee(age,str_Depart);
        lowemployee.getName();
    }
```

```
}
```

高层主管类 HihEmployee 代码如清单 6-9 所示。

清单 6-9

```
package com.javapp.ch6;
public class HihEmployee extends MyEmployee{
    String str_managerdepart ; // 所管理部门;
    public HihEmployee(int age,String name){
        super(age,name);
        String str_managerdepart="软件部";
    }
    public void setName(String name) //方法的覆盖.重写父亲类的方法
    {
        name=name+Integer.toString(this.age);
        this.name=name;
    }
}
```

在上面的程序中，雇员类 MyEmployee 是一个基础类，用它定义一个雇员的基本信息，它的两个子类普通员工类 LowEmployee 和高层主管类 HihEmployee 除了具有雇员类 MyEmployee 的属性和方法外，各自都具有自己的属性和方法。

提 示

尽管一个子类从父类继承所有的方法和变量，但它不继承构造方法，掌握这一点很重要。一个类能得到构造方法，只有两个办法。或者写构造方法，或者根本没有写构造方法，类有一个默认构造方法。除了子构造方法外，父类的构造方法也总是被访问。

6.4.4 属性继承与隐藏

尽管 MyEmployee 类是一个父类，但是并不因为它是父类就意味着它有更多的功能。恰恰相反，子类比它们的父类具有更多的功能。因为子类是父类的扩展，增加了父类没有的属性和方法。

提 示

子类不能访问父类的 private 成员，但子类可以访问其父类的 public，protected 访问是 public 和 private 访问之间一个保护性的中间层次。由于被继承的父类成员没有在子类声明中列出，但是这些成员确实存在于子类中。

6.4.5 方法继承、覆盖与重载

1. 方法继承

对于 HihEmployee 对象，可以使用 getName 和 getAge 等方法。即使这些方法没有明显地在 HihEmployee 类中定义，它们也自动地从 MyEmployee 类中继承过来。

2. 方法覆盖

方法的覆盖是指子类定义同名方法来覆盖父类的方法，这是多态技术的一个实现。当父类方

法在子类中被覆盖时，通常是子类版本调用父类版本，并做一些附加的工作。

提 示

关于覆盖应注意的事项：

- 不使用 super 而希望引用父类方法会导致无限的递归，因为子类方法实际上是在调用它自己。
- 当通过父类引用调用一个方法时，Java 会正确地选择与那个对象对应的类的覆盖方法。
- 方法覆盖中，子类在重新定义父类已有的方法时，应保持与父类完全相同的方法声明，即与父类完全相同的方法名、返回值和参数列表。
- 子类可以添加字段，也可以添加方法或者覆盖父类中的方法。然而继承不能去除父类中的任何字段和方法。final 类是不可以被继承的，例如 String 类是 final 类故不可以继承。

3. 方法重载

可以利用相同的方法名但不同的参数表来定义方法（参数表中参数的数量、类型或次序有差异）的重载。

提 示

当多个方法具有相同的名字而含有不同的参数时，便发生重载。编译器必须挑选处调用哪个方法。它通过将在不同方法头部中的参数类型和在特定的方法调用中使用值的类型进行比较，从而挑选出正确的方法。Overload 和 Override 的区别是：方法的重写 Overriding 和重载 Overloading 是 Java 多态性的不同表现。重写 Overriding 是父类与子类之间多态性的一种表现，重载 Overloading 是一个类中多态性的一种表现。如果在子类中定义某方法与其父类有相同的名称和参数，该方法被重写（Overriding）。子类的对象使用这个方法时，将调用子类中的定义，对它而言，父类中的定义如同被“屏蔽”了。如果在一个类中定义了多个同名的方法，它们或有不同的参数个数或有不同的参数类型，则称为方法的重载（Overloading）。Overloaded 的方法是可以改变返回值的类型。

6.4.6 在子类中使用构造方法

关于子类构造方法的规律总结如下：

- 子类构造方法总是先调用（显式的或隐式地）其父类的构造方法，以创建和初始化子类的父类成员。
- 构造方法不能继承，它们只属于定义它们的类。如果把一个对象指定为其父类的引用，那么允许把这个对象转换回它自己原来的类型，为了向该对象传送一些在父类中没有的信息，必须这样做。
- 当创建一个子类对象时，子类构造方法首先调用父类的构造方法并执行，接着才执行子类构造方法。

6.5 多态与动态绑定

6.5.1 多态

多态（Polymorphism）提高了程序可扩充性，调用多态性行为的软件传送给对象的消息（即方法调用）与对象的类型无关，因此能响应已有消息的新类型可以直接加入系统，而不用修改基本系统。在运行时自动选择正确的方法进行调用称作动态绑定（dynamic binding）。

对于数据来说，继承是否为正确的设计可以用一个简单的规则来判断。“is-a”规则表明子类的每一个对象都是一个超类的对象。例如每一个经理是一个员工。然而只有经理类是员工类的子类才是有意义的。很明显，反过来就不行了——并不是每个员工都是经理。

还有一个明确叙述“is-a”规则的方法是替代原则。该原则规定无论何时，如果程序需要一个超类对象，都可以用一个子类对象来代替。对于继承可能会引发某种争论：继承应该只重载基类的方法（而并不添加在基类中没有的新方法）吗？如果这样做，就意味着导出类和基类是完全相同的类型，因为它们具有完全相同的接口。结果你可以用一个导出类对象来完全替代一个基类对象。这可以被视为“纯粹替代（pure substitution）”，通常称之为“替代法则（substitution principle）”。在某种意义上，这是一种处理继承的理想方式。经常将这种情况下的基类与导出类之间的关系称为“is-a”关系，因为你可以说“一个圆形就是一个几何形状”。判断是否继承，就是要确定你是否可以用 is-a 来描述类之间的关系，并使之具有实际意义。

有时你必须在子类中添加新的接口元素，这样也就扩展了接口并创建了新的类型。这个新的类型仍然可以替代基类，但是这种替代并不完美，因为基类无法访问你新添加的方法。这种情况可以描述为“is-like-a”关系。新类型具有旧类型的接口，但是它还包含其他方法，所以你不能说它们完全相同。以空调为例，假设你的房子里已经布线安装好了所有的冷气设备的控制器，也就是说你的房子具备了让你控制冷气设备的接口。想象一下，如果空调坏了，你用一个既能制冷又能制热的热力泵替换了它，那么这个热力泵就“is-like-a（像是一个）”空调，但是它可以做更多的事。因为你的房子的控制系统被设计为只能控制冷气设备，所以它只能和新对象中的制冷部分进行通信。尽管新对象的接口已经被扩展了，但是现有系统除了源接口之外，对其他东西一无所知。

6.5.2 动态绑定

理解调用一个对象方法的机制是非常重要的。首先，编译器检查对象的声明类型和方法名。接着编译器检查方法调用中的参数类型。如果在所有的叫做 f 的方法中有一个其参数类型同调用提供的参数类型最匹配，那么该方法就会被选择调用。这个过程称作超载选择。当程序运行并且使用动态绑定来调用一个方法时，那么虚拟机必须调用同 x 所指向的对象的实际类型相匹配的方法版本。

提 示

动态绑定是非常重要的特性，它能使程序变得可扩展而无需重编译现存代码。

6.5.3 父类对象与子类对象的使用与转化

下面介绍程序中父类对象与子类对象间的指代使用和转化。this 和 super 是常用来指代父类对象与子类对象的关键字。

- this

this 表示的是当前对象本身，更准确地说，this 代表了当前对象的一个引用。对象的引用可以理解为对象的另一个名字，通过引用可以顺利地访问对象，包括修改对象的属性、调用对象的方法。

- super

super 表示的是当前对象的直接父类对象，是当前对象的直接父类对象的引用。所谓直接父类是相对于当前对象的其他“祖先”而言的。例如提供一个构造方法：

```
public HihEmployee（int age，String name）
{
    super(age，name);
    String str_managerdepart=”软件部”;
}
```

这里关键字 super 具有不同的意义。例如：

```
super(age，name);
```

意思是“调用 MyEmployee 父类的构造方法，同时带有 age、name 参数”。

父类对象与和子类对象的转化需要注意如下的原则：

- 子类对象可以被视为是其父类的一个对象。
- 父类对象不能当成是其某一个子类的对象。
- 如果一个方法的形式参数定义的是父类对象，那么调用这个方法时，可以使用子类对象作为形式参数。
- 如果父类对象引用指向的实际是一个子类对象，那么这个父类对象的引用可以用强制类型转换转化成子类对象的引用。

6.5.4 Instanceof 运算符

假如能使用引用将对象传递到它们的父类中，那么有时你想知道实际有什么，这就是 instanceof 运算符的目的。假设类层次被扩展，那么你就能得到：

```
public class MyEmployee extends Object
public class LowEmployee extends MyEmployee
public class HihEmployee extends MyEmployee
```

如果通过 MyEmployee 类型的引用接受一个对象，它变不变成 LowEmployee 或 HihEmplyee。可以用 instanceof 来测试，测试方法如下：

```
public void method(MyEmployee e) {
    if (e instanceof   LowEmplyee) {
        LowEmplyee lm = (LowEmplyee)e;
```

```
        // 执行普通员工类操作
    }else if (e instanceof HihEmplyee) {
        HihEmplyee hm = (HihEmplyee)e;
        // 招行管理类操作
    }else {
        // 雇员类操作
    }
}
```

如果不用 instanceof 做测试，就会有类型转换失败的危险。通常情况下，类型转换一个对象引用的尝试是要经过几种检查的。

向上强制类型转换类层次总是允许的，而且事实上不需要强制类型转换运算符。可由简单的赋值实现。对于向下类型转换，编译器必须满足类型转换至少是可能的这样的条件。比如，任何将 HihEmplyee 引用类型转换成 HihEmplyee 引用的尝试是肯定不允许的，因为 HihEmplyee 不是一个 HihEmplyee 的子类。类型转换发生的类必须是当前引用类型的子类。

如果编译器允许类型转换，那么，该引用类型就会在运行时被检查。比如，如果 instanceof 检查从源程序中被省略，而被类型转换的对象实际上不是它应被类型转换进去的类型，那么，就会发生一个运行时错误（exception）。异常是运行时错误的一种形式，将在后面的章节中详细介绍。

6.5.5 多态性在实际编程中的应用

下面就是一个根据员工类型利用方法的重写和多态性完成工资单计算的程序，应用类 ManagerDemo 代码如清单 6-10 所示。

清单 6-10

```
package com.javapp.ch6;
public class ManagerDemo {
    public static void main(String[] args) {
        // 创建一个新的经理并设置他的奖金
        Manager boss = new Manager("天峰",70000,1980,11,11);
        boss.setBonus(9000);
        MyEmployee[] staff = new MyEmployee[3];
        // 建立员工数组和经理一起填充
        staff[0] = boss;
        staff[1] = new MyEmployee("艳娜",70000,1981,11,27);
        staff[2] = new MyEmployee("利沙",50000,1982,10,15);
        for (int i = 0; i < staff.length; i++) {
            MyEmployee e = staff[i];
            System.out.println("姓名=" + e.getName() + "，工资=" + e.getSalary());
        }
    }
}
```

经理类 Manager 代码如清单 6-11 所示。

清单 6-11

```
package com.javapp.ch6;
public class Manager extends MyEmployee {
	private double bonus;
	public Manager(String name,double salary,int year,int month,int day) {
		super(name,salary,year,month,day);// 调用 MyEmployee 父类的构造函数
		bonus = 0;
	}
	public double getSalary() {
		double baseSalary = super.getSalary();
		return baseSalary + bonus;
	}
	public void setBonus(double boub) {
		bonus = boub;
	}
}
```

在上面的程序代码中，经理类 Manager 调用 MyEmployee 父类的构造方法来生成员工的基本信息，如姓名、年龄、工资等。但经理类除了具有 MyEmployee 父类的属性和方法外，重写了 MyEmployee 父类中 getSalary 和 setBonus 方法。在应用类 ManagerDemo 中调用 MyEmployee 父类生成 3 个员工对象，其中第一个员工对象是由经理类 Manager 生成，然后添加到 MyEmployee 父类生成的员工对象中来代替 MyEmployee 父类，从而实现多态性调用。这个例子表明子类的每一个对象都是一个超类的对象，每一个经理是一个员工。然而只有经理类是员工类的子类才是有意义的。很明显，并不是每个员工都是经理。

6.5.6 泛型

C++程序员对泛型编程肯定不陌生，尤其在 STL 大行其道的时候，同时 C# 2.0 也将实现范型编程的功能。Java 也不甘示弱，也推出了范型编程的语言新特性。在 Java 1.5 以前，编程时，经常会遇到过这样的代码，如清单 6-12 所示。

清单 6-12

```
List list = new LinkedList();
list.add("冯艳娜");
list.add("利利");
list.add("莎沙");
String name = (String)list.iterator.next();
```

其实 Java 的泛型就是创建一个用类型作为参数的类。与在 Java 类中编写方法一样，在类中，一个方法是这样定义的：method(String str1，String str2)，参数 str1、str2 的值是可变的。而泛型也是一样的，在编写一个类时，可以带上参数，定义一个泛型的方法为: class java_Generics＜K，V＞，其中的参数 K 和 V 就像方法中的参数 str1 和 str2，也是可变。下面就是一个泛型编程的例子，如清单 6-13 所示。

清单 6-13

```
package com.javapp.ch6;
import java.util.Hashtable;
/**
 * Description: 泛型编程实例
*/
public class GenTestForone<K,V> // 定义一个具有通用模板功能的类
{
        public Hashtable<K,V> h = new Hashtable<K,V>();
        public void put(K k,V v) {
                h.put(k,v);// 存储值
        }
        public V get(K k)// 根据 KEY 的值，返回 V 的值
        {
                return h.get(k);
        }
        public static void main(String args[]) {
                GenTestForone<String,Integer> GT = new GenTestForone<String,Integer>();
                // 实例化泛型对象
                GT.put("key",20000);// 第一个参数限定为字符串类型，第二个限定为整型
                int keys = GT.get("key");// 取出名称对应的值
                System.out.println("得到的值为：" + keys);
                GenTestForone<Double,Integer> GTS = new GenTestForone<Double,Integer>();
                // 实例化泛型对象
                GTS.put(3.1415926,100);// 定义第一个参数为双精度型，第二个参数为值型
                int val = GTS.get(3.1415926);// 取出双精度值对应的整型值
                System.out.println("得到的值为：" + val);
        }
}
```

上面的例子创建了一个用类型作为参数的类，参数是 K、V，传入的“值”是 String 类型。以前定义一个类，输入的参数类型都是事先定义的，但是应用泛型编写程序，完全可以不定义参数的类型，在调用的时候来确定参数类型，增加了程序的通用性，像是一个模板。在 GenTestForone ＜K，V＞这个泛型类中，其中 K、V 可以是任意类型。如果要限定参数 K 和 V 类型，实现方法如清单 6-14 所示。

清单 6-14

```
package com.javapp.ch6;
class GenTesttwo<K extends String,V extends Number>
// 定义一个限定类型范围模板功能的类
{
        private V v = null;// 初始化值
        private K k = null;
        public void setV(V v)// 存储值
        {
                this.v = v;
        }
        public V getV()// 返回 V 的值
```

```
        {
                return this.v;
        }
        public void setK(K k) {
                this.k = k;
        }
        public K getK() {
                return this.k;
        }
        public static void main(String[] args) {
                GenTesttwo<String,Integer> t2 = new GenTesttwo<String,Integer>();
                // 实例化泛型对象
                t2.setK(new String("天峰"));// 设置值
                t2.setV(new Integer(21));
                System.out.println("姓名： " + t2.getK());// 取回值
                System.out.println("年龄： " + t2.getV());
        }
}
```

执行程序后，正确输出是：姓名：天峰　年龄：21。

上例中 K 的范围是＜=String ，V 的范围是＜=Number，注意是“＜=”。对于 K 可以是 String 类型，V 可以是 Number 类型，也可以是 Integer、Float、Double、Byte 等。

提　示

编写泛型类要注意在定义一个泛型类的时候，在 “< >”之间定义形式类型参数，例如“class GenTestForone <K，V>”，其中“K”和“V”不代表值，而是表示类型。实例化泛型对象时一定要在类名后面指定类型参数的值（类型），一共要有两次声明。例如 GenTestForone < String，String > t=new GenTestForone < String，String > ()。泛型中 <K extends Object>，extends 并不代表继承，它是类型范围限制。

6.5.7　构造方法的继承与重载

构造方法的作用是来定义对象的初始状态。然而由于对象的构造如此重要，Java 还另外提供了一些不同的机制来编写构造方法。

1．默认字段初始化

如果在构造方法中没有明确地给某个字段赋值，那么此字段会被自动地赋予一个默认值：若是数字则被赋值以 0，若是布尔类型则被赋值以 false，若是对象引用则被赋值以 null。但使用默认值被认为是一种糟糕的编程做法。因为如果字段以不可见的形式被初始化，会使得别人很难读懂程序。

2．默认构造方法

默认构造方法是指没有参数的构造方法（这种构造方法有时也称作无参数构造方法）。例如清单 6-15 是一个 MyEmployee 类的默认构造方法。

清单 6-15

```
public MyEmployee()
{
    name="";
    salary=0;
}
```

如果编写了一个没有构造方法的类，则系统会自动为此类提供一个默认构造方法。此默认构造方法将所有的实例字段初始化为默认值。

3. 显式字段初始化

由于在类中可以重载构造方法，所以可以采用多种方式来设置类中实例字段的初始状态，以确保每个实例字段都被设置为某个有意义的值。在类的定义中，可以简单地把一个值赋值给任何字段。例如：

```
private String name="tfnew21"
```

在执行构造方法前，此赋值会被执行。当类中所有的构造方法都需要把某一特定的实例字段赋以相同的值时，此语法非常有用。

提 示

构造器 Constructor 不能被继承，因此不能重写 Overriding，但可以被重载 Overloading。

4. 参数名

当编写简单的构造方法时，一般选择与所要赋值字段相同的字符串作为参数名。

```
public MyEmployee(String name, double salary){
    this.name=name;
    this.salary=salary;
}
```

5. 初始化块

在 Java 中还有第三种机制，它叫做初始化块。在类声明中可以包含任意数量的代码块。只要构造了此类的一个对象，这些代码块就会被执行。如清单 6-16 所示。

清单 6-16

```
class MyEmployee{
    private String name;
    private double salary;
    private int id;
    private static int nextId;
    public MyEmployee(String name, double salary){
        this.name=name;
        this.salary=salary;
    }
```

```
    public MyEmployee(){
        name=" ";
        salary=0;
    }
    //对象初始化模块
    {
        id=nextId;
        nextId++;
    }
}
```

在这个例子中，id 字段在对象初始化块中被初始化，而不管是哪个构造方法构造了一个对象。初始化块首先被运行，然后构造方法的主体部分被执行。

6.5.8　参数可变的方法

在编程时，有时需要传入到方法中的参数的个数是不固定的，为了解决这个问题，一般采用下面的方法：

- 编写多个重载的方法，尽可能地满足参数的个数要求。显然这不是一个好的解决办法。
- 将参数作为一个数组传入。虽然这样只需一个方法即可，但是为了传递这个数组，需要先声明一个数组，然后将参数逐一加到数组中。

从 Java 1.5 开始，可以使用可变长参数解决这个问题。声明可变长参数方式如下：

```
public void mymethod(String arg1，Object... args)
```

也就是使用“...”将参数声明成可变长参数。

显然，可变长参数必须是最后一个参数。下面就是一个可变长参数的例子代码，如清单 6-17 所示。

清单 6-17

```
package com.javapp.ch6;
/**
 * Description: 变长参数
 */
public class ParmVarExmple {
    public ParmVarExmple() {
        super();
    }
    public int sum(int... n) { // 传过来 n 为一个 int 型数组
        int tempSum = 0;
        for (int option : n) {// 求和
            tempSum += option;
        }
        return tempSum;
    }
    public static void main(String[] args) {
        ParmVarExmple parmvarexmple = new ParmVarExmple();
```

```
        int sum = 0;
        // 以下根据实例根据不同数量的参数进行求和
        sum = parmvarexmple.sum(11);
        System.out.printf("%d + %d = %d\n",11,0,sum);
        sum = parmvarexmple.sum(11,12);
        System.out.printf("%d + %d = %d\n",11,12,sum);
        sum = parmvarexmple.sum(11,12,13,14);
        System.out.printf("%d + %d +%d+%d= %d\n",11,12,13,14,sum);
        sum = parmvarexmple.sum(11,12,13,14,15);
        System.out.printf("%d + %d + %d + %d + %d= %d\n",11,12,13,14,15,sum);
    }
}
```

提 示

从 Java 1.5 开始，具有与 C 语言一样方便的格式化输出方法，上面使用的 printf 方法，它对应 C 语言的 printf，可以用这个方法来输出格式化的数据。输出格式整型数据，实现代码如下：

```
int xx = 330;
int yy = 210;
int sum = x + y;
System.out.printf("%d + %d = %d", x, y, sum);
```

6.6 抽象类与抽象方法

6.6.1 抽象类

有时在类库开发中，要创建一个体现某些基本行为的类，并为该类声明方法；但不能在该类中实现该行为。取而代之，在子类中实现该方法。知道其行为的其他类可以在类中实现这些方法。

当一个类被声明为 abstract 时，这个类被称为是抽象类。所谓抽象类就是没有具体实例对象的类。针对这个问题，Java 专门提供了一种机制，名为“抽象方法”。它属于一种不完整的方法，只含有方法的声明，没有方法的主体。下面是抽象方法声明时采用的语法：

```
abstract void X();
```

人类就是一个典型的抽象类。我们知道类是对象的集合，对象是类的实例化，而人类这个类却不存在一个仅属于它的具体对象。

通常在一个设计中，你会希望基类仅仅表示其导出类的接口，也就是说，你不希望任何人创建基类的实际对象，而只是希望他们将对象向上转型到基类，所以它的接口将派上用场。这是通过使用 abstract 关键字把类标识成为抽象类来实现的。如果有人试图创建一个抽象类的对象，编译器都会加以阻止。这是支持某种特殊设计的工具。你也可以使用 abstract 关键字来描述尚未被实现的方法，就象一个存根，用来表示“这是一个从此类中继承出的所有类型都具有的接口方法，但是此刻没有为它设计任何具体实现”。抽象方法只能在抽象类内部创建，当该类被继承时抽象方法必须被实现，否则继承类仍然是一个抽象类。创建抽象方法使得你可以将一个方法置于接口中而不必被迫为此方法提供可能毫无意义的方法体。

6.6.2 抽象方法

作为类方法修饰符，abstract 则声明了一种仅有方法头，而没有具体的方法体和操作实现的抽象方法。

可见，abstract 方法只有方法头的声明，而用一个分号来代替方法体的定义。至于方法体的具体实现由当前类的不同子类在它们各自的类定义中完成。

提 示

需要特别注意的是，所有的抽象方法，都必须存在于抽象类之中。
除了抽象方法，抽象类也可以有具体的数据和方法。例如 Person 类存储人的名字并且用一个具体的方法来返回它。abstract class 和 interface 的区别是：声明方法的存在而不去实现它的类被叫做抽象类（abstract class），它用于要创建一个体现某些基本行为的类，并为该类声明方法，但不能在该类中实现该类的情况。不能创建 abstract 类的实例。然而可以创建一个变量，其类型是一个抽象类，并让它指向具体子类的一个实例。不能有抽象构造方法或抽象静态方法。abstract 类的子类为它们父类中的所有抽象方法提供实现，否则它们也是抽象类为。取而代之，在子类中实现该方法。知道其行为的其他类可以在类中实现这些方法。
接口（interface）是抽象类的变体。在接口中，所有方法都是抽象的。多继承性可通过实现这样的接口而获得。接口中的所有方法都是抽象的，没有一个有程序体。接口只可以定义 static final 成员变量。接口的实现与子类相似，除了该实现类不能从接口定义中继承行为。当类实现特殊接口时，它定义所有这种接口的方法。然后它可以在实现了该接口的类的任何对象上调用接口的方法。由于有抽象类，它允许使用接口名作为引用变量的类型。引用可以转换到接口类型或从接口类型转换，用 instanceof 运算符可以用来判断某对象的类是否实现了接口。

例如，考虑一个 Drawing 类。该类包含用于各种绘图设备的方法，但这些必须以独立平台的方法实现。它不可能去访问机器的录像硬件而且还必须是独立于平台的。其意图是绘图类定义哪种方法应该存在，但实际上，由特殊的从属于平台子类去实现这个行为。

正如 Drawing 这样的类，它声明方法的存在而不是实现，以及带有对已知行为的方法的实现，这样的类通常被称做抽象类。通过用关键字 abstract 进行标记声明一个抽象类。被声明但没有实现的方法（即，这些没有程序体或{}），也必须标记为抽象。Drawing 类的代码如下：

```
public abstract class Drawing {
    public abstract void drawDot(int x, int y);
    public void drawLine(int x1, int y1,    int x2, int y2) {
        // draw using the drawDot() method repeatedly.
    }
}
```

不能创建 abstract 类的实例。然而可以创建一个变量，其类型是一个抽象类，并让它指向具体子类的一个实例。不能有抽象构造方法或抽象静态方法。Abstract 类的子类为它们父类中的所有抽象方法提供实现，否则它们也是抽象类。例如：

```
public class MachineDrawing extends Drawing {
    public void drawDot (int mach x, intmach y) {
        // Draw the dot
    }
}
Drawing d = new MachineDrawing();
```

6.6.3 访问控制符

1. 公共访问控制符 public

Java 中类的访问控制符只有一个 public。一个类被声明为公共类，表明它可以被所有的其他类所访问和引用，这里的访问和引用是指这个类作为整体是可见和可使用的，程序的其他部分可以创建这个类的对象、访问这个类内部可见的成员变量和调用它的可见的方法。一个类作为整体对程序的其他部分可见，并不能代表类内的所有属性和方法也同时对程序的其他部分可见，前者只是后者的必要条件，类的属性和方法能否为所有其他类所访问，还要看这些属性和方法自己的访问控制符。

2. 默认访问控制符

假如一个类没有访问控制符，说明它具有默认的访问控制特性。这种默认的访问控制符规定该类只能被同一个包中的类访问和引用，而不可以被其他包中的类使用，这种访问特性称为包访问性。通过声明类的访问控制符可以使整个程序结构清晰、严谨，减少可能产生类间干扰和错误。

3. 私有访问控制符 private

用 private 修饰的属性或方法只能被该类自身所访问和修改，而不能被任何其他类，包括该类的子类，来获取和引用。

在实现类时，使所有的数据字段都是私有的，因为公开的数据是危险的。对于方法又是什么情况呢？虽然大多数方法是公开的，但是私有方法也经常使用。在一般情况下与类的使用者无关的那些方法或因类的实现改变而产生不容易维护的那些方法可以用控制符 private。

4. 保护访问控制符 protected

用 protected 修饰的成员变量可以被三种类所引用：该类自身、与它在同一个包中的其他类、在其他包中的该类的子类。使用 protected 修饰符的主要作用是允许其他包中的它的子类来访问父类的特定属性。protected 关键字为引入了一种名为“继承”的概念，它以现有的类为基础，并在其中加入新的成员，同时不会对现有的类产生影响——将这种现有的类称为“基础类”或者“基本类”。

6.7 包

6.7.1 包的作用

在 Java 中，允许把多个类收集在一起成为一组，称作包（package）。包便于组织任务以及使自己的任务与其他人提供的代码库相分离。

标准 Java 库被分类成许多的包，其中包括 java.lang、java.util 和 java.net 等等。标准 Java 包是分层次的。就像在硬盘上嵌套有各级子目录一样，可以通过层次嵌套组织包。所有的 Java 包都在 Java 和 Javax 包层次内。

6.7.2 包的创建

Java API 中的每一个类和接口属于一个特定的包。它包含一组相关联的类和接口，实际是对类和接口进行组织的目录结构。

假定文件名是 MyClass.java。它意味着在那个文件有一个、而且只能有一个 public 类。而且那个类的名字必须是 MyClass（包括大小写形式）：

```
package mypackage;
public class MyClass
{
……
}
```

创建可复用的类的步骤简要说明如下：

01 定义一个 public 类。如果类不是 public，它只能被同一包中的其他类使用。

02 选择一个包名，并把 package 语句加到可复用的类的源代码文件中。

03 编译这个类。这样它就被放到适当的包目录结构中，以供编译器和解释器使用。

04 把这个可复用的类导入到需要用它的程序中。现在就可以使用它了。

在 Java 语言中可以出现在类定义的括号外面的仅有两个语句，它们是 package 和 import。

6.7.3 包的引用

对包的引用时需要在每个类名前加上完整的包名，例如给出一个指向此包中的类的快捷方式。一旦使用 import（导入）了以后，就不再需要给出完整的包名。可以引入一个特定的类，也可以引入整个包。import 语句要放在源文件的头部（但在所有 package 语句的下面）。例如可以通过下面的语句引入在 java.util 包中的所有的类：

```
import java.util.*;
```

然后，就可以使用

```
Date today=new Date();
```

而不需要在前面加上包名。也可以引入包中某个特定的类：

```
import java.util.Date;
```

6.7.4 向包中添加类

要把类放入一个包中，必须把此包的名字放在源文件头部，并且放在对包中的类进行定义的代码之前。例如在文件 MyEmployee.java 的开始部分如下：

```
package net.tfnew17.javastep ;
public class MyEmployee{
……
}
```

在上面代码中，把包中的文件放入与此完整的包名相匹配的子目录中。例如在包 net.tfnew17.javastep 中的所有的类文件都必须放在子目录 net/tfnew21/Javastep（Windows 下的 net\tfnew21\Javastep）下，这是最简单的一种方法。类被存储在文件系统的子目录中。类的路径必须与所在包名相匹配。

在前面的例子中，包目录 net/tfnew21/Javastep 是程序目录的一个子目录。然而这样安排很不灵活。通常有多个程序需要访问包文件，为了使包可以在多个程序间共享，需要做以下事情：

- 把类放在一个或多个特定的目录中，比如/home/user/classdir。此目录是包树的基本目录。如果加入了类 net.tfnew17.javastep.MyEmploye。那么此类文件必须位于子目录 /home/user/classdir/net/tfnew21/Javastep 下。
- 设置类的路径。类的路径是其子目录包含类文件的所有基本目录的集合。

6.7.5 包的作用域

被标记为 public 的部件可以被任何类使用，而私有部件只能被定义它们的类使用。如果没有指定 public 或 private，那么部件（即类、方法或变量）可以被同一个包中的所有方法访问。

6.7.6 静态引用

Java 1.5 之前，如果需要使用其他类的静态方法，如 Java.lang.Math 中的方法，需要编写以下代码：

```
double value = Math.log(100)*Math.PI;
```

从 Java1.5 以后，只需静态导入 Math 包，然后就可以直接在代码中使用静态方法和静态字段，实现代码如下：

```
import static java.lang.Math.*;
double value = log(100)*PI;
```

下面介绍一个静态引用的例子。先建一个包含一个静态方法和一个静态字段的类 StaticClassExmple.java，代码如清单 6-18 所示。

清单 6-18

```
package com.javapp.ch6;
public class StaticClassExmple {
    public static String LABEL = "计应 14 同学录";
    public static void printList()// 定义一个静态方法
    {
        String[] swords = new String[] { "天峰","李少恒","冯艳娜","麻少华","杨深刚",
                    "亚婷","培英","慧明","杜承宁" };
        for (String name : swords) {
```

```
                System.out.printf("姓名列表：" + "%s%n",name);
            }
        }
}
```

现在新建一个用于显示成员的类，静态导入上面创建类的字段和方法，并使用它们，程序代码如清单 6-19 所示。

清单 6-19

```
package com.javapp.ch6;
import static com.javapp.ch6.StaticClassExmple.*; // 静态导入
public class StaticClassExmpleDisplay {
        public void testSI() {
                System.out.printf("%s:%n",LABEL);// 调用静态导入类中的方法和成员变量
                printList();
        }
        public static void main(String[] args) {// 开始执行类，打印出数据
                StaticClassExmpleDisplay staticclassexmpledisplay = new StaticClassExmpleDisplay();
                staticclassexmpledisplay.testSI();
        }
}
```

在上面的程序中，利用“import static”关键字静态导入 StaticClassExmple 类中的方法和成员变量，这样可以简化程序代码的编写。

6.8 接口

在 Java 语言中，接口（Interface）是对符合接口需求的类的一套规范。接口与包相似，也是用来组织应用中的各类并调节它们的相互关系的一种结构，更准确地说，接口是用来实现类间多重继承功能的结构。 interface 这个关键字比抽象类的概念更进了一步，它压根不允许有任何方法定义。接口是一个非常方便而通用的工具，因为它提供了接口与实现的完美分离。此外，只要你愿意，你就可以将多个接口组合到一起，与之相对照的，你要继承多个一般类或抽象类却是不可能的。接口（interface）和内部类（inner class）提供了一种用来组织和控制系统中对象的更加精致的方法。C++就不包含这些机制，尽管聪明的程序员可以自己去模拟实现它们。在 Java 中存在着这些机制的事实表明它们是如此重要，以至于要通过语言中的关键字直接提供对它们的支持。

6.8.1 接口概念

接口主要作用是可以帮助实现类似于类的多重继承的功能。在 Java 中，出于简化程序结构的考虑，不再支持类间的多重继承而只支持单重继承，即一个类至多只能有一个直接父类。然而在解决实际问题的过程中，仅仅依靠单重继承在很多情况下都不能将问题的复杂性表述完整，需要其他的机制作为辅助。interface 关键字比 abstract 的概念向前更迈进了一步。你可以将它看作是“纯粹的”抽象类。它允许类的创建者为一个类建立其形式：有方法名、参数列表和返回类型，但是没有

任何方法体。接口也可以包含有数据成员，但是它们隐含都是 static 和 final 的。接口只提供了形式，而未提供任何具体实现。一个接口表示“所有实现了该特定接口的类看起来都像它”。因此任何使用某特定接口的代码都知道可能会调用该接口的那些方法，而且仅需知道这些。因此接口被用来建立类与类之间的协议（protocol）。要想创建一个接口，需要用 interface 关键字来替代 class 关键字。就像类一样，你可以在 interface 关键字前面添加一个 public 关键字（但仅限于该接口在其同名的文件中被定义），或者不添加它而使其只具有包访问权限，这样它就只能在同一个包内可用。

为了使一个类遵循某个特定接口（或者是一组接口），需要使用 implements 关键字，它表示“该接口是这个类的外貌，但是现在我要声明它是如何运作的”。

6.8.2 接口声明

在 Java 中，声明接口的语法如下：

```
[public]   interface   接口名   [extends   父接口名列表]
{    //接口体;
     //常量域声明
     [public]   [static]   [final]   域类型   域名=常量值;
     //抽象方法声明
     [public]   [abstract] [native]返回值   方法名(参数列表) [throw 异常列表];
}
```

从上面的语法规定可以看出，定义接口与定义类非常相似，实际上完全可以把接口理解成为一种特殊的类，接口是由常量和抽象方法组成的特殊类。

- 接口中的属性都是用 final 修饰的常量，在这个类中，所有的成员方法都是抽象的，也就是说它们都只有说明没有定义。
- 接口中的方法都是用 abstract 修饰的抽象方法，在接口中只能给出这些抽象方法的方法名、返回值和参数列表，而不能定义方法体，即仅仅规定了一组信息交换、传输和处理的“接口”。

接口是抽象类的变体。接口中的所有方法都是抽象的，没有一个有程序体。接口只可以定义 static final 成员变量。接口的好处是它给出了屈从于 Java 技术单继承规则的假象。当类定义只能扩展出单个类时，它能实现所需的多个接口。

接口的实现与子类相似，除了该实现类不能从接口定义中继承行为。当类实现特殊接口时，它定义（即，将程序体给予）所有这种接口的方法。然后，它可以在实现了该接口的类的任何对象上调用接口的方法。由于有抽象类，它允许使用接口名作为引用变量的类型。通常的动态联编将生效。引用可以转换到接口类型或从接口类型转换，instanceof 运算符可以用来决定某对象的类是否实现了接口。

6.8.3 接口的实现

一个类要实现某个或某几个接口时，有如下的步骤和注意事项：

01 在类的声明部分，用 implements 关键字声明该类将要实现哪些接口。

02 如果实现某接口的类不是 abstract 的抽象类,则在类的定义部分必须实现指定接口的所有抽象方法，即为所有抽象方法定义方法体，而且方法头部分应该与接口中的定义完全一致，即有完全相同的返回值和参数列表。

03 如果实现某接口的类是 abstract 的抽象类，则它可以不实现该接口所有的方法。

04 一个类在实现某接口的抽象方法时，必须使用完全相同的方法头。

05 接口的抽象方法，其访问限制符都已指定是 public，所以类在实现方法时，必须显式地使用 public 修饰符。

提示

接口可以继承接口。抽象类可以实现（implements）接口，抽象类是否可继承实体类的前提是实体类必须有明确的构造方法。

下面通过一个例子来详细介绍接口的具体用法。

先定义一个其本的图形形状接口 Shape，其代码如清单 6-20 所示。

清单 6-20

```
package com.javapp.ch6;
public interface Shape {
        public abstract double area();
        public abstract double volume();
        public abstract String getName();
}
```

现在定义 PointDemo 类，它实现 Shape 接口，其代码如清单 6-21 所示。

清单 6-21

```
package com.javapp.ch6;
public class PointDemo implements Shape {
        // 定义 PointDemo 类
        protected int x,y; // Point 的坐标
        // 构造方法
        public PointDemo() {
                setPointDemo(0,0);
        }
        // 构造方法
        public PointDemo(int a,int b) {
                setPointDemo(a,b);
        }
        // 定义 x 、 y 点的值
        public void setPointDemo(int a,int b) {
                x = a;
                y = b;
        }
        // 获得 x 坐标
        public int getX() {
                return x;
        }
```

```
        // 获得 y 坐标
        public int getY() {
                return y;
        }
        // 将数值以字符串表示
        public String toString() {
                return "[" + x + "," + y + "]";
        }
        // 返回面积
        public double area() {
                return 0.0;
        }
        // 返回体积
        public double volume() {
                return 0.0;
        }
        // 返回类名称
        public String getName() {
                return "PointDemo";
        }
        public static void main(String args[]) {
                PointDemo point = new PointDemo(88,82);
                Shape arrayOfShapes[];
                arrayOfShapes = new Shape[1];
                // PointDemo 类在 arrayOfShapes[0]实现
                arrayOfShapes[0] = point;
                String output = point.getName() + ": " + point.toString() + "\n";
                // 循环输出下转形状并打印名字
                for (int i = 0; i < arrayOfShapes.length; i++) {
                        output += "\n\n" + arrayOfShapes[i].getName() + ": "
                                        + arrayOfShapes[i].toString();
                }
        }
}
```

在上面的程序中，PointDemo 类实现接口 Shape 中定义的方法。然后在 PointDemo 类中的 main 方法中生成 PointDemo 类的对象，并把它赋给 Shape 接口生成的对象，程序通过调用 Shape 接口中的方法获取几何图形对象的信息并打印出图形的信息。

提 示

接口出现的意义就是帮助 Java 语言实现一个类似于多继承的功能，但是实现的多继承功能不会使代码中的类之间出现网状关系，而是比较清楚的树状关系，类似于家谱的特征。接口也存在一些不足，一般在开发的时候接口是不会随意改动的，因为接口的改动就意味着要变动它的所有实现类。以后面的章节中，各种设计模式、框架的应用程序中大量用到接口编程。

实际应用中，接口中是对外公开的模块的业务方法，而且接口的命名更符合对接口（具体实物）的理解，比如 USB 接口，在理解的时候可以以一个实物的方式来理解。

另外，JVM 在加载接口的时候，对接口的空间分配（堆与栈梆定）与类是不一样的。

6.9 静态变量

6.9.1 类（static）变量

有时想有一个可以在类的所有实例中共享的变量。比如，这可以用作实例之间交流的基础或追踪已经创建的实例的数量。可以用关键字 static 来标记变量的办法获得这个效果。这样的变量有时被叫做 class variable，以便与不共享的成员或实例变量区分开来。例如：

```
public class Count {
    private int serialNumber;
    private static int counter = 0;
    public Count() {
        counter++;
        serialNumber = counter;
    }
}
```

在这个例子中，被创建的每个对象被赋于一个独特的序号。变量 counter 在所有实例中共享，所以，当一个对象的构造函数增加 counter 时，被创建的下一个对象接受增加过的值。

static 变量在某种程度上与其他语言中的全局变量相似。Java 编程语言没有这样的全局语言，但 static 变量是可以从类的任何实例访问的单个变量。如果 static 变量没有被标记成 private，它可能会被从该类的外部进行访问。要这样做，不需要类的实例，可以通过类名指向它。例如：

```
public class StaticVar {
    public static int number;
}
public class OtherClass [
    public void method() {
        int x = StaticVar.number;
    }
}
```

6.9.2 类（static）方法

当没有一个特殊对象变量的实例的时候，有时需要访问程序代码。用关键字 static 标记的方法可以这样使用，有时被称做 class method。static 方法可以用类名而不是引用来访问，例如：

```
public class GeneralFunction {
    public static int addUp(int x, int y) {
        return x + y;
    }
}
public class UseGeneral {
    public void method() {
        int a = 9;
        int b = 10;
        int c = GeneralFunction.addUp(a, b);
```

```
            System.out.println("addUp() gives " + c);
        }
}
```

因为 static 方法不需它所属的类的任何实例就会被调用，因此没有 this 值。其结果是 static 方法不能访问与它本身的参数以及 static 变量分离的任何变量。访问非静态变量的尝试会引起编译错误。非静态变量只限于实例，并只能通过实例引用被访问。静态方法不能被覆盖成非静态。

6.10 关键字 final

6.10.1 final 类

Java 编程语言允许关键字 final 被应用到类中。如果这样做了，类便不能被分成子类。比如，类 Java.lang.String 就是一个 final 类。这样做是出于安全原因，因为它保证，如果方法有字符串的引用，它肯定就是类 String 的字符串，而不是某个其他类的字符串。

6.10.2 final 方法

个体方法也可以被标记为 final。被标记为 final 的方法不能被覆盖。为了防止任何继承子类改变它的本来含义，就需要给方法“上锁”，设计程序时，若希望一个方法的行为在继承期间保持不变，而且不可被覆盖或改写，就可以采取 final 方法。

被声明为 final 的方法有时被用于优化。编译器能产生直接对方法调用的代码，而不是通常的涉及运行时查找的虚拟方法调用。被标记为 static 或 private 的方法被自动地 final，因为动态联编在上述两种情况下都不能应用。

6.10.3 final 变量

如果变量被标记为 final，其结果是使它成为常数。想改变 final 变量的值会导致一个编译错误。下面是一个正确定义 final 变量的例子：

```
public final int MAX _SIZE = 285;
```

6.11 内部类

内部类，有时叫做嵌套类，被附加到 JDK 1.1 及更高版本中。内部类允许一个类定义被放到另一个类中定义。内部类是一个有用的特征，因为它们允许将逻辑上同属性的类组合到一起，并在另一个类中控制一个类的可视性。

6.11.1 内部类定义

下面就是一个表示使用内部类的共同方法的例子，实现代码如下：

```
package com.javapp.ch6;
import java.awt.*;
import java.awt.event.*;
public class MyFrame extends Frame{
    Button myButton;
    TextArea myTextArea;
    int count;;
    public MyFrame(){
        super("Inner Class Frame");
        myButton = new Button("click me");
        myTextArea = new TextArea();
        add(myButton,BorderLayout.CENTER);
        add(myTextArea,BorderLayout.NORTH);
        ButtonListener bList = new ButtonListener();
        myButton.addActionListener(bList);
    }
    class ButtonListener implements ActionListener{
        public void actionPerformed(ActionEvent e){
            count ++ ;
            myTextArea.setText("button clicked" +
                count + "times");
        }

    }// end of innerclass ButtonListener

    public static void main(String args[]){
        MyFrame f = new MyFrame();
        f.setSize(300,300);
        f.setVisible(true);
    }
} // end of class MyFrame
```

上面的例子包含一个类 MyFrame，它包括一个内部类 ButtonListener。编译器生成一个类文件，MyFrame$ButtonListener.class 以及 toMyFrame.class。它包含在 MyFrame.class 中，是在类的外部创建的。

内部类可访问它们所嵌套的类的范围。所嵌套的类的成员的访问性是关键而且很有用。对嵌套类的范围的访问是可能的，因为内部类实际上有一个隐含的引用指向外部类上下文（如外部类“this”）。

有时可能要从 static 方法或在没有 this 的某些其他情况下，创建一个内部类的一个实例（例如在 main 方法中）。创建方法如下：

```
public static void main(String args[]){
    MyFrame f = new MyFrame();
    MyFrame.ButtonListener bList =
            f.new ButtonListener();
    f.setSize(50,50);
    f.setVisible(true);
}
```

6.11.2 内部类属性

内部类的名称必须与所嵌套的类不同。内部类可以被定义在方法中。这条规则较简单，它支配到所嵌套类方法的变量的访问。任何变量，不论是本地变量还是正式参数，如果变量被标记为 final，那么，就可以被内部类中的方法访问。

内部类可以使用所嵌套类的类和实例变量以及所嵌套的块中的本地变量。内部类可以被定义为 abstract。

只有内部类可以被声明为 private 或 protected，以便防护它们不受来自外部类的访问。访问保护不阻止内部类使用其他类的任何成员，只要一个类嵌套另一个。一个内部类可以作为一个接口，由另一个内部类实现。

被自动地声明为 static 的内部类成为顶层类。这些内部类失去了在本地范围和其他内部类中使用数据或变量的能力。

内部类不能声明任何 static 成员，只有顶层类可以声明 static 成员。因此，一个需求 static 成员的内部类必须使用来自顶层类的成员。内部类有常常被用作创建事件适配器的特征。

6.12 包装类

Java 编程语言不把基本数据类型看作对象。例如数字、布尔及字符型数据。Java 编程语言提供包装类来将基本数据元素看作对象。这样的数据元素被包裹在创建于它们周围的对象中，每个 Java 基本数据类型在 Java.lang 包中都有一个相应的 wrapper class。每个包装类对象封装一个基本值。基本数据类型对应的包装类如表 6-1 所示。

表 6-1 基本数据类型对应的包装类

基本数据类型	包装类
boolean	Boolean
byte	Byte
char	Char
short	Short
int	Int
long	Long
float	Float
double	Double

可以通过将被包裹的值传递到合适的构造函数中来构造包装类对象。例如：

```
int pInt = 150;
Integer hInt = new Integer(pInt);
```

6.13 反射 API

Java 反射 API 提供一套类，可以用它们来决定一个类文件的变量和方法。因为被共同用于动态发现和执行代码的目的，因此 API 可以被用于：

- 构造新类实例和新数组
- 访问并修改对象和类的字段
- 调用对象和类中的方法
- 访问并修改数组的元素

只要安全策略允许，这些操作是可能的。在需要运行时检索并处理信息的情况下，反射 API 是有用的。例如，在系统中，有一个定时执行任务的程序，程序可自动执行，也可手动执行，当手动执行时，用户单击“执行”按钮后，程序会根据用户所选择的程序类名来执行该类的中方法，也就是根据传入的字符串类型的类的名字来生成类并执行类中的方法。这就实现了动态发现和执行代码的目的。

6.13.1 反射 API 特征

定义类和方法的核心反射 API 的主要特征如下：

- Java.lang.Class 类提供方法，该方法可获得有关类及其字段、构造函数以及方法的信息。
- Java.lang.reflect.Field 提供方法，该方法设定/获得有关类中的字段的信息。
- Java.lang.reflect.Method 提供方法，该方法访问并调用类中的方法，并获得它们的签名。
- Java.lang.reflect.Array 能使数组对象自省。
- Java.lang.reflect.Constructor 提供反射访问到构造函数。

6.13.2 反射机制应用实例

下面定义一个类 ReflectTest，在该类中定义了两个方法 task1 和 task2，其中 task1 有两个参数，task2 无参数，在 run 方法中通过传入字符串类型的类名来生成 ReflectTest 类并执行类中的方法，程序实现代码如下：

```
package com.javapp.ch6;
import java.lang.reflect.InvocationTargetException;
import java.lang.reflect.Method;
public class ReflectTest {
	public void run(String classname){
		Class c;
		try {
			c = Class.forName(classname);//查找并生成类
			Method m[]=c.getMethods();//得到类中的所有方法
			String args[]=new String[2];//所要传入的参数
			args[0]="动态传入参数 1";
			args[1]="动态传入参数 2";
```

```
                for(Method mm:m){
                    System.out.println("程序方法："+mm.getName());
                    if(mm.getName().equals("task1")){
                        mm.invoke(c.newInstance(), args);//执行方法 1 并传入方法 1 中的参数
                        System.out.println("执行程序方法："+mm.getName());
                    }
                    if(mm.getName().equals("task2")){
                        mm.invoke(c.newInstance(), null);//执行方法 2
                        System.out.println("执行程序方法："+mm.getName());
                    }
                }
            } catch (ClassNotFoundException e) {
                e.printStackTrace();
            } catch (IllegalArgumentException e) {
                e.printStackTrace();
            } catch (IllegalAccessException e) {
                e.printStackTrace();
            } catch (InvocationTargetException e) {
                e.printStackTrace();
            } catch (InstantiationException e) {
                e.printStackTrace();
            }
        }
        public void task1(String arg1,String arg2){
            System.out.println("执行任务 1,传入的参数为："+arg1+","+arg2);
        }
        public void task2(){
            System.out.print("执行任务 1");
        }
        public static void main(String args[]){
            ReflectTest test=new ReflectTest();
            test.run("com.javapp.ch6.ReflectTest");//传入的类名需要提供类所在的包名
        }
}
```

在上面程序中，首先在 main 方法中调用 ReflectTest 类中的 run 方法，并传入类的全名，在 run 方法中，通过 Class.forName(classname)来查找并生成类，然后调用 Class 类的 getMethods()方法得到类中的所有方法名，最后调用 Method 类的 invoke()方法执行所指定的方法。在 invoke()方法中，第一个传入的参数是传入类的实例，第二个参数是给所调用方法传递的参数，如果所调用的方法没有参数，则设置值为 null。

6.14 本章考试、面试问题分析

1. 构造函数有没有返回值？

虽然在构造函数中不能用 return 返回一个值，但构造函数有返回值，在创建该类对象时，它返

回的是为该类的实例。

2. 面向对象的特征有哪些方面？

（1）抽象

抽象就是忽略一个主题中与当前目标无关的那些方面，以便更充分地注意与当前目标有关的方面。抽象并不打算了解全部问题，而只是选择其中的一部分，暂时不用部分细节。抽象包括两个方面，一是过程抽象，二是数据抽象。

（2）继承

继承是一种联结类的层次模型，并且允许和鼓励类的重用，它提供了一种明确表述共性的方法。对象的一个新类可以从现有的类中派生，这个过程称为类继承。新类继承了原始类的特性，新类称为原始类的派生类（子类），而原始类称为新类的基类（父类）。派生类可以从它的基类那里继承方法和实例变量，并且类可以修改或增加新的方法使之更适合特殊的需要。

（3）封装

封装是把过程和数据包起来，对数据的访问只能通过已定义的界面。面向对象计算始于这个基本概念，即现实世界可以被描绘成一系列完全自治、封装的对象，这些对象通过一个受保护的接口访问其他对象。

（4）多态性

多态性是指允许不同类的对象对同一消息作出响应。多态性包括参数化多态性和包含多态性。多态性语言具有灵活、抽象、行为共享、代码共享的优势，很好地解决了应用程序函数同名问题。

3. 访问修饰符“public/private/protected/默认的修饰符”的使用有什么不同？

public 修饰符定义的是接口间的访问权限，用此修饰符定义的接口、类、方法、变量可被任何使用者调用。

private 修饰符定义的是私有访问权限，是受保护的，它除了类型的创建者和该类型的内部方法之外的任何人都不能访问的元素。它的作用域是最小的。

protected 和默认的修饰符（Default）的作用基本相同，用它来定义的对象只能作用于包内部。它们的区别在于：protected 的作用域比默认的修饰符的作用域还要大一些，protected 还可以访问不同包中的父类与子类的元素，而默认的修饰符则不只能访问同一包中的子类与父类元素。

4. 用关键字 final 分别修饰类、方法、变量时，有何意义？

当 final 作用于类时表示该类不能被其它类继承。当 final 作用于方法时有两方面的原因：一是表示把方法锁定，以防止任何继承类修改它，二是出于效率方面的考虑。当 final 作用于变量时，表示此变量一旦被初始化一次后，其值就不能被改变。

5. 内部类可以引用它的包含类的成员吗？ 有没有什么限制？

内部类可以引用它的包含类的成员，但有几种情况限制：

（1）当内部类是静态内部类时，它就只能访问外部类的静态成员（包括静态方法和静态成员变量）；

（2）当内部类是成员内部类时，它可以访问所有的外部类成员（包括方法和变量）；

（3）当内部类是本地内部类时，它可以直接访问外部类中的方法和变量，且其声明不能使用public、private、protected、static 等作限定修饰符；

（4）当内部类是匿名内部类时，也不能使用权限修饰符。

6. 说明 final、finally、finalize 的区别？

final 用于声明属性、方法和类，分别表示属性不可变，方法不可覆盖，类不可继承。

finally 是异常处理语句结构的一部分，表示总是执行。

finalize 是 Object 类的一个方法，在垃圾收集器执行的时候会调用被回收对象的此方法，可以覆盖此方法提供垃圾收集时的其他资源回收，例如关闭文件等。

7. 抽象类和接口有什么区别？

声明方法的存在而不去实现它的类被叫做抽象类（abstract class），它用于要创建一个体现某些基本行为的类，并为该类声明方法，但不能在该类中实现该类的情况。不能创建 abstract 类的实例。然而可以创建一个变量，其类型是一个抽象类，并让它指向具体子类的一个实例。不能有抽象构造函数或抽象静态方法。Abstract 类的子类为它们父类中的所有抽象方法提供实现，否则它们也是抽象类。取而代之，在子类中实现该方法。知道其行为的其他类可以在类中实现这些方法。

接口（interface）是抽象类的变体。在接口中，所有方法都是抽象的。多继承性可通过实现这样的接口而获得。接口中的所有方法都是抽象的，没有一个有程序体。接口只可以定义 static final 成员变量。

8. Static Nested Class 和 Inner Class 的不同？

Static Nested Class 是被声明为静态（static）的内部类，它可以不依赖于外部类实例被实例化。而通常的内部类需要在外部类实例化后才能实例化。

9. 接口是否可继承接口？抽象类是否可实现接口？抽象类是否可继承实体类？

接口可以继承接口。抽象类可以实现（implements）接口，抽象类是否可继承实体类的前提是实体类必须有明确的构造函数。

10. 构造器 Constructor 是否可被 override？

构造器 Constructor 不能被继承，因此不能重写 Overriding，但可以被重载 Overloading。

11. Java 中是否只有值传递参数，是否有引用传递？

当一个对象被当作参数传递到一个方法后，此方法可改变这个对象的属性，并可返回变化后的结果，那么这里到底是值传递还是引用传递？是值传递。Java 编程语言只有值传递参数。当一个对象实例作为一个参数被传递到方法中时，参数的值就是对该对象的引用。对象的内容可以在被调用的方法中改变，但对象的引用是永远不会改变的。

12. Overload 和 Override 的区别？

方法的重写 Overriding 和重载 Overloading 是 Java 多态性的不同表现。重写 Overriding 是父类与子类之间多态性的一种表现，重载 Overloading 是一个类中多态性的一种表现。如果在子类中定义某方法与其父类有相同的名称和参数，我们说该方法被重写（Overriding）。子类的对象使用这个方法时，将调用子类中的定义，对它而言，父类中的定义如同被“屏蔽”了。如果在一个类中定义了多个同名的方法，它们或有不同的参数个数或有不同的参数类型，则称为方法的重载（Overloading）。Overloaded 的方法是可以改变返回值的类型。

13. Java 的接口和 C++的虚类的相同和不同处？

由于 Java 不支持多继承，而有可能某个类或对象要使用分别在几个类或对象里面的方法或属性，现有的单继承机制就不能满足要求。与继承相比，接口有更高的灵活性，因为接口中没有任何实现代码。当一个类实现了接口以后，该类要实现接口里面所有的方法和属性，并且接口里面的属性在默认状态下面都是 public static，所有方法默认情况下是 public，一个类可以实现多个接口。

6.15 实验 5 面向对象编程练习

1. 实验目的

理解面向对象编程基本思想，了解类的封装方法，以及如何创建类和对象，了解成员变量和成员方法的特性，了解类的继承性和多态性的作用。

2. 实验要求

（1）编写用于创建对象和使用对象方法的程序。
（2）编写使用不同修饰符的成员变量方法的程序。
（3）编写体现类的继承性（成员变量、成员方法、成员变量隐藏）的程序。

3. 实验内容

（1）使用修饰符

使用 public、private、protected 修饰符编写一个演示各自用法的程序，通过编写两个类 Test6_1、Test6_2 说明静态变量和方法以及实例变量和方法的区别，Test6_1.java 程序源代码如下：

```
class Test6_1 {
        public static int width;//静态变量
        protected   int height;
        private int posx=0;// 私有变量
        public static int getWidth() {
            return width;
        }
        public static void setWidth(int w) {
            width = w;
```

```
        }
        public int getHeight() {
            return height;
        }
        public void setHeight(int h) {
            this.height =h;
        }
}
```

Test6_2.javat 程序代码如下：

```
public class Test6_2 {
    public static void main(String[] args) {
        System.out.println("静态变量x="+ Test6_1. getWidth ());
        System.out.println("实例变量y="+ Test6_1. getHeight ()); // 非法，编译时将出错
        Test6_1 a= new Test6_1 ();
        Test6_1 b= new Test6_1 ();
        a.setWidth (24);
        a.setHeight(20);
        b.setHeight(3);
        a.posx=10;// // 非法，编译时将出错
        b.setHeight (6);
        System.out.println("静态变量a.Width="+a.getWidth ());
        System.out.println("实例变量a.Height="+a.getHeight());
        System.out.println("静态变量b.Width="+b.getWidth());
        System.out.println("实例变量b.Height="+b.getHeight());
    }
}
```

对上面的源程序进行编译，排错并运行。

（2）类中方法的参数传递

编写一个类，然后定义一个有参数的方法，首先在主函数中给整型变量 x 和 y 赋一个初值，然后使用传值调用方式调用方法 setXY 对 x 和 y 做加法运算及输出 x 和 y 的相加的值，程序实现代码如下：

```
public class    Test6_3 {
    public static void main(String[] args) {
        int x=2, y=3;
        setXY(x, y);
        System.out.println("x="+x+", y="+y);
    }
    static void setXY(int XX, int YY) {
        XX=XX++;
        YY=YY*YY;
        System.out.println("XX="+XX+", YY="+YY);
    }
}
```

运行上面程序并分析其运行结果。

（3）类的继承性

下面创建一个 Person 公有类，该类具有一般人所具有的基本属性，其他类从该类继承，Person 实现代码如下：

```
public class Person
{
        protected String name;      //具有保护修饰符的成员变量
        protected int age;
        private String id;
        void setInfo(String name,int age,String id)          //设置数据的方法
        {
                this.name=name;
                this.age= age;
                this.id=id;
        }
        void setInfo(String name)     //设置数据的重载方法
        {
                this.name=name;
        }
        public void showinfo()   //输出信息
        {
                System.out.println("name="+name+"age="+age);
        }
}
```

下面创建一个继承 Person 的类 Student，该类不仅具有父类的成员变量 name、age、id，还定义了新成员变量 college（学院）、institute（系）。在程序中调用了父类的 showinfo 方法，同时可以看出子类也具有该方法，程序实现代码如下：

```
public class   Student   extends   Person
{
        protected String college;
        protected String institute;
        public static void main(String args[])
        {
                Student   s1 = new Student ();
                s1.setinfo("tfnew21",18, "6127246556778888") ; //调用父类的成员方法
                s1.showInfo();
                s1. college ="计算机学院";   //访问本类的成员变量
                s1. institute ="计算机系";   //访问本类的成员变量
                s1.showinfo();
                System.out.print(s1.name+", "+s1. college +", "+s1. institute);
        }
        void setInfo(String name)      //重写父类方法
        {
                this. college =name;
        }
}
```

6.16 问题集锦与解答

问：使用变量之前是不是都要先声明变量？使用变量之前是不是都要先赋值？

答：在 java 语言中，在使用变量之前都是要先声明变量，但在使用变量之前不一定要先赋值；如果对象的成员变量没有赋值，则会按变量的类型赋于不同的默认值，但是局部变量使用前必须先赋值。

问：如果程序中有多个类时，如何来确定源程序文件的名称？

答：一个 Java 程序中最多有一个 public 类（也可以没有 public 类），若有 public 类，则需要用 public 类名作为整个程序的源程序文件名。如果有多个类，如果有且只有一个 public 类，则必须和这个 public 类命名相同。如果没有 public 修饰符，整个程序的源程序文件名可以随意起，但扩展名是.java。

6.17 自我检测

1. 如果任何包中的子类都能访问超类中的成员，那么应使用哪个限定词？

（A）public　　（B）private　　（C）protected　　（D）transient

2. 有关类 Demo，哪句描述是正确的？

```
public class Demo extends Base{
    private int count;
    public Demo(){
        System.out.println("A Demo object has been created");
    }
    protected void addOne() {count++; }
}
```

（A）当创建一个 Demo 类的实例对象时，count 的值为 0。

（B）当创建一个 Demo 类的实例对象时，count 的值是不确定的。

（C）超类对象中可以包含改变 count 值的方法。

（D）Demo 的子类对象可以访问 count。

3. 当编译和运行下列程序段时，会发生什么？

```
class Base {}
class Sub extends Base {}
class Sub2 extends Base {}
public class CEx{
    public static void main(String argv[]){
        Base b = new Base();
        Sub s = (Sub) b;
    }
}
```

（A）通过编译和并正常运行　（B）编译时出现例外　（C）编译通过，运行时出现例外。

4. 在 Java 中，一个类可同时定义许多同名的方法，这些方法的形式参数个数、类型或顺序各不相同，传回的值也可以不相同。这种面向对象程序的特性称为什么？

（A）隐藏　（B）覆盖　（C）重载　（D）Java 不支持此特性

5. 类 Text1 定义如下：

```
public class Tfnew21{
    public float aMethod(Float a, float b){}
    ***
}
```

将以下哪种方法代替上面的行***是不合法的？

```
(A) public float aMethod(float a,float b,float c){}
(B) public float aMethod(float c,float d){}
(C) public int aMethod(int a,int b){}
(D) public float aMethod(int a,int b,int c){}
```

6.18 本章小结

本章主要介绍了 Java 中对象、类、包和接口相关概念。首先介绍了面向对象的基本概念以及面向对象编程中用到的相关术语。重点总结了抽象、封装、对象、继承、多态和模板/泛型的应用；其次介绍了类、接口、包和静态变量的定义。在本章最后，介绍了内部类的定义的包装类的概念。

2

Java 标准类包把脉篇

第 7 章 高级语言特征

本章重点

- util 类的应用
- 日期操作
- Arrays 类
- Math 类的应用

本章主要介绍在实际应用中经常用到的 util 类包的使用，其中重点介绍集合、日期、数组的应用。通过本章学习，使读者全面快速掌握 Java 编程中如何利用 util 类包构造自己的应用程序。

7.1 常用工具集介绍

7.1.1 Java 语言的 util 类

线性表、链表等是常用的数据结构，在进行 Java 开发时，JDK 已经为提供了一系列相应的类来实现基本的数据结构。这些类均在 Java.util 包中。在 Java.util 类包有关基本数据结构的构成如下：

```
Collection
├List
│ ├LinkedList
│ ├ArrayList
│ └Vector
│    └Stack
└Set
Map
├Hashtable
├HashMap
└WeakHashMap
```

7.1.2 Collection 接口

Collection 是最基本的集合接口，一个 Collection 代表一组 Object，即 Collection 的元素（Elements）。一些 Collection 允许相同的元素而另一些不行。一些能排序而另一些不行。在 Java 中不提供直接继承自 Collection 的类，Java 中提供的类都是继承自 Collection 的“子接口”，例如 List 和 Set。所有实现 Collection 接口的类都必须提供两个标准的构造函数，分别为无参数的构造函数用于创建一个空的 Collection 和有一个 Collection 参数的构造函数用于创建一个新的 Collection，这个新的 Collection 与传入的 Collection 有相同的元素。后一个构造函数允许用户复制一个 Collection。无论 Collection 的实际类型如何，它都支持一个 iterator 的方法遍历 Collection 中的每一个元素，该方法返回一个迭代子，使用该迭代子即可逐一访问 Collection 中每一个元素。典型的用法如下：

```
Iterator it = collection.iterator(); // 获得一个迭代子
while(it.hasNext()) {
    Object obj = it.next(); // 得到下一个元素
}
```

7.1.3 Collection 的功能方法

表 7-1 列出了可以通过 Collection 执行的所有操作（不包括自 Object 继承而来的方法），因此，它们也就是可以通过 Set 或 List 执行的所有操作（List 还有额外的功能）。Map 不是继承自 Collection，所以分开介绍。

表 7-1 Collection 的功能方法

方法	描述
boolean add(Object)	确保容器持有此参数。如果没有将此参数添加进容器则返回false
boolean addAll(Collection)	添加参数中的所有元素。只要添加了任意元素就返回true
void clear( )	移除容器中的所有元素
boolean contains(Object)	如果容器已经持有参数则返回true
boolean containsAll(Collection)	如果容器持有参数中的所有元素则返回true
boolean isEmpty( )	容器中没有元素时返回true
Iterator iterator( )	返回一个Iterator，可以用来遍历容器中的元素
boolean remove(Object)	如果参数在容器中，则移除此元素的一个实例。如果做了移除动作则返回true
boolean removeAll(Collection)	移除参数中的所有元素。只要有移除动作发生就返回true
boolean retainAll(Collection)	只保存参数中的元素（应用集合论的“交集”概念）。只要Collection发生了改变就返回true
int size( )	返回容器中元素的数目
Object[] toArray( )	返回一个数组，包含容器中的所有元素
Object[] toArray(Object[] a)	返回一个数组，包含容器中的所有元素，其类型与数组a的类型相同，而不是单纯的Object（你必须对此数组做类型转换）

提示

上表中不包括随机访问所选择元素的 get 方法。因为 Collection 包括 Set，而 Set 是自己维护内部顺序（这使得随机访问变得没有意义）。因此，如果你想检查 Collection 中的元素，必须使用迭代器。由 Collection 接口派生的两个接口是 List 和 Set。

7.1.4 List 接口

List 是有序的 Collection，使用此接口能够精确地控制每个元素插入的位置。用户能够使用索引（元素在 List 中的位置，类似于数组下标）来访问 List 中的元素，这类似于 Java 的数组，但和下面要提到的 Set 不同，List 允许有相同的元素。除了具有 Collection 接口必备的 iterator 方法外，List 还提供一个 listIterator 方法，返回一个 ListIterator 接口，和标准的 Iterator 接口相比，ListIterator 多了一些 add 之类的方法，允许添加、删除、设定元素，还能向前或向后遍历。

实现 List 接口的常用类有 LinkedList、ArrayList、Vector 和 Stack。

List 很容易使用，虽然一般只是使用 add 方法添加对象，使用 get 方法一次取出一个元素，或者使用 iterator 方法获取 Iterator，不过 List 还有许多其他很有用的方法。

此外，实际上有两种 List，一种是基本的 ArrayList，其优点在于随机访问元素，另一种是更强大的 LinkedList，它并不是为快速随机访问设计的，而是具有一套更通用的方法。List 接口的功能如表 7-2 所示。

表 7-2 List 接口的功能

接口	功能描述
List(interface)	List为Collection添加了许多方法，使得能够向List中间插入与移除元素。一个List可以生成ListIterator，使用它可以从两个方向遍历List，也可以从List中间插入和移除元素
ArrayList*	由数组实现的List。允许对元素进行快速随机访问，但是向List中间插入与移除元素的速度很慢。ListIterator只应该用来由后向前遍历ArrayList，而不是用来插入和移除元素，因为那比LinkedList开销要大很多
LinkedList	对顺序访问进行了优化，向List中间插入与删除的开销并不大。随机访问则相对较慢（可以使用ArrayList代替）。还具有下列方法：addFirst()、addLast()、getFirst()、getLast()、removeFirst()和removeLast()，这些方法（没有在任何接口或基类中定义过）使得LinkedList可以当作堆栈、队列和双向队列使用

7.1.5 LinkedList 类

LinkedList 实现了 List 接口，允许有 null 元素。此外 LinkedList 提供额外的 get、remove、insert 方法在 LinkedList 的首部或尾部。这些操作使 LinkedList 可被用作堆栈（stack）、队列（queue）或双向队列（deque）。

提 示

LinkedList 没有同步方法。如果多个线程同时访问一个 List，则必须自己实现访问同步。一种解决方法是在创建 List 时构造一个同步的 List，实现方法为：

```
List list = Collections.synchronizedList(new LinkedList(...));
```

而 Vector 是同步的。这个类中的一些方法保证了 Vector 中的对象是线程安全的。而 ArrayList 则是异步的，因此 ArrayList 中的对象并不是线程安全的。因为同步的要求会影响执行的效率，所以如果你不需要线程安全的集合那么使用 ArrayList 是一个很好的选择，这样可以避免由于同步带来的不必要的性能开销。

从内部实现机制来讲 ArrayList 和 Vector 都是使用数组（Array）来控制集合中的对象。当你向这两种类型中增加元素的时候，如果元素的数目超出了内部数组目前的长度，它们都需要扩展内部数组的长度，Vector 默认情况下自动增长原来一倍的数组长度，ArrayList 是原来的 50%，最后你获得的这个集合所占的空间总是比你实际需要的要大。所以，如果你要在集合中保存大量的数据，那么使用 Vector 有一些优势，因为你可以通过设置集合的初始化大小来避免不必要的资源开销。

在 ArrayList 和 Vector 中，从一个指定的位置（通过索引）查找数据或是在集合的末尾增加、移除一个元素所花费的时间是一样的，这个时间用 O(1)表示。但是，如果在集合的其他位置增加或移除元素那么花费的时间会呈线形增长，这个时间用 O(n-i) 表示，其中 n 代表集合中元素的个数，i 代表元素增加或移除元素的索引位置。为什么会这样呢？因为在进行上述操作的时候，集合中第 i 和第 i 个元素之后的所有元素都要执行位移的操作。这一切意味着什么呢？这意味着，你只是查找特定位置的元素或只在集合的末端增加、移除元素，那么使用 Vector 或 ArrayList 都可以。如果是其他操作，你最好选择其他的集合操作类。比如，LinkList 集合类在增加或移除集合中任何位置的元素所花费的时间都是 O(1)，但它在索引一个元素的使用却比较慢 O(i)，其中 i 是索引的位置。使用 ArrayList 也很容易，因为你可以简单地使用索引来代替创建 iterator 对象的操作。LinkList 也会为每个插入的元素创建对象。LinkedList 具有能够直接实现栈的所有功能的方法，因此你可以直接将 LinkedList 作为栈使用。不过，有时一个真正的“栈”更能把事情讲清楚。下面就是一个使用 LinkedList 制作一个栈的例子，代码清单 7-1 所示。

清单 7-1

```
package com.javapp.ch7;
import java.util.*;
public class DemoStackList {
	private LinkedList list = new LinkedList();
	public Object pop() {
		return list.removeFirst();
	}
	public void push(Object v) {
		list.addFirst(v);
	}
	public Object top() {
		return list.getFirst();
	}
	public static void main(String[] args) {
		DemoStackList stack = new DemoStackList();
		for (int i = 0; i < 10; i++) {
			stack.push(i);
		}
		System.out.println(stack.top());
		System.out.println(stack.pop());
		System.out.println(stack.pop());
		System.out.println(stack.top());
		System.out.println(stack.pop());
	}
}
```

在上面的程序中，利用 LinkedList 类的 removeFirst 方法来实现一个出栈功能，而用 addFirst 方法实现一个进栈功能。下面使用 LinkedList 制作一个队列，代码如清单 7-2 所示。

清单 7-2

```
package com.javapp.ch7;
import java.util.LinkedList;
public class ExampleQueue {
    private LinkedList list = new LinkedList();
    public Object get() {
        return list.removeLast();
    }
    public void put(Object v) {
        list.addFirst(v);
    }
    public boolean isEmpty() {
        return list.isEmpty();
    }
    public static void main(String[] args) {
        ExampleQueue queue = new ExampleQueue();
        for (int i = 0; i < 10; i++) {
            queue.put(Integer.toString(i));
        }
        while (!queue.isEmpty()) {
            System.out.println(queue.get());
        }
    }
}
```

从上面的程序中可以看出，队列利用 LinkedList 类的 removeLast 方法来出队，其他的操作与栈相同。

7.1.6 ArrayList 类

ArrayList 实现了可变大小的数组。ArrayList 没有同步方法。ArrayList 的 size、isEmpty、get、set 方法的运行时间为常数。但是 add 方法开销为分摊的常数，添加 n 个元素需要 O(n)的时间。 每个 ArrayList 实例都有一个容量（Capacity），即用于存储元素的数组的大小。这个容量可随着不断添加新元素而自动增加，但是增长算法并没有定义。当需要插入大量元素时，在插入前可以调用 ensureCapacity 方法来增加 ArrayList 的容量以提高插入效率。和 LinkedList 一样，ArrayList 也是非同步的（unsynchronized）。

下面是个简单的例子，使用 String 对象填充 ArrayList，并且打印 ArrayList 中的每个元素，代码如清单 7-3 所示。

清单 7-3

```
package com.javapp.ch7;
import java.util.*;
public class ExampleArralist1 {
    public static void main(String[] args) {
        Collection c = new ArrayList();
        for (int i = 0; i < 10; i++) {
            c.add(Integer.toString(i));
```

```
        }
        Iterator it = c.iterator();
        while (it.hasNext()) {
            System.out.println(it.next());
        }
    }
}
```

在上面的程序中，main 方法中第一行代码生成一个 ArrayList 对象，并转换为 Collection。因为此例只用到了 Collection 的方法，所以任何 Collection 子类的对象都能工作，用方法 add 将新元素添加到 Collection 中。对于 ArrayList，或者任意的 List，方法 add 都表示“将元素存入容器”，因为 List 不在乎元素是否重复。所有的 Collection 都能通过 iterator()方法生成 Iterator。

7.1.7 Vector 类

Vector 非常类似 ArrayList，但是 Vector 是同步的。由 Vector 创建的 Iterator，虽然和 ArrayList 创建的 Iterator 是同一接口，但是，因为 Vector 是同步的，当一个 Iterator 被创建而且正在被使用，另一个线程改变了 Vector 的状态（例如，添加或删除了一些元素），这时调用 Iterator 的方法时将抛出 ConcurrentModificationException，因此必须捕获该异常。下面是一个简单的例子，使用 String 对象填充 Vector，并且打印 Vector 中的每个元素，代码如清单 7-4 所示。

清单 7-4

```
package com.javapp.ch7;
import java.util.*;
public class ExampleVector1 {
    public static void main(String[] args) {
        Collection c = new Vector();
        for (int i = 0; i < 10; i++) {
            c.add(Integer.toString(i));
        }
        Iterator it = c.iterator();
        while (it.hasNext()) {
            System.out.println(it.next());
        }
    }
}
```

在上面的程序中，main 方法中第一行代码生成一个 Vector 对象，并转换为 Collection。因为此例只用到了 Collection 的方法，所以任何 Collection 子类的对象都能工作，用方法 add 将新元素添加到 Collection 中。

7.1.8 Stack 类

Stack 类继承自 Vector 类，它实现一个后进先出的堆栈。Stack 提供 5 个额外的方法使得 Vector 得以被当作堆栈使用。除了基本的 push 和 pop 方法，还有 peek 方法得到栈顶的元素，empty 方法测试堆栈是否为空，search 方法检测一个元素在堆栈中的位置。

下面是一个简单的例子，使用数字对象填充 Stack，并且打印 Stack 中的每个元素，代码如清单 7-5 所示。

清单 7-5

```
package com.javapp.ch7;
import java.util.*;
public class ExampleStack1 {
        public static void main(String[] args) {
                Collection c = new Stack();
                for (int i = 0; i < 10; i++) {
                        c.add(Integer.toString(i));
                }
                Iterator it = c.iterator();
                while (it.hasNext()) {
                        System.out.println(it.next());
                }
                for (int i = 0; i < 10; i++) {
                        c.remove(Integer.toString(i));
                }
        }
}
```

在上面的程序中，main 方法中第一行代码生成一个 Stack 对象，并转换为 Collection。因为此例只用到了 Collection 的方法，所以任何 Collection 子类的对象都能工作。在程序中用 Stack 的 add 方法实现进栈功能，并且用 remove 方法实现出栈功能。

7.1.9 Set 接口

Set 是一种不包含重复的元素的 Collection，即任意的两个元素 e1 和 e2 都有 e1.equals(e2)=false，Set 最多有一个 null 元素。很明显，Set 的构造函数有一个约束条件，传入的 Collection 参数不能包含重复的元素。

Set 具有与 Collection 完全一样的接口，因此没有任何额外的功能，不像前面有两个不同的 List。实际上 Set 就是 Collection，只是行为不同。Set 不保存重复的元素。Set 的功能方法如表 7-3 所示。

表 7-3 Set 的功能方法

接口	功能描述
Set (interface)	存入Set的每个元素都必须是唯一的，因为Set不保存重复元素。加入Set的元素必须定义equals()方法以确保对象的唯一性。Set与Collection有完全一样的接口。Set接口不保证维护元素的次序
HashSet*	为快速查找设计的Set。存入HashSet的对象必须定义hashCode()
TreeSet	保持次序的Set，底层为树结构。使用它可以从Set中提取有序的序列
LinkedHashSet	具有HashSet的查询速度，且内部使用链表维护元素的顺序（插入的次序）。于是在使用迭代器遍历Set时，结果会按元素插入的次序显示

下面通过一个例子来介绍 Set 应用方法，代码如清单 7-6 所示。

清单 7-6

```
package com.javapp.ch7;
import java.util.*;
public class DemoSet1 {
    static void fill(Set s) {
        s.addAll(Arrays.asList("one two three four five six seven".split(" ")));
    }
    public static void display(Set s) {
        System.out.println(s.getClass().getName().replaceAll("\\w+\\.",  ""));
        fill(s);
        fill(s);
        fill(s);
        System.out.println(s); // No duplicates!
        s.addAll(s);
        s.add("one");
        s.add("one");
        s.add("one");
        System.out.println(s);
        System.out.println("s.contains(\"one\"): " + s.contains("one"));
    }
    public static void main(String[] args) {
        display(new HashSet());
        display(new TreeSet());
        display(new LinkedHashSet());
    }
}
```

在上面的程序中，向 Set 添加了重复的值，但是打印的结果表明，对每一个值 Set 只接受一份实例。运行此程序，你会注意到，HashSet 维护的元素次序不同于 TreeSet 和 LinkedHashSet，因为它们保存元素的方式各有不同。Treeset 中的数据是自动排好序的，不允许放入 null 值。HashSet 中的数据是无序的，可以放入 null，但只能放入一个 null，两者中的值都不能重复，就如数据库中唯一约束。HashSet 要求放入的对象必须实现 HashCode()方法，放入的对象，是以 hashcode 码作为标识的，而具有相同内容的 String 对象，hashcode 是一样，所以放入的内容不能重复。但是同一个类的对象可以放入不同的实例。LinkedHashSet 内部使用散列以加快查询速度，同时使用链表维护元素的次序，使得看起来元素是以插入的顺序保存。

提 示

Vector 是同步的。这个类中的一些方法保证了 Vector 中的对象是线程安全的。而 ArrayList 则是异步的，因此 ArrayList 中的对象并不是线程安全的。因为同步的要求会影响执行的效率，所以如果你不需要线程安全的集合那么使用 ArrayList 是一个很好的选择，这样可以避免由于同步带来的不必要的性能开销。

从内部实现机制来讲 ArrayList 和 Vector 都是使用数组(Array)来控制集合中的对象。当你向这两种类型中增加元素的时候，如果元素的数目超出了内部数组目前的长度它们都需要扩展内部数组的长度，Vector 默认情况下自动增长原来一倍的数组长度，ArrayList 是原来的 50%，所以最后你获得的这个集合所占的空间总是比你实际需要的要大。所以如果你要在集合中保存大量的数据那么使用 Vector 有一些优势，因为你可以通过设置集合的初始化大小来避免不必要的资源开销。
在 ArrayList 和 Vector 中，从一个指定的位置（通过索引）查找数据或是在集合的末尾增加、移除一个元素所花费的时间是一样的，这个时间用 O(1)表示。但是，如果在集合的其他位置增加或移除元素那么花费的时间会呈线形增长：O(n-i)，其中 n 代表集合中元素的个数，i 代表元素增加或移除元素的索引位置。为什么会这样呢？以为在进行上述操作的时候集合中第 i 和第 i 个元素之后的所有元素都要执行位移的操作。这一切意味着什么呢？这意味着，你只是查找特定位置的元素或只在集合的末端增加、移除元素，那么使用 Vector 或 ArrayList 都可以。如果是其他操作，你最好选择其他的集合操作类。比如，LinkList 集合类在增加或移除集合中任何位置的元素所花费的时间都是一样的 O(1)，但它在索引一个元素的使用却比较慢，其中 i 是索引的位置.使用 ArrayList 也很容易，因为你可以简单地使用索引来代替创建 iterator 对象的操作。LinkList 也会为每个插入的元素创建对象，所以你要明白它也会带来额外的开销。

7.1.10 Map 接口

Map 没有继承 Collection 接口，Map 提供 key 到 value 的映射。一个 Map 中不能包含相同的 key，每个 key 只能映射一个 value。Map 接口提供 3 种集合的视图，Map 的内容可以被当作一组 key 集合，一组 value 集合，或者一组 key-value 映射。ArrayList 允许你使用数字从对象序列中选择元素，因此它在数字与对象之间建立了关联。如果要使用其他条件来从序列中选择对象，应该怎么做呢？“栈”是一个例子。它的选择条件是“最后一个加入栈中的东西”。由“从序列中进行选择”这种思想发展出了 Map 这种强大的工具，也称作字典或关联数组。从概念上讲，它看起来就像是 ArrayList，只是不再用数字下标查找对象，而是以另一个对象来进行查找。这是一种至关重要的编程技术。

Map 接口即是此概念在 Java 中的体现。方法 put(Object key，Object value)添加一个“值”和与“值”相关联的“键”。

如果这仍不能满足你对性能的要求，那么你还可以通过创建自己的 Map 来进一步提高查询速度，并且令新的 Map 只针对你使用的特定类型，这样可以避免与 Object 之间的类型转换操作。

标准的 Java 类库中包含了几种不同的 Map，分别为 HashMap、TreeMap、LinkedHashMap、WeakHashMap、IdentityHashMap。它们都有同样的 Map 接口，但是行为、效率、排序策略、保存对象的生命周期和判定“键”等价的策略等各不相同。

执行效率是 Map 的一个大问题。HashMap 使用了特殊的值，称作“散列码”来取代对“键”的缓慢搜索。“散列码”是“相对唯一”用以代表对象的 int 值，它是通过将该对象的某些信息进行转换而生成的。所有 Java 对象都能产生散列码，因为 hashCode()是定义在基类 Object 中的方法。HashMap 就是使用对象的 hashCode()进行快速查询的。此方法能够显著提高性能。Map 接口包含的类如表 7-4 所示。

表 7-4 Map 接口

接口	功能描述
Map (interface)	维护“键值对”的关联性，使你可以通过“键”查找“值”
HashMap*	Map基于散列表的实现。（取代了Hashtable）。插入和查询“键值对”的开销是固定的。可以通过构造器设置容量capacity和负载因子load factor，以调整容器的性能
LinkedHashMap	类似于HashMap，但是迭代遍历它时，取得“键值对”的顺序是其插入次序，或者是最近最少使用（LRU）的次序。只比HashMap慢一点。而在迭代访问时反而更快，因为它使用链表维护内部次序
TreeMap	基于红黑树数据结构的实现。查看“键”或“键值对”时，它们会被排序。TreeMap的特点在于，你得到的结果是经过排序的。TreeMap是唯一的带有subMap方法的Map，它可以返回一个子树
WeakHashMap	弱键（weak key）Map，Map中使用的对象也被允许释放，这是为解决特殊问题设计的。如果没有Map之外的引用指向某个“键”，则此“键”可以被垃圾收集器回收
IdentityHashMap	使用==代替equals()对“键”作比较的Hash Map。专为解决特殊问题而设计

下面介绍 Hashtable 类的具体应用。

7.1.11 Hashtable 类

Hashtable 继承 Map 接口，实现一个 key-value 映射的哈希表。任何非空（non-null）的对象都可作为 key 或者 value。

在 Hashtable 类中使用 put(key，value)方法添加数据，使用 get(key)方法取出数据，这两个方法的基本操作的时间开销为常数。Hashtable 通过 initial capacity 和 load factor 两个参数调整性能。通常默认的 load factor 0.75 较好地实现了时间和空间的均衡。增大 load factor 可以节省空间但相应的查找时间将增大，这会影响像 get 和 put 这样的操作方法。

下面就是一个使用 Hashtable 的简单示例，程序的功能是将数字 1、2、3 放到 Hashtable 中，他们的 key 分别是“one”、“two”、“three”。代码如清单 7-7 所示。

清单 7-7

```
package com.javapp.ch7;
import java.util.Hashtable;
public class DemoHashtable1 {
	public static void main(String[] args) {
		Hashtable numbers = new Hashtable();
		numbers.put("one",new Integer(1));
		numbers.put("two ",new Integer(2));
		numbers.put("three ",new Integer(3));
		// 要取出一个数 ，比如 2 ，用相应的 key ：
		Integer n = (Integer) numbers.get("two");
		System.out.println("two=" + n);
	}
}
```

由于作为 key 的对象将通过计算其散列函数来确定与之对应的 value 的位置，因此任何作为 key 的对象都必须实现 hashCode 和 equals 方法。hashCode 和 equals 方法继承自根类 Object，如果你用自定义的类当作 key 的话，要相当小心，按照散列函数的定义，如果两个对象相同，即

obj1.equals(obj2)=true，则它们的 hashCode 必须相同，但如果两个对象不同，则它们的 hashCode 不一定不同，如果两个不同对象的 hashCode 相同，这种现象称为冲突，冲突会导致操作哈希表的时间开销增大，所以尽量定义好的 hashCode()方法，能加快哈希表的操作。

如果相同的对象有不同的 hashCode，对哈希表的操作会出现意想不到的结果（期待的 get 方法返回 null），要避免这种问题，只需要牢记一条：要同时复写 equals 方法和 hashCode 方法，而不要只写其中一个。Hashtable 是同步的。

7.1.12 HashMap 类

HashMap 和 Hashtable 类似，不同之处在于 HashMap 是非同步的，并且允许有 null 值，即 null value 和 null key。但是将 HashMap 视为 Collection 时（values()方法可返回 Collection），其迭代子操作时间开销和 HashMap 的容量成比例。因此，如果迭代操作的性能相当重要的话，不要将 HashMap 的初始化容量设得过高，或者 load factor 过低。下面就是一个使用 HashMap 的简单示例，代码如清单 7-8 所示。

清单 7-8

```
package com.javapp.ch7;
import java.util.Random;
import java.util.Map;
import java.util.HashMap;
public class DemoHashmap1 {
        private static Random rand = new Random();
        public static void main(String[] args) {
                Map<Integer,String> hm = new HashMap<Integer,String>();
                for (int i = 0; i < 1000; i++) {
                        Integer r = new Integer(rand.nextInt(20));
                        if (hm.containsKey(r)) {
                                hm.get(r);
                        } else {
                                hm.put(r,Integer.toString(i));
                        }
                }
                System.out.println(hm);
        }
}
```

在上面的程序中，main 方法中每生成一个随机数就用 Integer 对象包装起来，这样 HashMap 才能使用。容器不能保存基本类型，只能保存对象的引用，containsKey 方法会检查此“键”是否已经在容器中(也就是说，此随机数是否已经生成过了)。要显示 HashMap，只需直接打印。HashMap 的 toString()方法会遍历所有的键值对，并对每一个键值对调用 toString 方法。Integer.toString 是预先定义好的方法，还可以看到 Counter 的 toString 方法。

提 示

Hashtable 和 HashMap 的区别主要有:

- Hashtable 是 Dictionary 的子类，HashMap 是 Map 接口的一个实现类。
- Hashtable 中的方法是同步的，而 HashMap 中的方法在默认情况下是非同步的。即在多线程应用程序中，不用专门的操作就安全地可以使用 Hashtable 了；而对于 HashMap，则需要额外的同步机制。但 HashMap 的同步问题可通过 Collections 的一个静态方法得到解决，例如应用 Map Collections.synchronizedMap(Map m)方法，这个方法返回一个同步的 Map，这个 Map 封装了底层的 HashMap 的所有方法，使得底层的 HashMap 即使是在多线程的环境中也是安全的。
- 在 HashMap 中，null 可以作为键，这样的键只有一个；可以有一个或多个键所对应的值为 null。当 get 方法返回 null 值时，即可以表示 HashMap 中没有该键，也可以表示该键所对应的值为 null。因此，在 HashMap 中不能由 get 方法来判断 HashMap 中是否存在某个键，而应该用 containsKey 方法来判断。

7.1.13 WeakHashMap 类

WeakHashMap 是一种改进的 HashMap，它对 key 实行“弱引用”，如果一个 key 不再被外部所引用，那么该 key 可以被 GC 回收。

提 示

对于上面所介绍的各种集合，如果涉及到堆栈、队列等操作，应该考虑使用 List，对于需要快速插入、删除元素，应该使用 LinkedList，如果需要快速随机访问元素，应该使用 ArrayList。

如果程序在单线程环境中，或者访问仅仅在一个线程中进行，考虑非同步的类，其效率较高，如果多个线程可能同时操作一个类，应该使用同步的类。

要特别注意对哈希表的操作，作为 key 的对象要正确复写 equals 和 hashCode 方法。

尽量返回接口而非实际的类型，如返回 List 而非 ArrayList，这样如果以后需要将 ArrayList 换成 LinkedList 时，客户端代码不用改变。

7.2 日期操作

在实际编程中，经常会碰到各种对日期的操作，本节将全面介绍对日期操作的类和方法，以及它们在实际编程中的应用。Java 语言的 Calendar（日历）、Date（日期）和 DateFormat（日期格式）组成了 Java 标准的一个基本但又非常重要的部分。日期是商业逻辑计算一个关键的部分。所有的开发者都应该能够计算未来的日期、定制日期的显示格式，并将文本数据解析成日期对象。

7.2.1 Date 类

Date 类在包 Java.util 包中，从 Date 类中可以获得当前日期的年、月、日等。Date 类提供的常用方法有：

- getDate

该方法返回当前月中的当天的值。在 Java 2 中，被 Calendar.get(Calendar.DAY_OF_MONTH)方法所替代。

- getDay

该方法返回当前周的星期值。在 Java 2 中，被 Calendar.get(Calendar.DAY_OF_WEEK)方法所替代。

- getHours

该方法返回当前日期的小时值，在 Java 2 中，被 Calendar.get(Calendar.HOUR_OF_DAY)方法所替代。

- getMinutes

该方法返回当前日期的分钟值，在 Java 2 中，被 Calendar.get(Calendar.MINUTE)方法所替代。

- getSeconds

该方法返回当前日期的秒值。在 Java 2 中，被 Calendar.get(Calendar.SECOND)方法所替代。

- getMonth

该方法返回当前日期月值。在 Java 2 中，被 Calendar.get(Calendar.MONTH)替代。

7.2.2 Calendar 类

Calendar 类在包 Java.util 包中，从 Calendar 类中可以获得当前日期、年、月、日等。在 Java 2 中，Date 类的大多方法被 Calendar 类的方法所替代，Calendar 类提供的常用方法有：

- get(DAY_OF_MONTH)，得到一月中一天的值。
- get(DAY_OF_WEEK)，得到一周中一天的值。
- get(DAY_OF_YEAR)，得到一年的一天的值。
- get(YEAR)，得到当前日期中年的值。
- get(WEEK_OF_YEAR)，得到一年中星期值。
- get(WEEK_OF_MONTH)，得到一月中星期值。

下面就是一个 Calendar 类的应用例子，代码如清单 7-9 所示。

清单 7-9

```
package com.javapp.ch7;
import java.util.*;
public class ToolCalendarDemo {
	public static void main(String[] args) {
		Calendar cdate = Calendar.getInstance();
		System.out.println(cdate.get(Calendar.DATE));
		System.out.println(cdate.get(Calendar.DAY_OF_MONTH));
```

```
        System.out.println(cdate.get(Calendar.DAY_OF_WEEK));
        System.out.println(cdate.get(Calendar.DAY_OF_WEEK_IN_MONTH));
        System.out.println(cdate.get(Calendar.DAY_OF_YEAR));
        System.out.println(cdate.get(Calendar.YEAR));
        System.out.println(cdate.get(Calendar.WEEK_OF_MONTH));
        System.out.println(cdate.get(Calendar.WEEK_OF_YEAR));
        cdate.setFirstDayOfWeek(1);
        System.out.println(cdate.get(Calendar.DAY_OF_WEEK));
        //获得一个月的总天数方法
        System.out.println(cdate.getActualMaximum(Calendar.DAY_OF_MONTH));
    }
}
```

从上面的程序中可以看出，新建一个 Calendar 类是通过它的静态方法 getInstance 来获得 Calendar 的一个当前日期实例。获得它的实例后，就可以应用 Calendar 类提供的方法来获得相应的数值。

7.2.3 SimpleDateFormat 类

SimpleDateFormat 类在包 Java.text 包中，从 SimpleDateFormat 类中可以获得自定义格式化日期值。下面就是一个显示日期与时间格式的例子，代码如清单 7-10 所示。

清单 7-10

```
package com.javapp.ch7;
import java.text.ParseException;
import java.text.SimpleDateFormat;
import java.util.Date;
public class DateFormatDemo {
    public static void main(String[] args) {
        SimpleDateFormat d1 = new SimpleDateFormat("yyyy-MM-dd");//格式化日期
        String sdate = d1.format(new java.util.Date());
        System.out.println(sdate);
        String cdate="2008-08-08";//文本转化为日期方法
        try {
            Date da=d1.parse(cdate);
            System.out.println(da);
        } catch (ParseException e) {
            // TODO Auto-generated catch block
            e.printStackTrace();
        }
        d1 = new SimpleDateFormat("yyyyy.MMMMM.dd GGG hh:mm aaa");
        System.out.println(d1.format(new java.util.Date()));
        d1 = new SimpleDateFormat("yyyy.MM.dd G 'at' HH:mm:ss z");
        System.out.println(d1.format(new java.util.Date()));
        d1 = new SimpleDateFormat("EEE，  MMM d，  "yy");
        System.out.println(d1.format(new java.util.Date()));
        d1 = new SimpleDateFormat("hh 'o''clock' a，  zzzz");
        System.out.println(d1.format(new java.util.Date()));
        d1 = new SimpleDateFormat("yyyyy.MMMMM.dd GGG hh:mm aaa");
```

```
            System.out.println(d1.format(new java.util.Date()));
            d1 = new SimpleDateFormat("yyMMddHHmmssZ");
            System.out.println(d1.format(new java.util.Date()));
    }
}
```

从上面的程序中可以看出，应用 SimpleDateFormat 的构造方法来创建一个自定义的格式化日期对象。在格式化日期字符串“yyyy-MM-dd”中，“yyyy”表示的是年份，“MM”表示的是月份，“dd”表示是日。其他的格式如“mm”表示分钟，“hh”表示小时，“ss”表示秒，“HH”表示的是 24 小时制的小时。创建完 SimpleDateFormatformat 对象后，应用它的 format 方法来格式化一个日期，这个方法返回的是一个字符串类型的日期。可以通过 SimpleDateFormat 的 parse 方法将一个字符串类型转化为日期类型。

7.3 Arrays 类

7.3.1 数组排序

使用内置的排序方法，就可以对任意的基本类型数组排序，也可以对任意的对象数组进行排序，只要该对象实现了 Comparable 接口或具有相关联的 Comparator。这对 Java 类库是很大的补充。下面就是一个生成随机的 String 对象并且对其排序的例子，代码如清单 7-11 所示。

清单 7-11

```
package com.javapp.ch7;
import java.util.*;
public class SortStringSorting {
        public SortStringSorting() {
                super();
        }
        public static void main(String[] args) {
                String[] sa = { "天峰","李少恒","麻少花","杜承宁","杨深刚","张娟峰","冯艳娜","董培英" };
                System.out.println("排序前数据: " + Arrays.asList(sa));
                Arrays.sort(sa);
                System.out.println("排序后数据: " + Arrays.asList(sa));
        }
}
```

运行上面程序后，输出结果如下：

```
排序前数据: [天峰, 李少恒, 麻少花, 杜承宁, 杨深刚, 张娟峰, 冯艳娜, 董培英]
排序后数据: [冯艳娜, 天峰, 张娟峰, 李少恒, 杜承宁, 杨深刚, 麻少花, 董培英]
```

提示

对于字符串排序，在 Java 中都是按 Unicode 来处理的，因为 Unicode 被设计用来处理现在世界上所有书面语言中的字符，所以一个汉字也是被当作一个字符来处理的。

7.3.2 数组填充

Java 标准类库 Arrays 也有 fill 方法，但是它作用有限。只能用同一个值填充各个位置，对于保存对象的数组，就是复制同一个引用进行填充。下面就是一个数组填充的例子，代码如清单 7-12 所示。

清单 7-12

```
package com.javapp.ch7;
import java.util.*;
public class ToolFillingArrays {
	public static void main(String[] args) {
		String[] a1 = new String[5];
		byte[] a2 = new byte[5];
		char[] a3 = new char[5];
		boolean[] a4 = new boolean[5];
		Arrays.fill(a4,true);
		Arrays.fill(a1,2,4,"天峰");
		System.out.println("a1 = " + Arrays.asList(a1));
		System.out.println("a4 = " + Arrays.toString(a4));
		Arrays.fill(a2,(byte) 10);
		System.out.println("a2 = " + Arrays.toString(a2));
		Arrays.fill(a3,'c');
	}
}
```

在上面程序中，利用 Arrays 的 fill 方法来填充数组，在 fill 方法可指定填充的起始位置和结束位置。运行上面程序后，输出结果如下：

```
a1 = [null, null, 天峰, 天峰, null]
a4 = [true, true, true, true, true]
a2 = [10, 10, 10, 10, 10]
```

7.3.3 数组比较

Arrays 类重载了 equals 方法，用来比较整个数组。此方法被所有基本类型与 Object 作了重载。数组相等的条件是元素个数必须相等，并且对应位置的元素也相等，这可以通过对每一个元素使用 equals()做比较来判断。对于基本类型，需要使用基本类型的包装类的 equals 方法，例如对于 int 类型使用 Integer.equals()作比较，下面就是一个数组比较的例子，代码如清单 7-13 所示。

清单 7-13

```
package com.javapp.ch7;
import java.util.*;
public class ToolComparingArrays {
	public static void main(String[] args) {
		int[] a1 = new int[5];
		int[] a2 = new int[5];
		Arrays.fill(a1,33);
		Arrays.fill(a2,33);
```

```
            System.out.println(Arrays.equals(a1,a2));
            a2[3] = 10;
            System.out.println(Arrays.equals(a1,a2));
            String[] s1 = new String[5];
            Arrays.fill(s1,"tfnew21");
            String[] s2 = { "tfnew21","tfnew21","tfnew21","tfnew21","tfnew21" };
            System.out.println(Arrays.equals(s1,s2));
        }
}
```

在上面程序中，先利用 Arrays 的 fill 方法来填充数组，然后用 Arrays.equals 方法来比较两个数组是否相等。运行上面程序后，输出结果如下：

```
true
false
true
```

7.3.4 数组复制

Java 标准类库提供了 System.arraycopy 静态方法来复制数组，用它复制数组比用 for 循环复制要快很多。System.arraycopy 为所有类型作了重载。下面就是一个用来处理 int 数组的例子，代码如清单 7-14 所示。

清单 7-14

```
package com.javapp.ch7;
import java.util.*;
public class ToolCopyingArrays {
        public static void main(String[] args) {
            int[] i = new int[8];
            int[] j = new int[16];
            Arrays.fill(i,66);
            Arrays.fill(j,88);
            System.out.println("i = " + Arrays.toString(i));
            System.out.println("j = " + Arrays.toString(j));
            System.arraycopy(i,0,j,0,i.length);
            System.out.println("j = " + Arrays.toString(j));
            int[] k = new int[5];
            Arrays.fill(k,103);
            System.arraycopy(i,0,k,0,k.length);
            System.out.println("k = " + Arrays.toString(k));
            Arrays.fill(k,103);
            System.arraycopy(k,0,i,0,k.length);
            System.out.println("i = " + Arrays.toString(i));
            Integer[] u = new Integer[10];
            Integer[] v = new Integer[5];
            Arrays.fill(u,new Integer(47));
            Arrays.fill(v,new Integer(99));
            System.out.println("u = " + Arrays.asList(u));
            System.out.println("v = " + Arrays.asList(v));
            System.arraycopy(v,0,u,u.length / 2,v.length);
```

```
        System.out.println("u = " + Arrays.asList(u));
    }
}
```

在实际应用中，通常不能确定数组的长度，一开始只能分配一个固定长度的数组空间，要想程序在运行期间动态改变数组的大小，可以用 System.arraycopy 方法改变数据的大小，System.arraycopy 方法的调用方法为：

```
System.arraycopy（源数组，起始位置，目标数组，起始位置，复制长度）；
```

在 Java SE 6 中，在 Arrays 类中新增了 copyOf()方法，它可以直接返回一个新的阵列对象，而当中包括复制的内容，用法如下：

```
int[] arr1 = {1, 2, 3, 4, 5};
int[] arr2 = Arrays.copyOf(arr1, arr1.length);
for(int i = 0; i < arr2.length; i++)
    System.out.print(arr2[i] + " ");
```

Arrays 的 copyOf()方法传回的阵列是新的阵列对象，所以改变返回阵列中的元素值，也不会影响原来的阵列。copyOf()的第二个引数指定要建立的新阵列长度，如果新阵列的长度超过原阵列的长度，则保留阵列预设值。

7.4 java.lang.Math 类和 java.math 包

7.4.1 java.lang.Math 类

Math 主要提供各种数学函数静态方法，主要方法有 Math.floor(double x)表示返回小于该 double 值的最大整数，返回结果为 double 值。Math.ceil(x)返回大于该 double 值的最小整数，返回结果为 double 值。Math.round(double x)返回和该 double 值最接近的整数，Math. pow(double x,double y) x 的 y 次幂。Math.sqrt(double x) x 的平方根。Math.cos(double x)三角余弦。Math.exp(double x)指数方法。

7.4.2 java.math 包

java.math 包提供用于执行任意精度整数算法（BigInteger）和任意精度小数算法（BigDecimal）的类。BigDecimal 允许用户对舍入行为进行完全控制，并允许用户选择所有八个舍入模式。BigDecimal 提供适用于货币计算和类似计算的任意精度的有符号十进制数字，BigInteger 用于不可变的任意精度的整数。所有操作中，都以二进制补码形式表示 BigInteger。MathContext 该对象是封装上下文设置的不可变对象，它描述数字运算符的某些规则，例如由 BigDecimal 类实现的规则。下面就是一个应用 BigDecimal 类实现各种数值处理的例子，代码如清单 7-15 所示。

清单 7-15

```
Double d=4.046;//Java math 中提供各种数值处理方法，如小位数的保留等.
java.math.BigDecimal bg=new java.math.BigDecimal(d);
d=bg.setScale(2,bg.ROUND_UP).doubleValue();//保留 2 位小数
```

```
System.out.println(d);
System.out.println(bg.pow(2));//求平方
String stri="10010011";
java.math.BigInteger bi=new java.math.BigInteger(stri);
System.out.println(bi.intValue());//求整数
```

在上面的程序中，应用 BigDecimal 类的 setScale 方法来设置所要保留的小数位，由于 Java 的简单类型不能够精确地对浮点数进行运算，这个工具类提供精确的浮点数运算，包括加减乘除和四舍五入。

7.5 Java Annotation

Annotation（注释）是 J2SE 5.0 引入的新功能，它可以用于创建文档，跟踪代码中的依赖性，甚至执行基本编译时检查。

7.5.1 Java 注释

在 J2SE 5.0 中，注释是以‘@注释名’在代码中存在的，例如，J2SE 5.0 内置的注释：@Override、@Deprecated。有的注释还可以添加一些参数值，例如：@SuppressWarnings(value="unchecked")，对于这种只有一个参数，且参数名为 value 的注释，我们在使用时可以简写为：@SuppressWarnings("unchecked")。

根据注释参数的个数，可以将注释分为标记注释、单值注释、完整注释三类。它们都不会直接影响到程序的语义，只是作为注释（标识）存在，可以通过反射机制编程实现对这些元数据的访问。另外，可以在编译时选择代码里的注释是否只存在于源代码级，或者它也能在 class 文件中出现。

7.5.2 @Override 注释

@Override 注释能实现编译时检查，可以为类中的方法添加该注释，以声明该方法是用于覆盖父类中的方法。如果该方法不是覆盖父类的方法，将会在编译时报错。例如为某类重写 toString() 方法却写成了 tostring()，并且为该方法添加了@Override 注释；代码如下：

```
package com.javapp.ch7;
public class OverrideAnnotation {
    @Override
    public String tostring() {
        return super.toString();
    }
}
```

在编译时，则会提示方法未覆盖其父类的方法的错误信息，利用该注释一大好处就是可以在编译时捕获部分编译错误。

7.5.3 @Deprecated 注释

@Deprecated 的作用是对在使用过期的方法添加注释，当编程人员使用这些方法时，将会在编译时显示提示信息，它与 javadoc 里的@deprecated 标记有相同的功能，但它不支持参数，使用@Deprecated 的示例代码如下：

```
package com.javapp.ch7;
public class DeprecatedAnnotation {
        public static void main(String[] args) {
                DeprecatedClass.DeprecatedMethod();
        }
    }
    class DeprecatedClass {
        @Deprecated
        public static void DeprecatedMethod() {
        }
}
```

在编译时，会得 DeprecatedAnnotation 使用或覆盖了已过时的 API。

7.5.4 @SuppressWarnings 注释

@SuppressWarnings 与前两个注释有所不同，需要添加一个参数才能正确使用，这些参数值都是已经定义好了的，参数如下：

- deprecation：使用了过时的类或方法时的警告。
- unchecked：执行了未检查的转换时的警告，例如当使用集合时没有用泛型来指定集合保存的类型。
- fallthrough：当 switch 程序块直接通往下一种情况而没有 break 时的警告。
- path：在类路径、源文件路径等中有不存在的路径时的警告。
- serial：当在可序列化的类上缺少 serialVersionUID 定义时的警告。
- finally：任何 finally 子句不能正常完成时的警告。
- all：关于以上所有情况的警告。

下面就是一个使用@SuppressWarnings 注释的例子，实现代码如下：

```
package com.javapp.ch7;
import java.util.ArrayList;
import java.util.List;
public class SuppressWarningsAnnotation {
    public static List cache = new ArrayList();
    @SuppressWarnings(value = "unchecked")
     public void add(String data) {
        cache.add(data);
     }
}
```

应用@SuppressWarnings(value="unchecked")注释后，它会屏蔽编译时的警告信息，这也就是它所要达到的目的。另外，由于@SuppressWarnings 注释只有一个参数，并且参数名为 value，所以我们可以将上面一句注释简写为@SuppressWarnings("unchecked")。

7.5.5 自定义注释

在前面介绍了 Annotation 的基本概念、作用、Java 内置注释等，本节介绍自定义注释的方法，开发人员可以根据需求编写特定功能的注释。

定制注释类型的方法类似于新创建一个接口类文件，但为了区分，需要将它声明为@interface，例如：

```
package com.javapp.ch7;
public @interface MyAnnotation {
}
```

在上面程序中，创建了一个注释类型 MyAnnotation，使用定制的注释类型的方法为：

```
package com.javapp.ch7;
public class AnnotationTest {
    @MyAnnotation
    public static void main(String[] args) {
    }
}
```

在 J2SE 5.0 中，内置注释@SuppressWarnings()是可以使用参数的，那么自定义注释能不能定义参数个数和类型呢？答案是肯定的，但参数类型只允许为基本类型、String、Class、枚举类型等，并且参数不能为空。下面来扩展 MyAnnotation，为之添加一个 String 类型的参数，实现代码如下：

```
package com.javapp.ch7;
public @interface MyAnnotation {
    String value();
}
```

使用该注释的代码如下：

```
package com.javapp.ch7;
public class AnnotationTest {
    @MyAnnotation(value="this is test")
    public static void main(String[] args) {
    }
}
```

7.6 本章考试、面试问题分析

1. 堆和栈有什么区别？

栈是一种线形集合，其添加和删除元素的操作应在同一段完成。栈按照后进先出的方式进行处理。堆是栈的一个组成元素。

2. 论述 ArrayList、Vector 和 LinkedList 的存储性能和特性？

ArrayList 和 Vector 都是使用数组方式存储数据，此数组元素数大于实际存储的数据以便增加和插入元素，它们都允许直接按序号索引元素，但是插入元素要涉及数组元素移动等内存操作，所以索引数据快而插入数据慢，Vector 由于使用了 synchronized 方法（线程安全），通常性能上较 ArrayList 差，而 LinkedList 使用双向链表实现存储，按序号索引数据需要进行前向或后向遍历，但是插入数据时只需要记录本项的前后项即可，所以插入速度较快。

3. Collection 和 Collections 有何区别？

Collection 是集合类的上级接口，继承于它的接口主要有 Set 和 List。而 Collections 是针对集合类的一个帮助类，它提供一系列静态方法实现对各种集合的搜索、排序、线程安全化等操作。

4. HashMap 和 Hashtable 有何区别？

HashMap 是 Hashtable 的轻量级实现（非线程安全的实现），它们都完成了 Map 接口，主要区别在于 HashMap 允许空（null）键值（key），由于非线程安全，效率上可能高于 Hashtable。

HashMap 允许将 null 作为一个实体的 key 或者 value，而 Hashtable 不允许。

HashMap 把 Hashtable 的 contains 方法去掉了，改成 containsvalue 和 containsKey。因为 contains 方法容易让人引起误解。

Hashtable 继承自 Dictionary 类，而 HashMap 是 Java 1.2 引进的 Map interface 的一个实现。

最大的不同是 Hashtable 的方法是 Synchronize 的，而 HashMap 不是，在多个线程访问 Hashtable 时，不需要自己为它的方法实现同步，而 HashMap 就必须为之提供外同步。

Hashtable 和 HashMap 采用的 hash/rehash 算法都大概一样，所以性能不会有很大的差异。

5. List、Set 和 Map 是否继承自 Collection 接口？

List 和 Set 继承自 Collection 接口，Map 没有继承 Collection 接口。

6. Set 中的元素是不能重复的，那么用什么方法来区分重复与否呢？

Set 中的元素是不能重复的，可用 iterator()方法来区分重复与否。而 equals()是判读两个 Set 是否相等。

7. ArrayList 与 Vector 的区别？

Vector 是线程安全的，也就是说是同步的，而 ArrayList 是线程序不安全的，不是同步的，当需要增加容量时，Vector 默认增长为原来一倍，而 ArrayList 却是原来的一半。

8. 在 HashMap 中，如何判断所给 Key 值存在？

在 HashMap 中，null 可以作为键，这样的键只有一个；可以有一个或多个键所对应的值为 null。当 get 方法返回 null 值时，即可以表示 HashMap 中没有该键，也可以表示该键所对应的值为 null。因此，在 HashMap 中不能由 get 方法来判断 HashMap 中是否存在某个键，而应该用 containsKey 方法来判断。

7.7　实验 6　集合类的使用

1. 实验目的

（1）掌握集合的使用方法。

（2）掌握集合操作。

2. 实验要求

（1）创建使用实现 List 接口的应用程序。

（2）创建使用实现 Set 接口的应用程序。

（3）创建使用实现 Map 接口的应用程序。

3. 实验内容

（1）创建一个 Student 类，属性包括姓名、性别、年龄、学号、总成绩；在程序中生成 5 个 Student 类对象，并放在一个一维数组中，编写方法按总成绩进行排序，将排序后的对象分别保持在 Vector、ArrayList、HashTable 类型的对象中，并遍历显示其中元素的信息，下面列出测试程序部分实现代码：

```
import java.util.Vector;
import java.util.ArrayList;
import java.util.Hashtable;
import java.util.Enumeration;
import java.util.Iterator;
public class Test7_1 {
    public static void main(String[] args){
        /*
         * 定义 Student 类型的数组并初始化
         */
        /*
         * 对数组中的元素按照总成绩从高第低排序
         */
        /*
         * 将排序好的数组对象依次存入 Vector
         */
        /*
         * 将排序好的数组对象依次存入 ArrayList
         */
        /*
         * 将排序好的数组对象依次存入 HashTable
         */
        /*
         * 对集合中的元素进行遍历打印输出 分别用 Enumeration、Iterator
         */
    }
}
```

Student 类实现代码如下：

```
class Student{
        private String id;
        private String name;
        private int age;
        private String sex;
        private float score;
        public Student(String id, String name, int age ,String sex,float score) {
                super();
                this.id =id;
                this.name = name;
                this.score= score;
        }
        public String getId() {
                return id;
        }
        public void setId(String id) {
                this.id= id;
        }
        public String getName() {
                return Name;
        }
        public void setName(String name) {
                this.name=name;
        }
        public float getScore() {
                return score;
        }
        public void setScore(float score) {
                this.score= score;
        }
        public String toString(){
                return "学号："+id+"姓名:"+name+" 总成绩:"+score;
        }
}
```

（2）声明一个类，此类使用私有的 ArrayList 来存储对象。使用一个 Class 类的引用得到第一个对象的类型后，只允许用户插入这种类型，实现代码如下：

```
import java.util.ArrayList;
import java.util.Iterator;
public class Test7_2 {
        private static ArrayList arra = new ArrayList() ;
        public static ArrayList put(Object obj){
                Class cl = obj.getClass();
                if(arra.size()>0){
                        if((arra.get(0).getClass().getName()).equals(cl.getName())){
                                arra.add(obj);
                                System.out.println(obj.getClass().getName()+"添加成功！");
                        }
```

```
                else{
                        System.out.println("添加的对象类型不符合要求!");
                }
        }
        else
        {
            arra.add(obj);
            System.out.println(obj.getClass().getName()+"添加成功！ ");
        }
        return arra;
    }
    public static void main(String[] args){
        Integer aa = new Integer(2);
        Integer bb = new Integer(22);
        Double dd = new Double(22.2);
        put(aa);
        put(dd);
        put(bb);
        Iterator it = arra.iterator();
        while(it.hasNext()){
            System.out.println(it.next());
        }
    }
}
```

7.8 自我检测

1. 欲构造 ArrayList 类的一个实例，此类继承了 List 接口，下列哪个方法是正确的？

（A）ArrayList myList=new Object()　　（B）List myList=new ArrayList()

（C）ArrayList myList=new List()　　（D）List myList=new List()

7.9 本章小结

本章主要介绍了在编程中经常用到的 Java 工具类。首先介绍了 Java 语言中 util 类包的主要接口及其实现。重点总结了各集合类及其实现和应用场合，并就其相同点和不同点进行了分析；其次介绍了 Java 日期类的常用功能的实现方法。在本章最后，介绍了 Arrays 类的各种操作和实现方法。

第 8 章　异常

本章重点

- 异常的类型与捕捉
- 异常的分类
- 自定义异常

异常指的是程序运行时出现的非正常情况。在用传统的语言编程时，程序员只能通过函数的返回值来发出错误信息。这易于导致很多错误，因为在很多情况下需要知道错误产生的内部细节。通常，用全局变量 errno 来存储异常的类型。这容易导致误用，因为一个 errno 的值有可能在被处理之前被另外的错误覆盖掉。

8.1　异常处理

Java 对异常的处理是面向对象的。一个 Java 的 Exception 是一个描述异常情况的对象。当出现异常情况时，一个 Exception 对象就产生了，并放到产生这个异常的成员方法里。发现错误的理想时机是在编译阶段，也就是在你试图运行程序之前。然而，编译期间并不能找出所有的错误，余下的问题必须在运行期间得到解决。这就需要错误源能通过某种方式，把适当的信息传递给某个接收者，后者将知道如何正确处理这个问题。其他早期语言常常具有多种错误处理模式，这些模式往往建立在约定俗成的基础之上，而并不属于语言的一部分。

Java 的异常处理是通过 5 个关键词来实现的，分别为 try、catch、throw、throws 和 finally。用 try 来执行一段程序，如果出现异常，系统抛出（throws）的一个异常，你可以通过它的类型来捕捉（catch）它或最后（finally）捕捉，由默认处理器来处理。异常处理程序的基本代码形式如下：

```
try{
    //程序块
}catch(ExceptionType1  e)
    //对 ExceptionType1 的处理
}catch(ExceptionType2  e){
    //对 ExceptionType2 的处理 throw(e);//再抛出这个异常
}finally{
}
```

8.1.1 异常的类型

在异常类层次的最上层有一个单独的类叫做 Throwable。这个类用来表示所有的异常情况。每个异常类型都是 Throwable 的子类。Throwable 有两个直接的子类。一个是 Exception 子类，是用户程序能够捕捉到的异常情况，将通过产生它的子类来创建自己的异常。另一个是 Error 子类，它定义了那些通常无法捕捉到的异常。要谨慎使用 Error 子类，因为它们通常会导致灾难性的失败。在 Exception 中有一个子类 RuntimeException，它是程序运行时自动地对某些错误作出反应而产生的。

8.1.2 不捕捉异常

异常对象是 Java 在运行时对某些异常情况作出反应而产生的。除法就是个简单的例子，除数有可能为 0，所以先进行检查很有必要。但除数为 0 代表的究竟是什么意思呢？你通过当前正在解决的问题的环境，或许能知道该如何处理除数为 0 的情况。但如果这是一个意料之外的值，你也不清楚该如何处理，那就要抛出异常，而不是顺着原来的路径继续执行下去。下面就是一个包含一个整数被 0 除的异常例子，代码如清单 8-1 所示。

清单 8-1

```
class ZeroExc{
    public static void main(String args[]){
        int i_num=0;
        int i_result=42/i_num;
    }
}
```

当 Java 执行这个除法时，由于分母是 0，就会构造一个异常对象来使程序停下来并处理这个错误情况，在运行时抛出。一个异常处理器是用来立即处理异常情况的。在这个例子里，没有编一个异常处理器，所以默认的处理器就发挥作用了。默认的处理器打印 Exception 的字符值和发生异常的地点。当抛出异常后，有几件事会随之发生。首先，同 Java 中其他对象的创建一样，将使用 new 在堆上创建异常对象。然后当前的执行路径被终止，并且从当前环境中弹出异常对象的引用。此时异常处理机制接管程序，并开始寻找一个恰当的地方来继续执行程序。这个恰当的地方就是“异常处理程序（exception handler）”，它的任务是将程序从错误状态中恢复，以使程序要么换一种方式运行，要么继续运行下去。

8.1.3 try 与 catch

通常希望自己来处理异常并继续运行。可以用 try 来指定一块预防所有异常的程序。紧跟在 try 程序后面应包含一个 catch 子句来指定你想要捕捉的异常的类型。例如下面清单 8-2 所示的例子是在清单 8-1 的基础上构造的，但它包含一个 try 程序块和一个 catch 子句。

清单 8-2

```
class Zeroexc1{
    public static void main(string args[]){
        try{
            int i_num=0 ;
```

```
            int result=42/i_num ;
        }
        catch(arithmeticexception e)
        {
            system.out.println("除数为 0"+e.getMessage()) ;
        }
    }
}
```

catch 子句的目标是解决异常情况，把变量设到合理的状态，并像没有出错一样继续运行。如果一个子程序不处理某个异常，则返到上一级处理，直到最外一级。

8.1.4 多个 catch 子句

在某些情况下，同一段程序可能产生不止一种异常情况。你可以放置多个 catch 子句，其中每一种异常类型都将被检查，第一个与之匹配的就会被执行。如果一个类和其子类都有的话，应把子类放在前面，否则将永远不会到达子类。下面就是一个有两个 catch 子句的程序的例子，代码如清单 8-3 所示。

清单 8-3

```
package com.javapp.ch8;
public class TryMultiCatch {
    public static void main(String args[]) {
        try {
            int i_numa = 1;
            System.out.println("numa=" + i_numa);
            int i_numb = 42 / i_numa;
            int i_numc[] = new int[10];
            i_numc[12] = 99;
        } catch (ArithmeticException e) {
            System.out.println("div by 0:" + e.getMessage());
        } catch (ArrayIndexOutOfBoundsException e) {
            System.out.println("array index oob:" + e.getMessage());
        }
    }
}
```

在上面的程序中，如果在程序运行时不加参数，将会引起一个 0 做除数的异常，因为 i_numa 的值为 0。如果提供一个命令行参数，将不会产生这个异常，因为 i_numa 的值大于 0。但会引起一个 ArrayIndexOutOfBoundexception 的异常，因为整型数组 i_numc 的长度是 11，却给 i_numc[12] 赋值。

8.1.5 try 语句的嵌套

可以在一个成员方法调用的外面写一个 try 语句，在这个成员方法内部，写另一个 try 语句保护其他代码。每当遇到一个 try 语句，异常的框架就放到堆栈上面，直到所有的 try 语句都完成。如果下一级的 try 语句没有对某种异常进行处理，堆栈就会展开，直到遇到有处理这种异常的 try

语句。下面就是一个 try 语句嵌套的例子，代码如清单 8-4 所示。

清单 8-4

```
package com.javapp.ch8;
public class Nesting {
        static void array() {
                try {
                        int arr1[] = new int[2];
                        arr1[4] = 22;
                } catch (ArrayIndexOutOfBoundsException e) {
                        System.out.println("数组越界:" + e.getMessage());
                }
        }
        public static void main(String args[]) {
                try {
                        array();
                        int arg = args.length;
                        System.out.println("arg=" + arg);
                        int result = 42 / arg;
                } catch (ArithmeticException e) {
                        System.out.println("除数零:" + e.getMessage());
                }
        }
}
```

在上面的程序中，成员方法 array 里有自己的 try/catch 控制，所以 main 不用去处理 ArrayIndexOutOfBoundsException 异常。

8.1.6 throw 语句

throw 语句用来明确地抛出一个异常。首先，你必须得到一个 Throwable 的实例的控制柄，通过参数传到 catch 子句或者用 new 操作符来创建一个 throw 语句。与 Java 中的其他对象一样，你总是用 new 在堆上创建异常对象，这也伴随着存储空间的分配和构造器的调用。所有标准异常类都有两个构造器：一个是默认构造器；另一个是接受字符串作为参数，用来把相关信息放入异常对象的构造器，throw 语句的一般形式如下：

```
throw Throwable Instance;
```

程序会在 throw 语句后立即终止，它后面的语句执行不到，然后在包含它的所有 try 块中从里向外寻找含有与其匹配的 catch 子句的 try 块。下面就是一个含有 throw 语句的例子，代码如清单 8-5 所示。

清单 8-5

```
package com.javapp.ch8;
public class ThrowExample {
        static void mythrow() {
                try {
                        throw new NullPointerException("ThrowExample");
```

```
            } catch (NullPointerException e) {
                System.out.println("捕捉 throw 实例" + e.getMessage());
            }
        }
        public static void main(String args[]) {
            try {
                mythrow();
            } catch (NullPointerException e) {
                System.out.println("main 方法中捕捉 throw:" + e.getMessage());
            }
        }
}
```

在上面的程序代码中，用 throw 语句抛出一个 NullPointerException 的异常，然后在 main 方法中用 try 与 catch 对 throw 抛出的异常进行捕捉。

提 示

try {}里有一个 return 语句，那么紧跟在这个 try 后的 finally {}里的 code 会被执行，并且在 return 语句前执行。

8.1.7 throws 语句

throws 用来标明一个成员方法可能抛出的各种异常。对大多数 Exception 子类来说，Java 编译器会强迫声明在一个成员方法中抛出的异常的类型。如果异常的类型是 Error 或 RuntimeException 或它们的子类，这个规则不起作用，因为这在程序的正常部分中是不期待出现的。如果想明确地抛出一个 RuntimeException，必须用 throws 语句来声明它的类型。这就重新定义了成员方法的定义语法，下面是一段抛出了一个异常的程序，如清单 8-6 所示。但既没有捕捉它，也没有用 throws 来声明。这在编译时将不会通过。

清单 8-6

```
package com.javapp.ch8;
public class ThrowsExample{
    static void ThrowsPoc()
    {
        System.out.println("inside procedure") ;
        throw new IllegalAccessException("demo") ;
    }
    public static void main(String args[])
    {
        ThrowsPoc() ;
    }
}
```

为了让这个例子编译过去，需要声明成员方法 ThrowsPoc 抛出了 IllegalAccessException，并且在调用它的成员方法 main 里捕捉它。下面是正确的例子代码，如清单 8-7 所示。

清单 8-7

```
package com.javapp.ch8;
public class ThrowsExample {
	static void ThrowsPoc() throws IllegalAccessException {
		System.out.println("inside procedure");
		throw new IllegalAccessException("throws");
	}
	public static void main(String args[]) {
		try {
			ThrowsPoc();
		} catch (IllegalAccessException ex) {
			ex.printStackTrace();
		}
	}
}
```

8.1.8 finally

当一个异常被抛出时，程序的执行就不再是线性的，而是跳过某些行，甚至会由于没有与之匹配的 catch 子句而过早地返回。有时确保一段代码不管发生什么异常都被执行到是必要的，关键词 finally 就是用来标识这样一段代码的。即使没有 catch 子句，finally 程序块也会在执行 try 程序块后的程序段前执行。每个 try 语句都需要至少一个与之相配的 catch 子句或 finally 子句。一个成员方法返回到调用它的成员方法，或者通过一个没捕捉到的异常，或者通过一个明确的 return 语句，finally 子句总是恰好在成员方法返回前执行。下面就是一个例子，它有几个成员方法，每个成员方法用不同的途径退出，但执行了 finally 子句。代码如清单 8-8 所示。

清单 8-8

```
package com.javapp.ch8;
public class FinallyExample {
	static void finaex1() {
		try {
			System.out.println("内部方法:finaex1");
			throw new RuntimeException("final");
		} finally {
			System.out.println("finaex1 is finally");
		}
	}
	static void finaex2() {
		try {
			System.out.println("内部方法： finaex2 ");
			return;
		} finally {
			System.out.println("finaex2 is finally");
		}
	}
	public static void main(String args[]) {
		try {
```

```
			finaex1();
		} catch (Exception e) {
			e.printStackTrace();
		}
		finaex2();
	}
}
```

在上面的程序代码中，在 finaex1 和 finaex2 方法中分别应用了 finally 子句，并且在 finaex1 方法中抛出了 throw new RuntimeException 异常。所在 main 方法中调用 finaex1 时，需要用 try...catch 子句来捕捉 RuntimeException 异常。

8.2 异常分类

在 Java 编程语言中，异常有三种分类。Java.lang.Throwable 类充当所有对象的父类，可以使用异常处理机制将这些对象抛出并捕获。在 Throwable 类中定义方法来检索与异常相关的错误信息，并打印显示异常发生的栈跟踪信息。它有 Error 和 Exception 两个基本子类，如图 8-1 所示。

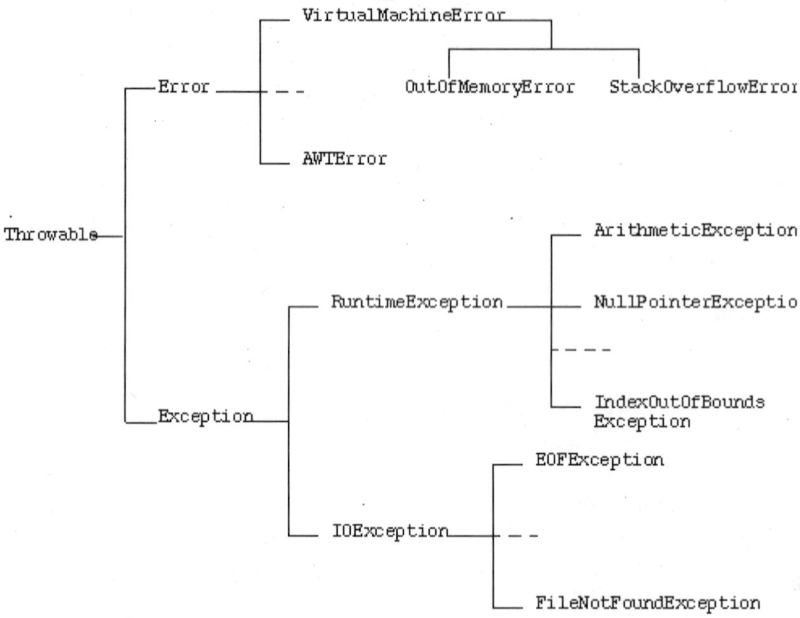

图 8-1 Error 和 Exception 两个基本子类

Throwable 类不能使用，而使用子类异常中的一个来描述任何特殊异常。每个异常的目的描述如下：

（1）Error 表示恢复不是不可能但很困难的情况下的一种严重问题。比如说内存溢出。不可能指望程序能处理这样的情况。

（2）RuntimeException 表示一种设计或实现问题。也就是说，它表示如果程序运行正常，从不会发生的情况。比如，如果数组索引扩展不超出数组界限，那么 ArrayIndexOutOfBoundsException 异常从不会抛出。比如，这也适用于取消引用一个空值对象变量。因为一个正确设计和实现的程序从不出现这种异常，通常对它不做处理。这会导致一个运行时信息，应确保能采取措施更正问题，而不是将它藏到谁也不注意的地方。

（3）其他异常表示一种运行时的困难，它通常由环境效果引起，可以进行处理。例子包括文件未找到或无效 URL 异常（用户打了一个错误的 URL）。

8.3 自定义异常

用户自定义异常是通过扩展 Exception 类来创建的。这种异常类可以包含一个"普通"类所包含的任何东西。下面就是一个用户定义异常类例子，它包含一个构造函数、几个变量以及方法：

```
public class ServerTimedOutException extends Exception {
    private String reason;
    private int port;
    public ServerTimedOutException (String reason,int port){
        this.reason = reason;
        this.port = port;
    }
    public String getReason() {
        return reason;
    }
    public int getPort() {
        return port;
    }
}
```

考虑一个客户服务器程序。在客户代码中，要与服务器连接，并希望服务器在 5 秒钟内响应。如果服务器没有响应，那么就抛出一个异常（如一个用户定义的 ServerTimedOutException）。实现代码如下：

```
public void connectMe(String serverName) throws
ServerTimedOutException {
    int success;
    int portToConnect = 80;
    success = open(serverName, portToConnect);
    if (success == -1) {
        throw new ServerTimedOutException("Could not connect", 8088);
    }
}
```

要捕获异常，使用 try 语句：

```
public void findServer() {
...
    try {
```

```
            connectMe(defaultServer);
        } catch(ServerTimedOutException e) {
            System.out.println("Server timed out, trying alternate");
        }
        try {
          connectMe(alternateServer);
        } catch (ServerTimedOutException e1) {
          System.out.println("No server currently available");
        }
}
```

8.4 本章考试、面试问题分析

1. error 和 exception 有什么区别？

error 表示的是一种程序外部严重问题。比如说内存溢出。在程序中无法处理这样的情况。exception 表示一种设计或实现问题。也就是说，它表示如果程序运行正常，从不会发生的情况。

2. Java 中的异常处理机制的原理？

当 Java 程序违反了 Java 的语义规则时，Java 虚拟机就会将发生的错误表示为一个异常。违反语义规则包括两种情况。一种是 Java 类库内置的语义检查。例如数组下标越界，会引发 IndexOutOfBoundsException，访问 null 的对象时会引发 NullPointerException。另一种情况就是 Java 允许程序员扩展这种语义检查，程序员可以创建自己的异常，并自由选择在何时用 throw 关键字引发异常。所有的异常都是 java.lang.Thowable 的子类。

3. 关键字 throws、throw、try、catch 和 finally 分别代表什么意义？

Java 通过面向对象的方法进行异常处理，把各种不同的异常进行分类，并提供了良好的接口。在 Java 中，每个异常都是一个对象，它是 Throwable 类或其它子类的实例。当一个方法出现异常后便抛出一个异常对象，该对象中包含有异常信息，调用这个对象的方法可以捕获到这个异常并进行处理。Java 的异常处理是通过 try、catch、throw、throws 和 finally 来实现。一般情况下是用 try 来执行一段程序，如果出现异常，系统会抛出（throws）一个异常，这时候你可以通过它的类型来捕捉（catch）它，或最后（finally）由默认处理器来处理。

用 try 来指定一块预防所有“异常”的程序。紧跟在 try 程序后面，应包含一个 catch 子句来指定你想要捕捉的“异常”的类型。throw 语句用来明确地抛出一个“异常”。throws 用来标明一个成员函数可能抛出的各种“异常”。finally 为确保一段代码不管发生什么“异常”都被执行。可以在一个成员函数调用的外面写一个 try 语句，在这个成员函数内部写另一个 try 语句保护其他代码。每当遇到一个 try 语句，“异常”的框架就放到堆栈上面，直到所有的 try 语句都完成。如果下一级的 try 语句没有对某种“异常”进行处理，堆栈就会展开，直到遇到有处理这种“异常”的 try 语句。

8.5 实验 7 异常处理

1. 实验目的

（1）理解 Java 异常处理的机制。
（2）掌握 Java 异常处理程序设计。

2. 实验要求

（1）使用 try…catch 语句处理异常。
（2）编写包含多个 catch 子句的代码。

3. 实验内容

下面使用 try…catch 语句处理除数为 0 的异常，程序实现代码如下：

```
public class Test8_1{
    public static void main(String[] args) {
        try {
            int a=0;
            int b=20/a;
        }
        catch (ArithmeticException e) {
            System.out.println("提示：程序出现异常："+e.getMessage());
        }
        finally {
            System.out.println("finally 语句被执行");
        }
    }
}
```

编译并运行程序，查看程序运时出现的异常信息。

提示

如果在 catch 语句中声明的异常类是 Exception，catch 语句也能正确地捕获，这是因为 Exception 是 ArithmeticException 的父类。如果不能确定会发生哪种情况的异常，那么最好指定 catch 的参数为 Exception，即说明异常的类型为 Exception。

下面编写包含多个 catch 子句的异常处理程序，实现代码如下：

```
public class Test8_2{
    public static void main(String[] args) {
        try {
            int a=0;
            int b=10/a;
            int arr[]={2,3,4};
            arr[4]=45;
        }
        catch (ArithmeticException e) {
```

```
                System.out.println("除数为 0： "+e);
            }
            catch (ArrayIndexOutOfBoundsException e) {
                System.out.println("访问数组下标越界： "+e);
            }
        }
}
```

8.6 问题集锦与解答

问：throw 和 throws 有什么不同?

答：throws 用于声明一个方法会抛出哪些异常。而 throw 是在方法体中实际执行抛出异常的动作。如果你在方法中 throw 一个异常，却没有在方法声明中声明之，编译器会报错。

8.7 自我检测

1. 下面程序段的执行结果是什么？

```
public class Foo{
    public static void main(String[] args){
        try{
            return;}
            finally{System.out.println("Finally");
        }
    }
}
```

（A）程序正常运行，但不输出任何结果。

（B）程序正常运行，并输出“Finally”。

（C）编译能通过，但运行时会出现一个例外。

（D）因为没有 catch 语句块，所以不能通过编译。

8.8 本章小结

本章主要详解了 Java 异常的程序设计方法。首先介绍了异常的基本概念和异常设计的工作原理，随后介绍了 try 与 catch 的用法，然后介绍了异常的分类。在本章最后，介绍了自定义异常的方法。

第 9 章　多线程

本章重点

- Java 线程的模型
- 线程的基本控制
- 线程的定义
- 常用线程 API

多线程编程的含义是可将程序任务分成几个并行的子任务。特别是在网络编程中，你会发现很多功能是可以并发执行。比如网络传输速度较快，用户输入速度较慢，你可以用两个独立的线程去完成这种功能，而不影响正常的显示或其他功能。

9.1　多线程的概念

9.1.1　Java 线程的模型

Java 的设计思想是建立在当前大多数操作系统都实现了线程调度的基础上。Java 虚拟机的很多任务都依赖线程调度，而且所有的类库都是为多线程设计的。Java 利用多线程实现了整个执行环境是异步的。在 Java 程序里没有主消息循环。如果一个线程等待读取网络数据，它可以运行但不停止系统的其他线程执行。用于处理用户输入的线程大多时间是等待用户敲键盘或击鼠标。你还可以使动画的每一帧时间停顿一秒而并不使系统暂停。一个线程启动后，它可以被挂起，暂时不让它执行。挂起的线程可以重新恢复执行。任何时间线程都可以被停止，被停止的线程就不能再重新启动。Java 语言里，线程表现为线程类，线程类封装了所有需要的线程操作控制。必须很清晰地区分开线程对象和运行线程，可以将线程对象看作是运行线程的控制面板。在线程对象里有很多方法来控制一个线程是否运行，睡眠、挂起或停止。线程类是控制线程行为的唯一的手段。Java 程序启动后，就已经有一个线程在运行。你可通过调用 Thread.currentThread 方法来查看当前运行的是哪一个线程。得到一个线程的控制柄，就可以作很有趣的事情，即使单线程也一样。下面这个例子就是演示怎样操纵当前线程，代码如清单 9-1 所示。

清单 9-1

```
package com.javapp.ch9;
/**
 * Description: 线程的控制
*/
public class Threaddemo {
        public static void main(String args[]) {
                Thread t = Thread.currentThread();// 得到当前运行的线程
                t.setName("This Thread is running\n");
                System.out.println("当前正在动行的进程为:\n" + t);
                try {
                        for (int i = 0; i < 10; i++) {
                                System.out.println("Sleep time\n" + i);
                                Thread.sleep(7000);// 设置睡眠时间
                        }
                } catch (InterruptedException e) {
                        System.out.println("thread has wrong\n" + e.getMessage());
                }
        }
}
```

在上面的程序代码中，应用 Thread.currentThread 方法获得当前运行的线程，然后调用 Thread.sleep 方法设置线程序的睡眠时间为 7000ms。等到过了 7000ms 后，该线程序重新开始工作。

9.1.2 启动接口

当构造了线程类的一个新的实例时，必须告诉它在新的线程里应执行哪一段程序。你可以在任意实现了启动接口的对象上启动一个线程。启动接口是一个抽象接口，来表示本对象有一个方法想异步执行。要实现启动接口，一个类只需要有一个叫 run 的方法。下面就是创建一个新线程的例子，代码如清单 9-2 所示。

清单 9-2

```
package com.javapp.ch9;
/**
 * Description: 多线程应用
*/
public class ThreadDemo2 implements Runnable {
        public ThreadDemo2() {
                Thread t1 = Thread.currentThread();// 得到当前运行的线程
                t1.setName("第一个主线程");
                System.out.println("正在动行的线程:" + t1);
                Thread t2 = new Thread(this,"第二个线程");
                System.out.println("在创建一个线程");
                t2.start();
                try {
                        System.out.println("使第一个线程进入睡眠状态");
                        Thread.sleep(3000);// 设置睡眠时间
                } catch (InterruptedException e) {
```

```
                System.out.println(e.getMessage());
            }
            System.out.println("退出第一个线程");
        }
        public void run() {
            try {
                for (int i = 0; i < 86; i++) {
                    System.out.println("使第二个线程进入睡眠状态:" + i);
                    Thread.sleep(1000);
                }
            } catch (InterruptedException e) {
                System.out.println(e.getMessage());
            }
            System.out.println("第二个线程退出");
        }
        public static void main(String args[]) {
            new ThreadDemo2();
        }
}
```

在上面的程序代码中，main 线程用 new Thread（this，"第二个线程"）创建了一个 Thread 对象，通过传递第一个参数标明新线程来调用 this 对象的 run 方法。然后调用 start 方法，它将使线程从 run 方法开始执行。

9.1.3 线程调度

一个 Thread 对象在它的生命周期中会处于各种不同的状态。尽管线程变为可运行的，但它并不立即开始运行。在一个只带有一个处理机的机器上，一个时刻只能进行一个动作。

在 Java 中，线程是抢占式的，但并不一定是分时的（一个常见的错误是认为“抢占式”只不过是“分时”的一种新奇的称呼而已）。抢占式调度模型是指可能有多个线程是可运行的，但只有一个线程在实际运行。这个线程会一直运行，直至它不再是可运行的，或者另一个具有更高优先级的线程成为可运行的。对于后面一种情形，低优先级线程被高优先级线程抢占了运行的机会。

一个线程可能因为各种原因而不再是可运行的。线程的代码可能执行了一个 Thread.sleep 调用，要求这个线程暂停一段固定的时间。这个线程可能在等待访问某个资源，而且在这个资源可访问之前，这个线程无法继续运行。

所有可运行线程根据优先级保存在池中。当一个被阻塞的线程变成可运行时，它会被放回相应的可运行池。优先级最高的非空池中的线程会得到处理机时间（被运行）。

因为 Java 线程不一定是分时的，所有你必须确保你的代码中的线程会不时地给另外一个线程运行的机会。这可以通过在各种时间间隔中发出 sleep 调用来做到。线程调度流程如图 9-1 所示。

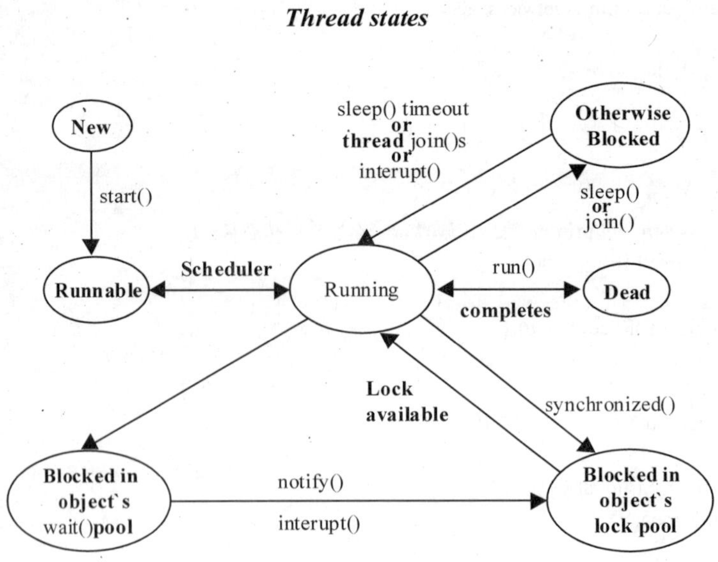

图 9-1　线程调度流程

> **提示**　Thread 类的 sleep 方法对当前线程操作，因此被称作 Thread.sleep(x)，它是一个静态方法。sleep 的参数指定以毫秒为单位的线程最小休眠时间。除非线程因为中断而提早恢复执行，否则它不会在这段时间之前恢复执行。

Thread 类的另一个方法 yield，可以用来使具有相同优先级的线程获得执行的机会。如果具有相同优先级的其他线程是可运行的，yield 将把调用线程放到可运行池中并使另一个线程运行。如果没有相同优先级的可运行进程，yield 什么都不做。

sleep 调用会给较低优先级线程一个运行的机会。yield 方法只会给相同优先级线程一个执行的机会。

9.1.4　同步

因为多线程提供了程序的异步执行的功能，所以在必要时必须还提供一种同步机制。例如你想两个线程通讯并共享一个复杂的数据结构，你需要一种机制让它们相互牵制并正确执行。为这个目的，Java 用一种叫监视器（monitor）的机制实现了进程间的异步执行。可以将监视器看作是一个很小的盒子，它只能容纳一个线程。一个线程进入一个监视器，所有其他线程必须等到第一个线程退出监视器后才能进入。这个监视器可以设计成保护共享的数据不被多个线程同时操作。大多数多线程系统将这个监视器设计成对象，Java 提供了一种更清晰的解决方案。没有 Monitor 类，每个对象通过将它们的成员方法定义成 synchronized 来定义自己的显式监视器，一个线程执行在一个 synchronized 方法里，其他任何线程都不能调用同一个对象的 synchronized 方法。

9.1.5　消息

程序被分成几个逻辑线程，你必须清晰的知道这个线程之间应怎样相互通讯。Java 提供了 wait

和 notify 等功能来使线程之间相互交谈。一个线程可以进入某一个对象的 synchronized 方法进入等待状态，直到其他线程显式地将它唤醒。可以有多个线程进入同一个方法并等待同一个唤醒消息。

sleep() 和 wait() 的区别是 sleep()方法是使线程停止一段时间的方法，在 sleep 时间间隔期满后，线程不一定立即恢复执行。这是因为在那个时刻，其他线程可能正在运行而且没有被调度为放弃执行，除非“醒来”的线程具有更高的优先级或正在运行的线程因为其他原因而阻塞。wait()是线程交互时，如果线程对一个同步对象 x 发出一个 wait()调用，该线程会暂停执行，被调对象进入等待状态，直到被唤醒或等待时间到。当一个线程进入一个对象的一个 synchronized 方法后，其他线程不能进入此对象的其他方法，一个对象的一个 synchronized 方法只能由一个线程访问。

9.2 线程的基本控制

9.2.1 显式定义线程

在单线程应用程序中，并没有出现线程的概念，因为 Java 能自动创建和控制你的线程。如果你使用了 Java 语言的浏览器，你就已经看到使用多线程的 Java 程序了。多线程利用了很多任务包含单独的可分离的子任务的特点。每一个线程完成一个子任务。但是每一个线程完成子任务时还是顺序执行的。一个多线程程序允许各个线程尽快执行完它们。这种特点会有更好的实时输入反应。

9.2.2 多线程例子

下面这个例子创建了三个单独的线程，它们分别打印自己的名称，代码如清单 9-3 所示。

清单 9-3

```
package com.javapp.ch9;
/**
 * Description: 多线程测试
*/
public class ThreadDemo3 extends Thread {
    private String name;
    private int delay;
    public ThreadDemo3(String sname,int i_delay) {
        name = sname;
        delay = i_delay;
    }
    public void run()// 启动线程
    {
        try {
            sleep(delay);
        } catch (InterruptedException e) {
        }
        System.out.println("多线程测试!\n" + name + "\n" + delay);
    }
}
```

```
class multites {
        public static void main(String args[]) {
                ThreadDemo3 th1,th2,th3;
                th1 = new ThreadDemo3("线程 1",(int) (Math.random() * 900));
                th2 = new ThreadDemo3("线程 2",(int) (Math.random() * 800));
                th3 = new ThreadDemo3("线程 3",(int) (Math.random() * 800));
                th1.start();
                th2.start();
                th3.start();
        }
}
```

在上面的程序代码中，ThreadDemo3 类继承 Thread 多线程类，并重写了 Thread 类中的 run 方法。然后在内部类 multites 的 main 方法中新建三个 ThreadDemo3 类的线程对象，然后分别调用 start 方法启动这 3 个线程。

9.2.3　启动一个线程

程序启动时总是调用 main()方法，因此 main()是创建和启动线程的入口，创建线程的代码为：

```
th1=new ThreadDemo3("线程 1",   (int) (Math.random()*900)) ;
```

这一行创建了一个新的线程。后面的两个参数传递了线程的名称和线程在打印信息之前的延时时间。因为直接控制线程，必须直接调用 start()方法启动它。

9.2.4　操作线程

在上面的程序中，如果创建线程正常，t1 应包含一个有效的执行线程。在线程的 run()方法里控制线程。一旦进入 run()方法，便可执行里面的任何程序。run()好象 main()一样。

run()执行完，这个线程也就结束了。在这个例子里，试图延迟一个随机的时间（通过参数传递）sleep(delay)。sleep()方法只是简单地告诉线程休息多少个毫秒时间。

如果你想推迟一个线程的执行，你应使用 sleep()方法。当线程睡眠时，sleep()并不占用系统资源，其他线程可继续工作。

9.2.5　暂停一个线程

挂起一个线程而不指定时间。例如，如果你创建了一个含有动画线程的小程序。也许你让用户暂停动画至到他们想恢复为止。你并不想将动画线程丢弃掉，但想让它停止。像这种类似的线程可用 suspend()方法来控制，这个方法并不永久地停止了线程，你还可以使用 resume()方法重新激活线程。

9.2.6　停止一个线程

线程的最后一个控制是停止方法 stop()，用它来停止线程的执行。这个方法不会消灭这个线程，但它停止了线程的执行，并且这个线程不能用 start()重新启动。

9.2.7 常用线程 API

下面是 Thread 的静态方法列表，即可以直接从 Thread 类调用。

- currentThread()：返回正在运行的 Thread 对象。
- yield()：停止运行当前线程，让系统运行下一个线程。
- sleep(int n)：让当前线程睡眠 n 毫秒对象方法。
- start()：start 方法告诉 Java 运行系统为本线程建立一个执行环境，然后调用本线程的 run() 方法。run 是运行本线程的将要执行的代码，也是 Runnable 接口的唯一方法。当一个线程初始化后，由 start 方法来调用它，一旦 run 函数返回，本线程也就终止了。
- stop()：让某一线程马上终止，系统将删除本线程的执行环境。
- suspend()：与 stop 方法不同，suspend 将线程暂停执行，但系统不破坏线程的执行环境，你可以用 resume 来恢复本线程的执行。
- resume()：恢复被挂起的线程进入运行状态。
- setPriority(int p)：给线程设置优先级。
- getPriority()：返回线程的优先级。
- setName(String name)：给线程设置名称，getName 取线程的名称。

9.3 本章考试、面试问题分析

1. sleep() 和 wait() 有什么区别？

sleep 是线程类（Thread）的方法，调用此方法将会导致此线程暂停执行一段时间，把执行机会给其他线程，但是监控状态依然保持，到时后会自动恢复。调用 sleep 不会释放对象锁。

wait 是 Object 类的方法，对此对象调用 wait 方法导致本线程放弃对象锁，进入等待此对象的等待锁定池，只有针对此对象发出 notify 方法（或 notifyAll）后，本线程才进入对象锁定池准备获得对象锁进入运行状态。

2. 同步和异步有何异同，在什么情况下分别使用它们？

如果数据将在线程间共享，例如正在写的数据以后可能被另一个线程读到，或者正在读的数据可能已经被另一个线程写过了，那么这些数据就是共享数据，必须进行同步存取。

当应用程序在对象上调用了一个需要花费很长时间来执行的方法，并且不希望让程序等待方法的返回时，就应该使用异步编程，在很多情况下采用异步途径往往更有效率。

3. 启动一个线程是用 run()还是 start()？

启动一个线程是调用 start()方法，使线程所代表的虚拟处理机处于可运行状态，这意味着它可以由 JVM 调度并执行。这并不意味着线程就会立即运行。run()方法可以产生必须退出的标志来停止一个线程。

4. 线程同步的方法有那些？

线程同步的方法有：

- wait()：使一个线程处于等待状态，并且释放所持有的对象的 lock。
- sleep()：使一个正在运行的线程处于睡眠状态，是一个静态方法，调用此方法要捕捉 InterruptedException 异常。
- notify()：唤醒一个处于等待状态的线程，注意的是在调用此方法的时候，并不能确切的唤醒某一个等待状态的线程，而是由 JVM 确定唤醒哪个线程，而且不是按优先级。
- Allnotity()：唤醒所有处入等待状态的线程，注意并不是给所有唤醒线程一个对象的锁，而是让它们竞争。

5. Java 中有几种方法可以实现一个线程？用什么关键字修饰同步方法？

在 Java 中有两种实现方法可以实现一个线程，分别是继承 Thread 类与实现 Runnable 接口，并用 synchronized 关键字来修饰同步方法。

9.4 实验 8 多线程

1. 实验目的

（1）线程的概念、线程的生命周期。
（2）多线程的编程：继承 Thread 类与使用 Runnable 接口。
（3）使用多线程机制实现动画。

2. 实验要求

（1）掌握利用 JAVA 语言编写多线程程序的方法
（2）掌握线程的调度方法

3. 实验内容

（1）Thread 子类的方法实现多线程
下面编写一个继承 Threed 类的多线程程序，实现码如下：

```
class Test9_1 extends Thread {
    public Test9_1(String name) {
        super(name);
    }
    public void run() {
        for (int i = 0; i < 20; i++) {
            System.out.println(i + " " + getName());
            try {
                sleep((int)(Math.random() * 2000));
            } catch (InterruptedException e) {}
        }
```

```
            System.out.println("DONE! " + getName());
        }
}
public class Test9_2 {
        public static void main (String[] args) {
            new Test9_1 ("tfnew21").start();
            new Test9_1 ("java").start();
        }
}
```

（2）实现 Runnable 接口的方法实现多线程

下面编写一个实现 Runnable 接口的多线程程序，用一个时钟 Applet 显示当前时间并逐秒进行更新，程序实现代码如下：

```
import java.awt.*;
import java.applet.*;
import java.util.*;
public class Test9_4 extends Applet implements Runnable{
        Thread clockThread;
        public void start(){
            if(clockThread==null){
                clockThread=new Thread(this,"Clock");
                clockThread.start();
            }
        }
        public void run(){
            while(clockThread !=null){
                repaint();
                try{
                    clockThread.sleep(1000);
                }catch(InterruptedException e){}
            }
        }
        public void paint(Graphics g){
            Date now=new Date();
            g.drawString(now.getHours()+";"+now.getMinutes()+";"+now.getSeconds(),10,15);
        }
        public void stop(){
            clockThread.stop();
            clockThread=null;
        }
}
```

9.5 问题集锦与解答

问：如何区分程序、进程和线程这三个概念？

答：进程是程序的一个动态执行过程，是指一个内存中运行的应用程序，每个进程都有自己独立的一块内存空间，一个进程中可以启动多个线程。比如在 Windows 系统中，一个运行的 exe 就是一个进程。线程是指进程中的一个执行流程，一个进程中可以运行多个线程。比如 java.exe 进程中可以运行很多线程。线程总是属于某个进程，进程中的多个线程共享进程的内存。"同时"执行是人的感觉，在线程之间实际上轮换执行。进程和线程的区别在于：一个程序至少有一个进程，一个进程至少有一个线程。线程的划分尺度小于进程，使得多线程程序的并发性高。另外，进程在执行过程中拥有独立的内存单元，而多个线程共享内存，从而极大地提高了程序的运行效率。

问：实现多线程可以用哪两种基本方法？

答：Java 多线程实现方式主要有两种：继承 Thread 类、实现 Runnable 接口。

9.6 本章小结

本章主要详解了 Java 多线程的程序设计方法。首先介绍了线程的基本概念和多线程设计的工作原理，随后介绍了继承 Thread 类实现多线程，然后介绍了线程的定义和线程的基本控制。在本章最后，介绍了 Java 常用线程 API。

第 10 章　流式 I/O 和文件

本章重点

- Java 输入输出流模型
- Java 中的普通输入输出类
- 文件的各种操作方法
- 文件的压缩
- 对象序列化技术

许多程序都要进行输入输出处理，例如从键盘读入数据，从文件读取数据或者将数据写入文件保存起来，或者对一个网络连接进行读写等。Java 把这些不同的输入、输出源抽象为流（stream），用统一的接口来表示，从而使程序设计简单化。

10.1　Java 输入输出流

10.1.1　概述

JDK 中提供了 java.io 包，其中包括一系列的类来实现输入输出处理。在本节中将分别对 Java 所有相关输入输出流的操作进行介绍。

10.1.2　标准输入输出例子

下面这个例子是从标准设备读取数值，当读取的值是“Q”时退出循环，代码如清单 10-1 所示。

清单 10-1

```
package com.javapp.ch10;
import java.io.IOException;
/**
 * Description: 从标准设备读取数值
*/
public class FileStdRead {
        public static void main(String args[]) throws IOException {
                int i_readb;
                int i_count = 0;
```

```
        char flag = 0;
        while (flag != 'Q') {
            i_readb = System.in.read();
            flag = (char) i_readb;
            i_count++;
            System.out.print((char) i_readb);
        }
        System.err.println("counted" + i_count + "totalbytes.");
    }
}
```

在上面的程序中，应用 Java 提供的 System.in、System.out 和 System.err 进行输入输出操作，其中 System.out 已经事先被包装成了 printStream 对象。System.err 同样也是 PrintStream，但 System.in 却是一个没有被包装的未经加工的 InputStream。这意味尽管可以立即使用 System.out 和 System.err，但是在读取 System.in 之前必须对其进行包装。

10.2 普通输入输出类

除了基本的键盘输入和屏幕输出外，还有文件的输入输出。I/O 类库中通常使用“流（stream）”这个抽象概念，它代表任何有能力生产数据的数据源对象或者是有能力接收数据的接收端对象。“流”屏蔽了实际的 I/O 设备中处理数据的细节。

Java 类库中的 I/O 类分为输入和输出两部分，通过继承，任何由 InputStream 或 Reader 衍生而来的类都含有名为 read()的基本方法，用于读取单个字节或者字节数组。同样地，任何由 OutputStream 或 Writer 衍生而来的类都含有名为 write()的基本方法，用于写单个字节或者字节数组。但是通常不会用到这些方法，它们存在是因为别的类可以使用它们，以便提供更有用的接口。因此很少使用一个单一的类来创建流对象，相反会通过叠合多个对象来提供所期望的功能。实际上，Java 中“流”类库让人迷惑的主要原因就在于创建一个单一的结果流，却需要创建多个对象。在 Java 中，类库的设计者首先限定与输入有关的所有类都应该从 InputStream 继承，而与输出有关的所有类都应该从 OutputStream 继承。下面分别介绍这两个输入和输出类。

10.2.1 InputStream 类型

InputStream 的作用是用来表示从不同数据源产生输入的类。这些数据源包括：

- 字节数组。
- String 对象。
- 文件。
- 管道，工作方式与实际管道相似，从一端输入，从另一端输出。
- 一个由其他种类的流组成的序列，以便可以将它们收集合并到某一单一的流内。

每一种数据源都有相应的 InputStream 子类。另外，FilterInputStream 也属于一种 InputStream，为“decorator”类提供基类，其中“decorator”类可以把属性或有用的接口与输入流连接在一起。

InputStream 的子类如表 10-1 所示。

表 10-1 InputStream 类的子类

类	功能	构造器参数
ByteArrayInputStream	允许将内存的缓冲区当作InputStream使用	从中提取出字节的缓冲区作为一种数据源，将其FilterInputStream 对象相连以提供有用连接
StringBufferInputStream	将String转换成InputStream	传入的参数为字符串。底层实际实现StringBuffer
FileInputStream	用于从文件中读取信息	传入的参数为字符串，表示文件名、文件或FileDescriptor 对象
PipedInputStream	产生用于写入相关PipedOutput-Stream	PipedOutputStream 作为多线程中数据源的数据。实现“管道化”概念。其与FilterInputStream 对象相连以提供有用接
SequenceInputStream	将两个或多个InputStream 对象转换成单一InputStream	两个InputStream 对象或一个容纳InputStream 对象的Enumeration
FilterInputStream	作为修饰器的接口。其中，修饰器为其他的InputStream 类提供有用功能	

10.2.2 OutputStream 类型

OutputStream 的作用是用来把产生的数据源输出到不同的数据源中。这些数据源包括：

- 字节数组（非字符串）。
- 文件或管道。

另外，FilterOutputStream 为“修饰器（decortor）”类提供了一个基类，“修饰器”类把属性或者有用的接口与输出流连接了起来。FilterInputStream 和 FilterOutputStream 是提供给修饰接口用于控制特定的输入流（InputStream）和输出流（OutputStream）。OutputStream 类的子类如表 10-2 所示。

表 10-2 OutputStream 类的子类

类	功能	构造器参数
ByteArrayOutputStream	在内存中创建缓冲区，所有送往stream的数据都要放置在此缓冲区	缓冲区初始化尺寸用于指定数据的目的地：将其与FilterOutputStream 对象相连以提供有用接口
FileOutputStream	用于将信息写至文件	字符串，表示文件名、文件或FileDescriptor 对象
PipedOutputStream	传送输出流可以连接到传送输入流，以创建通信管道。传送输出流是管道的发送端	字符串，表示文件名、文件或FileDescriptor 对象

FilterInputStream 类能够完成两件完全不同的事情，其中 DataInputStream 允许读取不同的基本类型数据以及 String 对象（所有方法都以“read”开头，例如 readByte()、readFloat()等）。与之相应的 DataOutputStream，应用 DataOutputStream 就可以通过数据“流”将基本类型的数据从一个地方迁移到另一个地方。其他类则在内部修改 InputStream 的行为方式，其中包括缓冲或未缓冲、是

否保留它所读过的行（允许查询行数或设置行数），以及是否把单一字符推回输入流等。FilterInputStream 类的子类如表 10-3 所示。

表 10-3　FilterInputStream 类型

类	功能	构造器参数
DataInputStream	与DataOutputStream搭配使用，因此可以按照可移植方式从流读取基本数据类型（int，char，long等）	InputStream包含用于读取基本类型数据的全部接口
BufferedInputStrem	使用它可以防止每次读取时都得进行实际写操作	InputStream缓冲区大小，只是使用缓冲区所必需的。与接口对象搭配
LineNumberInputStream	跟踪输入流中的行数，可调用getLineNumber( )和setLineNumber(int)读取和设置行号	InputStream仅增加了行号，因此可能要与接口对象搭配使用
PushbackInputStream	具有“one byte push-back buffer”，因此可以将读到的最后一个字符回退	

与 DataInputStream 对应的是 DataOutputStream，它可以对各种基本数据类型以及 String 对象格式化到“流”中，以便在任何机器上的任何 DataInputStream 都能够读取它们。所有方法都以“write”开头，例如 writeByte()、writeFloat()等。

PrintStream 最初的目的便是为了以可视化格式打印所有的基本数据类型以及 String 对象。这与 DataOutputStream 不同，后者的目的是将数据元素置入“流”中，以便 DataOutputStream 能够可移植地重构它们。PrintStream 内有两个重要的方法，分别为 print()和 println()。对它们已进行了重载处理，可打印出各种数据类型。print()和 println()之间的差异是后者在操作完毕后会添加一个换行符。

BufferedOutputStream 是 OutputStream 的子类，它对数据流使用缓冲技术，因此当每次向流写入数据时，不必每次都进行实际上的物理写动作。FilterOutputStream 类的子类如表 10-4 所示。

表 10-4　FilterOutputStream 类的子类

类	功能	构造器参数
DataOutputStream	与DataInputStream 搭配使用，因此可以按照可移植方式向流中写入基本类型数据（int、char、long等）	OutputStream 包含用于写入基本类型数据的全部接口
PrintStream	用于产生格式化输出。其中DataOutputStream 处理数据的存储，PrintStream处理显示。	OutputStream选择boolean值以指示是否在每次换行时清空缓冲区。应该是对OutputStream 对象的“final”封装。可能经常使用到它
BufferedOutputStream	使用它以避免每次发送数据时都要进行实际的写操作代表“使用缓冲区”。可以调用flush( ) 清空缓冲区	OutputStream缓冲区大小，本质上并不提供接口，只是使用缓冲区所必需的。与接口对象搭配

上面介绍了 InputStream 和 OutputStream 的子类层次结构。下面以一个例子来介绍这两个类的编程方法。本例主要实现的功能是把一个文件的内容复制到另一个文件，注意本例中对中文内容的处理方法，代码如清单 10-2 所示。

清单 10-2

```
package com.javapp.ch10;
import java.io.*;
```

```
public class FileExample {
    public FileExample() {
        super();
    }
    public static void main(String[] args) {
        try {
            String outfile = "demoout.xml";
            String infile = "demoin.xml";
            // 定义一个输出流
            DataOutputStream dt = new DataOutputStream(new BufferedOutputStream(
                    new FileOutputStream(outfile)));
            // 定义一个输出缓冲
            BufferedWriter NewFile = new BufferedWriter(new OutputStreamWriter(dt,
                    "GBK"));
            // 对中文的处理
            // 定义一个输入流
            DataInputStream rafFile1 = new DataInputStream(new BufferedInputStream(
                    new FileInputStream(infile)));
            // 定义一个输入缓冲
            BufferedReader rafFile = new BufferedReader(new InputStreamReader(
                    rafFile1,"GBK"));
            String xmlcontent = "";
            char tag = 0;// 文件友字符 0 结束
            while (tag != (char) (-1)) {
                xmlcontent = xmlcontent + tag + rafFile.readLine() + '\n';
                tag = (char) rafFile.read();
            }
            NewFile.write(xmlcontent);
            NewFile.flush();
            NewFile.close();
            rafFile.close();
            System.gc();
        } catch (NullPointerException exc) {
            exc.printStackTrace();
        } catch (java.lang.IndexOutOfBoundsException outb) {
            System.out.println(outb.getMessage());
            outb.printStackTrace();
        } catch (FileNotFoundException fex) {
            System.out.println("fex" + fex.getMessage());
        } catch (IOException iex) {
            System.out.println("iex" + iex.getMessage());
        }
    }
}
```

在上面的程序中，在数据的输出方面，首先应用 FileOutputStream 定义一个输出流文件，其后在 BufferedOutputStream 中调用 FileOutputStream 对象生成一个输出缓冲流，最后在 DataOutputStream 中调用 BufferedOutputStream 对象生成数据格式化输出流。并且在 BufferedWrite 对象中调用 DataOutputStream 流对象来输出数据到文件中。

在数据的读取方面，首先应用 FileInputStream 生成读取文件的输入流，其后在 BufferedInputStream 中调用 FileInputStream 流对象生成缓冲输入流对象，最后在 DataInputStream 中调用 BufferedInputStream 对象生成格式化的输入对象。

尽管可以通过不同的方式组合 I/O“流”类，但上面程序中应用的组合是最常用到的组合。下面的例子可以作为基本参考，它展示了典型 I/O 配置的创建和使用，代码如清单 10-3 所示。

清单 10-3

```
package com.javapp.ch10;
import java.io.*;
public class IOStreamExample {
    public static void main(String[] args) throws IOException {
        // 1. 读入一行数据:
        BufferedReader in = new BufferedReader(new FileReader("FileStdRead.java"));
        String s,s2 = new String();
        while ((s = in.readLine()) != null) {
            s2 += s + "\n";
        }
        in.close();
        BufferedReader stdin = new BufferedReader(new InputStreamReader(System.in));
        System.out.print("Enter a line:");
        System.out.println(stdin.readLine());
        // 2. 从内存中读入
        StringReader in2 = new StringReader(s2);
        int c;
        while ((c = in2.read()) != -1) {
            System.out.print((char) c);
        }
        // 3. 格式化内存输入
        try {
            DataInputStream in3 = new DataInputStream(new ByteArrayInputStream(s2
                    .getBytes()));
            while (true) {
                System.out.print((char) in3.readByte());
            }
        } catch (EOFException e) {
            System.err.println("End of stream");
        }
        // 4. 文件输入
        try {
            BufferedReader in4 = new BufferedReader(new StringReader(s2));
            PrintWriter out1 = new PrintWriter(new BufferedWriter(new FileWriter(
                    "IODemo.out")));
            int lineCount = 1;
            while ((s = in4.readLine()) != null) {
                out1.println(lineCount++ + ": " + s);
            }
            out1.close();
        } catch (EOFException e) {
            System.err.println("End of stream");
```

```
            }
            // 5. 接收和保存数据
            try {
                DataOutputStream out2 = new DataOutputStream(new BufferedOutputStream(
                        new FileOutputStream("Data.txt")));
                out2.writeDouble(3.14159);
                out2.writeUTF("That was pi");
                out2.writeDouble(1.41413);
                out2.writeUTF("Square root of 2");
                out2.close();
                DataInputStream in5 = new DataInputStream(new BufferedInputStream(
                        new FileInputStream("Data.txt")));
                System.out.println(in5.readDouble());
                System.out.println(in5.readUTF());
                System.out.println(in5.readDouble());
                System.out.println(in5.readUTF());
            } catch (EOFException e) {
                throw new RuntimeException(e);
            }
            // 6. 随机读取文件内容
            RandomAccessFile rf = new RandomAccessFile("rtest.dat","rw");
            for (int i = 0; i < 10; i++) {
                rf.writeDouble(i * 1.414);
            }
            rf.close();
            rf = new RandomAccessFile("rtest.dat","rw");
            rf.seek(5 * 8);
            rf.writeDouble(47.0001);
            rf.close();
            rf = new RandomAccessFile("rtest.dat","r");
            for (int i = 0; i < 10; i++) {
                System.out.println("Value " + i + ": " + rf.readDouble());
            }
            rf.close();
        }
}
```

在上面的程序中，分别介绍了从文件中读数据、从内存中读入数据、格式化内存数据输入、接收和保存数据、随机读取文件内容等操作。下面详细介绍这几种处理数据的方法。

10.2.3 缓冲输入文件

如果想要打开一个文件用于字符输入，可以使用以 String 或 File 对象作为文件名的 FileInputReader 类。为了提高速度，希望对文件进行缓冲，那么将作为结果的引用传给一个 BufferedReader 构造器。由于 BufferedReader 也提供 readline()方法，所以这是的最终对象和进行读取的接口。在用 readline()方法读取文件数据时，一旦到达文件末尾，readLine()将返回 null，所以可以用它来终止 while 循环。字符串用来累积文件的全部内容（包括必须添加的换行符，因为 readline()已将它们删掉）。最后调用 close()关闭文件。从技术上讲，当运行 finalize()时就会调用

close()，那么程序结束时也应该发生这种情况（无论垃圾回收器是否存在）。然而这种行为的实现并不是一致的，因此唯一安全的做法就是为文件明确调用 close()。

10.2.4 格式化的内存输入

如果要读取格式化数据，要用到 DataInputStream 类，它是一个面向字节的 I/O 类（不是面向字符的）。因此必须使用 InputStream 类而不是 Reader 类。当然，可以用 InputStream 以字节的形式读取任何数据（例如一个文件），不过在这里使用的是字符串。为了将字符串转换为成适用于 ByteArrayInputStream 的字节数组，String 包含了一个可以实现此项工作的 getBytes()方法。至此就有了一个可传递给 DataInputStream 的 InputStream 输入流对象。输出流可以按写入数据的方式划分为两类，一类是为了让人们使用写入的数据，另一类是为了 DataInputStream 可以再次读取它们。RandomAccessFile 是独立的，尽管它的数据格式兼容于 DataInputStream 和 DataOutputStream。

如果使用 DataOutputStream 写入数据，Java 可以使用 DataInputStream 准确地读取数据——无论读和写数据的平台怎么不同。这一点具有不可思议的价值，因为都知道人们曾经花费了大量时间去处理平台相关的数据问题。只要两个平台上都有 Java，这种问题就不会再发生。当使用 DataOutputStream 时，写字符串并且让 DataInputStream 能够恢复它的唯一可靠的做法就是使用 UTF-8 编码，UTF-8 是 Unicode 的变体，后者把所有字符都存储成两个字节的形式。如果使用的只是 ASCII 或者几乎都是 ASCII 字符（只占 7 位），这么做就显得极其浪费空间和带宽，所以 UTF-8 将 ASCII 字符编码成单一字节的形式，而非 ASCII 字符则编码成两到三个字节的形式。另外，字符串的长度存储在前两个字节中。但是 writeUTF 和 readUTF 方法使用的是适合于 Java 的 UTF-8 变体，因此如果用一个非 Java 程序读取用 writeUTF 所写的字符串时，必须编写一些特殊代码才能正确读取字符串。

有了 writeUTF 和 readUTF 方法，就可以利用 DataOutputStream 把字符串和其他数据类型相混合，字符串完全可以作为 Unicode 来存储，并且可以很容易地使用 DataInputStream 来恢复它。

writeDouble 方法是将 double 类型的数字存储到流中，并用相应的 readDouble()恢复它（对于其他的数据类型，也有类似方法用于读写）。但是为了保证所有的读方法都能够正常工作，必须知道流中数据项所在的确切位置，因为极有可能将保存的 double 数据作为一个简单的字节序列、char 或其他格式读入。因此，必须要么为文件中的数据采用固定的格式，要么将额外的信息保存到文件中，以便能够对其进行解析从而确定数据的存放位置。

RandomAccessFile 除了实现 DataInput 和 DataOutput 接口之外，几乎完全独立于 I/O 继承层次结构的其他部分。所以不能将其与 InputStream 及 OutputStream 子类的任何部分组合起来。尽管把一个 ByteArrayInputStream 当作一个随机访问元素对待也具有实际意义，但是只能用 RandomAccessFile 打开文件。必须假定 RandomAccessFile 已经被正确缓冲，因为不能为它添加这样的功能。

10.3 文件

在进行文件操作时，需要知道关于文件的信息。File 类提供了一些成员方法来操纵文件和获得文件的信息。文件类不仅仅只表示存在的文件或目录。也可以用文件对象来创建新的目录或不存在的整个目录路径。还可以查看文件的属性（如文件的大小、最后修改日期、读/写等）来检查某个文件对象代表的是一个文件还是一个目录。

10.3.1 创建一个新的文件对象

可以用下面四种方法来创建一个新文件对象：

```
File   myFile;
myFile=new File("C:\\mydoc\\myfile.xml");
```

或

```
myFile=new File("C:\\mydoc", "myfile.xml");
```

如果目录不存在，则可创建一个目录

```
File myDir=new File("c:\\mydoc");
myFile=new   File(myDir, "myfile.xml");
```

或

```
File myfile=new File(URL url);
```

提示　这四种方法取决于你访问文件的方式。例如，如果你在应用程序里只用一个文件，第一种创建文件的结构是最容易的。但如果你在同一目录里打开数个文件，则第二种或第三种结构更好。

下面这段程序展示了文件类的一些其他方法，代码如清单 10-4 所示。

清单 10-4

```
package com.javapp.ch10;
import java.io.*;
public class MakeDirectoriesExample {
    private static void fileattrib(File f) {
        System.out.println("绝对路径: " + f.getAbsolutePath() + "\n 可读属性: "
                + f.canRead() + "\n 可定属性: " + f.canWrite() + "\n 文件名: " + f.getName()
                + "\n 父目录: " + f.getParent() + "\n 当前路径: " + f.getPath() + "\n 文件长度: "
                + f.length() + "\n 最后更新日期: " + f.lastModified());
        if (f.isFile()) {
            System.out.println("输入的是一个文件");
        } else if (f.isDirectory()) {
            System.out.println("输入的是一个目录");
        }
    }
```

```
    public static void main(String[] args) {
        if (args.length < 1) {
            args = new String[3];
        }
        args[0] = "d";
        args[1] = "test1.txt";
        args[2] = "test2.txt";
        File old = new File(args[1]),rname = new File(args[2]);
        old.renameTo(rname);
        fileattrib(old);
        fileattrib(rname);
        int count = 0;
        boolean del = false;
        if (args[0].equals("d")) {
            count++;
            del = true;
        }
        count--;
        while (++count < args.length) {
            File f = new File(args[count]);
            if (f.exists()) {
                System.out.println(f + "  文件已经存在");
                if (del) {
                    System.out.println("删除文件" + f);
                    f.delete();
                }
            } else { // 如果文件不存在
                if (!del) {
                    f.mkdirs();
                    System.out.println("创建文件：  " + f);
                }
            }
            fileattrib(f);
        }
    }
}
```

可以看到在 fileattrib()中，用到了多种不同的文件特征查询方法来显示文件或目录路径的信息。main()方法首先调用的是 renameTo()，用来重命名（或移动）一个文件到由参数所指示的另一个完全不同的路径（也就是另一文件对象）下面。这同样适用于任意长度的文件目录。

10.3.2 在实际编程中文件读写及随机访问

一但你创建了一个文件对象，你便可以使用以下成员函数来获得文件相关信息：

1. 文件名相关方法

- String getName()：得到文件名。
- String getPath()：得到文件路径。

- String getAbslutePath()：得到文件绝对路径。
- String getParent()：得到文件。
- boolean renameTo(FilenewName)：得到上级目录。

2. 文件测试相关方法

- boolean exists()：判断文件是否存在。
- boolean canWrite()：判断文件是否可写。
- boolean canRead()：判断文件是否可读。
- boolean isFile()：是否是一个文件。
- boolean isDirectory()：是否是一个目录。
- boolean isAbsolute()：判断文件否具有绝对路径名称。

3. 一般文件信息相关方法

- long lastModified()：最后更新日期。
- long length()：文件长度。

4. 目录用法相关方法

- boolean mkdir()：创建目录。
- String[] list()：获取目录。

一但创建了一个文件对象，便可以使用 File 类提供的成员函数来获得文件相关信息。下面就是一个在实际编程中进行文件读写操作的例子，代码如清单 10-5 所示。

清单 10-5

```
package com.javapp.ch10;
import java.io.*;
import java.util.*;
public class FileRW {
    // 需要输入的 person 数目。
    public static int NUMBER = 3;
    public static void main(String[] args) {
        Person[] people = new Person[NUMBER];
        // 暂时容纳输入数据的临时字符串数组。
        String[] field = new String[4];
        // 初始化 field 数组。
        for (int i = 0; i < 4; i++) {
            field[i] = "";
        }
        // IO 操作必须捕获 IO 异常。
        try {
            // 用于对 field 数组进行增加控制。
            int fieldcount = 0;
            // 先使用 System.in 构造 InputStreamReader，再构造 BufferedReader。
            BufferedReader stdin = new BufferedReader(
                    new InputStreamReader(System.in));
```

```
                for (int i = 0; i < NUMBER; i++) {
                    fieldcount = 0;
                    System.out.println("The number " + (i + 1) + " person");
                    System.out
                        .println("Enter name, age, salary, married(optional), please separate fields by ':'");
                    // 读取一行。
                    String personstr = stdin.readLine();
                    // 设置分隔符。
                    StringTokenizer st = new StringTokenizer(personstr,":");
                    // 判断是否还有分隔符可用。
                    while (st.hasMoreTokens()) {
                        field[fieldcount] = st.nextToken();
                        fieldcount++;
                    }
                    // 如果输入 married，则 field[3]不为空，调用具有四个参数的 Person 构造函数。
                    if (field[3] != "") {
                        people[i] = new Person(field[0],Integer.parseInt(field[1]),Double
                                .parseDouble(field[2]), field[3]);
                        // 置 field[3]为空，以备下次输入使用。
                        field[3] = "";
                    }
                    // 如果未输入 married，则 field[3]为空，调用具有三个参数的 Person 构造函数。
                    else {
                        people[i] = new Person(field[0],Integer.parseInt(field[1]),Double
                                .parseDouble(field[2]));
                    }
                }
                // 将输入的数据保存至"people.dat"文本文件中。
                PrintWriter out = new PrintWriter(new BufferedWriter(new FileWriter(
                        "people.dat")));
                writeData(people,out);
                // 关闭流。
                out.close();
                // 从文件"people.dat"读取数据。
                BufferedReader in = new BufferedReader(new FileReader("people.dat"));
                Person[] inPeople = readData(in);
                // 关闭流。
                in.close();
                // 输出从文件中读入的数据。
                for (int i = 0; i < inPeople.length; i++) {
                    System.out.println(inPeople[i]);
                }
            } catch (IOException exception) {
                System.err.println("IOException");
            }
        }
        // 将所有数据写入输出流。
        static void writeData(Person[] p,PrintWriter out) throws IOException {
            // 写入记录条数，即人数。
            out.println(p.length);
```

```
            for (int i = 0; i < p.length; i++) {
                p[i].writeData(out);
            }
        }
        // 将所有数据从输入流中读出。
        static Person[] readData(BufferedReader in) throws IOException {
            // 获取记录条数，即人数。
            int n = Integer.parseInt(in.readLine());
            Person[] p = new Person[n];
            for (int i = 0; i < n; i++) {
                p[i] = new Person();
                p[i].readData(in);
            }
            return p;
        }
}
class Person {
        private String name;
        private int age;
        private double salary;
        private String married;
        public Person() {
        }
        public Person(String n,int a,double s) {
            name = n;
            age = a;
            salary = s;
            married = "F";
        }
        public Person(String n,int a,double s,String m) {
            name = n;
            age = a;
            salary = s;
            married = m;
        }
        public String getName() {
            return name;
        }
        public int getAge() {
            return age;
        }
        public double getSalary() {
            return salary;
        }
        public String getMarried() {
            return married;
        }
        // 设置输出格式。
        public String toString() {
            return getClass().getName() + "[name=" + name + "， age=" + age + "， salary="
```

```
                        + salary + "，married=" + married + "]";
    }
    // 写入一条记录，即一个人的数据到输出流。
    public void writeData(PrintWriter out) throws IOException {
        // 格式化输出。
        out.println(name + ":" + age + ":" + salary + ":" + married);
    }
    // 从输入流读入一条记录，即一个人的数据。
    public void readData(BufferedReader in) throws IOException {
        String s = in.readLine();
        StringTokenizer t = new StringTokenizer(s,":");
        name = t.nextToken();
        age = Integer.parseInt(t.nextToken());
        salary = Double.parseDouble(t.nextToken());
        married = t.nextToken();
    }
}
```

在上面的程序中，首先使用 System.in 构造 InputStreamReader，再用 InputStreamReader 对象构造 BufferedReader。程序从键盘读取用户输入的信息并生成 Person 对象，然后利用 PrintWriter 输出流将输入的数据保存至“people.dat”文本文件中。然后 BufferedReader 读取“people.dat”文本文件中的内容。

下面这个例子演示了如何在实际编程中对文件进行随机访问，代码如清单 10-6 所示。

清单 10-6

```
package com.javapp.ch10;
import java.io.*;
import java.util.*;
public class FileRandomRW {
    // 需要输入的 person 数目。
    public static int NUMBER = 3;
    public static void main(String[] args) {
        Persons[] people = new Persons[NUMBER];
        people[0] = new Persons("天峰",26,2000,"N");
        people[1] = new Persons("艳娜",25,50000,"Y");
        people[2] = new Persons("李朋",50,7000,"F");
        try {
            DataOutputStream out = new DataOutputStream(new FileOutputStream(
                        "peoplerandom.dat"));
            // 将人员数据保存至“peoplerandom.dat”二进制文件中。
            writeData(people,out);
            // 关闭流。
            out.close();
            // 从二进制文件“peoplerandom.dat”中逆序读取数据。
            RandomAccessFile inOut = new RandomAccessFile("peoplerandom.dat","rw");
            Persons[] inPeople = readDataReverse(inOut);
            // 输出读入的数据。
            System.out.println("原始数据：");
            for (int i = 0; i < inPeople.length; i++) {
```

```
                System.out.println(inPeople[i]);
            }
            // 修改文件的第三条记录。
            inPeople[2].setSalary(4500);
            // 将修改结果写入文件。
            inPeople[2].writeData(inOut,3);
            // 关闭流。
            inOut.close();
            // 从文件中读入的第三条记录，并输出，以验证修改结果。
            RandomAccessFile in = new RandomAccessFile("peoplerandom.dat","r");
            Persons in3People = new Persons();
            // 随机读第三条记录。
            in3People.readData(in,3);
            // 关闭流。
            in.close();
            System.out.println("修改后的记录");
            System.out.println(in3People);
        } catch (IOException exception) {
            System.err.println("IOException");
        }
    }
    // 将数据写入输出流。
    static void writeData(Persons[] p,DataOutputStream out) throws IOException {
        for (int i = 0; i < p.length; i++) {
            p[i].writeData(out);
        }
    }
    // 将数据从输入流中逆序读出。
    static Persons[] readDataReverse(RandomAccessFile in) throws IOException {
        // 获得记录数目。
        int record_num = (int) (in.length() / Persons.RECORD_LENGTH);
        Persons[] p = new Persons[record_num];
        // 逆序读取。
        for (int i = record_num - 1; i >= 0; i--) {
            p[i] = new Persons();
            // 文件定位。
            in.seek(i * Persons.RECORD_LENGTH);
            p[i].readData(in,i + 1);
        }
        return p;
    }
}
class Persons {
    private String name;
    private int age; // 4 个字节
    private double salary; // 8 个字节
    private String married;
    public static final int NAME_LENGTH = 20; // 姓名长度
    public static final int MARRIED_LENGTH = 2; // 婚否长度
    public static final int RECORD_LENGTH = NAME_LENGTH * 2 + 4 + 8
```

```
            + MARRIED_LENGTH * 2;
    public Persons() {
    }
    public Persons(String n,int a,double s) {
        name = n;
        age = a;
        salary = s;
        married = "F";
    }
    public Persons(String n,int a,double s,String m) {
        name = n;
        age = a;
        salary = s;
        married = m;
    }
    public String getName() {
        return name;
    }
    public int getAge() {
        return age;
    }
    public double getSalary() {
        return salary;
    }
    public String getMarried() {
        return married;
    }
    public String setName(String n) {
        name = n;
        return name;
    }
    public int setAge(int a) {
        age = a;
        return age;
    }
    public double setSalary(double s) {
        salary = s;
        return salary;
    }
    public String setMarried(String m) {
        married = m;
        return married;
    }
    // 设置输出格式。
    public String toString() {
        return getClass().getName() + "[name=" + name + ", age=" + age + ", salary="
                + salary + ", married=" + married + "]";
    }
    // 写入一条固定长度的记录，即一个人的数据到输出流。
    public void writeData(DataOutput out) throws IOException {
```

```
        FixStringIO.writeFixString(name,NAME_LENGTH,out);
        out.writeInt(age);
        out.writeDouble(salary);
        FixStringIO.writeFixString(married,MARRIED_LENGTH,out);
    }
    // 写入一条固定长度的记录到随机读取文件中。
    private void writeData(RandomAccessFile out) throws IOException {
        FixStringIO.writeFixString(name,NAME_LENGTH,out);
        out.writeInt(age);
        out.writeDouble(salary);
        FixStringIO.writeFixString(married,MARRIED_LENGTH,out);
    }
    // 随机写入一条固定长度的记录到输出流的指定位置。
    public void writeData(RandomAccessFile out,int n) throws IOException {
        out.seek((n - 1) * RECORD_LENGTH);
        writeData(out);
    }
    // 从输入流随机读入一条记录，即一个人的数据。
    private void readData(RandomAccessFile in) throws IOException {
        name = FixStringIO.readFixString(NAME_LENGTH,in);
        age = in.readInt();
        salary = in.readDouble();
        married = FixStringIO.readFixString(MARRIED_LENGTH,in);
    }
    // 从输入流随机读入指定位置的记录。
    public void readData(RandomAccessFile in,int n) throws IOException {
        in.seek((n - 1) * RECORD_LENGTH);
        readData(in);
    }
}
// 对固定长度字符串从文件读出、写入文件
class FixStringIO {
    // 读取固定长度的 Unicode 字符串。
    public static String readFixString(int size,DataInput in) throws IOException {
        StringBuffer b = new StringBuffer(size);
        int i = 0;
        boolean more = true;
        while (more && i < size) {
            char ch = in.readChar();
            i++;
            if (ch == 0) {
                more = false;
            } else {
                b.append(ch);
            }
        }
        // 跳过剩余的字节。
        in.skipBytes(2 * (size - i));
        return b.toString();
    }
```

```
    // 写入固定长度的 Unicode 字符串。
    public static void writeFixString(String s,int size,DataOutput out)
                throws IOException {
        int i;
        for (i = 0; i < size; i++) {
            char ch = 0;
            if (i < s.length()) {
                ch = s.charAt(i);
            }
            out.writeChar(ch);
        }
    }
}
```

在上面的程序中，首先应用 DataOutputStream 输出流对象将人员数据保存至“peoplerandom.dat”二进制文件中。其后应用 RandomAccessFile 对象随机从二进制文件“peoplerandom.dat”中逆序读取数据。程序通过 RandomAccessFile 类的 seek 方法定位所要随机读取数据的行号，然后利用 read 方法读取数据。

10.3.3 Java 的文件管理

对于文件或目录的其他操作，例如重命名、删除、列表显示等，需要使用 Java 的文件管理 File 类。在 Java 中，文件和目录都是用 File 对象来表示的，文件和目录的创建和区分方法是先创建一个 File 对象，并指定文件名或目录名，若指定文件名或目录名不存在，则 File 对象的新建并不会创建一个文件或目录。需要用 New File 方法或 mkdir 方法来分别创建文件或目录。区分 File 对象代表的是文件还是目录，可以通过 isFile 方法和 isDirectory 方法来判断。例如：

```
File currentPath = new File(args[0]);
//在指定目录新建 temp 目录的 File 对象。
File tempPath= new File(currentPath， "temp");
tempPath.mkdir(); //在指定目录下创建 temp 目录。
//在 temp 目录下创建文件。
File temp1= new File(tempPath， "temp1.txt");
```

下面这个例子演示在实际编程中进行对文件的管理，代码如清单 10-7 所示。

清单 10-7

```
package com.javapp.ch10;
import java.io.*;
public class FileDirectoryDemo {
    public static void main(String[] args) {
        // 如果没有指定参数，则默认为当前目录。
        if (args.length == 0) {
            args = new String[] { "." };
        }
        try {
            // 新建指定目录的 File 对象。
            File currentPath = new File(args[0]);
```

```
            // 在指定目录新建 temp 目录的 File 对象。
            File tempPath = new File(currentPath,"temp");
            // 用“tempPath”对象在指定目录下创建 temp 目录。
            tempPath.mkdir();
            // 在 temp 目录下创建两个文件。
            File temp1 = new File(tempPath,"temp1.txt");
            temp1.createNewFile();
            File temp2 = new File(tempPath,"temp2.txt");
            temp2.createNewFile();
            // 递归显示指定目录的内容。
            System.out.println("显示指定目录的内容");
            listSubDir(currentPath);
            // 更改文件名“temp1.txt”为“temp.txt”。
            File temp1new = new File(tempPath,"temp.txt");
            temp1.renameTo(temp1new);
            // 递归显示 temp 子目录的内容。
            System.out.println("更改文件名后，显示 temp 子目录的内容");
            listSubDir(tempPath);
            // 删除文件“temp2.txt”。
            temp2.delete();
            // 递归显示 temp 子目录的内容。
            System.out.println("删除文件后，显示 temp 子目录的内容");
            listSubDir(tempPath);
        } catch (IOException e) {
            System.err.println("IOException");
        }
    }
    // 递归显示指定目录的内容。
    static void listSubDir(File currentPath) {
        // 取得指定目录的内容列表。
        String[] fileNames = currentPath.list();
        try {
            for (int i = 0; i < fileNames.length; i++) {
                File f = new File(currentPath.getPath(),fileNames[i]);
                // 如果是目录，则显示目录名后，递归调用，显示子目录的内容。
                if (f.isDirectory()) {
                    // 以规范的路径格式显示目录。
                    System.out.println(f.getCanonicalPath());
                    // 递归调用，显示子目录。
                    listSubDir(f);
                }
                // 如果是文件，则显示文件名，不包含路径信息。
                else {
                    System.out.println(f.getName());
                }
            }
        } catch (IOException e) {
            System.err.println("IOException");
        }
```

```
    }
}
```

在上面的程序中，先在指定目录下创建名为“temp”的子目录，在“temp”目录下创建两个文件“temp1.txt”、“temp2.txt”，然后在列表中显示指定目录。并把“temp1.txt”重命名为“temp.txt”，然后在列表显示“temp”目录中的内容。应用 File 类的 delete 方法删除文件“temp2.txt”后，递归调用自定义的 listSubDir 方法显示 temp 子目录的内容。

提 示

Java I/O 流类库的确能满足的基本需求，可以通过控制台、文件、内存块甚至因特网进行读写。通过继承，可以创建新类型的 input 和 output 对象。并且通过重新定义 toString()方法，甚至可以为流接受的对象类型进行简单扩充。当向期望收到一个字符串的方法传送一个对象时，会自动调用 toString()方法。

在 I/O 流类库的文档和设计中，仍留有一些没有解决的问题。例如当打开一个文件以便输出时，可以指定一旦试图覆盖该文件就抛出一个异常——有的编程系统允许自行指定想要打开的输出文件，只要它尚不存在。在 Java 中应该使用一个 File 对象来判断某个文件是否存在，因为如果文件以 FileOutputStream 或者 FileWriter 打开，那么它肯定会被覆盖。I/O 流类库使用喜忧参半。它确实能做许多事情，而且具有可移植性。但是如果没有理解修饰器模式，那么这种设计就不是很直观，因此在学习它的过程中，需要额外的开销。而且它并不完善，例如它没有任何对输出格式化的种类的支持，而事实上其他所有语言的 I/O 包都提供这种支持。然而一旦理解了修饰器模式，并开始在某些情况下使用该类库以利用其能够提供的灵活性，那么你就开始从这个设计中受益了。

10.4 对象序列化

Java 的对象序列化（Object Serialization）将那些实现了 Serializable 接口的对象转换成一个字节序列，并可以在以后将这个字节序列完全恢复为原来的对象。这一过程甚至可通过网络进行。这意味着序列化机制能自动弥补不同操作系统之间的差异。也就是说，可以在运行 Windows 系统的计算机上创建一个对象，将其序列化，通过网络将它发送给一台运行 Unix 系统的计算机，然后在那里准确地重新组装，而你却不必担心数据在不同机器上的表示会不同，也不必关心字节的顺序或者其他任何细节。就其本身而言，对象的序列化是非常有趣的，因为利用它可以实现“轻量级持久化（lightweight persistence）”。“持久化”意味着一个对象的生存周期并不取决于程序是否正在执行；它可以生存于程序的调用之间。通过将一个序列化对象写入磁盘，然后在重新调用程序时恢复该对象，就能够实现持久化的效果。之所以称其为“轻量级”，是因为不能用某种“persistent（持久）”关键字来简单地定义一个对象，并让系统自动维护其他细节问题。相反，对象必须在程序中显式地序列化和重组。如果需要一个更严格的持久化机制，可以考虑使用 Java 数据对象（JDO）或者像 Hibernate 之类的工具。对象序列化的概念加入到语言中是为了提供对两种主要特性的支持。Java 的“远程方法调用”（Remote Method Invocation，RMI）使存活于其他计算机上的对象使用起来就像是存活于本机上一样。当向远程对象发送消息时，需要通过对象序列化来传输参数和返回值。

对 Java Beans 来说对象的序列化也是必需的。使用一个 Bean 时，一般情况下是在设计阶段对它的状态信息进行配置。这种状态信息必须保存下来，并在程序启动以后，进行恢复，具体工作由对象序列化完成。只要对象实现了 Serializable 接口（该接口仅是一个标记接口，不包括任何方法），对象的序列化处理就会非常简单。当序列化的概念被加入到语言中时，许多标准库类都发生了改变，以便能够使之序列化——其中包括所有原始数据类型的封装器、所有容器类以及许多其他的东西。甚至 Class 对象也可以被序列化。为了序列化一个对象，首先要创建某些 OutputStream 对象，然后将其封装在一个 ObjectOutputStream 对象内。这时，只需调用 writeObject 方法即可将对象序列化，并将其发送给 OutputStream。要将一个序列重组为一个对象，需要将一个 InputStream 封装在 ObjectInputStream 内，然后调用 readObject 方法。

对象序列化特别“聪明”的一个地方是它不仅保存了对象的“全景图”，而且能追踪对象内包含的所有引用并保存那些对象；接着又能对每个这样的对象内包含的引用进行追踪；以此类推。这种情况有时被称为“对象网”，单个对象可与之建立连接，而且它还包含了对象的引用数组以和成员对象。如果必须保持一套自己的对象序列化机制，那么维护那些可追踪到所有链接的代码可能会显得非常麻烦。下面这个例子通过对链接的对象生成一个“ToolWorm”对序列化机制进行了测试。每个对象都与 ToolWorm 中的下一段链接，同时又与属于不同类的对象引用数组链接。下面先定义一个保存数据的 SaveData 类，代码如清单 10-8 所示。

清单 10-8

```
package com.javapp.ch10;
import java.io.*;
class SaveData implements Serializable{
    private static final long serialVersionUID = 1L;
    String name,addr;
    int age;
    public SaveData(String name,String addr ,int age){
        this.name=name;
        this.addr=addr;
        this.age=age;
    }
    public String toString(){
        return " 姓名: "+name+" 住址: "+addr+" 年龄:"+Integer.toString(age)   ;
    }
}
```

接下来定义一个实现 Serializable 接口的 ToolWorm 类，代码如清单 10-9 所示。

清单 10-9

```
package com.javapp.ch10;
import java.io.*;
public class ToolWorm implements Serializable {
    private SaveData[] sd = { new SaveData("天峰","太白南路 22 号",21),
                new SaveData("娜娜","长安路 2 号",22),
```

```
            new SaveData("沙沙","大庆路北方小区 205 号 66 单元",32) };
    private ToolWorm subchild;
    private String ctag;
    public ToolWorm(int i_count,String country) {
        System.out.println("ToolWorm 构选器: " + i_count);
        ctag = country;
        if (--i_count > 0) {
            subchild = new ToolWorm(i_count,country + Integer.toString(i_count));
        }
    }
    public ToolWorm() {
        System.out.println("默认构造器");
    }
    public String toString() {
        String info = ctag;
        for (SaveData option : sd) {
            info += option + "\n";
        }
        if (subchild != null) {
            info += subchild;
        }
        return info;
    }
    public static void main(String[] args) throws ClassNotFoundException,
            IOException {
        ToolWorm tw = new ToolWorm(1,"中国");
        System.out.println("第一个对象: " + tw);
        ObjectOutputStream out = new ObjectOutputStream(new FileOutputStream(
                "ToolWorm.out"));
        out.writeObject("保存 ToolWorm 对象\n");
        out.writeObject(tw);
        out.close(); // 关闭打开对象
        ObjectInputStream in = new ObjectInputStream(new FileInputStream(
                "ToolWorm.out"));// 获取所保存的对象
        String title = (String) in.readObject();
        ToolWorm tw2 = (ToolWorm) in.readObject();
        System.out.println(title + "恢复的对象信息 : " + tw2);
        ByteArrayOutputStream bout = new ByteArrayOutputStream();
        ObjectOutputStream out2 = new ObjectOutputStream(bout);
        out2.writeObject("保存 ToolWorm 对象\n");
        out2.writeObject(tw);
        out2.flush();
        ObjectInputStream in2 = new ObjectInputStream(new ByteArrayInputStream(bout
                .toByteArray()));
        title = (String) in2.readObject();
        ToolWorm tw3 = (ToolWorm) in2.readObject();
        System.out.println(title + "恢复的对象信息 = " + tw3);
    }
}
```

在上面的程序中，ToolWorm 内的 SaveData 对象数组是用随机数初始化的。要创建一个 ToolWorm，必须告诉构造器你所希望的它的长度。在产生下一个引用时，要调用 ToolWorm 构造器，并将长度减 1，以此类推。最后一个 subchild 句柄则为 null（空），表示已到达 ToolWorm 的尾部。

以上这些操作都使得事情变得更加复杂，从而加大了对象序列化的难度。然而，真正的序列化过程却是非常简单的。一旦从另外某个流创建了 ObjectOutputStream，writeObject 方法就会将对象序列化。注意也可以为一个 String 调用 writeObject()。也可以用与 DataOutputStream 相同的方法写入所有原始数据类型（它们具有同样的接口）。

有两个独立的代码段看起来是相似的。一个读写的是文件，而另一个读写的是一个字节数组（ByteArray）。可利用序列化将对象读写到任何 DataInputStream 或者 DataOutputStream，甚至包括网络中。程序运行后的输出结果如下：

```
ToolWorm 构选器:1
第一个对象: 中国 姓名: 天峰 住址: 太白南路 22 号 年龄:21
姓名: 娜娜 住址: 长安路 2 号 年龄:22
姓名: 沙沙 住址: 大庆路北方小区 205 号 66 单元 年龄:32
保存 ToolWorm 对象
恢复的对象信息 : 中国 姓名: 天峰 住址: 太白南路 22 号 年龄:21
姓名: 娜娜 住址: 长安路 2 号 年龄:22
姓名: 沙沙 住址: 大庆路北方小区 205 号 66 单元 年龄:32
保存 ToolWorm 对象
恢复的对象信息 = 中国 姓名: 天峰 住址: 太白南路 22 号 年龄:21
姓名: 娜娜 住址: 长安路 2 号 年龄:22
姓名: 沙沙 住址: 大庆路北方小区 205 号 66 单元 年龄:32
```

从上面输了出的信息可以看出，重组的对象确实包含了原对象中的所有链接。

提 示

在对一个可序列化（Serializable）对象进行重组的过程中，没有调用任何构造器，包括默认的构造器。整个对象都是通过从 InputStream 中取得数据恢复而来的。对象序列化是面向字节的，因此采用 InputStream 和 OutputStream 层次结构。读者或许会奇怪将一个对象从它的序列化状态中恢复出来有哪些工作是必须的呢？举个例子来说，假如将一个对象序列化，并通过网络将其作为文件传送给另一台计算机。那么，另一台计算机上的程序可以只利用该文件内容来重组这个对象吗？下面演示一个例子来说明这个问题，代码如清单 10-10 所示。

清单 10-10

```java
package com.javapp.ch10;
import java.io.*;
public class ToolAlien implements Serializable {
        public String name;
        public ToolAlien(String name) {
                this.name = name;
        }
}
```

下面创建一个用于创建和序列化一个 ToolAlien 对象的类，代码如清单 10-11 所示。

清单 10-11

```
package com.javapp.ch10;
import java.io.*;
public class ToolFreezeAlien {
        public static void main(String[] args) throws Exception {
                System.out.println("输出对象");
                ObjectOutput out = new ObjectOutputStream(new FileOutputStream(
                                "Toolout.dat"));
                ToolAlien tool = new ToolAlien("中国共产党");
                out.writeObject(tool);
        }
}
```

这个程序不但能捕获和处理异常，而且将异常抛出到 main 方法之外，以便通过控制台产生报告。一旦该程序被编译和运行，它就会在当前目录下产生一个名为 Toolout.dat 的文件。

下面这个类用于恢复在执行 ToolFreezeAlien 类后所保存的对象，代码如清单 10-12 所示。

清单 10-12

```
package com.javapp.ch10;
import java.io.*;
public class ThawAlien {
        public static void main(String[] args) throws Exception {
                ObjectInputStream in = new ObjectInputStream(new FileInputStream(new File(
                                "Toolout.dat")));
                Object tool = in.readObject();
                ToolAlien ale = (ToolAlien) tool;
                System.out.println(ale.name);
                System.out.println("类名： " + tool.getClass());
        }
}
```

打开文件和读取 tool 对象中的内容都需要 ToolAlien 的 Class 对象，而 Java 虚拟机(JVM)找不到 ToolAlien.class（除非它正好在类路径内，而本例在类路径之内）。这样就会得到一个名叫 ClassNotFoundException 的异常。必须保证 Java 虚拟机（JVM）能找到相关的.class 文件有关序列化的实例，在后面的章节中将编写一个收发电子邮件系统来介绍序列化操作在实际编程中的应用。

10.5 用 Zip 进行多文件保存

Java I/O 类库中的类支持对压缩格式的数据流的读写。它们对现有的 I/O 类进行封装，以提供压缩功能。这些类不是从 Reader 和 Writer 类衍生出来的，而是属于 InputStream 和 OutputStream 继承层次结构的一部分，这样做是因为压缩类库是按字节方式处理的，而不是字符。不过有时可能会被迫要混合使用两种类型的数据流（注意可以使用 InputStreamReader 和 OutputStreamWriter 在两种类型间方便地进行转换）。Zip 包所包含的类如表 10-5 所示。

表 10-5 Zip 包

压缩类	功能
CheckedInputStream	GetCheckSum( )为任何InputStream产生校验和（不仅是解压缩）
CheckedOutputStream	GetCheckSum( )为任何OutputStream产生校验和（不仅是解压缩）
DeflaterOutputStream	用于压缩的基类
ZipOutputStream	DeflaterOutputStream that 将数据压缩成Zip 文件格式
GZIPOutputStream	DeflaterOutputStream 将数据压缩成GZIP 文件格式
InflaterInputStream	用于解压缩的基类
ZipInputStream	InflaterInputStream 解压缩Zip文件格式的数据
GZIPInputStream	InflaterInputStream 解压缩GZIP文件格式的数据

尽管存在许多种压缩算法，但是 Zip 和 GZIP 可能是最常用的。因此可以很容易地使用多种可读写这些格式的工具来操纵的压缩数据。

支持 Zip 格式的 Java 库更加全面。利用它可以方便地保存多个文件，甚至有一个独立的类使得读取 Zip 文件更加方便。这个类库使用的是标准 Zip 格式，所以能与当前那些可通过因特网下载到的压缩工具很好地协作。下面就是一个文件压缩的例子，代码如清单 10-13 所示。

清单 10-13

```
package com.javapp.ch10;
import java.io.*;
import java.util.*;
import java.util.zip.*;
public class ZipCompress {
    public static void main(String[] args) throws IOException {
        if (args.length == 0) {
            args = new String[2];
            args[0] = "src\\com\\javapp\\ch10\\ZipCompress.java";
            args[1] = "src\\com\\javapp\\ch10\\SaveData.java";
        }
        FileOutputStream file = new FileOutputStream("MyZip.zip");
        CheckedOutputStream ckfile = new CheckedOutputStream(file,new Adler32());
        ZipOutputStream zipos = new ZipOutputStream(ckfile);
        BufferedOutputStream out = new BufferedOutputStream(zipos);
        zipos.setComment("JAVA   压缩程序演示");
        for (int i = 0; i < args.length; i++) {
            System.out.println("写入文件：  " + args[i]);
            BufferedReader in = new BufferedReader(new FileReader(args[i]));
            zipos.putNextEntry(new ZipEntry(args[i]));
            int c;
            while ((c = in.read()) != -1) {
                out.write(c);
            }
            in.close();
        }
        out.close();
```

```
        System.out.println("Checksum: " + ckfile.getChecksum().getValue());
        // 开始执行文件:
        System.out.println("正在读取文件");
        FileInputStream fi = new FileInputStream("MyZip.zip");
        CheckedInputStream csumi = new CheckedInputStream(fi,new Adler32());
        ZipInputStream in2 = new ZipInputStream(csumi);
        BufferedInputStream bis = new BufferedInputStream(in2);
        ZipEntry ze;
        while ((ze = in2.getNextEntry()) != null) {
            System.out.println("读取文件: " + ze);
            int i_read;
            while ((i_read = bis.read()) != -1) {
                System.out.write(i_read);
            }
        }
        System.out.println("Checksum: " + csumi.getChecksum().getValue());
        bis.close();
        ZipFile zf = new ZipFile("MyZip.zip");
        Enumeration e = zf.entries();
        while (e.hasMoreElements()) {
            ZipEntry ze2 = (ZipEntry) e.nextElement();
            System.out.println("文件: " + ze2);
        }
    }
}
```

通过上面的程序可以看出对于每一个要加入压缩文档的文件，都必须调用 putNextEntry 方法，并将其传递给一个 ZipEntry 对象。ZipEntry 对象包含了一个功能广泛的接口，允许你获取和设置 Zip 文件内特定项上所有可利用的数据，例如名字、压缩的和未压缩的文件大小、日期、CRC 校验和、额外域的数据、注释、压缩方法以及它是否是一个目录入口等。然而，即使 Zip 格式提供了设置密码的方法，但 Java 的 Zip 类库并不提供这方面的支持。虽然 CheckedInputStream 和 CheckedOutputStream 同时支持 Adler32 和 CRC32 两种类型的校验和，但是 ZipEntry 类只有一个支持 CRC 的接口。虽然这是一个底层 Zip 格式的限制，但却限制了你不能使用速度更快的 Adler32。为了能够解压缩文件，ZipInputStream 提供了一个 getNextEntry 方法返回下一个 ZipEntry，如果该 ZipEdtry 存在的话。有一个更简便的方法来解压缩文件，那就是利用 ZipFile 对象读取文件。该对象有一个 entries 方法用来向 ZipEntry 返回一个 Enumeration（枚举）。

如果要读取校验和，必须拥有对与之相关联的 Checksum 对象的访问权限。在这里保留了指向 CheckedOutputStream 和 CheckedInputStream 对象的一个引用。但是，也可以只保留一个指向 Checksum 对象的引用。

10.6 本章考试、面试问题分析

1. 如何实现不对类中某些变量序列化？

ObjectOutputStream 只能对 Serializable 接口的类的对象进行序列化。默认情况下，

ObjectOutputStream 按照默认方式序列化，这种序列化方式仅仅对对象的非 transient 的实例变量进行序列化，而不会序列化对象的 transient 的实例变量，也不会序列化静态变量。在应用时，如果对某些成员变量都改为 transient 类型，将节省空间和时间，提高序列化的性能。

2. 什么是 Java 序列化，如何实现 Java 序列化？

序列化就是一种用来处理对象流的机制，所谓对象流也就是将对象的内容进行流化。可以对流化后的对象进行读写操作，也可将流化后的对象传输于网络之间。序列化是为了解决在对对象流进行读写操作时所引发的问题。

序列化的实现是将需要被序列化的类实现 Serializable 接口，该接口没有需要实现的方法，implements Serializable 只是为了标注该对象是可被序列化的，然后使用一个输出流（如 FileOutputStream）来构造一个 ObjectOutputStream(对象流)对象，接着，使用 ObjectOutputStream 对象的 writeObject(Object obj)方法就可以将参数为 obj 的对象写出（即保存其状态），要恢复的话则用输入流。

3. Java 中有几种类型的流？

Java 中的流有字节流和字符流。字节流继承于 InputStream 和 OutputStream，字符流继承于 InputStreamReader 和 OutputStreamWriter。在 java.io 包中还有许多其他的流，主要是为了提高性能和使用方便。

4. 在 Java 语言中，如何列出 PC 机文件系统中的所有驱动器名？

在 Java 2 版本中，java.io 包中的 File 类新增加了方法 listRoots()可以实现这一功能。

5. 如何从键盘输入一个 int/double/字符串？

可以通过 Java 的 I/O 操作来实现，实现代码如下：

```
BufferedReader cin = new BufferedReader( new InputStreamReader( System.in ) ) ;
String s = cin.readLine();
```

这样就获得了一个字符串。

10.7 实验 9 流式 I/O 和文件

1. 实验目的

（1）了解数据流的基本原理。
（2）了解 Java 流的层次结构。
（3）掌握文件的各种操作方法。

2. 实验要求

（1）掌握字节流的读写方法。

（2）掌握字符流的读写方法。

（3）应用文件操作类创建、读写、更新文件。

3. 实验内容

（1）下面程序实现的功能是将保存在本地机当前文件夹中的 Test.txt 文本文件的内容在控制台打印出来，然后将其另存为 Test_2.txt 文件。实现代码如下：

```
import java.io.*;
public class Test10_1 {
  public static void main(String[] args) throws IOException {
      FileReader fin=new FileReader("Test.txt");//创建文件输入流
      BufferedReader bin=new BufferedReader(fin);//创建缓冲输入流
      FileWriter fout=new FileWriter("Test_2.txt ",true);//创建文件输出流
    String str="";
    while ((str=bin.readLine())!=null) {
     //将缓冲区内容通过循环方式逐行赋值给字符串 str
         System.out.println(str);//在屏幕上显示字符串 str
         fout.write(str+"\n");//将字符串 str 通过输出流写入 Test_2.txt 中
     }
    fin.close();
    fout.close();
  }
}
```

（2）下面使用数据输入流 DataOutputStream 和数据输出流 DataInputStream 将整型数据和字符串对象通过数据输出流写到文件中。将文件中的整型数据和字符串对象通过数据输出流读出，并在控制台中打印文件中的内容。实现代码如下：

```
import java.io.*;
public class Test10_2
{
    public static void main(String arg[])
    {
        try
        { //添加方式创建文件输出流
            FileOutputStream fout = new FileOutputStream("Test6.txt",true);
            DataOutputStream dout = new DataOutputStream(fout);
            dout.writeInt(1);
            dout.writeChars("张三"+"\n");
            dout.writeInt(2);
            dout.writeChars("李四"+"\n");
            dout.close();
        }
        catch (IOException ioe){}
        try
        {
            FileInputStream fin = new FileInputStream("Test6.txt");
            DataInputStream din = new DataInputStream(fin);
          int i = din.readInt();
```

```
            while (i!=-1) //输入流未结束时，输入流结束时i 为-1
            {
                System.out.print(i+" ");
                char ch ;
                while ((ch=din.readChar())!='\n') //字符串未结束时
                    System.out.print(ch);
                System.out.println();
                i = din.readInt();
            }
            din.close();
        }
        catch (IOException ioe){}
    }
}
```

10.8 本章小结

本章主要详解了 Java 流式 I/O 和文件的程序设计方法。首先介绍了 Java 输入输出流的基本模型以及 Java 中的普通输入输出类，然后介绍了 Java 中文件的各种操作方法和文件的管理 。在本章最后，介绍了对象序列化和使用 ZIP 进行文件压缩。

第 11 章　Java 网络编程

本章重点

- Java 网络通信模型以及网络基础知识
- 面向连接的流式套接字
- 无连接的数据报
- 应用 UDP 实现客户端/服务器通讯

Socket 是指在一个特定编程模型下，进程间通信链路的端点。因为这个特定编程模型的流行，Socket 这个名字在其他领域得到了复用，包括 Java 技术。

当进程通过网络进行通信时，Java 技术使用它的流模型。一个 Socket 包括两个流：一个输入流和一个输出流。如果一个进程要通过网络向另一个进程发送数据，只需简单地写入与 Socket 相关联的输出流。一个进程通过从与 Socket 相关联的输入流来读取另一个进程所写的数据。建立网络连接之后，使用与 Socket 相关联的流和使用其他流是非常相似的。

如果要建立连接，一台机器必须运行一个进程来等待连接，而另一台机器必须试图到达第一台机器。这和电话系统类似；一方必须发起呼叫，而另一方在此时必须等待电话呼叫。

11.1　Java 网络通信

传统的网络编程是一项非常细节化的工作，程序员必须处理和网络有关的大量细节，例如各种协议，甚至要理解网络相关的硬件知识。而 Java 则将底层的网络通信细节予以屏蔽，使得使用的编程模型是一个文件模型，也就是说，可以像操作流一样来操作网络数据传输。另外，由于在网络连接中，通常都需要一个服务器同时为多个客户端服务，因此需要应用 Java 的多线程机制。

11.1.1　连接的地址

当你发起电话呼叫时，你必须知道所拨的电话号码。如果要发起网络连接，你需要知道远程机器的地址或名字。此外，每个网络连接需要一个端口号，你可以把它想象成电话的分机号码。一旦你和一台计算机建立连接，你需要指明连接的目的。所以，就如同你可以使用一个特定的分机号码来和财务部门对话那样，你可以使用一个特定的端口号来和会计程序通信。

11.1.2　端口号

TCP/IP 系统中的端口号是一个 16 位的数字，它的范围是 0~65535。实际上，小于 1024 的端口号保留给预定义的服务，而且除非要和那些服务之一进行通信（例如 telnet，SMTP 邮件和 ftp 等），否则你不应该使用它们。

客户和服务器必须事先约定所使用的端口。如果系统两部分所使用的端口不一致，那就不能进行通信。

11.1.3　网络基础知识及 Java 网络模型

和 Internet 上的许多环境一样，完整的 Java 应用环境实际上也是一个客户机/服务器模式，客户机/服务器在分布处理过程中，使用基于连接的网络通信模式。该通信模式首先在客户机和服务器之间定义一套通信协议，并创建 Socket 类，利用这个类建立一条可靠的链接；然后，客户机/服务器再在这条链接上可靠地传输数据。客户机发出请求，服务器监听来自客户机的请求，并为客户机提供响应服务。这就是典型的“请求—应答” 模式，如图 11-1 所示。

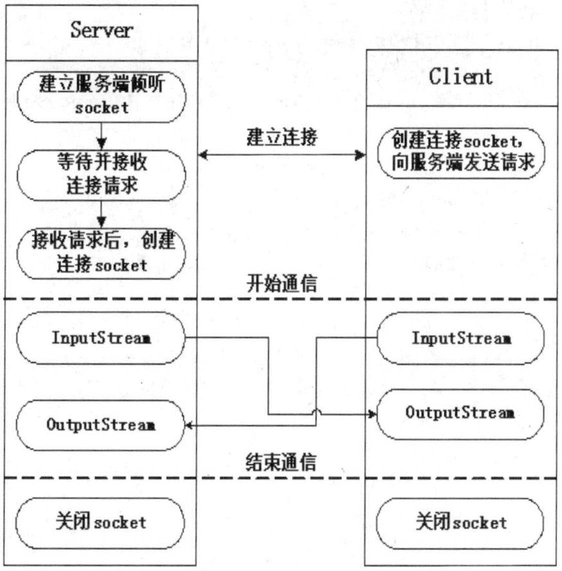

图 11-1　Java 网络模型图

11.1.4　面向连接的流式套接字

下面通过一个具有“回显”功能的服务器端和客户端程序来介绍应用 java.net 包编写网络应用程序。

这个例子的主要功能是服务器端的程序等待客户端的输入，然后将读取到的信息回显给客户端，同时在服务器端的控制台输出。而客户端从控制台接收信息后，向服务器端发送输入，并接收服务器端的回显数据，然后显示在控制台。客户端程序代码如清单 11-1 所示。

清单 11-1

```
package com.javapp.ch11;
import java.io.*;
import java.net.*;
/**
 * Description: 具有“回显”功能的服务器端和客户端程序
*/
public class EchoClientDemo {
	// 服务器端的服务端口。
	public static final int SERVERPORT = 990;
	public static void main(String[] args) {
		try {
			// 建立连接套接字。
			Socket s = new Socket("localhost",SERVERPORT);
			System.out.println("socket = " + s);
			// 新建网络连接的输入流。
			BufferedReader in = new BufferedReader(new InputStreamReader(s
					.getInputStream()));
			// 新建网络连接的自动刷新的输出流。
			PrintWriter out = new PrintWriter(new BufferedWriter(
					new OutputStreamWriter(s.getOutputStream())),true);
			// 先使用 System.in 构造 InputStreamReader，再构造 BufferedReader。
			BufferedReader stdin = new BufferedReader(
					new InputStreamReader(System.in));
			System.out.println("Enter a string，  Enter BYE to exit! ");
			while (true) {
				// 读取从控制台输入的字符串，并向网络连接输出，即向服务器端发送数据。
				out.println(stdin.readLine());
				// 从网络连接读取一行，即接收服务器端的数据。
				String str = in.readLine();
		// 如果接收到的数据为空（如果直接按 Enter，不是空数据），则退出循环，关闭连接。
				if (str == null) {
					break;
				}
				System.out.println(str);
			}
			s.close();
		} catch (IOException e) {
			System.err.println("IOException" + e.getMessage());
		}
	}
}
```

在上面的客户端程序中，首先应用 java.net 包的 Socket 类创建一个连接套接字，创建 Socket 连接套接字的方法为：

```
Socket s = new Socket( “服务器名”, “端口” );
```

其后应用的 Socket 对象的 getInputStream 方法从服务器接收数据，并且应用 Socket 对象的 getOutputStream 方法发送数据到服务器。具体的实现方法如下：

```
// 新建网络连接的输入流。
BufferedReader in = new BufferedReader(new InputStreamReader(s.getInputStream()));
// 新建网络连接的的输出流。
PrintWriter out = new PrintWriter(new BufferedWriter(
                        new OutputStreamWriter(s.getOutputStream())),    true);
```

创建完输入和输出流后，就可以像读写文件的方式来读写数据。读写方法如下：

```
// 读取从控制台输入的字符串，并向网络连接输出，即向服务器端发送数据。
out.println(stdin.readLine());
// 从网络连接读取一行，即接收服务器端的数据。
String str = in.readLine();
```

支持多客户端的“回显”服务器端程序代码如清单 11-2 所示。

清单 11-2

```
package com.javapp.ch11;
import java.io.*;
import java.net.*;
/**
 * Description:支持多客户端的“回显”服务器端程序
*/
public class EchoServerThreadDemo {
    // 服务器端的服务端口。
    public static final int SERVERPORT = 990;
    public static void main(String[] args) {
        try {
            // 已经连接上的客户端的序号。
            int number = 1;
            // 建立服务器端倾听套接字。
            ServerSocket s = new ServerSocket(SERVERPORT);
            System.out.println("Started: " + s);
            while (true) {
                // 等待并接收请求，建立连接套接字。
                Socket incoming = s.accept();
                System.out.println("Connection " + number + " accepted: ");
                System.out.println(incoming);
                // 启动一个线程来进行服务器端和客户端的数据传输。
                // 主程序继续监听是否有请求到来。
                Thread t = new EchoThread(incoming,number);
                t.start();
                number++;
            }
        } catch (IOException e) {
            System.err.println("IOException");
        }
    }
}
class EchoThread extends Thread {
    private Socket s;
    int n;
```

```
    public EchoThread(Socket incoming,int number) {
        s = incoming;
        n = number;
    }
    public void run() {
        try {
            // 新建网络连接的输入流。
            BufferedReader in = new BufferedReader(new InputStreamReader(s
                    .getInputStream()));
            // 新建网络连接的自动刷新的输出流。
            PrintWriter out = new PrintWriter(new BufferedWriter(
                    new OutputStreamWriter(s.getOutputStream())),true);
            System.out.println("Hello! Enter BYE to exit.");
            // 回显客户端的输入。
            while (true) {
                // 从网络连接读取一行，即接收客户端的数据。
                String line = in.readLine();
        // 如果接收到的数据为空（如果直接按Enter，不是空数据），则退出循环，关闭连接。
                if (line == null) {
                    break;
                } else {
                    if (line.trim().equals("BYE")) {
                        System.out.println("The client " + n + " entered BYE!");
                        System.out.println("Connection " + n + " will be closed!");
                        break;
                    }
                    System.out.println("Echo " + n + ": " + line);
                    // 向网络连接输出一行，即向客户端发送数据。
                    out.println("Echo " + n + ": " + line);
                }
            }
            // 关闭套接字。
            s.close();
        } catch (IOException e) {
            System.err.println("IOException");
        }
    }
}
```

在上面的客户端程序中，首先应用 java.net 包的 ServerSocket 类创建一个服务器端倾听套接字，创建 ServerSocket 服务器端倾听套接字的方法为：

```
ServerSocket s = new ServerSocket("服务端口");
```

其后应用 ServerSocket 类的 accept 方法等待并接收用户请求。当服务器端每接收到一个连接请求后，就启动一个线程来单独处理服务器端和客户端的数据传输。服务器端数据的接收和发送与上面介绍的客户端数据的发送和接收相同。

11.1.5 无连接的数据报

对于类似传输速度更重要的应用，使用无连接的数据报协议 UDP，即“用户数据报协议”。UDP 并不刻意追求数据包会完全发送出去，也不能担保它们抵达的顺序与它们发出时一样，因此这是一种“不可靠协议”。由于速度比 TCP 快得多，所以还是能够在很多应用中使用。Java 对数据报的支持与它对 TCP 套接字的支持大致相同，使用 DatagramSocket 类来表示无连接的 Socket 接收和发送数据报。接收和要发送的数据报内容保存在 DatagramPacket 对象中。

UDP 也有自己的端口，和 TCP 端口是相互独立的。也就是说可以在端口 8080 同时运行一个 TCP 和 UDP 服务程序，两者之间不会产生冲突。

11.1.6 DatagramPacket

DatagramPacket 有两个构造函数：一个用来接收数据，另一个用来发送数据。

- DatagramPacket (byte [] recvBuf, int readLength): 用来建立一个字节数组以接收 UDP 包。byte 数组在传递给构造函数时是空的，而 int 值用来设定要读取的字节数（不能比数组的大小还大）。
- DatagramPacket (byte [] sendBuf, int sendLength, InetAddress iaddr, int iport): 用来建立将要传输的 UDP 包。sendLength 不应该比 sendBuf 字节数组的大。

11.1.7 DatagramSocket

DatagramSocket 用来读写 UDP 包。这个类有三个构造函数，允许指定要绑定的端口号和 Internet 地址：

- DatagramSocket(): 绑定本地主机的所有可用端口。
- DatagramSocket(int port): 绑定本地主机的指定端口。
- DatagramSocket(int port, InetAddress iaddr): 绑定指定地址的指定端口。

11.1.8 UDP 实现客户端/服务器端通讯

下面通过一个应用 UDP 实现的客户端/服务器端通讯的程序来介绍应用 UDP 协议编写网络应用程序。客户端代码如清单 11-3 所示。

清单 11-3

```
package com.javapp.ch11;
import java.io.*;
import java.lang.*;
import java.net.*;
public class UDPClient {
        private DatagramSocket cli;
        private DatagramPacket pac;
        private byte sb[];
        private String sen;
        public UDPClient() {
```

```
            Init();
        }
        public void Init() {
            try {
                // 指定端口号
                cli = new DatagramSocket(992);
                sb = new byte[1024];
                sen = "UDP 方式发送数据演示程序";
                sb = sen.getBytes(); // 转化为字节形式发送
                System.out.println("打包开始发送数据");
                pac = new DatagramPacket(sb,sb.length,InetAddress
                        .getByName("localhost"),993); // 指定服务器端口为 993
                cli.send(pac);
                sen = "发送数据结束";
                sb = sen.getBytes(); // 转化为字节形式发送
                System.out.println("打包开始发送数据");
                pac = new DatagramPacket(sb,sb.length,InetAddress
                        .getByName("localhost"),993); // 指定服务器端口为 993
                cli.send(pac);
            } catch (SocketException se) {
                se.printStackTrace();
            } catch (IOException ie) {
                ie.printStackTrace();
            }
        }
        public static void main(String args[]) {
            new UDPClient();
        }
}
```

在上面的客户端程序中，首先应用 java.net 包的 DatagramSocket 类创建一个数据报套接字，创建 DatagramSocket 数据报套接字的方法为：

```
DatagramSocket   cli = new DatagramSocket("端口号");
```

其后需要应用 java.net 包的 DatagramPacket 类对所要发送的数据进行打包，打包的方法为：

```
byte sb[] = new byte[1024];
String sen = "UDP 方式发送数据演示程序";
sb = sen.getBytes(); // 转化为字节形式发送
DatagramPacket   pac = new DatagramPacket(sb,  sb.length,   InetAddress
                        .getByName("localhost"),   993); // 指定服务器端口为 993
```

在生成 DatagramPacket 对象包时，需要指定接收包的服务器地址和服务端口。生成 DatagramPacket 对象包后，可以利用 DatagramSocket 的 send 方法发送数据包。应用 UDP 实现的服务器端程序代码如清单 11-4 所示。

清单 11-4

```
package com.javapp.ch11;
import java.io.*;
import java.lang.*;
```

```
import java.net.*;
public class UDPserve {
	private DatagramSocket socket;
	private DatagramPacket packet;
	private byte rb[];
	private String rev;
	public UDPserve() {
		Init();
	}
	public void Init() {
		try {
			System.out.println("开始启动服务器");
			socket = new DatagramSocket(993);// 指定服务器端口
			rb = new byte[1024];
			packet = new DatagramPacket(rb,rb.length);
			rev = "";
			int i = 0;
			while (true) {
				System.out.println("等待接收数据");
				socket.receive(packet);
				i = packet.getLength();
				// 接收数据
				if (i > 0) {
					// 指定接收到数据的长度，可使接收数据正常显示
					rev = new String(rb,0,packet.getLength());
					System.out.println("接收的数据为：" + rev);
				}
			}
		} catch (Exception e) {
			e.printStackTrace();
		}
	}
	public static void main(String args[]) {
		new UDPserve();
	}
}
```

从上面的程序中可以看出，服务端的程序与客户端的程序基本相同，不同之处是客户端程序应用 DatagramSocke 中的 send 方法发送数据包，而服务器端则利用 DatagramSocket 中的 receive 方法来接收数据包。

11.1.9 Java 访问网络资源

在因特网上，已经开发了许多服务，如 WWW、Email 等，而 Java 也提供了相应的扩展组件，如对于 Email 应用，Java 提供了 JavaMail API，使用时只需要调用其提供的方法就可以完成如发送邮件的操作。

在因特网上，使用通用资源定位符 URL（Uniform Resource Locator）来查找资源。URL 包含了用于查找某个资源的信息，如一张图片、一个文件等。URL 资源可以包括很多种，如 HTTP 资

源、FTP 资源等。下面就是一个从网络获取图像资源的例子，代码如清单 11-5 所示。

清单 11-5

```
package com.javapp.ch11;
import java.net.*;
import java.awt.*;
import javax.swing.*;
public class InternetAccessDemo {
	public static void main(String[] args) {
		ImageFrame frame = new ImageFrame();
		frame.setDefaultCloseOperation(JFrame.EXIT_ON_CLOSE);
		frame.show();
	}
}
class ImageFrame extends JFrame {
	public static final int WIDTH = 600;
	public static final int HEIGHT = 520;
	public ImageFrame() {
		setTitle("从网络读取图像信息");
		setSize(WIDTH,HEIGHT);
		ImagePanel panel = new ImagePanel();
		Container contentPane = getContentPane();
		contentPane.add(panel);
	}
}
class ImagePanel extends JPanel {
	private Image image;
	URL url;
	public ImagePanel() {
		try {
			// 指定要获取的资源的 URL。
			url = new URL("http://server/3misweb/fj0007.GIF");
		} catch (MalformedURLException e) {
			e.printStackTrace();
		}
		// 获取指定 URL 上的图像。
		image = Toolkit.getDefaultToolkit().getImage(url);
	}
	public void paintComponent(Graphics g) {
		super.paintComponent(g);
		// 在窗口中显示图像。
		g.drawImage(image,0,0,null);
		g.drawString("正在下载图像...",100,80);
	}
}
```

在上面程序中，通过 Toolkit.getDefaultToolkit().getImage(url)方法来显示网络中的图像。

11.2 实验 10 Java 网络编程

1. 实验目的

（1）掌握 InetAddress 类的使用。

（2）掌握 TCP 与 UDP 编程：Socket 与 Datagram 的概念和编程方法。

（3）掌握 URL 类的使用：URL 的概念和编程。

2. 实验要求

通过 Socket 编程，掌握网络应用程序的开发方法；掌握利用 Java 提供的基本组件进行网络传输的方法。

3. 实验内容

（1）利用 URL 和 URLConnection 类获取网络资源

下面分别利用 URL 和 URLConnection 类获取网络资源，实现代码如下：

```
import java.net.*;
import java.io.*;
public class URLReader {
    public static void main(String[] args) throws Exception {
        URL web = new URL("http://127.0.0.0:8080/");
         BufferedReader in = new BufferedReader(new InputStreamReader(web.openStream()));
        String inputLine;
        while ((inputLine = in.readLine()) !=null)
            System.out.println(inputLine);
        in.close();
       URLConnection webc=web.openConnection();
       //get an instance of URLConnection
       in = new BufferedReader(new InputStreamReader(
       webc.getInputStream()));        //use of URLConnection
       while ((inputLine = in.readLine()) != null) System.out.println(inputLine);
            in.close();
    }
}
```

（2）利用 URLConnection 对 URL 资源的写入

下面利用 URLConnection 对象对指定的 URL 资源写入文件内容，实现代码如下：

```
import java.io.*;
import java.net.*;
public class Reverse {
    public static void main(String[] args) throws Exception {
        String stringToReverse="test java";
        URL url = new URL("http://java.sun.com ");
        URLConnection connection = url.openConnection();
        connection.setDoOutput(true);
        PrintWriter out = new PrintWriter(connection.getOutputStream());
```

```
            out.println("string=" + stringToReverse);
            out.close();
            BufferedReader in = new BufferedReader(new InputStreamReader(
                                connection.getInputStream()));
            String inputLine;
            while ((inputLine = in.readLine()) != null) System.out.println(inputLine);
            in.close();
    }
}
```

11.3 本章小结

本章主要详解了 Java 网络程序设计方法。首先介绍了 Java 网络通信模型以及网络基础知识，然后介绍了面向连接的流式套接字和无连接的数据报协议。在本章最后，介绍了分别应用 TCP 和 UDP 设计客户端/服务器端通讯程序。

第 12 章　Swing 用户界面设计

本章重点

- Swing 组件的多样化
- Swing 的类层次结构
- MVC（Model-View-Control）体系结构
- Swing 程序结构简介
- Swing 组件和容器的应用
- 各种容器面板和组件的应用实例

通过 GUI（Graphical User Interface），用户和程序可以方便的进行交互。Java 的抽象窗口工具集 AWT（Abstract Window ToolKit）中包含了很多的类来支持 GUI 的设计。在本章中主要介绍 Java 2 中的 Swing 技术，Swing 是由 100%纯 Java 实现的 Swing 组件是用 Java 实现的轻量级（light-weight）组件，没有本地代码，不依赖操作系统的支持，这是它与 AWT 组件的最大区别。由于 AWT 组件通过与具体平台相关的对等类（Peer）实现，因此 Swing 比 AWT 组件具有更强的实用性。Swing 在不同的平台上表现一致，并且有能力提供本地窗口系统不支持的其他特性。

Swing 采用了一种 MVC 的设计范式，即“模型—视图—控制（Model-View-Controller）”，其中模型用来保存内容，视图用来显示内容，控制器用来控制用户输入。

Swing 外观感觉采用可插入的外观感觉（Pluggable Look and Feel，PL&F）

在 AWT 组件中，由于控制组件外观的对等类与具体平台相关，使得 AWT 组件总是只有与本机相关的外观。Swing 使得程序在一个平台上运行时能够有不同的外观。用户可以选择自己习惯的外观。

12.1　Java Swing

12.1.1　概述

Java 基础类是关于 GUI 组件和服务的完整集合，它大大简化了 Java 应用程序的开发和实现。JFC（Java Foundation Classes）作为 JDK 的一个有机部分，主要包含 5 个 API 类包，分别为 AWT、Java2D、Accessibility、Drag & Drop 和 Swing。它提供了帮助开发人员设计复杂应用程序的一整套应用程序开发包。

Java 2D 是一图形 API，它为 Java 应用程序提供了一套高级的二维（2D）图形图像处理的类。Java 2D API 扩展了 java.awt 和 java.awt. image 类，并提供了丰富的绘图风格，定义复杂图形的机制和精心调节绘制过程的方法和类。这些 API 使得独立于平台的图形应用程序的开发更加简便。

Accessibility API 提供了一套高级工具，用以辅助开发使用非传统输入和输出的应用程序。它提供了一个辅助的技术接口，如屏幕阅读器、屏幕放大器、听觉文本阅读器（语音处理）等。

Drag & Drop 技术提供了 Java 和本地应用程序之间的互操作性，用来在 Java 应用程序和不支持 Java 技术的应用程序之间交换数据。

JFC 模块的重点在 Swing。Swing 用来进行基于窗口的应用程序开发，它提供了一套丰富的组件和工作框架以指定 GUI 如何独立于平台展现其视觉效果。JFC 各个部分之间的相互关系如图 12-1 所示。

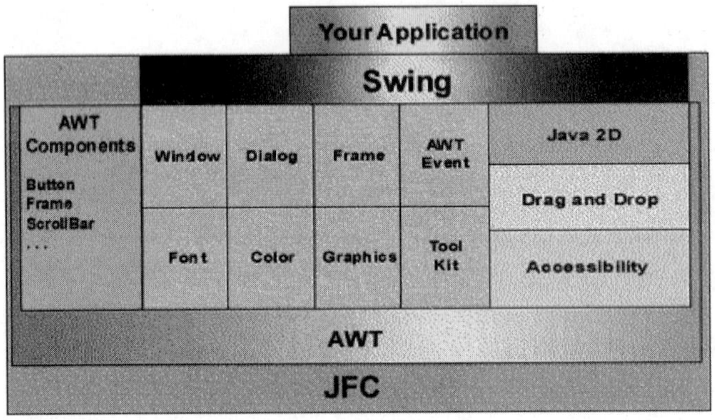

图 12-1　JFC 各个部分之间的相互关系

上图显示了 JFC 各个部分之间的相互关系。Java2D、Accessibility、Drag & Drop 和 Accessibility API 是 AWT 和 JFC 的一部分，但它们不属于 Swing。这是因为这些组件使用了一些本地代码，而 Swing 却不是这样的。Swing 是围绕着一个称为 JComponent 的新组件构建的，而 JComponent 则由 AWT 的容器类扩展而来。

12.1.2　Swing 的类层次结构

在 Javax.swing 包中，定义了两种类型的组件，分别为顶层容器（JFrame，JApplet，JDialog 和 JWindow）和轻量级组件。Swing 组件都是 AWT 的 Container 类的直接子类和间接子类。

Swing 包是 JFC 的一部分，它所包含的类包如表 12-1 所示。

表 12-1　Swing 包描述

包	描述
com.sum.swing.plaf.motif	用户界面代表类，它们实现 Motif 界面样式
com.sum.java.swing.plaf.windows	用户界面代表类，它们实现 Windows 界面样式
javax.swing	Swing 组件和使用工具
javax.swing.border	Swing 轻量组件的边框
javax.swing.colorchooser	JcolorChooser 的支持类/接口
javax.swing.event	事件和侦听器类

（续表）

包	描述
javax.swing.filechooser	JFileChooser 的支持类/接口
javax.swing.pending	未完全实现的 Swing 组件
javax.swing.plaf	抽象类，定义 UI 代表的行为
javax.swing.plaf.basic	实现所有标准界面样式公共功能的基类
javax.swing.plaf.metal	用户界面代表类，它们实现 Metal 界面样式
javax.swing.table	Jtable 组件
javax.swing.text	支持文档的显示和编辑
javax.swing.text.html	支持显示和编辑 HTML 文档
javax.swing.text.html.parser	Html 文档的分析器
javax.swing.text.rtf	支持显示和编辑 RTF 文件
javax.swing.tree	Jtree 组件的支持类
javax.swing.undo	支持取消操作

在 JDK 1.5 中，去除了 com.sum.swing.plaf.motif、com.sum.java.swing.plaf.windows 和 pending 包，增加了 plaf.multi 包，该包的主要功能是给默认的 L&F 加上附加的 L&F，例如一个 MultiButtonUI 实例可以同时处理 MotifButtonUI 和 AudioButtonUI。swing 包是 Swing 提供的类最多的包，它包含将近 100 个类和 25 个接口，几乎所有的 Swing 组件都在 swing 包中，只有 JtableHeader 和 JtextComponent 是例外，它们分别在 swing.table 和 swing.text 中。swing.border 包中定义了事件和事件监听器类，与 AWT 的 event 包类似。它们都包括事件类和监听器接口。swing.table 包中主要包括了表组建（JTable）的支持类。swing.tree 同样是 JTree 的支持类。swing.text、swing.text.html、swing.text.html.parser 和 swing.text.rtf 都是用于显示和编辑文档的包。

12.1.3　Swing 组件的多样化

Swing 是 AWT 的扩展，它提供了许多新的图形界面组件。Swing 组件以“J”开头，除了有与 AWT 类似的按钮（JButton)、标签（JLabel)、复选框（JCheckBox)、菜单（JMenu）等基本组件外，还增加了一个丰富的高层组件集合，如表（JTable）、树（JTree）等。

12.1.4　MVC（Model-View-Control）体系结构

Swing 的主要优势在于 MVC 体系结构的普遍使用。在一个 MVC 用户界面中，存在 3 个通讯对象，分别为模型、视图和控件。模型是指定的逻辑表示法，视图是模型的可视化表示法，而控件则指定了如何处理用户输入。当模型发生改变时，它会通知所有依赖它的视图，视图使用控件指定其相应机制。

为了简化组件的设计工作，在 Swing 组件中视图和控件两部分合为一体。每个组件有一个相关的分离模型和它使用的界面（包括视图和控件）。比如按钮 JButton 有一个存储其状态的分离模型 ButtonModel 对象。组件的模型是自动设置的，一般都使用 JButton 而不是使用 ButtonModel 对象。另外，通过 Model 类的子类或通过实现适当的接口，可以为组件建立自己的模型。把数据模型与组件联系起来用 setModel 方法。

12.1.5 可存取性支持

所有 Swing 组件都实现了 Accessible 接口，提供对可存取性的支持，使得辅助功能如屏幕阅读器能够十分方便地从 Swing 组件中得到信息。

12.1.6 支持键盘操作

在 Swing 组件中，使用 JComponent 类的 registerKeyboardAction 方法，能使用户通过键盘操作来替代鼠标驱动 GUI 上 Swing 组件的相应动作。有些类还为键盘操作提供了更便利的方法。其实这就相当于热键，使得用户可以只用键盘进行操作。

12.1.7 设置边框

对 Swing 组件可以设置一个和多个边框。Swing 中提供了各式各样的边框供用户选用，用户也可以建立组合边框或自己设计边框。一种空白边框可以协助布局管理器对容器中的组件进行合理的布局。JComponent 有一个 setBorder 方法，它允许你为任何可视组件设置各种边框。下面就是一个边框设置例子，程序运行结果如图 12-2 所示。

图 12-2 设置边框

边框设置部分程序代码如清单 12-1 所示。

清单 12-1

```
…
private BorderLayout borderLayout1=new BorderLayout();
private TitledBorder titledBorder1=new TitledBorder("标题 Border");//有标题显示的边框
private JButton jButton1=new JButton();
//设置各种不用的边框
jButton1.setBorder(BorderFactory.createEtchedBorder());
jPanel3.setBorder(BorderFactory.createRaisedBevelBorder());
jPanel2.setBorder(BorderFactory.createLineBorder(Color.black));
jPanel1.setBorder(titledBorder1);
jButton1.setIcon (zoominButtonIcon) ;
…
```

12.1.8 使用图标（Icon）

与 AWT 的部件不同，许多 Swing 组件如按钮、标签，除了使用文字外，还可以使用图标修饰自己。你可以在 JLable 或者任何从 AbstractButton（包括 JButton、JCheckBox、JradioButton 以及 JMenuItem）继承的组件中使用 Icon。

下面的例子介绍与按钮（或者从按钮继承的组件）搭配使用图标的所有方式。你可以使用任何想用的 gif、jpg、bmp 文件，设置图标程序代码如清单 12-2 所示。

清单 12-2

```
//导入图片
…
ImageIcon image1=new ImageIcon(getClass().getResource("_zoomout.gif")) ;
ImageIcon image2=new ImageIcon(getClass().getResource("_zoomin.gif")) ;
JButton button=new JButton("请点击按钮!") ;
button.setIcon(image1) ;//设置按钮的图片
button.setSelectedIcon(image2);
button.setRolloverIcon(image3);
JLabel label=new JLabel() ;
Label.setIcon(image2);//给标签设置图
button.setMnemonic(KeyEvent.VK_I) ; //设置按钮的热键为'I'
```

12.1.9 Swing 程序结构简介

Swing 的程序设计一般可按照下列流程进行：

- 引入 Swing 包。
- 选择“外观和感觉”。
- 设置顶层容器。
- 设置按钮和标签。
- 向容器中添加组件。
- 在组件周围添加边界。
- 进行事件处理。

12.1.10 Swing 组件和容器

在 Swing 中不但用轻量级的组件替代了 AWT 中的重量级的组件，而且 Swing 的替代组件中都包含有一些其他的特性。例如 Swing 中的按钮和标签可显示图标和文本，而 AWT 中的按钮和标签只能显示文本。

1. 组件的分类

JComponent 是一个抽象类，用于定义所有子类组件的一般方法，并不是所有的 Swing 组件都继承于 JComponent 类，JComponent 类继承于 Container 类，所以凡是此类的组件都可作为容器使用。

JComponent 组件从功能上可分为：

- 顶层容器：分别是 JFrame、JApplet、JDialog、JWindow。
- 中间容器：分别是 JPanel、JScrollPane、JSplitPane、JToolBar。
- 特殊容器：在 GUI 上起特殊作用的中间层，例如 JInternalFrame、JLayeredPane、JRootPane。
- 基本控件：实现人机交互的组件，例如 JButton、JComboBox、JList、JMenu、JSlider、JtextField。
- 不可编辑信息的显示：向用户显示不可编辑信息的组件，例如 JLabel、JProgressBar、ToolTip。
- 可编辑信息的显示：向用户显示能被编辑的格式化信息的组件，例如 JColorChooser、JFileChoose、JFileChooser、JTable、JTextArea。

JComponent 类的特殊功能又可分为：

- 边框设置：使用 setBorder 方法可以设置组件外围的边框，使用一个 EmptyBorder 对象能在组件周围留出空白区域。
- 双缓冲区：使用双缓冲技术能改进频繁变化的组件的显示效果。与 AWT 组件不同，JComponent 组件默认双缓冲区，不必自己重写代码。如果想关闭双缓冲区，可以在组件上设置 setDoubleBuffered(false)方法。
- 提示信息：使用 setTooltipText 方法为组件设置对用户有帮助的提示信息。
- 键盘导航：使用 registerKeyboardAction 方法能使用户用键盘代替鼠标来驱动组件。JComponent 类的子类 AbstractButton 还提供了便利的方法，用 setMenmonic 方法指明一个字符，通过这个字符和一个当前 L&F 的特殊修饰共同激活按钮动作。
- 可插入 L&F：每个 JComponent 对象有一个相应的 ComponentUI 对象，为它完成所有的绘画、事件处理、决定尺寸大小等工作。ComponentUI 对象依赖当前使用的 L&F，用 UIManager.setLookAndFeel( )方法可以设置需要的 L&F。
- 支持布局：通过设置组件最大、最小、推荐尺寸的方法和设置 X、Y 对齐参数值的方法能指定布局管理器的约束条件，为布局提供支持。

2．使用 Swing 的基本规则

与 AWT 组件不同，Swing 组件不能直接添加到顶层容器中，它必须添加到一个与 Swing 顶层容器相关联的内容面板（content pane）上。内容面板是顶层容器包含的一个普通容器，它是一个轻量级组件。它的基本应用规则如下：

- 把 Swing 组件放入一个顶层 Swing 容器的内容面板上。
- 避免使用非 Swing 的重量级组件。

对 JFrame 添加组件有两种方式：

- 用 getContentPane 方法获得 JFrame 的内容面板，再对其加入组件，用法如下：

```
frame.getContentPane().add(childComponent)
```

- 建立一个 JPanel 或 JDesktopPane 之类的中间容器，把组件添加到容器中，用 setContentPane 方法把该容器置为 JFrame 的内容面板，用法如下：

```
JPanel contentPane=new JPanel( );//把其他组件添加到 JPanel 中;
frame.setContentPane(contentPane); //把 contentPane 对象设置成为 frame 的内容面板
```

3. Swing 事件模型

在 Swing 的事件模型中，组件可以发起（触发）一个事件。每种事件的类型由单独的类表示。当事件被触发时，它将被一个或多个“监听器”接收，监听器负责处理事件。所以事件发生的地方可以与事件处理的地方分离开。既然是以这种方式使用 Swing 组件，那么就只需编写组件收到事件时将被调用的代码，所以这是一个分离接口与实现的极佳例子。

所谓事件监听器，就是一个“实现了某种类型的监听器接口的”类的对象。所以程序员要做的就是，先创建一个监听器对象，然后把它注册给触发事件的组件。这个注册动作是通过调用触发事件的组件的 addXXXListener 方法来完成的，这里用“XXX”表示监听器所监听的事件类型。通过观察“addListener”方法的名称就可以很容易地知道该方法能够处理的事件类型，如果把所监听事件的类型写错了，在编译期间就会发现有错误。在本章的后面将会学习到，Java Bean 也是使用“addListener”方法的名称来判断某个 Bean 所能处理的事件类型的。然后所有的事件处理逻辑都将被置于监听器类的内部。要编写一个监听器类，唯一的要求就是必须实现相应的接口。你可以创建一个全局的监听器类，不过有时写成内部类会更有用。这不仅是因为将监听器类放在它们所服务的用户接口类或者业务逻辑类的内部时，可以在逻辑上对其进行分组，而且还因为（你将在后面看到）内部类对象含有一个对其外部类对象的引用，这就为跨越类和子系统边界的调用提供了一种方式。

提　示

所有 Swing 组件都具有 addXXXListener 和 removeXXXListener 方法。这样就可以为每个组件添加或移除相应类型的监听器。每个方法的“XXX”还表示方法能接收的参数，比如 addMyListener(MyListener m)。

Swing 组件监听器如表 12-2 所示。

表 12-2　Swing 组件监听器

事件、监听器接口以及“添加”和“移除”方法	支持此事件的组件
ActionEvent ActionListener addActionListener( ) removeActionListener( )	JButton、JList、TextField、JMenuItem 及其派生类，包括JCheckBoxMenuItem、JMenu、和JpopupMenu
AdjustmentEvent AdjustmentListener addAdjustmentListener( ) removeAdjustmentListener( )	JScrollbar 以及你编写的任何实现了Adjustable接口的类
ComponentEvent ComponentListener addComponentListener( ) removeComponentListener( )	Component 及其派生类，包括JButton、JCheckBox、JComboBox、Container、JPanel、JApplet、JScrollPane、Window、JDialog、JFileDialog、JFrame、JLabel、JList、JScrollbar、JTextArea、和JTextField
ContainerEvent ContainerListener addContainerListener( ) removeContainerListener( )	Container 及其派生类，包括JPanel、JApplet、JScrollPane、Window、JDialog、JFileDialog、和JFrame
FocusEvent FocusListener addFocusListener( ) removeFocusListener( )	Component 及其派生类
KeyEvent KeyListener addKeyListener( ) removeKeyListener( )	Component及其派生类

（续表）

事件、监听器接口以及“添加”和“移除”方法	支持此事件的组件
MouseEvent (包括单击和移动) MouseListener addMouseListener( ) removeMouseListener( )	Component及其派生类
MouseEvent8 (包括单击和移动) MouseMotionListener addMouseMotionListener( ) removeMouseMotionListener( )	Component及其派生类
WindowEvent WindowListener	Window及其派生类，包括JDialog
addWindowListener( ) removeWindowListener( )	JFrame
ItemEvent ItemListener addItemListener( ) removeItemListener( )	JCheckBox、JCheckBoxMenuItem、JComboBox、JList、以及任何实现了ItemSelectable 接口的类
TextEvent TextListener addTextListener( ) removeTextListener( )	任何从JtextComponent继承的类，包括JTextArea 和 JTextField

12.2 图解应用集成开发环境设计 GUI 程序

应用可视化开发工具，可以简化 Java Swing 开发流程，提高开发效率。所以在介绍 UI 程序开发前，先介绍如何应用 MyEclipse 开发 GUI 程序。在 1.2.3 节已介绍了 GUI 界面插件的下载与安装。本节应用 Jigloo SWT/Swing GUI Builder UI 组件来设计 GUI 程序。

12.2.1 框架 API 概述

Jigloo SWT/Swing GUI Builder 是一个创建 GUI 应用程序的框架，框架应用程序是建立 Application 基类的子类，它定义了应用程序的生命周期，当应用程序启动时，建立这个子类的单个实例。ApplicationContext 单体支持 Application 类的子类。它提供对动作、资源、任务、对话状态和存储和其他对象和服务的访问。它对应用程序来说是全局的。框架的整体结构可根据这两个单体来描述。

12.2.2 图解创建 GUI 程序

在 Windwos 系统中，选择“开始”→“程序”→“MyEclipse 6.5”，运行 MyEclipse 6.5，启动 MyEclipse 后，在 MyEclipse 的主菜项中单击“File”→“New”→“Other...”项，将弹出如图 12-3 所示的对话框。

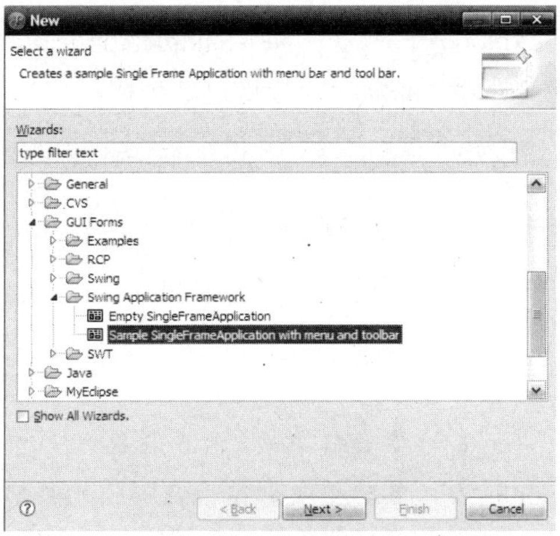

图 12-3　新建向导

在对话框的列表中可以看到 GUI Forms 项，此项正是 Jigloo SWT/Swing GUI Builder 组件项。展开 GUI Forms 项下的 Swing Application Framework 子项，然后选择 Sample Single Frame Application with menu bar and tool bar 项，单击 Next 按钮，弹出如图 12-4 所示对话框。在如图 12-4 所示的新建应用程序向导对话框中，输入 Package 为 com.javapp.ch12，Class Name 为 NewSampleApplication。然后单击 Finish 按钮完成创建。创建后生成的目录结构及 UI 设计界面如图 12-5 所示。

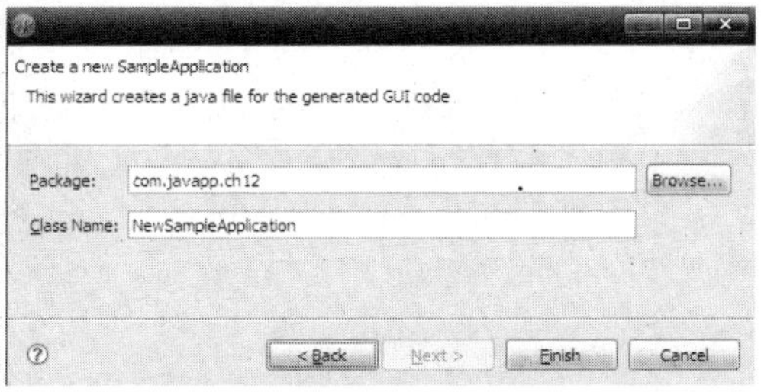

图 12-4　新建应用程序向导对话框

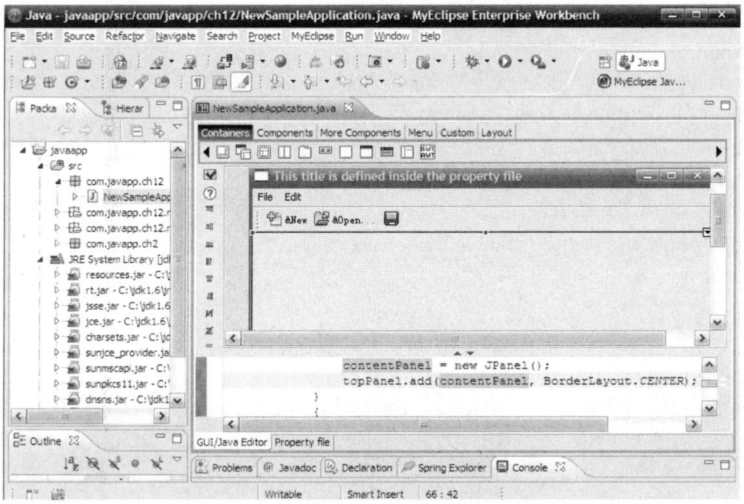

图 12-5　目录结构及 UI 设计界面

生成代码后，在 Package Explorer 中，选中 NewSampleApplication 类，然后单击右键，在弹出的菜单中，选择“Run As”→“Java Application”项，运行程序，运行结果如图 12-6 所示。

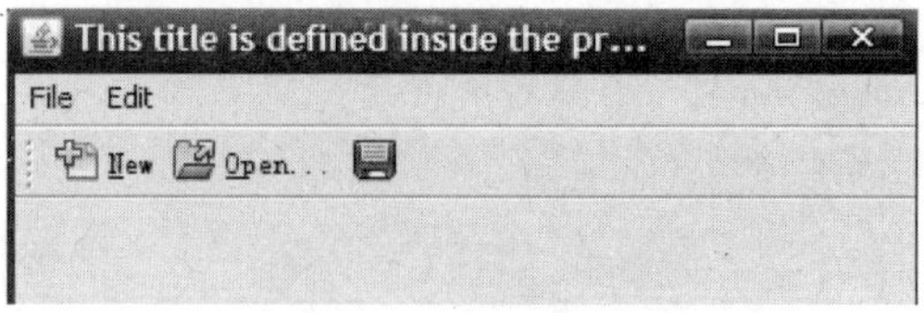

图 12-6 Java UI 应用程序

提示

如果需要在可视化开发窗口中编辑一个 UI 应用窗口，在 Package Explorer 中，选中 NewSampleApplication 类，然后单击右键，在弹出的菜单中，选择“Open With”→“Form Editor”项，这样就可以在可视化设计窗口中打开 Form 窗体。后面介绍的 UI 应用程序都可以用这种方法打开并进行可视化设计。

NewSampleApplication 应用程序代码如清单 12-3 所示。

清单 12-3

```
package com.javapp.ch12;
//导入所需类包
import java.awt.BorderLayout;
import java.io.File;
import javax.swing.ActionMap;
import javax.swing.JButton;
import javax.swing.JFileChooser;
import javax.swing.JMenu;
import javax.swing.JMenuBar;
import javax.swing.JMenuItem;
import javax.swing.JPanel;
import javax.swing.JSeparator;
import javax.swing.JToolBar;
import org.jdesktop.application.Action;
import org.jdesktop.application.Application;
import org.jdesktop.application.SingleFrameApplication;
/**
 * 继承于只有一个主窗口的 SingleFrameApplication
*/
public class NewSampleApplication extends SingleFrameApplication {
        // 定义组件变量
        private JMenuBar menuBar;
        private JPanel topPanel;
        private JMenuItem jMenuItem7;
        private JMenuItem jMenuItem6;
        private JMenuItem jMenuItem5;
        private JMenuItem jMenuItem4;
        private JMenu editMenu;
        private JMenuItem jMenuItem3;
```

```
    private JMenuItem jMenuItem2;
    private JMenuItem jMenuItem1;
    private JMenu fileMenu;
    private JSeparator jSeparator;
    private JButton saveButton;
    private JButton openButton;
    private JButton newButton;
    private JToolBar toolBar;
    private JPanel toolBarPanel;
    private JPanel contentPanel;
    // 用 @Action 标注定义动作
    @Action
    public void open() {
            // 添加事件代码
            JFileChooser chooser = new JFileChooser();// 打开一个文件对话框
            int option = chooser.showOpenDialog(getMainFrame());
            if (option == JFileChooser.APPROVE_OPTION) {
                File file = chooser.getSelectedFile();
            }
    }
    @Action
    public void save() {
    }
    @Action
    public void newFile() {
    }
    // 使用 ApplicationContext 的 getActionMap 方法来建立包含 open 和 close 的 ActionMap
    private ActionMap getAppActionMap() {
        return Application.getInstance().getContext().getActionMap(this);
    }
    @Override
    protected void startup() {//扩展 Application 类并覆盖 startup 方法。startup 方法应当建立和显示应用程序初
始的 GUI。
    {
                topPanel = new JPanel();
                BorderLayout panelLayout = new BorderLayout();
                topPanel.setLayout(panelLayout);
                topPanel.setPreferredSize(new java.awt.Dimension(500, 300));
                {
                    contentPanel = new JPanel();
                    topPanel.add(contentPanel, BorderLayout.CENTER);
                }
                {
                    toolBarPanel = new JPanel();
                    topPanel.add(toolBarPanel, BorderLayout.NORTH);
                    BorderLayout jPanel1Layout = new BorderLayout();
                    toolBarPanel.setLayout(jPanel1Layout);
                    {
                        toolBar = new JToolBar();
                        toolBarPanel.add(toolBar, BorderLayout.CENTER);
```

```
                {
                    newButton = new JButton();
                    toolBar.add(newButton);
                    newButton.setAction(getAppActionMap().get("newFile"));
                    newButton.setName("newButton");
                    newButton.setFocusable(false);
                }
                {
                    openButton = new JButton();
                    toolBar.add(openButton);
                    openButton.setAction(getAppActionMap().get("open"));
                    openButton.setName("openButton");
                    openButton.setFocusable(false);
                }
                {
                    saveButton = new JButton();
                    toolBar.add(saveButton);
                    saveButton.setAction(getAppActionMap().get("save"));
                    saveButton.setName("saveButton");
                    saveButton.setFocusable(false);
                }
            }
            {
                jSeparator = new JSeparator();
                toolBarPanel.add(jSeparator, BorderLayout.SOUTH);
            }
        }
    }
    menuBar = new JMenuBar();
    {
        fileMenu = new JMenu();
        menuBar.add(fileMenu);
        fileMenu.setName("fileMenu");
        {
            jMenuItem1 = new JMenuItem();
            fileMenu.add(jMenuItem1);
            jMenuItem1.setAction(getAppActionMap().get("newFile"));
        }
        {
            jMenuItem2 = new JMenuItem();
            fileMenu.add(jMenuItem2);
            jMenuItem2.setAction(getAppActionMap().get("open"));
        }
        {
            jMenuItem3 = new JMenuItem();
            fileMenu.add(jMenuItem3);
            jMenuItem3.setAction(getAppActionMap().get("save"));
        }
    }
    {
```

```
                editMenu = new JMenu();
                menuBar.add(editMenu);
                editMenu.setName("editMenu");
                {
                    jMenuItem4 = new JMenuItem();
                    editMenu.add(jMenuItem4);
                    jMenuItem4.setAction(getAppActionMap().get("copy"));
                }
                {
                    jMenuItem5 = new JMenuItem();
                    editMenu.add(jMenuItem5);
                    jMenuItem5.setAction(getAppActionMap().get("cut"));
                }
                {
                    jMenuItem6 = new JMenuItem();
                    editMenu.add(jMenuItem6);
                    jMenuItem6.setAction(getAppActionMap().get("paste"));
                }
                {
                    jMenuItem7 = new JMenuItem();
                    editMenu.add(jMenuItem7);
                    jMenuItem7.setAction(getAppActionMap().get("delete"));
                }
            }
            getMainFrame().setJMenuBar(menuBar);
            show(topPanel);
    }
    public static void main(String[] args) {
            // 在main方法里，调用Application.launch方法。这将构建并启动在事件分派线程上的Application
            子类。
            launch(NewSampleApplication.class, args);
    }
}
```

在上面程序中，用@Action 标注作为 Action 的 actionPerformed 方法的方法。ApplicationContext.getActionMap 方法建立了包含由某些类定义的每个@Action 的 Action 对象的 ActionMap。ActionMap 将父类链接起来，并且每个 Application 的子类都有父类。这样，所有的应用程序继承了从 Application 基类定义的 cut、copy、paste、delete 和 quit 动作。使用 ApplicationContext 的 getActionMap 方法来建立包含 save 、newFile、open 的 ActionMap。

12.3 各种容器面板和组件

根面板由一个玻璃面板（glassPane）、一个内容面板（contentPane）和一个可选择的菜单条（JMenuBar）组成，而内容面板和可选择的菜单条放在同一分层。玻璃面板是完全透明的，默认值为不可见，为接收鼠标事件和在所有组件上绘图提供方便。下面就是一个根面板提供的方法例子，代码如清单 12-4 所示。

清单 12-4

```
Container getContentPane(); //获得内容面板
setContentPane(Container); //设置内容面
JMenuBar getMenuBar( ); //活动菜单条
setMenuBar(JMenuBar); //设置菜单条
JLayeredPane getLayeredPane(); //获得分层面
setLayeredPane(JLayeredPane); //设置分层面板
Component getGlassPane(); //获得玻璃面板
setGlassPane(Component); //设置玻璃面板
```

12.3.1 分层面板（JLayeredPane）

Swing 提供两种分层面板：JlayeredPane 和 JDesktopPane。JDesktopPane 是 JLayeredPane 的子类，专门为容纳内部框架（JInternalFrame）而设置。向一个分层面板中添加组件，需要说明将其加入哪一层，指明组件在该层中的位置，例如：

```
add(Component c， Integer Layer， int position)
```

12.3.2 面板（JPanel）

面板（JPanel）是一个轻量容器组件，用于容纳界面元素，以便在布局管理器的设置下可容纳更多的组件，实现容器的嵌套。JPanel、JScrollPane、JSplitPane、JInteralFrame 都属于常用的中间容器，都属于轻量组件。JPanel 的默认布局管理器是 FlowLayout。

在 Java 中，组件放置在窗体上的方式可能与其他 GUI 系统都不相同。首先，它完全基于代码，没有用来控制组件布置的“资源”。其次，组件放置在窗体上的方式不是通过绝对坐标控制，而是由“布局管理器”（Layout Manager）根据组件加入的顺序决定其位置。使用不同的布局管理器，组件的大小、形状和位置将大不相同。此外，布局管理器还可以适应 applet 或应用程序视窗的大小，所以如果视窗的尺寸改变了，组件的大小、形状和位置也能够做相应的改变。JApplet、JFrame、JWindow 和 JDialog 都可以通过 getContentPane 方法得到一个容器（Container）用来包含和显示组件。它有一个被称为 setLayout 的方法，可以通过这个方法来选择不同的布局管理器。其他的类，比如 JPanel 可以直接包含和显示组件，所以不用通过内容面板就可以直接设置布局管理器。

下面介绍几种常用的布局管理器。

1. BorderLayout

JFrame 在默认情况下的布局方式是 FlowLayout。如果不加入其他指令，它将接受调用 add 方法加入的组件，把它放置在中央，然后把组件向各个方向拉伸，直到与边框对齐。

不过 BorderLayout 的功能并不仅仅于此。它还具有四个边框区域和一个中央区域的概念。当用户向 BorderLayout 管理的面板加入组件的时候，可以使用重载的 add 方法，它的第一个参数接受一个常量值。这个值可以为以下任何一个，如表 12-3 所示。

表 12-3　边框区域设置

属性值	描述
BorderLayout. NORTH	顶端
BorderLayout. SOUTH	底端
BorderLayout. EAST	右端
BorderLayout. WEST	左端
BorderLayout.CENTER	从中央开始填充，直到与其他组件或边框相遇

对于除 CENTER 以外的所有位置，加入的组件将被沿着一个方向压缩到最小尺寸，同时在另一个方向上拉伸到最大尺寸。不过对于 CENTER，组件将在两个方向上同时拉伸，以覆盖中央区域。

2. FlowLayout

它直接将组件从左到右“流动”到窗体上，直到占满上方的空间，然后向下移动一行继续流动。在使用 FlowLayout 的情况下，组件将呈现出“合适”的大小。比如一个 JButton 的大小就是其标签的大小。使用 FlowLayout，所有的组件将被压缩到它们的最小尺寸，所以可能会得到令你惊讶的效果。比如在使用 FlowLayout 的时候，因为 JLabel 的尺寸就是其字符串的尺寸，这就使得文本右对齐不会产生任何视觉上的效果。

3. GridLayout

GridLayout 允许你构建一个放置组件的表，在向表里面添加组件的时候，它们将按照从左到右，从上到下的顺序加入。在构造器中你要指定需要的行数和列数，它们将均匀分布在窗体上。

4. GridBagLayout

GridBagLayout 提供了强大的控制功能，包括精确判断窗体区域的布局，以及视窗大小变化的时候如何重新放置组件。不过它也是最复杂的布局管理器，很难以理解。它的目的主要是辅助 GUI 构造工具（它可能使用 GridBagLayout 而不是绝对位置来控制布局）自动生成代码。如果你发现自己的设计非常复杂，以至于需要使用 GridBagLayout，那么你应该使用 GUI 构造工具，如 JBuilder 来生成这个设计。

5. CardLayout

由于人们在理解和使用 GridBagLayout 的时候遇到了很多问题，所以 Swing 还提供了 CardLayout，它具有 GridBagLayout 的许多好处，却不像 GridBagLayout 那么复杂。所以当你需要手工编写布局代码的时候，可以考虑使用它。CardLayout 使你可以在水平方向或者垂直方向控制组件的位置，并且通过被称为“支架和胶水”的机制来控制组件的间隔。

提 示

Swing 功能强大，少量的代码就可以做很多事情。基于学习的目的，本书中的例子相当简单，所以手工编写它们很有意义。你能通过组合简单布局，得到非常多的效果。不过，在某些情况下，手工编写 GUI 窗体就不太适合了，这样做太复杂，也不是分配编程时间的合理策略。Java 和 Swing 设计者的最初目的就是要使语言和库能对 GUI 构造工具提供支持，这些工具的明确目的也是为了使你更容易地获取编程经验。只要你理解了布局的方式以及如何处理事件（下面将学习到），那么如何手工放置组件的细节就显得不那么重要了。应该使用合适的工具帮你去做这些事情，毕竟 Java 是被设计用来提供程序员的生产率的。

创建和设置 JPanel 主要过程为：

01 新建一个面板。新建一个面板的方法如下：

```
JPanel jP=new JPanel() ;
```

02 设置背景色。设置背景色的方法如下：

```
setBackground(Color color) ;
```

03 设置边界。设置边界的方法如下：

```
setBorder(Border border )
```

04 在面板中添加一个组件。在面板中添加一个组件的方法如下：

```
add(Jcomponent comp) ;
```

05 设置面板布局。设置面板布局的方法如下：

```
setLayout(BorderLayout blayout);
```

12.2.3 滚动窗口（JScrollPane）

JScrollPane 是带滚动条的面板，主要是通过移动 JViewport（视口）来实现的。JViewport 是一种特殊的对象，用于查看基层组件，滚动条实际就是沿着组件移动视口，JSplitPane 提供可拆分窗口，支持水平拆分和垂直拆分并带有滑动条。

12.3.4 选项板（JTabbedPane）

JTabbedPane 提供一组可供用户选择的带有标签或图标的开关键。常用方法如下：

```
add(String title，Component component) ;//增加一个带特定标签的组件
addChangeListener(ChangeListener l) ;//选项板注册一个变化监听器
```

12.3.5 工具栏（JToolBar）

JToolBar 是用于显示常用工具控件的容器。用户可以拖拽出一个独立的、可显示工具控件的窗口，常用方法有：

```
JToolBar(String name) ;//构造方法
getComponentIndex(Component c); //返回一个组件的序号
getComponentAtIndex(int i) ;//得到一个指定序号的组件
```

12.3.6 内部框架（JInternalFrame）

内部框架 JInternalFrame 就如同一个窗口在另一个窗口内部，其特点如下：

- 必须把内部框架添加到一个容器中（通常为 JDesktopPane），否则框架不显示。
- 不必调用 show()或 setVisible()方法，内部框架随所在的容器一起显示。
- 必须用 setSize 或 pack 或 setBounds 方法设置框架尺寸，否则尺寸为零，框架不能显示。

- 可以用 setLocation 或 setBounds 方法设置内部框架在容器中的位置，默认值为 0，即容器的左上角。
- 和顶层 JFrame 一样，对内部框架添加组件也要加在它的内容面板上。
- 内部框架不能监听窗口事件，可以通过监听与窗口事件类似的 JInternalFrameEvent 处理内部框架窗口。

下面就是一个应用（JInternalFrameEvent）处理内部框架窗口的操作例子，代码如下：

```
JFrame frame=new JFrame("InternalFrameDemo"); //实例化窗口
JDesktopPane desktop=new JDesktopPane(); //实例化容器 JDesktopPane
MyInternalFrame myframe=new MyInternalFrame(); //实例化内 desktop.add(myframe); //把内部窗口添加到容器中
myframe.setSelected(true); //内部面板是可选择的
frame.setContentPane(desktop); //把 desktop 设为 frame 的内容面板
```

12.3.7 按钮（JButton）

按钮是一个常用组件，按钮可以带标签或图像。建立一个按钮（button）非常简单，只要把希望在按钮上显示的标签传递给 JButton 的构造器即可。在后面会看到一些更有趣的功能，比如在按钮上显示图形。一般来说，要在类中为按钮创建一个域，以便以后可以引用这个按钮。它有自己的小窗体，这使得它能作为整个更新过程的一部分而自动被重绘。也就是说，你不必明确绘制一个按钮或者别的类似控件。你只要把它们放在窗体上，它们自己可以自动绘制。所以你只要在 init( )中，把按钮加入窗体中就可以了。

JButton 常用的构造方法有：

```
JButton(Icon icon) ;//按钮上显示图标
JButton(String text); //按钮上显示字符
JButton(String text,Icon icon); //按钮上既显示图标又显示字符
```

事件驱动编程的主要内容，就是把事件同处理事件的代码相关联起来。在 Swing 中，这种关联的方式就是通过把接口（图形组件）和实现（当和组件相关的事件发生时，你要执行的代码）清楚地分离而实现的。每个 Swing 组件都能够报告自身所有可能发生的事件，并且它能单独报告每种事件。所以你要是对诸如“鼠标移动到按钮上”这样的事件不感兴趣的话，那么你不注册这样的事件就可以了。这种处理事件驱动编程的方式非常直接和优雅，一旦你理解了其基本概念，就能够很容易将其应用到甚至从未见过 Swing 组件之上。

对于 JButton，这个“感兴趣的事件”就是按钮被按下。为了表明你对按钮按下事件感兴趣，可以调用 JButton 的 addActionListener 方法。这个方法接受一个实现了 ActionListener 接口的对象作为参数，ActionListener 接口只包含了 actionPerformed 方法。所以要想把事件处理代码和 JButton 关联，就先要用一个类实现 ActionListener 接口，然后把这个类的对象通过 addActionListener 方法注册给 JButton。这样按钮按下的时候就会调用 actionPerformed 方法了。这个方法接受一个实现了 ActionListener 接口的对象作为参数，ActionListener 接口只包含了 actionPerformed( )方法。所以要想把事件处理代码和 JButton 关联，就先要用一个类实现 ActionListener 接口，然后把这个类的对象通过 addActionListener( )方法注册给 JButton。这样按钮按下的时候就会调用 actionPerformed( )方法了。具体应用代码如下：

```
......
private JButton button1; // 这里定义按钮组件
public Simple2(){ // 构造器，建立图形界面
        button1 = new JButton("按钮 1"); // 新建按钮 1
        // 每一个事件源需要一个监听器
        button1.addActionListener(
        new ActionListener()
        {
            public void actionPerformed(ActionEvent e)
            {
                JOptionPane.showMessageDialog(frame,"按钮 1 被点击");
            }
        }
        .......
```

12.3.8 复选框（JCheckBox）

复选框提供简单的“on/off”开关，它包含了一个小方框和一个标签。这个方框中通常是有一个“x”标记（或者其他能表明被选中的标记）或者为空，这取决于检查框是否被选中。通常你会使用接受标签作为参数的构造器来创建 JCheckBox。

提 示

当 JCheckBox 被选中或清除时，将发生一个事件，你可以用与按钮相同的方法来捕获这个事件，例如使用 ActionListener 接口。

12.3.9 单选按钮（JRadioButton）

单选按钮 JRadioButton 与 AWT 中的复选框组功能类似。GUI 编程中单选按钮的概念来源于电子按钮发明之前汽车无线电上的机械按钮。当你按下其中的一个，其他被按下的按钮将被弹出。所以单选按钮用来强制你在多个选项中只能选择一个。要设置一组关联的 JRadioButton，你要做的就是把它们加入到一个 ButtonGroup 中（窗体上可以有任意数目的按钮组）。可以设置其中的一个按钮状态为选中。如果你把多个单选按钮的状态都设置为选中，那么只有最后设置的那个有效。

12.3.10 选择框（JComboBox）

JComboBox 每次只能选择其中的一项，但是可编辑每项的内容，而且每项的内容可以是任意类，而不再局限于 String。与一组单选按钮的功能类似，下拉列表也用来强制用户从一组可能的元素中只选择一个。不过这种方法更加紧凑，而且在不会使用户感到迷惑的前提下，改变下拉列表中的内容更容易（你也可以动态改变单选按钮，不过这显然不合适）。

JComboBox 常用方法有：

```
getSelectedItem()//得到选择的项
getSelectedIndex();//得到所选择的索引
getItemCount() ;//得到项总数
```

```
setSelectedIndex( int index ) ;//设置当前索引
setSelectedItem(Object);//设置成当前项
addItem(Object);//增加一项
```

12.3.11　文件选择器（JFileChooser）

JFileChoose 内置有“打开”和“存储”两种对话框，还可以自己定义其他种类的对话框。下面就是一个文件选择器的常用操作的例子，程序运行结果如图 12-7 所示。

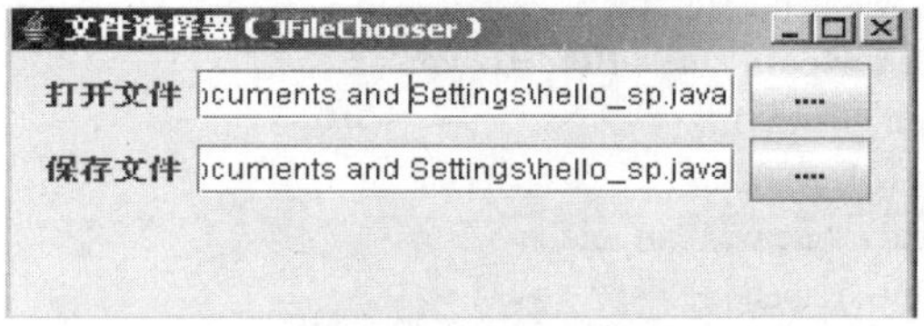

图 12-7　文件选择器

选择打开文件按钮，弹出如图 12-8 对话框。

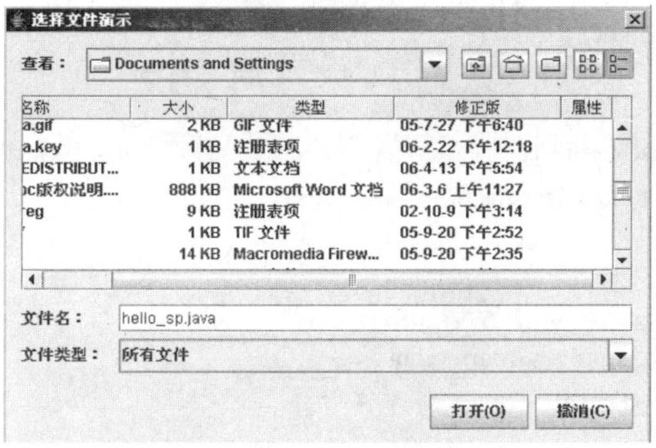

图 12-8　文件对话框

选择保存文件对话框，弹出如图 12-9 对话框。

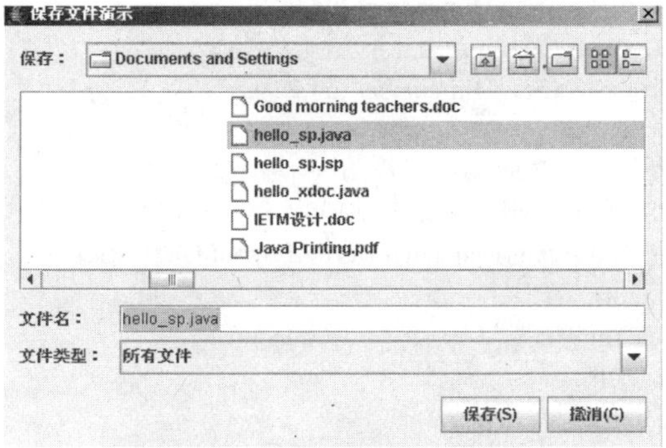

图 12-9　保存文件对话框

对话框操作实例程序代码如清单 12-5 所示。

清单 12-5

```
package com.javapp.ch12;
import java.awt.*;
import java.awt.event.*;
import java.io.*;
import javax.swing.*;
public class FramechooseFileDemo extends JFrame {
	private BorderLayout borderLayout1 = new BorderLayout();
	private JPanel jPanel1 = new JPanel();
	private JLabel jLabel1 = new JLabel();
	private JTextField jTextField1 = new JTextField();
	private JLabel jLabel2 = new JLabel();
	private JTextField jTextField2 = new JTextField();
	private JButton jButton1 = new JButton();
	private JButton jButton2 = new JButton();
	private FlowLayout flowLayout1 = new FlowLayout();
	public FramechooseFileDemo() {
		try {
			Init();
		} catch (Exception exception) {
			exception.printStackTrace();
		}
	}
	private void Init() throws Exception {//初始化组件
		getContentPane().setLayout(borderLayout1);
		jLabel2.setToolTipText("");
		jLabel2.setText("保存文件");
		jButton1.setText("....");
		jButton2.setToolTipText("");
		jButton2.setText("....");
		jTextField1.setPreferredSize(new Dimension(204,22));
		jTextField1.setToolTipText("");
		jTextField2.setPreferredSize(new Dimension(204,22));
		jLabel1.setToolTipText("");
		this.setTitle("文件选择器（JFileChooser）");
		jPanel1.setPreferredSize(new Dimension(339,138));
		this.getContentPane().add(jPanel1,java.awt.BorderLayout.CENTER);
		jPanel1.add(jLabel1,null);
		jPanel1.add(jTextField1,null);
		jPanel1.add(jButton1,null);
		jPanel1.add(jLabel2,null);
		jPanel1.add(jTextField2,null);
		jPanel1.add(jButton2,null);
		jLabel1.setText("打开文件");
		jPanel1.setLayout(flowLayout1);
		jButton1.addActionListener(new java.awt.event.ActionListener() {//定义事件侦听器
			public void actionPerformed(ActionEvent e) {
				openfile();
```

```
            }
        });
        jButton2.addActionListener(new java.awt.event.ActionListener() {
            public void actionPerformed(ActionEvent e) {
                savefile();
            }
        });
    }
    void openfile() {//打开文件
        JFileChooser fc = new JFileChooser();
        fc.setDialogTitle("选择文件演示");
        fc.setDialogType(JFileChooser.CUSTOM_DIALOG);
        if (fc.showOpenDialog(this) == JFileChooser.APPROVE_OPTION) {
            this.jTextField1.setText(fc.getSelectedFile().toString());
            this.jTextField2.setText(fc.getSelectedFile().toString());
        }
    }
    void savefile() {//保存文件
        JFileChooser fc = new JFileChooser();
        fc.setDialogTitle("保存文件演示");
        fc.setDialogType(JFileChooser.SAVE_DIALOG);
        File f1 = new File(jTextField1.getText());
        fc.setCurrentDirectory(f1);
        fc.setControlButtonsAreShown(true);
        fc.setSelectedFile(f1);
        if (fc.showSaveDialog(this) == JFileChooser.APPROVE_OPTION) {
        }
    }
    public static void main(String[] args) {
        FramechooseFileDemo frame = new FramechooseFileDemo();
        frame.pack();//构造窗体
        frame.setVisible(true);//启动窗口应用程序，使窗口可见
    }
}
```

在上面的程序中，创建了打开文件和保存文件对话框。创建一个文件对话框的方法为：

```
JFileChooser fc = new JFileChooser();
fc.setDialogTitle("选择文件演示");
```

然后设置文件对话框的类型，设置方法为：

```
fc.setDialogType(JFileChooser.CUSTOM_DIALOG);//设置为打开文件对话框
fc.setDialogType(JFileChooser.SAVE_DIALOG);//设置为保存文件对话框
```

显示文件对话框并接受用户所选择对话框中按钮的方法为：

```
if (fc.showOpenDialog(this) == JFileChooser.APPROVE_OPTION) {//表示用户正确的选择了文件操作
```

如果选择的是打开文件对话框，可以用 JFileChoose 的 getSelectedFile 方法获得所选择的文件。对于保存文件对话框，可以用 JFileChoose 的 setCurrentDirectory 方法设置当前所要保存文件的路径。

12.3.12 标签（JLabel）

标签在图形界面中是经常用到的组件，用来显示不可编辑信息，它可以同时显示文件和图形。标签在图形界面中是经常用到的组件，图 12-10 就是一个提供可带图形的标签例子。

图 12-10　带图形的标签

12.3.13 列表（List）

列表适用于数量较多的选项用于以列表的形式显示，列表里面的项目可以由任意类型对象构成。支持单选和多选。列表框和 JComboBox 组合框明显不同，这不仅仅体现在外观上。当你激活 JComboBox 组合框时，会出现下拉列表，而 JList 总是在屏幕上占据固定行数的空间，大小也不会改变。如果你要得到列表框中被选中的项目，你只需调用 getSelectedValues 方法得一个字符串数组，数组里面是被选中的项目名称。JList 组件允许多重选择，要是你按住“Ctrl”键，连续在多个项目上单击，那么原先被选中的项目仍旧保持选中状态，所以你可以选中任意多的项目。如果你选中了某个项目，任何按住“Shift”键并单击另一个项目，那么这两个项目之间的所有项目都将被选中。要从选中的项目组中去掉一个，可以按住“Ctrl”键在此项目上单击。下面就是一个列表框的常用操作实例，程序运行结果如图 12-11 所示。

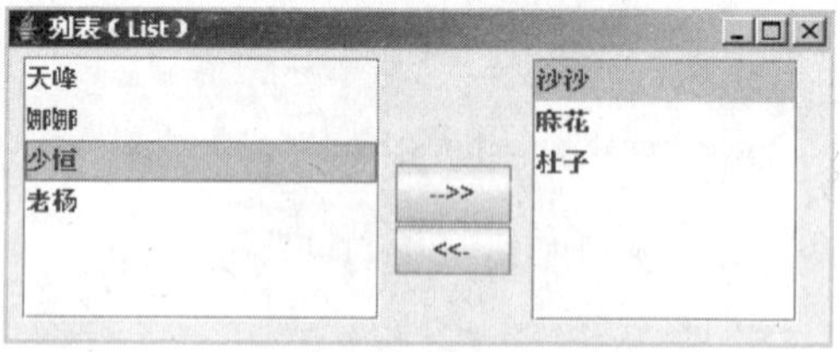

图 12-11　列表框

代码如清单 12-6 所示。

清单 12-6

```
package com.javapp.ch12;
import java.awt.*;
import java.awt.event.*;
import javax.swing.*;
import java.awt.Rectangle;
public class FrameListDemo extends JFrame {
        private JPanel jPanel1 = new JPanel();
        private JScrollPane jScrollPane1 = new JScrollPane();
        private BorderLayout borderLayout1 = new BorderLayout();
        private JList jList1 = new JList();
        private JButton jButton1 = new JButton();
        private JScrollPane jScrollPane2 = new JScrollPane();
```

```
    private JList jList2 = new JList();
    DefaultListModel lim = new DefaultListModel(); // 定义下列表的模型
    DefaultListModel lim2 = new DefaultListModel(); // 定义下列表的模型
    private JButton jButton2 = new JButton();
    public FrameListDemo() {
        try {
            jbInit();
        } catch (Exception exception) {
            exception.printStackTrace();
        }
    }
    private void jbInit() throws Exception {
        getContentPane().setLayout(borderLayout1);
        jButton1.setBounds(new Rectangle(173,56,56,29));
        jButton1.setToolTipText("");
        jButton1.setText("-->>");
        jScrollPane1.setPreferredSize(new Dimension(179,131));
        jScrollPane1.setBounds(new Rectangle(7,4,159,131));
        jPanel1.setLayout(null);
        jList1.addMouseListener(new MouseAdapter() {
            public void mouseClicked(MouseEvent e) {
                jList1_mouseClicked(e);
            }
        });
        this.setTitle("列表（List）");
        this.setSize(433, 180);
        jButton2.setBounds(new Rectangle(173,87,56,24));
        jButton2.setText("<<-");
        jButton2.addActionListener(new ActionListener() {
            public void actionPerformed(ActionEvent e) {
                jButton2_actionPerformed(e);
            }
        });
        jPanel1.setPreferredSize(new java.awt.Dimension(448, 145));
        jScrollPane2.setBounds(new Rectangle(239,4,156,131));
        jScrollPane2.getViewport().add(jList2);
        jScrollPane1.getViewport().add(jList1);
        jPanel1.add(jScrollPane1,null);
        jPanel1.add(jScrollPane2,null);
        jPanel1.add(jButton1,null);
        jPanel1.add(jButton2,null);
        this.getContentPane().add(jPanel1,null);
        init();
        jButton1.addActionListener(new java.awt.event.ActionListener() {
            public void actionPerformed(ActionEvent e) {
                readdata();
            }
        });
    }
    void readdata() {
```

```
            Object[] name = this.jList1.getSelectedValues();
            for (int i = 0; i < name.length; i++) {
                lim2.addElement(name[i]);
                lim.removeElement(name[i]);
            }
            this.jList2.setModel(lim2);
        }
        void init() {
            lim.addElement("天峰");
            lim.addElement("娜娜");
            lim.addElement("沙沙");
            lim.addElement("少恒");
            lim.addElement("麻花");
            lim.addElement("老杨");
            lim.addElement("杜子");
            this.jList1.setModel(lim);
        }
        public static void main(String[] args) {
            FrameListDemo frame = new FrameListDemo();
            frame.pack();
            frame.setVisible(true);
        }
        public void jList1_mouseClicked(MouseEvent e) {
            if (e.getClickCount() > 1) {
                DefaultListModel lim2 = new DefaultListModel(); // 定义下列表的模型
                Object[] name = this.jList1.getSelectedValues();
                for (int i = 0; i < name.length; i++) {
                    lim2.addElement(name[i]);
                    lim.removeElement(name[i]);
                }
                this.jList2.setModel(lim2);
            }
        }
        public void jButton2_actionPerformed(ActionEvent e) {
            Object[] name = this.jList2.getSelectedValues();
            for (int i = 0; i < name.length; i++) {
                lim.addElement(name[i]);
                lim2.removeElement(name[i]);
            }
            this.jList1.setModel(lim);
        }
}
```

在上面的程序中，首先创建一个列表 JList 和它的模型 DefaultListModel，创建方法为：

```
private JList jList1 = new JList();
DefaultListModel lim = new DefaultListModel(); // 定义下列表的模型
```

然后应用 DefaultListModel 的 addElement 方法向模型中添加数据，添加数据的代码为：

```
lim.addElement("天峰");
lim.addElement("娜娜");
```

```
lim.addElement("沙沙");
```

最后应用 JList 的 setModel 方法把 DefaultListModel 对象设置成 JList 的默认模型。设置方法为：

```
jList1.setModel(lim);
```

创建和设置完 JList 后，可以应用 JList 的 getSelectedValues 方法获得当前列表中所选择的项，实现代码如下：

```
Object[] name = this.jList1.getSelectedValues();
```

如果需要在列表中移除项，可以应用 DefaultListModel 的 removeElement 方法移除所选择的其中某一项。

提 示

如果你只是要把一个字符串数组加入 JList，那么有一个更简单的办法，只要把数组传递给 JList 的构造器，就能自动构造列表框。上例中使用列表模型(DefaultListModel)的唯一原因是这样可以在程序执行的过程中操纵列表框。JList 本身没有对滚动提供直接的支持。当然你要做的只是把 JList 包装进 JScrollPane 中，它将自动帮你处理其中的细节。

12.3.14 菜单（JMenu）

JMenu 与 AWT 的菜单的不同之处是它可以通过 setJMenuBar 方法将菜单放置到容器中的任意地方。在 Swing 中，每个组件都能够持有一个菜单，包括 JApplet、JFrame、JDialog 以及它们的子类。它们的 setJMenuBar 方法接受一个 JMenuBar 对象（每个组件只能持有一个 JMenuBar 对象）作为参数。先把 JMenu 对象添加到 JMenuBar 中，然后把 JMenuItem 添加到 JMenu 中。每个 JMenuItem 都能有一个相关联的 ActionListener，用来捕获菜单项被选中时触发的事件。图 12-12 就是一个 Swing 的菜单项的例子。

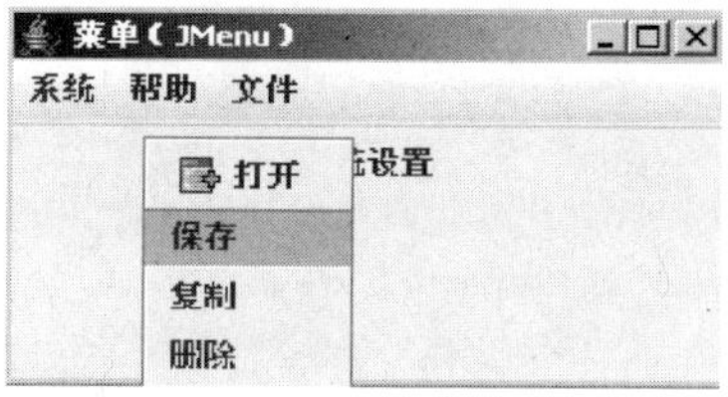

图 12-12 菜单

12.3.15 进程条（JProgressBar）

进程条是提供一个直观的图形化的进度描述，从“空”到“满”的过程。下面就是一个进度条应用的例子，程序运行结果如图 12-13 所示。

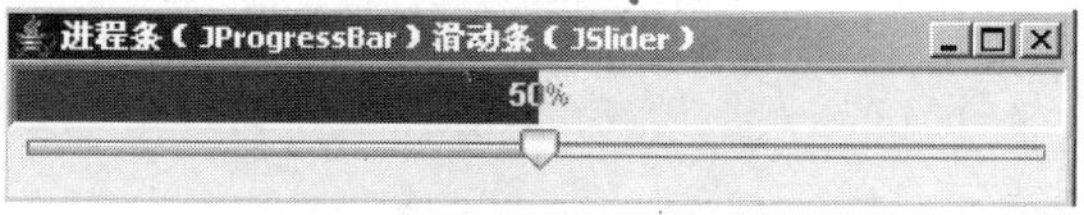

图 12-13 进程条

程序代码如清单 12-7 所示。

清单 12-7

```
package com.javapp.ch12;
import java.awt.*;
import javax.swing.*;
import java.awt.BorderLayout;
import javax.swing.event.ChangeEvent;
import javax.swing.event.ChangeListener;
import javax.swing.BorderFactory;
import java.awt.Dimension;
public class FrameProssDemo extends JFrame {
    private BorderLayout borderLayout1 = new BorderLayout();
    private JPanel jPanel1 = new JPanel();
    private JProgressBar jProgressBar1 = new JProgressBar();
    private JSlider jSlider1 = new JSlider();
    private BorderLayout borderLayout2 = new BorderLayout();
    public FrameProssDemo() {
        try {
            Init();
        } catch (Exception exception) {
            exception.printStackTrace();
        }
    }
    private void Init() throws Exception {
        getContentPane().setLayout(borderLayout1);
        jPanel1.setLayout(borderLayout2);
        jSlider1.setPaintLabels(true);
        jSlider1.setPaintTicks(true);
        jSlider1.setPreferredSize(new Dimension(400,27));
        jProgressBar1.setForeground(Color.red);
        jProgressBar1.setBorder(BorderFactory.createLoweredBevelBorder());
        jProgressBar1.setPreferredSize(new Dimension(400,25));
        jProgressBar1.setStringPainted(true);
        this.setTitle("进程条（JProgressBar）滑动条（JSlider）");
        jPanel1.add(jSlider1,java.awt.BorderLayout.SOUTH);
        jPanel1.add(jProgressBar1,java.awt.BorderLayout.NORTH);
        this.getContentPane().add(jPanel1,java.awt.BorderLayout.CENTER);
        this.jSlider1.setValue(0);
        this.jSlider1.addChangeListener(new javax.swing.event.ChangeListener() {
            public void stateChanged(ChangeEvent e) {
                setstatus();
            }
        });
    }
    void setstatus() {
        this.jProgressBar1.setValue(this.jSlider1.getValue());
    }
    public static void main(String[] args) {
        FrameProssDemo frame = new FrameProssDemo();
```

```
        frame.pack();
        frame.setVisible(true);
    }
}
```

在上面的程序中，首先创建一个进度条对象，创建方法为：

```
JProgressBar jProgressBar1 = new JProgressBar();
```

创建完进度条对象后，通过它的 setValue 方法设置当前进度值。例如在上例中，应用一个滑动条来改变进度条的当前进度值。

12.3.16 滑动条（JSlider）

滑动条使得用户能够通过一个滑块的来回移动来输入数据。在上面进度条的例子中就是通过滑动条的移动值来改变进度条的值。可以通过它的 getValue 方法获得当前滑动的值。

12.3.17 表格（JTable）

表格是 Swing 新增加的组件，主要功能是把数据以二维表的形式显示出来。使用表格，依据 M-V-C 的思想，最好先生成一个 TableModel 类型的对象来表示数据，这个类需要从 AbstractTableModel 类中继承，其中有几个方法是需要重写，例如 getColumnCount、getRowCount、getColumnName、getValueAt 方法。因为 JTable 会从这个对象中自动获取表格显示所必需的数据，AbstractTableModel 类的对象负责表格大小的确定（行、列）、内容的填写、赋值、表格单元更新的检测等一切跟表格内容有关的属性及其操作。JTable 类生成的对象以该 TableModel 为参数，并负责将 TableModel 对象中的数据以表格的形式显示出来。

下面通过一个具体的应用实例来介绍表格的应用方法，程序是主要功能显示公司的员工信息。程序运行结果如图 12-14 所示。

图 12-14 表

程序代码如清单 12-8 所示。

清单 12-8

```
package com.javapp.ch12;
import java.awt.*;
import java.awt.event.*;
import javax.swing.*;
```

```
import javax.swing.table.*;
public class FrameTableDemo extends JFrame {
    private boolean DEBUG = true;
    public FrameTableDemo() {
        // 实现构造方法
        super("计应 14 职位表"); // 首先调用父类 JFrame 的构造方法生成一个窗口
        MyTableModel myModel = new MyTableModel(); // myModel 存放表格的数据
        JTable table = new JTable(myModel); // 表格对象 table 的数据来源是 myModel 对象
        table.setPreferredScrollableViewportSize(new Dimension(400,100));
        // 表的显示尺寸
        table.setAutoResizeMode(table.AUTO_RESIZE_OFF);// 设置自动横向滚动
        TableColumnModel md7 = (TableColumnModel) table.getColumnModel();
        md7.getColumn(0).setMinWidth(30);// 设置列的宽度
        md7.getColumn(1).setMaxWidth(50);
        md7.getColumn(2).setMaxWidth(60);
        JScrollPane scrollPane = new JScrollPane(table);// 产生一个带滚动条的面板
        table.setRowMargin(2);//设置表线的宽度
        table.setRowHeight(40);//设置行的高度
        getContentPane().add(scrollPane,BorderLayout.CENTER);
        // 将带滚动条的面板添加入窗口中
        addWindowListener(new WindowAdapter() {
            public void windowClosing(WindowEvent e)// 注册窗口监听器
            {
                System.exit(0);
            }
        });
    }
    // 把要显示在表格中的数据存入字符串数组和 Object 数组中
    class MyTableModel extends AbstractTableModel {
        // 表格中第一行所要显示的内容存放在字符串数组 columnNames 中
        final String[] columnNames = { "相片","姓名","职位","电话","工资","婚否" };
        // 表格中各行的内容保存在二维数组 data 中
        ImageIcon apple = createImageIcon("4.jpg","天峰相片");//图片放在与本类同一目录中
        ImageIcon anther = createImageIcon("5.jpg","其他相片");
        ImageIcon apple1 = createImageIcon("6.jpg","天峰相片");
        ImageIcon anther2 = createImageIcon("7.jpg","其他相片");
        final Object[][] data = {
                { apple,"天峰","自由作家","02988225560",new Integer(20),
                        new Boolean(false) },
                { anther,"娜娜","总经理秘书","01068939397",new Integer(5000),
                        new Boolean(true) },
                { apple1,"沙沙","CEO","02983079137",new Integer(5500),
                        new Boolean(false) },
                { anther2,"杨深刚","科长","0296887678",new Integer(6000),
                        new Boolean(true) },
                { apple1,"李少恒","财务科长    ","02933541290",new Integer(4000),
                        new Boolean(false) } };
            // 下述方法是重写 AbstractTableModel 中的方法，其主要用途是被 JTable 对象调用，以便在表
        中正确的显示出来。程序员必须根据采用的数据类型加以恰当实现。
        // 获得列的数目
```

```
public int getColumnCount() {
        return columnNames.length;
}
// 获得行的数目
public int getRowCount() {
        return data.length;
}
// 获得某列的名字，而目前各列的名字保存在字符串数组 columnNames 中
public String getColumnName(int col) {
        return columnNames[col];
}
// 获得某行某列的数据，而数据保存在对象数组 data 中
public Object getValueAt(int row,int col) {
        return data[row][col];
}
// 判断每个单元格的类型
public Class getColumnClass(int c) {
        return getValueAt(0,c).getClass();
}
// 将表声明为可编辑的
public boolean isCellEditable(int row,int col) {
        if (col < 2) {
                return false;
        } else {
                return true;
        }
}
// 改变某个数据的值
public void setValueAt(Object value,int row,int col) {
        if (DEBUG) {
                System.out.println("设置值在 " + row + ",    " + col + " to " + value
                                + " (an instance of " + value.getClass() + ")");
        }
        if (data[0][col] instanceof Integer && !(value instanceof Integer)) {
                try {
                        data[row][col] = new Integer(value.toString());
                        fireTableCellUpdated(row,col);
                } catch (NumberFormatException e) {
                        JOptionPane.showMessageDialog(FrameTableDemo.this,"The \""
                                        + getColumnName(col) + "\" 列只接受整型数据.");
                }
        } else {
                data[row][col] = value;
                fireTableCellUpdated(row,col);
        }
        if (DEBUG) {
                System.out.println("数据的最新改变值:");
                printDebugData();
        }
}
```

```
        public ImageIcon createImageIcon(String filename,String description) {
            String path = filename;
            return new ImageIcon(getClass().getResource(path),description);
        }
        private void printDebugData() {
            int numRows = getRowCount();
            int numCols = getColumnCount();
            for (int i = 0; i < numRows; i++) {
                System.out.print(" row " + i + ":");
                for (int j = 0; j < numCols; j++) {
                    System.out.print(" " + data[i][j]);
                }
                System.out.println();
            }
            System.out.println("--------------------------");
        }
    }
    public static void main(String[] args) {
        FrameTableDemo frame = new FrameTableDemo();
        frame.pack();
        frame.setVisible(true);
    }
}
```

在上面的 FrameTableDemo 类中，通过自定义一个内部类 MyTableModel 来定义表格数据，MyTableModel类继承AbstractTableModel类，并重写了AbstractTableModel类中的getColumnCount、getRowCount、getColumnName、getValueAt 方法。

一个表格通常由两部分构成，一部分为表头显示的标题数据，另一部分为每一行显示的数据。表头数据需要放在一个一维的字符串数组中，例如在上面的程序中，定义表头的方法为：

```
final String[] columnNames = { "像片", "姓名", "职位", "电话", "工资", "婚否" };
```

而表格中的行数据是一个任意类型的二维数组，例如在上面的程序中，定义表格行数据的方法为：

```
final Object[][] data = {
{ apple, "天峰", "自由作家", "02988225560", new Integer(20), new Boolean(false) }};
```

AbstractTableModel 类中主要的方法有：

- 获得表格中列数的方法 getColumnCount()

该方法一般需要重写，它返回表格中的列数，即上面程序中下定义的 columnNames 的长度。

- 获得表格中行数的方法 getRowCount()

该方法一般也需要重写，它返回表格中的行数，即上面程序中下定义的 data 的长度。

- 获得表格中某列名字的方法 getColumnName(int col)

该方法根据传入的列号返回对应表格头中的列名，即上面程序中下定义的 columnNames 中的值，一般也需要重写。

- 获得某行某列数据的方法 getValueAt(int row， int col)

该方法根据传入的行号和列号返回对应的值，即上面程序中下定义的 data 中的值，一般也需要重写。

- 设置表格的某行某列数据是否可编辑的方法 isCellEditable(int row，int col)

如果该方法返回的值是 treu，则表明相对应的表格数据是可编辑的，否则是不可编辑的。

- 改变表格中某行某列数据值的方法 setValueAt(Object value，int row，int col)

通过该方法可以更改表格中相应对的值，即上面程序中下定义的 data 中的值，一般也需要重写。

当创建完 AbstractTableModel 的子类后，可以直接用它来创建表格，创建表格的方法为：

```
MyTableModel myModel = new MyTableModel(); // myModel 存放表格的数据
JTable table = new JTable(myModel); // 表格对象 table 的数据来源是 myModel 对象
```

创建完表后，需要把表格放在 JScrollPane 面板中显示，实现代码为：

```
JScrollPane scrollPane = new JScrollPane(table);// 产生一个带滚动条的面板
table.setAutoResizeMode(table.AUTO_RESIZE_OFF);// 设置自动横向滚动
```

可以通过 TableColumnModel 对象来设置表中每列的列宽，TableColumnModel 对象的获取和设置列宽的方法为：

```
TableColumnModel md7 = (TableColumnModel) table.getColumnModel();
md7.getColumn(0).setMinWidth(30);// 设置列的宽度
```

12.3.18　树（JTree）

要显示一个层次关系清晰的一组数据，用树状图表示能给用户一个直观而易用的感觉，JTree 类如同 Windows 的资源管理器的左半部，通过单击可以“打开”、“关闭”文件夹，展开树状结构的图表数据。JTree 也是依据 M-V-C 的思想来设计的，JTree 的主要功能是把数据按照树状进行显示，其数据来源于其他对象。图 12-15 就是一棵包含多个分枝点的树的例子。

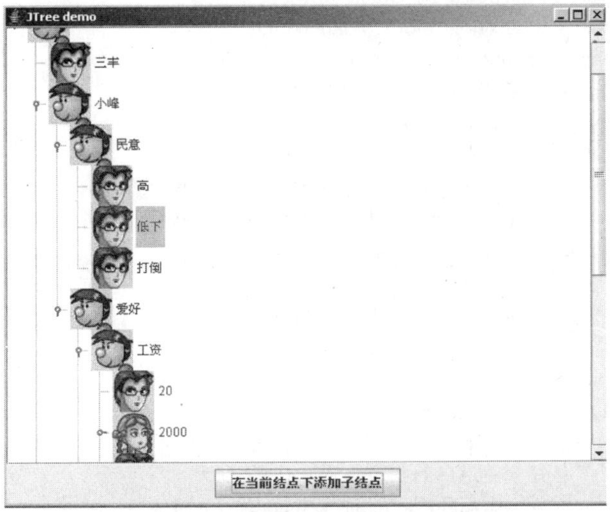

图 12-15　树状图

程序代码如清单 12-9 所示。

清单 12-9

```
package com.javapp.ch12;
import java.awt.*;
import java.awt.event.*;
import javax.swing.*;
import javax.swing.tree.*;
import java.util.Enumeration;
public class FrameTreeDemo extends JPanel {
    DefaultMutableTreeNode root,child,chosen;
    JTree tree;
    DefaultTreeModel model;
    DefaultTreeCellRenderer treeRenderer = new DefaultTreeCellRenderer();
    ImageIcon image1 = new ImageIcon(getClass().getResource("6.jpg"));
    ImageIcon image2 = new ImageIcon(getClass().getResource("4.jpg"));
    ImageIcon image3 = new ImageIcon(getClass().getResource("5.jpg"));
    String[][] data = { { "天峰","三丰","小峰","峰峰" },{ "爱好","劳动","钱财","剥削" },
            { "职位","平民","地主","官僚" },{ "工资","20","2000","200000" },
            { "地位","低下","高","无所不作" },{ "民意","高","低下","打倒" } };
    static int i = 0; // I 用于统计当前树中结点的个数
    public FrameTreeDemo() {
        root = new DefaultMutableTreeNode("root"); // 根节点进行初始化
        tree = new JTree(root); // 树进行初始化，其数据来源是 root 对象
        treeRenderer.setClosedIcon(image1);
        treeRenderer.setOpenIcon(image2);
        treeRenderer.setLeafIcon(image3);
        treeRenderer.setBorder(null);
        treeRenderer.setToolTipText("");
        treeRenderer.setVerifyInputWhenFocusTarget(false);
        treeRenderer.setDisplayedMnemonic('3');
        treeRenderer.setLabelFor(tree);
        treeRenderer.setBorderSelectionColor(Color.green);
        treeRenderer.setTextNonSelectionColor(Color.darkGray);
        treeRenderer.setTextSelectionColor(Color.red);
        tree.setCellRenderer(treeRenderer);
        setLayout(new BorderLayout());
        add(new JScrollPane(tree)); // 把滚动面板添加到 Trees 中
        model = (DefaultTreeModel) tree.getModel(); // 获得数据对象 DefaultTreeModel
        JButton test = new JButton("在当前结点下添加子结点"); // 按钮 test 进行初始化
        JPanel p = new JPanel(); // 面板 p 初始化
        p.add(test); // 把按钮添加到面板 p 中
        add(p,BorderLayout.SOUTH); // 把面板 p 添加到 Trees 中
        test.addActionListener(new ActionListener() {
            // 按钮 test 注册监听器
            public void actionPerformed(ActionEvent e) {
                if (i < data.length) {
                    // 按钮 test 点击的次数小于 data 的长度
                    child = new Addnode(data[i++]).node();
                    // 生成子节点
                    chosen = (DefaultMutableTreeNode)
                    // 选择 child 的父节点
```

```
                        tree.getLastSelectedPathComponent();
                        if (chosen == null) {
                            chosen = root;
                        }
                        model.insertNodeInto(child,chosen,0);
                        // 把 child 添加到 chosen
                    }
                }
            });
            expandAll(tree,true);
        }
        public void expandAll(JTree tree,boolean expand) {
            TreeNode root = (TreeNode) tree.getModel().getRoot();
            // Traverse tree from root
            expandAll(tree,new TreePath(root),expand);
        }
        private void expandAll(JTree tree,TreePath parent,boolean expand) {
            // Traverse children
            DefaultMutableTreeNode node = (DefaultMutableTreeNode) parent
                    .getLastPathComponent();
            if (node.getLevel() <= 1) {
                if (node.getChildCount() >= 0) {
                    for (Enumeration e = node.children(); e.hasMoreElements();) {
                        TreeNode n = (TreeNode) e.nextElement();
                        TreePath path = parent.pathByAddingChild(n);
                        expandAll(tree,path,expand);
                    }
                }
            }
            // Expansion or collapse must be done bottom-up
            if (expand) {
                tree.expandPath(parent);
            } else {
                tree.collapsePath(parent);
            }
        }
        public static void main(String args[]) {
            JFrame jf = new JFrame("JTree demo");
            jf.getContentPane().add(new FrameTreeDemo(),BorderLayout.CENTER);
            // 把 Trees 对象添加到 JFrame 对象的中央
            jf.setSize(300,600);
            jf.setVisible(true);
        }
    }
    class Addnode {
        DefaultMutableTreeNode r;
        // DefaultMutableTreeNode 是树的数据结构中的通用节点，节点也可以有多个子节点。
        public Addnode(String[] data) {
            r = new DefaultMutableTreeNode(data[0]);
            for (int i = 1; i < data.length; i++) {
```

```
                r.add(new DefaultMutableTreeNode(data[i]));
            }
            // 给节点 r 添加多个子节点
        }
        public DefaultMutableTreeNode node() { // 返回节点
            return r;
        }
}
```

在上面的程序中，首先应用 DefaultMutableTreeNode 类创建一个树的根节点，创建方法为：

```
DefaultMutableTreeNode    root = new DefaultMutableTreeNode("root"); // 根节点进行初始化
```

然后用创建的根节点初始化一棵树，初始化的方法为：

```
JTree tree = new JTree(root); // 树进行初始化，其数据来源是 root 对象
```

可以通过 DefaultTreeCellRenderer 来建树节点渲染器，利用 DefaultTreeCellRenderer 对象设置树中各节点的图标，例如节点的展开、闭合、叶子图标等。具体设置方法如下：

```
ImageIcon image1 = new ImageIcon(getClass().getResource("6.jpg"));//创建图标
ImageIcon image2 = new ImageIcon(getClass().getResource("4.jpg"));
ImageIcon image3 = new ImageIcon(getClass().getResource("5.jpg"));
treeRenderer.setClosedIcon(image1);//设置节点闭合图标
treeRenderer.setOpenIcon(image2);//设置节点打开图标
treeRenderer.setLeafIcon(image3);//设置叶子节点图标
```

设置完 DefaultTreeCellRenderer 渲染器后，可以通过 JTree 的 setCellRenderer 方法把渲染器添加到树中。最后需要把创建的树添加到 JScrollPane 面板中。

创建并设置完树后，可以利用 DefaultTreeModel 来操作树，例如在树中添加、删除节点。获得 DefaultTreeModel 的方法为：

```
DefaultTreeModel model = (DefaultTreeModel) tree.getModel(); // 获得数据对象
```

然后可以利用 DefaultTreeModel 的 insertNodeInto 方法在节点中插入一个节点，例如把节点 child 添加到节点 chosen 中的方法为：

```
model.insertNodeInto(child,  chosen,  0);
```

如果要得到当前所选择的节点，可以利用 JTree 的 getLastSelectedPathComponent 方法来获得，实现代码如下：

```
DefaultMutableTreeNode chosen =
  (DefaultMutableTreeNode)tree.getLastSelectedPathComponent();
```

12.3.19　消息框（Message box）

视窗环境下通常包含了一组标准的消息框，使你能够快速地把消息通知给用户或者是从用户那里得到信息。在 Swing 中，这些消息框包含在 JOptionPane 组件里。最常用的就是消息对话框和确认对话框，它们分别可以通过调用静态的 JOptionPane.showMessageDialog 和 JOptionPane.showConfirmDialog 方法得到。下面的例子演示了 JOptionPane 中一些可用的消息框，程序运行结果如图 12-16 所示。

图 12-16　输入对话框

程序代码如清单 12-10 所示。

清单 12-10

```
package com.javapp.ch12;
import java.awt.*;
import java.awt.event.*;
import javax.swing.*;
public class FrameMessageboxDemo extends JFrame {
	public FrameMessageboxDemo() {
		try {
			jbInit();
		} catch (Exception exception) {
			exception.printStackTrace();
		}
	}
	private JButton[] b = { new JButton("确认"),new JButton("警告"),
			new JButton("爱好"),new JButton("录入爱好"),new JButton("选择爱好") };
	private JTextField jtxt = new JTextField(20);
	private ActionListener al = new ActionListener() {
		public void actionPerformed(ActionEvent e) {
			String id = ((JButton) e.getSource()).getText();
	if (id.equals("警告")) {
	JOptionPane.showMessageDialog(null,"系统动行期间出现了错误，请与程序员联系!","系统提示!",
					JOptionPane.ERROR_MESSAGE);
			} else if (id.equals("确认")) {
				JOptionPane.showConfirmDialog(null,"您确认退出系统吗？","系统提示",
					JOptionPane.YES_NO_OPTION);
			} else if (id.equals("爱好")) {
				Object[] options = { "写作","政治官僚" };
				int sel = JOptionPane.showOptionDialog(null,"请选择您的爱好！","系统提示!",
					JOptionPane.DEFAULT_OPTION,JOptionPane.WARNING_MESSAGE,null,
					options,options[0]);
				if (sel != JOptionPane.CLOSED_OPTION) {
					jtxt.setText("您选择的个人爱好为: " + options[sel]);
				}
			} else if (id.equals("录入爱好")) {
				String val = JOptionPane.showInputDialog("您爱好什么?");
				jtxt.setText(val);
			} else if (id.equals("选择爱好")) {
				Object[] selections = { "写作","政治","军事" };
				Object val = JOptionPane.showInputDialog(null,"请输入您的爱好","系统提示",
				JOptionPane.INFORMATION_MESSAGE,null,selections,selections[0]);
				if (val != null) {
					jtxt.setText(val.toString());
```

```
                }
            }
        }
    };
    private FlowLayout flowLayout1 = new FlowLayout();
    private JLabel jLabel1 = new JLabel();
    private void jbInit() throws Exception {
        Container cop = this.getContentPane();
        cop.setLayout(flowLayout1);
        for (int i = 0; i < b.length; i++) {
            b[i].addActionListener(al);
            cop.add(b[i]);
        }
        this.setTitle("消息框（Message box）");
        jLabel1.setText("显示信息");
        cop.add(jtxt,null);
        cop.add(jLabel1);
    }
    public static void main(String[] args) {
        FrameMessageboxDemo frame = new FrameMessageboxDemo();
        frame.pack();
        frame.setVisible(true);
    }
}
```

在上面的程序中，应用 JOptionPane 类的各种静态法来显示对话框，JOptionPane 类的主要方法有：

1. 显示确认对话框的方法 showConfirmDialog

通过调用该方法可弹出一个具有“YES”和“NO”的对话框，调用该方法的代码如下：

```
JOptionPane.showConfirmDialog(null,"您确认退出系统吗？","系统提示"，JOptionPane.YES_NO_OPTION);
```

执行该语句后，弹出如图 12-17 所示对话框。

图 12-17　确认对话框

2. 显示选择对话框的方法 showOptionDialog

通过调用该方法可弹出一个具有多个选择按钮的对话框，对话框中的选择项通过数组参数传入，调用该方法的代码如下：

```
int sel = JOptionPane.showOptionDialog(null， "请选择您的爱好！"， "系统提示!",
JOptionPane.DEFAULT_OPTION， JOptionPane.WARNING_MESSAGE， null，options， options[0]);
```

执行该语句后，弹出如图 12-18 所示对话框。

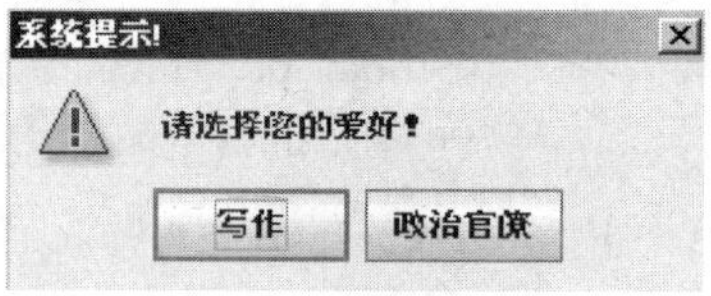

图 12-18　选择对话框

3. 显示信息提示对话框的方法 showMessageDialog

通过调用该方法可弹出一个信息提示对话框，调用该方法的代码如下：

```
JOptionPane.showMessageDialog(null, "系统动行期间出现了错误，请与程序员联系!", "系统提示!",
    JOptionPane.ERROR_MESSAGE);
```

执行该语句后，弹出如图 12-19 所示对话框。

图 12-19　消息对话框

4. 显示数据录入对话框的方法 showInputDialog

通过调用该方法可弹出一个数据录入对话框，该方法返回的值为用户录入的数据。调用该方法的代码如下：

```
String val = JOptionPane.showInputDialog("您爱好什么?");
```

执行该语句后，弹出如图 12-20 所示对话框。

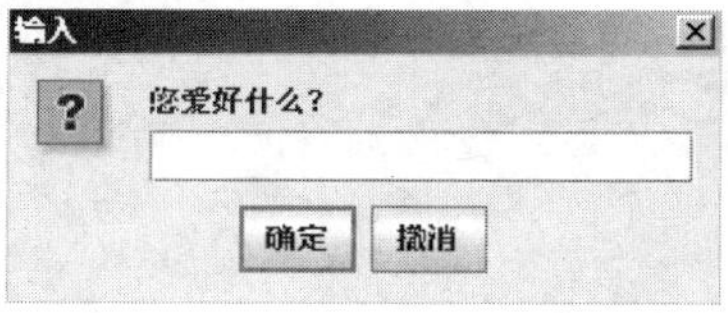

图 12-20　输入对话框

12.3.20　文本区域

在 Java 中，文本编写组件有 JTextPane、JEditorPane、JTextArea 。JTextPane 的目的是提供即时编辑文本的功能，所以没有 append 方法，JTextPane 还有诸如自动换行的内置功能，并且 JTextPane 还有直接插入图片的方法 insertIcon。而 TextArea 只能添加文本，不能有图形内容。不过 TextArea 具有直接插入到任意一位置的方法 insert(String str，int pos)。JEditorPane 可以显示/编辑网页内容，但不能直接插入图片，也没有插入到任意位置的方法。

JTextPane 有两个常用的属性类，分别是 SimpleAttributeSet 和 StyleConstant。属性的变化早期是利用 AttributeSet interface 来处理的，但是这个 interface 中包含的方法太多，若是直接实例化 AttributeSet interface，那就需要实例化此 interface 里所有的方法，这对编写程序来说并不是一个很理想的做法，而 Java 提供的 SimpleAttributeSet 类，它实例化了 AttributeSet interface。因此，只要直接使用 SimpleAttributeSet 类就能具备 AttributeSet interface 的所有功能，而不用一个个的编写 AttributeSet 中的方法。另外 StyleConstant 类则是提供 AttributeSet 类许多常用的属性键值（Attribute Key）和方法来设置或取得 JTextPane 内容的状态。在 StyleConstant 类中包含了许多的常用的属性设置，包括本文与边界空白区段设置、文字字体/大小/类型设置、背景颜色设置等。利用这两个类来辅助设计 JTextPane 便使 JTextPane 有更丰富的内容变化。

JTextPane 是专为文字和版面处理设计的组件。JTextPane 对可输入区域内容的设计概念是一个类似 Word 的设计概念,也就是说在 JTextPane 中的文字结构是有段落概念的。“段落”的概念就是以 Enter 键为每一段落的分界点，每按一次 Enter 键就增加一个段落。

在 JTextPane 中也可以像 Word 文件一样将各个段落设置成不同的属性，如第一段为斜体字、字体大小为 13 号字、粗体字，第二段为斜体字、字体颜色为蓝色、向左边界缩排 3 厘米等。另外，还可以设置 JTextPane 编辑区内输入的文字与各个边界间的距离。由这些功能看来，对于一个 TextComponent 来说 JTextPane 是一个具有相当多实用功能的组件。

在了解 JTextPane 的各项特性之后，下面这个例子中将对 JTextPane 区域内的文字设置颜色、粗斜体、与底线等相关属性。

清单 12-11

```
package com.javapp.ch12;
import javax.swing.*;
import javax.swing.event.HyperlinkEvent;
import javax.swing.event.HyperlinkListener;
import javax.swing.text.*;
import java.awt.event.*;
import java.awt.*;
import java.io.IOException;
public class JTextPanedemo {
        private JTextPane textPane;
        public   JTextPanedemo() {
                textPane = new JTextPane();
                textPane.setBackground(Color.black);
                textPane.setEditable(false);
                textPane.addHyperlinkListener(new HyperlinkListener(){//设置超链接,要注册超链接监听
                        public void hyperlinkUpdate(HyperlinkEvent arg0) {
                                if(arg0.getEventType()==HyperlinkEvent.EventType.ACTIVATED){
                                        try {
                                                textPane.setPage(arg0.getURL());
                                        } catch (IOException e) {
                                                e.printStackTrace();
                                        }
                                        }
                                }
                });
        }
        public void setCyan(String str) {//设置所要插入字符的属性
                SimpleAttributeSet attrset = new SimpleAttributeSet();
                StyleConstants.setForeground(attrset, Color.CYAN);
                StyleConstants.setBold(attrset, true);
```

```
            insert(str, attrset);
        }
        public void setBlue(String str) {
            SimpleAttributeSet attrset = new SimpleAttributeSet();
            StyleConstants.setForeground(attrset, Color.blue);
            StyleConstants.setItalic(attrset, true);
            StyleConstants.setFontSize(attrset, 24);
            insert(str, attrset);
        }
        public void setRed_UnderLine(String str) {
            SimpleAttributeSet attrset = new SimpleAttributeSet();
            StyleConstants.setForeground(attrset, Color.red);
            StyleConstants.setUnderline(attrset, true);
            StyleConstants.setItalic(attrset, true);
            StyleConstants.setFontSize(attrset, 24);
            insert(str, attrset);
ImageIcon apple=new ImageIcon(getClass().getResource("4.jpg"),"");//图片放在与本类同一目录中
            this.textPane.insertIcon(apple);//插入图片
        }
        // 这个方法最主要的用途是将字符串插入到 JTextPane 中。
        public void insert(String str, AttributeSet attrset) {
            Document docs = textPane.getDocument();// 利用 getDocument()方法取得 JTextPane 的 Document
            str = str + "\n";
            try {
                docs.insertString(docs.getLength(), str, attrset);
            } catch (BadLocationException ble) {
                System.out.println("BadLocationException:" + ble);
            }
        }
        public Component getComponent() {
            return textPane;
        }
        public static void main(String[] args) {
            JTextPanedemo pane = new JTextPanedemo();
            pane.setCyan("第一行测试，颜色为粉色");
           pane.setBlue("第二行测试，颜色是蓝色");
            pane.setRed_UnderLine("第二行测试，颜色为红色");
            JFrame f = new JFrame("JTextPaneDemo");
            f.getContentPane().add(pane.getComponent());
            f.setSize(400, 200);
            f.setVisible(true);
            f.addWindowListener(new WindowAdapter() {
                public void windowClosing(WindowEvent e) {
                    System.exit(0);
                }
            });
        }
}
```

若想在 JTextPane 上置入图形或其他组件（如表或按钮），可以分别使用 JTextPane 所提供的

insetIcon 与 insertComponent 方法来实现这个效果。程序运行结果如图 12-21 所示。

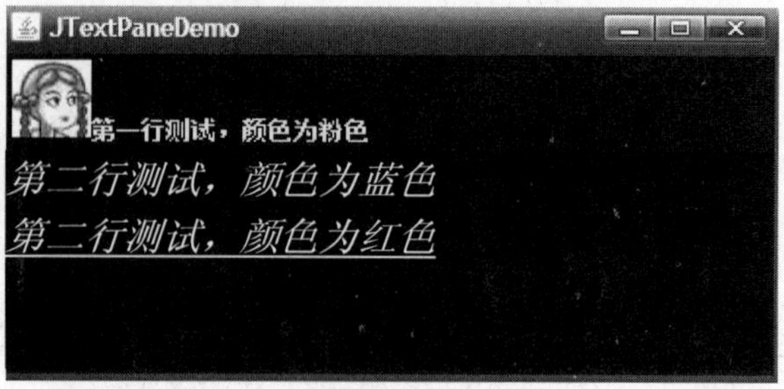

图 12-21　JTextPane 文本编辑器

12.3.21　绘图

在 Java 中，使用 Swing 类库使得绘图非常简单。对于任何绘图程序，其问题在于决定绘图位置的计算通常比对绘图功能的调用要复杂得多，并且这些计算程序常常与绘图程序混在一起，所以看起来程序的接口比实际需要的要更复杂。

下面通过一个例子来介绍如何应用 Swing 类库来绘图。为了简化问题，考虑一个在屏幕上表示数据的问题，这里的数据将由内置的 Math.sin 方法提供，它可以产生数学上的正弦函数。并且在窗体底部放置了一个滑动条，用来动态控制被显示的正弦波周期的大小。此外，如果调整了视窗的大小，正弦波能够自动调整以适应新的视窗。尽管在任何 JComponent 上都可以绘图，而且正因为如此，可以把它们当作画布（canvas），但是如果想有一个可以直接绘图的平面，典型的做法是从 JPanel 继承。唯一需要重载的方法就是 paintComponent，它将在组件必须被重新绘制的时候被调用。当此方法被调用时，Swing 将传入一个 Graphics 对象，然后就可以使用这个对象在组件上绘制图形。运行效果如图 12-22 所示。

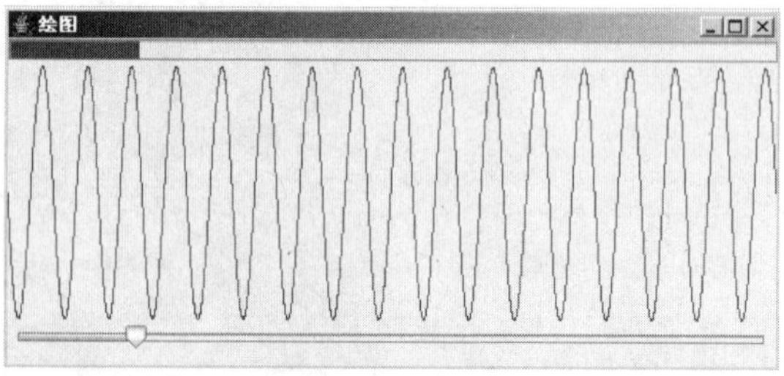

图 12-22　绘图

程序代码如清单 12-12 所示。

清单 12-12

```
package com.javapp.ch12;
import javax.swing.JFrame;
import javax.swing.*;
import javax.swing.event.*;
import java.awt.*;
class Drawsub extends JPanel {
    private static final int SCALEFACTOR = 200;
```

```
    private int cycles;
    private int points;
    private double[] sines;
    private int[] pts;
    public Drawsub() {
        setCycles(5);
    }
    public void setCycles(int newCycles) {
        cycles = newCycles;
        points = SCALEFACTOR * cycles * 2;
        sines = new double[points];
        for (int i = 0; i < points; i++) {
            double radians = (Math.PI / SCALEFACTOR) * i;
            sines[i] = Math.sin(radians);
        }
        repaint();
    }
    public void paintComponent(Graphics g) {
        super.paintComponent(g);
        int maxWidth = getWidth();
        double step = (double) maxWidth / (double) points;
        int maxHeight = getHeight();
        pts = new int[points];
        for (int i = 0; i < points; i++) {
            pts[i] = (int) (sines[i] * maxHeight / 2 * .95 + maxHeight / 2);
        }
        g.setColor(Color.RED);
        for (int i = 1; i < points; i++) {
            int x1 = (int) ((i - 1) * step);
            int x2 = (int) (i * step);
            int y1 = pts[i - 1];
            int y2 = pts[i];
            g.drawLine(x1,y1,x2,y2);
        }
    }
}
public class FrameImageDemo extends JFrame {
    public FrameImageDemo() {
        try {
            jbInit();
        } catch (Exception ex) {
            ex.printStackTrace();
        }
    }
    private Drawsub sines = new Drawsub();
    private JSlider adjust = new JSlider();
    private JProgressBar jProgressBar1 = new JProgressBar();
    public void init() {
        Container cp = getContentPane();
        cp.add(sines,BorderLayout.CENTER);
```

```
        adjust.addChangeListener(new ChangeListener() {
            public void stateChanged(ChangeEvent e) {
                sines.setCycles(((JSlider) e.getSource()).getValue());
                jProgressBar1.setValue(adjust.getValue());
            }
        });
        cp.add(BorderLayout.SOUTH,adjust);
        cp.add(jProgressBar1,BorderLayout.NORTH);
    }
    public static void main(String[] args) {
        FrameImageDemo frame = new FrameImageDemo();
        frame.pack();
        frame.setVisible(true);
    }
    private void jbInit() throws Exception {
        this.setTitle("绘图");
        init();
        adjust.setPaintLabels(true);
        adjust.setPaintTicks(true);
        adjust.setForeground(Color.orange);
        adjust.setToolTipText("");
        this.adjust.setMinimum(1);
        jProgressBar1.setForeground(Color.red);
    }
}
```

在上面程序中，数组 cycles 表示所希望的完整的正弦波个数，数组 points 是将要绘制的点的总数，数组 sines 包含了正弦函数的值，数组 pts 包含将要绘制在 JPanel 上点的 y 坐标。SetCycles 方法先根据所需点的数目创建数组，然后为数组里的每个元素计算相应的正弦函数值。它通过调用 repaint 方法迫使 paintComponent 方法得到调用，这样余下的计算和重绘动作就会发生。

12.3.22 对话框（Dialog box）

对话框是从视窗中弹出另一个窗口。它的目的是处理一些具体问题，同时又不会使这些具体细节与原先窗口的内容混在一起。对话框在视窗编程环境下被大量使用。

如果要编写一个对话框，就需要从 JDialog 继承，它只不过是另一种类型的 Window，与 JFrame 类似。JDialog 具有一个布局管理器（默认情况下为 BorderLayout），并且需要添加事件监听器来处理事件。它与别的 Window 相比，有一个明显不同的地方，就是当你关闭对话框窗口的时候，并不希望关闭整个应用程序。这时候的做法是通过调用 JDialog 的 dispose 方法来释放对话框窗口所占用的资源。

12.3.23 选择外观（Look & Feel）

“可插拔外观（Pluggable Look & Feel）”使你的程序能够模仿不同的操作系统的外观。你甚至可以得到各种奇妙的功能，比如在程序运行期间动态改变程序的外观。不过，通常你只会在以下二者中选择一个：要么选择“跨平台”的外观（即 Swing 的“金属”外观）；要么选择程序当前所在系统的外观，这样你的 Java 程序看起来就好像是为该系统专门设计的，在大多数情况下，这的确是最好的选择，而且可以避免误导用户。实现这两种行为的代码都很简单，不过你要确保在创建任何可视组件之前先调用这些代码，这是因为组件是根据当前的外观而创建的，而且创建之后就不会改变（你很少会在程序运行的时候改变程序的外观，这个过程相当复杂且不常见。

实际上，如果要使用跨平台的“金属”外观（它是 Swing 程序的特征），不需要做任何处理，因为它是默认外观。不过要想使用当前操作系统的外观，加入如清单 12-13 所示的代码即可，一般把这些代码添加在 main( )开始的地方，至少也要在添加任何组件之前。

清单 12-13

```
try {
    UIManager.setLookAndFeel(UIManager.
    getSystemLookAndFeelClassName());
} catch(Exception e) {
    throw new RuntimeException(e);
}
```

在 catch 子句中你什么也不用做，因为在默认情况下，如果你的设置代码失败了，UIManager 将设置成跨平台的外观。不过在调试的时候异常非常有用，通过 catch 子句可以查看出现的问题。

12.4 本章考试、面试问题分析

1. Swing 组件 JList 的列表数据修改了，如何通知 JList 改变显示?

JList 组件有一个单独的显示模式 ListModel 来表示 JList 的显示数据，JList 创建以后，JList 数据元素的值及数据元素的数量可以动态地改变。JList 在它的数据模式 ListModel 中观察数据的改变。因此，一个 ListModel 的正确实现应当在每次数据发生改变时，通知事件的监听者。当使用构造函数 JList(Object[])创建一个 JList 的实例时，系统将自动创建一个 DefaultListModel 的实例来存储 JList 的显示数据，可以调用 DefaultListModel 中定义的简便方法来动态地修改 JList 的数据，如 removeElementAt(index)、addElement(Object)等，DefaultListModel 在修改数据的同时，将通知 JList 关于数据的改变。

12.5 实验 11 建立图形用户界面

1. 实验目的

主要了解 Java UI 的工作机制，UI 界面基本组件窗口、按钮、文本框、选择框、滚动条等的使用方法，了解如何使用布局管理器对组件进行管理，以及如何使用 Java 的事件处理机制。

2. 实验要求

（1）理解 Java 的事件处理机制，掌握为不同组件编写事件处理程序的方法。

（2）掌握编写独立运行的窗口界面的方法。

（3）了解 Java Swing 组件的使用方法。

3. 实验内容

实验相关内容请参考 12.2 节的图解应用集成开发环境设计 GUI 程序的内容。

12.6 本章小结

本章主要详解了 Swing 用户界面的应用程序设计方法。首先介绍了 Swing 的类层次结构以及 Swing 组件和容器，然后介绍了应用集成开发环境设计 GUI 程序。在本章最后，介绍了在 Swing 中各种容器面板和组件的具体应用方法。

第 13 章　Applet 设计

本章重点

- Applet 的基本工作原理
- Applet 与 Application 的区别及相互转化
- Applet 与 JAR 文件
- 为 Applet 数字签名
- JNLP 与 Java Web Start

在 Java 中，有两种类型的程序，分别为应用程序（Application）和小应用程序（Applet）。Java Applet 可以被 HTML 页面引用，并可以在支持 Java 的浏览器中执行，可以说 Applet 具有“激活因特网”的强大功能。在本章将讲述 Applet 的工作原理以及如何编写 Applet 程序。

13.1　Applet 简介

13.1.1　编写 Applet 小程序

下面编写一个简单的 Applet 程序，来了解 Applet 运行机制。程序代码如清单 13-1 所示。

清单 13-1

```
package com.javaapp.ch13;
import java.applet.*;
import java.awt.*;
import java.awt.event.*;
import javax.swing.*;
public class MyFirstApplet extends Applet {
    private boolean isStandalone = false;
    private BorderLayout borderLayout1 = new BorderLayout();
    private BorderLayout borderLayout2 = new BorderLayout();
    private JPanel jPanel1 = new JPanel();
    private BorderLayout borderLayout3 = new BorderLayout();
    private JTextArea jTextArea1 = new JTextArea();
    private JButton jButton1 = new JButton();
    // Initialize the applet
```

```
    public void init() {
        try {
            Init();
        } catch (Exception e) {
            e.printStackTrace();
        }
    }
    // Component initialization
    private void Init() throws Exception {
        this.setLayout(borderLayout2);
        jPanel1.setLayout(borderLayout3);
        jTextArea1.setBorder(BorderFactory.createEtchedBorder());
        jTextArea1.setPreferredSize(new Dimension(50, 138));
        jTextArea1.setToolTipText("");
        jButton1.setPreferredSize(new Dimension(15, 28));
        jButton1.setText("显示 Applet 信息 ");
        this.add(jPanel1, java.awt.BorderLayout.CENTER);
        jPanel1.add(jTextArea1, java.awt.BorderLayout.NORTH);
        jPanel1.add(jButton1, java.awt.BorderLayout.SOUTH);
            this.jButton1.addActionListener(new java.awt.event.ActionListener() {
            public void actionPerformed(ActionEvent e) {
                appletinfo();
            }
        });
    }
    void appletinfo() {
        this.jTextArea1.insert("Applet 的存放位置： " + this.getCodeBase().toString(),0);
    }
}
```

从上面的程序中可以看出 Applet 程序的编写与前面介绍的 Application 程序编写方法其本相同，所不同之处在于 Applet 应用程序类都继承于 Applet 或 JApplet 类并且 Applet 中没有 main 方法。

13.1.2 Applet 嵌入到网页

Applet 中没有 main 方法作为 Java 解释器的入口，必须编写 HTML 文件，把该 Applet 嵌入其中，然后用 appletviewer 来运行或在支持 Java 的浏览器上运行。HTML 文件代码如清单 13-2 所示。

清单 13-2

```
<html><head>
        <meta http-equiv="Content-Type" content="text/html; charset=GBK">
        <title>Applet演示</title>
    </head>
    <body>
        <applet codebase="." code="com.javapp.ch13.MyFirstApplet.class"
            name="TestApplet" width="300" height="200"></applet>
    </body>
</html>
```

MyFirstApplet.htm 存放在 javaapp 项目的 src 目录下，编译 MyFirstApplet.java 后，在 javaapp 项目工作目录的 bin 文件夹下找到 MyFirstApplet.html，双击 MyFirstApplet.html，在浏览器中打开，运行结果如图 13-1 所示。

图 13-1 Applet

Applet 在浏览器中运行，需要安装 JRE 并且要选中安装项，在浏览器的“工具”→“Internet 选项”，在弹出的对话框中，选择高级标签，然后选中 Java 项下的 JRE 项，如图 13-2 所示。

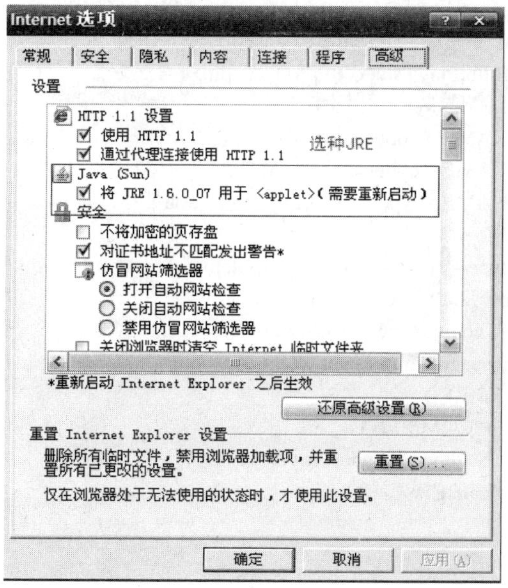

图 13-2 设置 JRE

在上面的 MyFirstApplet 程序中不需要有一个 main()。所有内容都封装到应用程序框架中，所有启动代码都放在 init 方法中。为了将一个程序片置入 Web 页，需要在那个 Web 页的代码中设置一个特殊的标记，以指示网页装载和运行 Applet。这就是 applet 标记，它在 HTML 文件中的代码如下：

```
<applet codebase="." code=" ch4.applet.Applet.MyFirstApplet.class "  name="TestApplet" width="300"
height="200"></applet>
```

其中，code 值指定了.class 文件的名字。width 和 height 指定这个 Applet 的初始尺寸。还可将其他参数放入 applet 标记。例如用于在因特网上寻找其他.class 文件的位置（codebase）、对齐和排列信息（align）、使 Applet 相互间能够通信的一个特殊标识符（name）以及用于提供 Applet 能接收的信息的参数。Applet 参数形式如下：

```
<Paramname=标识符 value ="信息">
```

可根据需要设置任意多个这样的参数。在简单的 Applet 中，要做的唯一事情是按上述形式在 Web 页中设置一个 Applet 标记（applet）。

提 示

如果客户端没有 JDK 或 JRE，那么在 IE 中是无法运行 Applet 的，在实际应用中，可以在程序中设置自动下载可运行 Applet 的插件，这样，当 IE 中没有安装执行 Applet 的 JRE 时，会自动从 Sun 的网上下载运行 Applet 的插件。实现代码如下：

```
<html>
  <head>
      <title>JApplet1</title>
  </head>
  <hr>
  <OBJECT classid="clsid:8AD9C840-044E-11D1-B3E9-00805F499D93"
      width="300" height="200" align="baseline"
      codebase="http://java.sun.com/products/plugin/1.2.2/
jinstall-1_2_2-win.cab#Version=1,2,2,0">
      <PARAM NAME="code" VALUE="com.javapp.ch13.MyFirstApplet.class">
      <PARAM NAME="codebase" VALUE=".">
      <PARAM NAME="type" VALUE="application/x-java-applet;version=1.2.2">
      <COMMENT>
      <EMBED type="application/x-java-applet;version=1.2.2" width="200"
          height="200" align="baseline"
          code="com.javapp.ch13.MyFirstApplet.class" codebase="."
          pluginspage="http://java.sun.com/products/plugin/1.2/plugin-install.html">
          <NOEMBED>
              </COMMENT>
              No Java 2 support for APPLET!!
          </NOEMBED>
      </EMBED>
  </OBJECT>
  <hr>
  </body>
</html>
```

13.2 Applet 基础

13.2.1 Applet 类与 JApplet 类

Applet 不能单独执行，而必须嵌入在别的软件如浏览器中或是通过 appletviewer 来执行，而 JApplet 类提供了 Applet 与其所执行环境间的标准接口。Applet 类也提供了使 Applet 能在浏览器上执行的骨干结构，由 init、start、stop、destroy 这四个方法所构成。Applet 是 AWT 中的类，而 JApplet 是 Swing 中的类。

利用 Applet 类提供的四个方法 init、start、stop 和 destroy 可以构造任意 Applet 框架，JApplet 类继承了这四个方法。在实际应用中，用户需要重载这些方法来构造自己需要的 Applet。下列方法可以对其创建和执行进行控制：

（1）init

该方法用于 Applet 的初始化。当 Applet 被第一次加载时，该方法会被自动调用。在这个方法中，可以做一些必要的初始化工作，这些内容包括创建和初始化程序运行所需要的对象实例，把图形或字体载入内存，处理 PARAM 参数等。

（2）start

该方法是启动浏览器运行 Applet 的主线程。调用 init 方法将 Applet 的初始化工作完成之后，start 方法会被自动调用。当用户刷新包含 Applet 的页面或者从其他页面返回包含 Applet 的页面时，start 方法也会被自动调用。也就是说，start 方法可以被多次调用，这与 init 方法是有区别的。基于这样的原因，可以把只调用一次的代码放在 init 方法中，而不能放在 start 方法中。

（3）stop

该方法在用户离开包含 Applet 的页面时会被自动调用。和 start 方法一样，stop 方法也可以被多次调用。该方法的作用是，当用户离开包含 Applet 的页面时，停止一些耗费系统资源的活动，如播放动画等。如果在 Applet 中没有动画、音乐文件播放，那么通常可以不使用这个方法。

（4）destroy

当用户正常关闭浏览器时，浏览器会调用 destroy 方法。该方法用于回收系统资源，如回收图形用户界面的系统资源、关闭连接等。至于 Applet 实例本身，会由浏览器来负责从内存中清除，不需要在 destroy 方法中来清除。

Applet 类提供的四个方法 init、start、stop 和 destroy 分别对应了 Applet 的初始化、启动、暂停直到消亡的各个阶段。JApplet 类是 Swing Applet 的超类，所以如果想使用 Swing 集合来实现 Applet，那么编制的 Applet 应该继承 JApplet 类。

13.2.2 Applet 与 Application 的区别

Applet 与 Application 主要有以下区别：

- Java Applet 程序是在 WWW 浏览器环境下运行，即不是完整独立运行程序。
- 运行 Java Applet 程序的解释器不是独立的软件，而是嵌在 WWW 浏览器中作为浏览器软件的一部分。

- Java Applet 程序中不需要有 main 方法，但是 Java Applet 程序的主类必须是类库中已定义好的类 Applet 或 JApplet 的子类。
- Java Applet 程序可以直接利用浏览器或 AppletViewer 提供的图形用户界面，而 Java Application 程序则必须另外编写专用代码来构建自己的图形界面。

13.2.3 Applet 安全性

Applet 被设计为从远程站点下载然后在本地执行，所以安全问题非常重要。如果用户在游览器中启用了 Java，那么浏览器就会自动下载网页中的 Applet 代码并执行。用户没有机会来确认或者停止 Applet 的运行。基于这样的原因，与 Application 应用程序相比，Applet 被作了限制。 Applet 的限制执行环境常常称作“沙箱（sandbox ）”。运行在沙箱中的 Applet 不能更改或探查用户的系统。

当 Applet 运行在沙箱中时：

（1）Applet 不能读写本地计算机的文件系统，也不能运行任何本地可执行程序。

（2）Applet 不能同下载它们的服务器（该服务器称作原始主机）以外的其他任何主机通信。这条规则使得 Applet 不能探查企业内部网上的资源。

（3）Applet 只能获取本地计算机中的以下信息，例如当前使用的 Java 版本、操作系统的名字和版本、用来分离文件、路径以及行的字符。除此以外，Applet 不能获取任何其他关于本地计算机的信息。

（4）Applet 弹出的所有窗口都会带有一警告消息，告诉用户这是一个 Applet。因为 Java 解释器会检查所有的危险指令和程序区域，所以一个带有敌意的 Applet 不能覆盖系统内存、改变操作系统赋予的特权或者使计算机崩溃。在某些情况下，这些限制显得过于严格。为了充许在不同情况下使用不同的安全级别，Java 引入了签名 Applet。

一个签名 Applet 带有一个能够表明签名者特征的证书。加密技术保证了这样的证书不可能被伪造。如果信任签名者，那么可以选择给该 Applet 额外的特权。被完全信任的 Applet 可以获得同本地应用程序一样的访问特权。

13.3 Applet 的应用

向 Applet 传递参数

如同 Java Application 可以使用命令行来接受用户参数一样，也可以向 Applet 传递参数。不过在 Applet 中，这个任务要通过 HTML 文件来传递。在 HTML 文件中有一个专门的标记<PARAM>可以向 Applet 传递用户参数。下面就是一个向 Applet 传递参数的例子，程序代码如清单 13-3 所示。

清单 13-3

```
package com.javapp.ch13;
import java.awt.*;
```

```
import javax.swing.JApplet;
import javax.swing.*;
public class ParamApplet extends JApplet {
        public void init() {
                int a = Integer.parseInt(getParameter("value1"));
                int b = Integer.parseInt(getParameter("value2"));
                int c = a * b;
                String d = "第一个参数的值为：" + String.valueOf(a) + "第二个参数的值为："
                        + String.valueOf(b) + "两个参数的积为:" + String.valueOf(c);
                Container contentPane = getContentPane();
                JLabel label = new JLabel(d, SwingConstants.CENTER);
                contentPane.add(label);
} }
```

在上面的程序中，在 init 方法中利用 JApplet 的 getParameter 方法获得网页中所传的参数值。包含 ParamApplet 网页内容如清单 13-4 所示。

清单 13-4

```
<HTML><BODY>
   <APPLET
      code  = "com.javapp.ch13.ParamApplet.class"
      width = "380"
      height        = "150">
      <PARAM NAME="value1" VALUE="2">
      <PARAM NAME="value2" VALUE="30">
          </APPLET>
</BODY></HTML>
```

把上面的网页代码保存到与 ParamApplet 类同一个目录中，本例保存的文件名为 ParamApplet.html，然后用浏览器打开该文件，运行结果如图 13-3 所示。

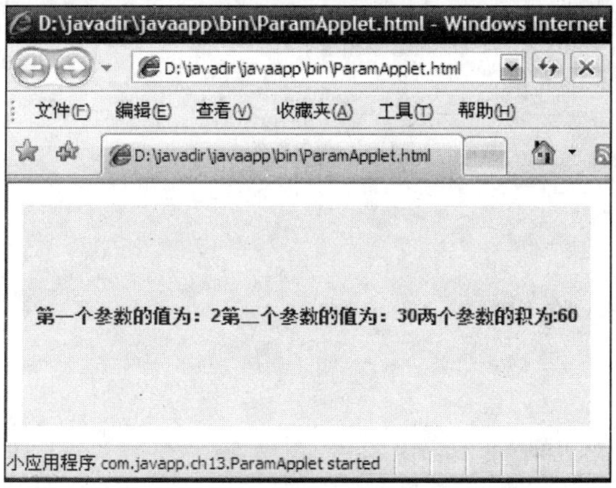

图 13-3　Applet 传递参数

13.4 将 Application 转化为 Applet

13.4.1 Application 程序

在实际应用中通常需要将 Application 转化为 Applet 来运行，下面就是一个将 Application 转化为 Applet 的例子，Application 的程序代码如清单 13-5 所示。

清单 13-5

```
package ch4.applet;
import java.awt.*;
import java.awt.event.*;
import javax.swing.*;
public class AppletButtonDemo {
        public static void main(String args[]) {
                ButtonFrame buttonframe = new ButtonFrame();
                buttonframe.setDefaultCloseOperation(3);
                buttonframe.setVisible(true);
        }
}
class ButtonFrame extends JFrame {
        public ButtonFrame() {
                setTitle("点击按钮改变程序背景颜色");
                setSize(330， 209);
                ButtonPanel buttonpanel = new ButtonPanel();
                Container container = getContentPane();
                container.add(buttonpanel);
        }
}
class ButtonPanel extends JPanel {
        private class ColorAction implements ActionListener {
                private Color backgroundColor;
                public void actionPerformed(ActionEvent actionevent) {
                        setBackground(backgroundColor);
                        repaint();
                }
                public ColorAction(Color color) {
                        backgroundColor = color;
                }
        }
        public ButtonPanel() {
                JButton jbutton = new JButton("黄色");
                JButton jbutton1 = new JButton("绿色");
                JButton jbutton2 = new JButton("红色");
                JButton jbutton3 = new JButton("青色");
                add(jbutton);
                add(jbutton1);
                add(jbutton2);
                add(jbutton3);
```

```
            ColorAction coloraction = new ColorAction(Color.yellow);
            ColorAction coloraction1 = new ColorAction(Color.green);
            ColorAction coloraction2 = new ColorAction(Color.red);
            ColorAction coloraction3 = new ColorAction(Color.cyan);
            jbutton.addActionListener(coloraction);
            jbutton1.addActionListener(coloraction1);
            jbutton2.addActionListener(coloraction2);
            jbutton3.addActionListener(coloraction3);
        }
}
```

上面的程序中，定义了 4 个显示“黄色”、“绿色”、“红色”和“青色”的按钮，当单击相应的按钮后，程序界面背景将变为相应的颜色，程序运行结果如图 13-4 所示。

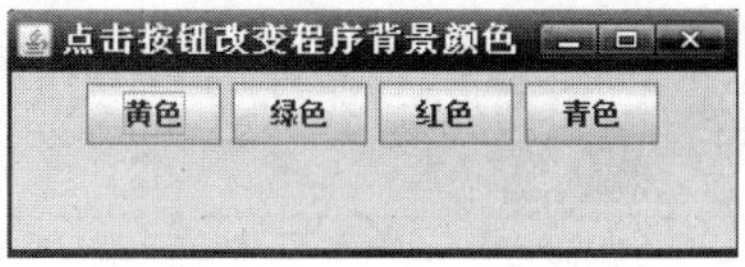

图 13-4　Application 程序

13.4.2　将 Application 转化为 Applet

下面将 AppletButtonDemo 的内部类 ButtonPanel 转化为 Applet，转化代码如清单 13-6 所示。

清单 13-6

```
package com.javapp.ch13;
import java.awt.*;
import java.awt.event.*;
import javax.swing.*;
public class FrameButtonDemoToApplet extends JApplet{
    public void init(){
        ButtonPanel buttonpanel=new ButtonPanel();
        Container container=getContentPane();
        container.add(buttonpanel);
    }
}
```

在上面的程序中，在 init 方法中利用 JApplet 的 Container 容器对象来加载 ButtonPanel 对象。包含 FrameButtonDemoToApplet 网页内容如清单 13-7 所示。

清单 13-7

```
<html><head>
<meta http-equiv="Content-Type" content="text/html; charset=GBK">
<title>将 Application 转化为 Applet </title></head><body>
<applet
  codebase = "."
  code     = "com.javapp.ch13.FrameButtonDemoToApplet.class"
  name      = "TestApplet"
  width     = "400"
  height    = "300"></applet></body></html>
```

把上面的网页代码保存到与 FrameButtonDemoToApplet 类同一个目录中，本例保存的文件名为 FrameButtonDemoToApplet.html，然后用浏览器打开该文件，运行结果如图 13-5 所示。

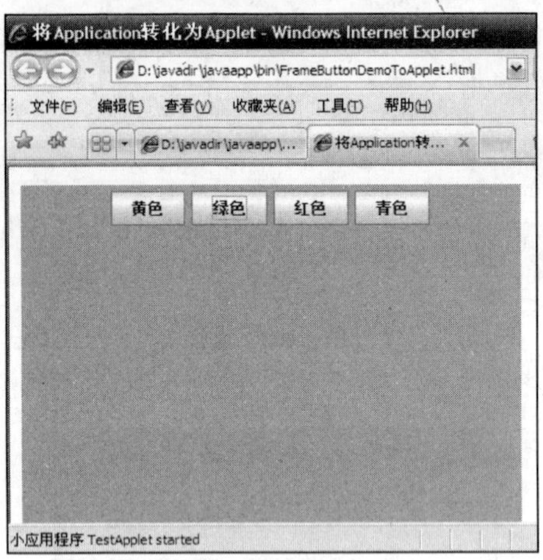

图 13-5　Applet

13.4.3　Application 与 Applet 组合

在实际应用中有时需要一个程序既可以以应用程序的方式运行又可以作为 Applet 程序运行。实现具有这样功能的程序首先需要创建一个 Applet 程序，这个 Applet 程序包含一个 main 方法。这个 main 方法把 JFrame 实例化，而且还创建这个 Applet 程序的一个实例。在调用 Applet 程序的 init 方法后，窗体用该 Applet 程序的内容窗口来替代 Application 窗体的内容窗口。程序运行结果如图 13-6 所示。

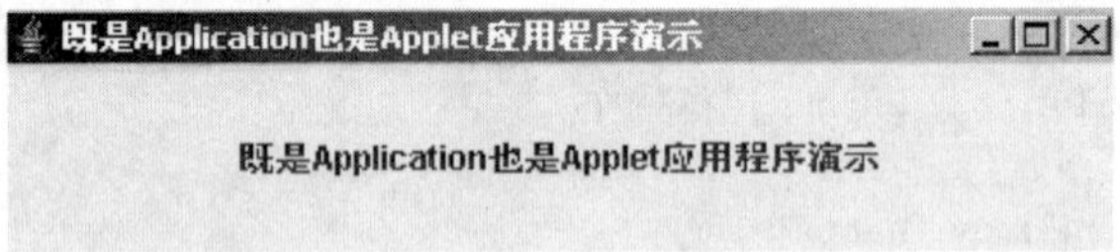

图 13-6　Application 与 Applet 组合

程序代码如清单 13-8 所示。

清单 13-8

```
package com.javapp.ch13;
import java.awt.*;
import java.awt.event.*;
import javax.swing.*;
public class ApplicationApplet extends JApplet {
    public void init() {
        Container contentPane = getContentPane();
        JLabel label = new JLabel("既是 Application 也是 Applet 应用程序演示",
                SwingConstants.CENTER);
        contentPane.add(label);
    }
    public static void main(String args[]) {
```

```
        final JFrame f = new JFrame();
        JApplet applet = new ApplicationApplet();
        applet.init();
        f.setContentPane(applet.getContentPane());
        f.setBounds(20,20,200,100);
        f.setTitle("既是 Application 也是 Applet 应用程序演示");
        f.setVisible(true);
        f.setDefaultCloseOperation(WindowConstants.DISPOSE_ON_CLOSE);
        f.addWindowListener(new WindowAdapter() {
            public void windowClosed(WindowEvent e) {
                System.exit(0);
            }
        });
    }
}
```

在上面的程序中，当以 Applet 的方式运行时，在 init 方法中应用 Container 容器加载窗体内容，当以 Application 方式运行时，应用 JFrame 来加载窗体内容，并创建一个 JApplet 实例对象，然后调用 init 方法初始化窗体内容。

13.5 Applet 与 JAR 文件

13.5.1 JAR 文件概述

JAR（Java Archive）是一种与平台无关的文档格式，它相当于一种压缩格式，可以把众多的文档合成一个文件。

大多数的 Applet 都由多个类组成，使用浏览器来浏览这样的 Applet 时，由于一个文件需要一个连接，所以浏览器需要使用多个连接，这样在一个低速的网络上加载一个 Apple 需要好几分钟。这里值得注意的是，加载 Apple 需要较长的时间的原因并不是因为类文件太大，关键原因是建立到服务器的连接需要的时间长。

对于 Applet 来说，JAR 文件可以将多个需要的类文件合并为一个单一的文件。这样，这些类文件可以作为一个整体使用一个 HTTP 事务下载到浏览器中，从而大大提高浏览速度。

在网页中使用新的 archive 标记来表示 JAR 文件的名字。下面就是简单的包含 JAR 文件的 Applet 标记：

```
<head><title>TicTacToe Example Applet</title></head>
<body>
<applet code=" ch4.applet.Applet.ParamApplet.class"
archive=MyApplet.jar
width=200 height=100></applet></body>
```

提 示

在默认的情况下，浏览器使用缓存来缓存 Applet 代码。在这种情况下，如果访问一个曾经访问过的包含了 Applet 的站点，并且浏览器缓存仍然包含所需要的 JAR 文件，并且这个 JAR 文件没有改变，那么这个 JAR 文件就不会被重新下载。

但是在正常情况下，浏览器缓存并不能够保持足够长的时间。例如，如果每个月只访问一次某个站点，那么极有可能每次都要重新下载并刷新缓存。

13.5.2 jar 命令

制作一个可执行的 JAR 文件包来发布你的程序是 JAR 文件包最典型的用法。Java 程序是由若干个 .class 文件组成的。这些 .class 文件必须根据它们所属的包不同而分级分目录存放；运行前需要把所有用到的包的根目录指定给 CLASSPATH 环境变量或者 java 命令的 -cp 参数；运行时还要到控制台下去使用 java 命令来运行。

jar 是随 JDK 安装的，在 JDK 安装目录下的 bin 目录中，Windows 下文件名为 jar.exe，Linux 下文件名为 jar。它的运行需要用到 JDK 安装目录下 lib 目录中的 tools.jar 文件。不过我们除了安装 JDK 什么也不需要做，因为 SUN 已经帮我们做好了。我们甚至不需要将 tools.jar 放到 CLASSPATH 中。

定行不带任何参数的 jar 命令我们可以看到 jar 命令的用法如下：

```
jar {ctxu} [vfm0M] [jar-文件] [manifest-文件] [-C 目录] 文件名 ...
```

其中 {ctxu} 是 jar 命令的子命令，每次 jar 命令只能包含 ctxu 中的一个，它们分别表示：

- -c 创建新的 JAR 文件包
- -t 列出 JAR 文件包的内容列表
- -x 展开 JAR 文件包的指定文件或者所有文件
- -u 更新已存在的 JAR 文件包 (添加文件到 JAR 文件包中)
- [vfm0M] 中的选项可以任选，也可以不选，它们是 jar 命令的选项参数
- -v 生成详细报告并打印到标准输出
- -f 指定 JAR 文件名，通常这个参数是必须的
- -m 指定需要包含的 MANIFEST 清单文件
- -0 只存储，不压缩，这样产生的 JAR 文件包会比不用该参数产生的体积大，但速度更快
- -M 不产生所有项的清单（MANIFEST〕文件，此参数会忽略 -m 参数
- [jar-文件] 即需要生成、查看、更新或者解开的 JAR 文件包，它是 -f 参数的附属参数
- [manifest-文件] 即 MANIFEST 清单文件，它是 -m 参数的附属参数
- [-C 目录] 表示转到指定目录下去执行这个 jar 命令的操作。它相当于先使用 cd 命令转该目录下再执行不带 -C 参数的 jar 命令，它只能在创建和更新 JAR 文件包的时候可用。
- 文件名 ... 指定一个文件/目录列表，这些文件/目录就是要添加到 JAR 文件包中的文件/目录。如果指定了目录，那么 jar 命令打包的时候会自动把该目录中的所有文件和子目录打入包中。

下面举一些例子来说明 jar 命令的用法：

（1）jar cf test.jar test

该命令没有执行过程的显示，执行结果是在当前目录生成了 test.jar 文件。如果当前目录已经存在 test.jar，那么该文件将被覆盖。

（2）jar cvf test.jar test

该命令与上例中的结果相同，但是由于 v 参数的作用，显示出了打包过程，如下所示。

```
标明清单(manifest)
增加：test/(读入= 0) (写出= 0)(存储了 0%)
增加：test/Test.class(读入= 7) (写出= 6)(压缩了 14%)
```

（3）jar cvfM test.jar test

该命令与（2）结果类似，但在生成的 test.jar 中没有包含 META-INF/MANIFEST 文件，打包过程的信息也略有差别：

```
增加：test/(读入= 0) (写出= 0)(存储了 0%)
增加：test/Test.class(读入= 7) (写出= 6)(压缩了 14%)
```

13.5.3 为 Applet 数字签名

由于 Java 的沙盒安全模型的存在，使得未签名的 Applet 在客户端被禁止执行某些操作，比如读写文件或者连接局域网，经过签名的 Applet 能够向用户验证 Applet 的编写者：他是否真的编写了这个 Applet；此 JAR 文件离开服务器后，内容是否被篡改过。如果没有这些最基本的保证，Applet 将不被允许执行任何有可能破坏用户机器或者侵犯用户隐私的操作。要在互联网上安全地使用 Applet，这些限制非常重要，不过相对来说，这也限制了 Applet 的功能。自从 Java Plugin 发布以来，为 Applet 签名的过程已经变得更加简单和标准化了，这使得 Applet 成为了一种更加可行的部署方式。使用标准的 Java 工具，为 Applet 签名已经成为了相当简单的工作。

plugin 不仅为 Applet 的签名和部署提供了标准方法，而且还通过自动安装证书使得最终用户使用起来更方便。考虑一个需要访问用户文件系统的 Applet，它要对一些文件进行读写。这与前面介绍的 FileChooserTest.java 程序功能很相似，不过这是一个 Applet，所以只有在这个 Applet 是从一个签过名的 JAR 文件中运行的情况下，才能打开 Swing 的 JFileChooser 对话框；否则调用 showOpenDialog 方法将抛出 SecurityException 异常。下面这个例子演示了在实际编程中，数字签名的制作方法及应用方法，先创建一个 Applet 类，这个类实现对本地文件的操作，代码如清单 13-9 所示。

清单 13-9

```java
package com.javapp.ch13;
import javax.swing.*;
import java.awt.*;
import java.awt.event.*;
import java.io.*;
public class FileAccessApplet extends JApplet {
    private JTextField filename = new JTextField(),dir = new JTextField();
```

```
    private JButton open = new JButton("Open"),save = new JButton("Save");
    private JEditorPane ep = new JEditorPane();
    private JScrollPane jsp = new JScrollPane();
    private File file;
    public void init() {
        JPanel p = new JPanel();
        open.addActionListener(new OpenL());
        p.add(open);
        save.addActionListener(new SaveL());
        p.add(save);
        Container cp = getContentPane();
        jsp.getViewport().add(ep);
        cp.add(jsp,BorderLayout.CENTER);
        cp.add(p,BorderLayout.SOUTH);
        dir.setEditable(false);
        save.setEnabled(false);
        ep.setContentType("text/html");
        filename.setEditable(false);
        p = new JPanel();
        p.setLayout(new GridLayout(2,1));
        p.add(filename);
        p.add(dir);
        cp.add(p,BorderLayout.NORTH);
    }
    class OpenL implements ActionListener {
        public void actionPerformed(ActionEvent e) {
            JFileChooser c = new JFileChooser();
            c.setFileFilter(new TextFileFilter());
            // Demonstrate "Open" dialog:
            int rVal = c.showOpenDialog(FileAccessApplet.this);
            if (rVal == JFileChooser.APPROVE_OPTION) {
                file = c.getSelectedFile();
                filename.setText(file.getName());
                dir.setText(c.getCurrentDirectory().toString());
                try {
                    System.out.println("Url is " + file.toURL());
                    ep.setPage(file.toURL());
                    // ep.repaint();
                } catch (IOException ioe) {
                    throw new RuntimeException(ioe);
                }
            }
            if (rVal == JFileChooser.CANCEL_OPTION) {
                filename.setText("You pressed cancel");
                dir.setText("");
            } else {
                save.setEnabled(true);
            }
        }
    }
```

```
class SaveL implements ActionListener {
    public void actionPerformed(ActionEvent e) {
        JFileChooser c = new JFileChooser(file);
        c.setSelectedFile(file);
        // Demonstrate "Save" dialog:
        int rVal = c.showSaveDialog(FileAccessApplet.this);
        if (rVal == JFileChooser.APPROVE_OPTION) {
            filename.setText(c.getSelectedFile().getName());
            dir.setText(c.getCurrentDirectory().toString());
            try {
                FileWriter fw = new FileWriter(file);
                ep.write(fw);
            } catch (IOException ioe) {
                throw new RuntimeException(ioe);
            }
        }
        if (rVal == JFileChooser.CANCEL_OPTION) {
            filename.setText("You pressed cancel");
            dir.setText("");
        }
    }
}
public class TextFileFilter extends javax.swing.filechooser.FileFilter {
    public boolean accept(File f) {
        return f.getName().endsWith(".txt") || f.isDirectory();
    }
    public String getDescription() {
        return "Text Files (*.txt)";
    }
}
public static void main(String[] args) {
    final JFrame f = new JFrame();
    JApplet applet = new FileAccessApplet();
    applet.init();
    f.setContentPane(applet.getContentPane());
    f.setBounds(20,20,200,100);
    f.setTitle("既是 Application 也是 Applet 应用程序演示");
    f.setVisible(true);
    f.setDefaultCloseOperation(WindowConstants.DISPOSE_ON_CLOSE);
    f.addWindowListener(new WindowAdapter() {
        public void windowClosed(WindowEvent e) {
            System.exit(0);
        }
    });
}}
```

在上面的程序中，分别创建了打开文件类 OpenL 和保存文件类 SaveL。在 OpenL 类中打开一个文本文件并显示其内容，并且该内容允许用户修改，在 SaveL 类中把修改后的内容保存到一个文件中。

下面介绍程序代码签名的操作步骤，Java2 的签名实用程序在 JDK 安装包的 bin 目录中。编译代码前，把所要编译的代码拷贝到 bin 当中。例如把文件夹 ch4\applet 拷贝到 bin 目录中，其中包括文件 FileAccessApplet.java。具体的操作步骤如下：

01 编译代码。编译代码的方法为：

```
javac ch4\applet\FileAccessApplet.java
```

02 生成 JAR 文件。生成 JAR 文件的方法为：

```
jar   –cvf   mycode.jar ch4\applet\FileAccessApplet.class
```

03 生成证书。生成证书的方法为：

```
keytool –genkey – alias codeSign –keystore tfnew21 –keypass tfnew21 –dname "cn=tfnew21" –storepass 123456
```

在上面的命令行中，用 alias 指定证书的别名，keystore 指定密钥库的 URL，storepass 指定密钥库的口令，keypass 指定专用密钥口令。

04 签名 JAR 文件。签名 JAR 文件的方法为：

```
jarsigner –keystore tfnew21 –storepass 123456 –keypass tfnew21 –signedjar Signedmycode.jar mycode.jar codeSign
```

其中 signedjar 指定所要签名的 JAR 文件。

生成签过名的 JAR 文件后，包含 JAR 文件的网页内容如清单 13-10 所示。

把上面的网页代码保存到与 FileAccessApplet 类同一个目录中，本例保存的文件名为 FileAccessApplet.html，然后用浏览器打开该文件，运行结果如图 13-7 所示。

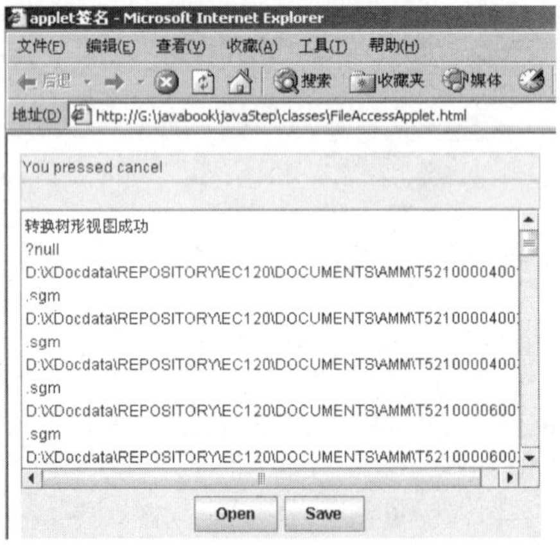

图 13-7　本地文件的操作

13.5.4　JNLP 与 Java Web Start

经过签名的 Applet 能够有效取代应用程序，不过它们只能在浏览器中运行。这就需要在客户机上运行浏览器，从而增加了额外的开销。同时也限制了 Applet 的用户界面，常常带来视觉上的混乱。因为 Web 浏览器有自己的菜单和工具条，它们会显示在 Applet 的上方。

Java 网络发布协议（Java Network Launch Protocol，JNLP）在不牺牲 Applet 优点的前提下，解决了这个问题。通过一个 JNLP 程序，你可以在客户机上下载和安装单机版的 Java 应用程序。你可以通过命令行、桌面图标或与你的 JNLP 实现一起安装的应用程序管理器来执行这个程序。应用程序甚至可以从其被下载的网站上运行。

一个 JNLP 应用程序可以在运行时刻从互联网上动态下载资源，并且能自动检查程序的版本（如果用户连接到互联网上的话）。也就是说，它能把 Applet 的所有优点和应用程序的优点结合起来。

与 Applet 类似，JNLP 程序是基于 Web 的，很容易下载，但它也可能是恶意程序。鉴于此，JNLP 程序遵循与 Applet 一样的沙盒安全限制。与 Applet 类似，它们也能被部署到签名的 JAR 文件中，这能让用户选择是否信任签名人。与 Applet 不同的是，如果它们被部署到未签名的 JAR 文件中，它们通过 JNLP API 提供的服务仍然能够请求访问客户系统上的特定资源（在程序运行期间，用户必须同意此请求）。

因为 JNLP 描述的是一个协议，而不是实现，所以要使用 JNLP，你需要它的一个实现。这是实现是 Java Web Start 或者简称为 JAWS，是由 Sun 免费提供的官方参考实现。你要做的就是下载并安装它，如果把它用于开发，那么你就要确保它的 JAR 文件处于 classpath 路径中。如果从 Web 服务器上部署你的 JNLP 应用程序，必须确保服务器能够识别 MIME 类型 application/x-java-jnlp-file。如果你用的是最新版的 Tomcat 服务器，那么它已经帮你配置好了。如果你用的是别的服务器，就要参考一下服务器的用户指南。

创建一个 JNLP 应用程序并不困难。你要先编写一个标准应用程序，然后把它打包到一个 JAR 文件中。这时需要提供一个启动文件，它是一个简单的 XML 文件，用来告诉客户下载和安装这个程序所需的所有信息。如果不准备为 JAR 文件签名，那么对于将要在客户机上访问的每种类型的资源，必须使用 JNLP API 提供的服务进行访问。

下面是另一种使用 JFileChooser 对话框的例子，不过这次是使用 JNLP 服务来打开对话框，所以这个类可以被打包进未经签名的 JAR 文件，然后作为 JNLP 应用程序部署。代码如清单 13-10 所示。

清单 13-10

```
package com.javapp.ch13;
import javax.swing.*;
import java.awt.*;
import java.awt.event.*;
import java.io.*;
import javax.jnlp.*;
public class JnlpFileChooser extends JFrame {
        private JTextField filename = new JTextField();
        private JButton open = new JButton("Open"),save = new JButton("Save");
        private JEditorPane ep = new JEditorPane();
        private JScrollPane jsp = new JScrollPane();
        private FileContents fileContents;
        public JnlpFileChooser() {
                JPanel p = new JPanel();
                open.addActionListener(new OpenL());
```

```
        p.add(open);
        save.addActionListener(new SaveL());
        p.add(save);
        Container cp = getContentPane();
        jsp.getViewport().add(ep);
        cp.add(jsp,BorderLayout.CENTER);
        cp.add(p,BorderLayout.SOUTH);
        filename.setEditable(false);
        p = new JPanel();
        p.setLayout(new GridLayout(2,1));
        p.add(filename);
        cp.add(p,BorderLayout.NORTH);
        ep.setContentType("text");
        save.setEnabled(false);
    }
    class OpenL implements ActionListener {
        public void actionPerformed(ActionEvent e) {
            FileOpenService fs = null;
            try {
                fs = (FileOpenService) ServiceManager
                        .lookup("javax.jnlp.FileOpenService");
            } catch (UnavailableServiceException use) {
                throw new RuntimeException(use);
            }
            if (fs != null) {
                try {
                    fileContents = fs.openFileDialog(".",new String[] { "txt","*" });
                    if (fileContents == null) {
                        return;
                    }
                    filename.setText(fileContents.getName());
                    ep.read(fileContents.getInputStream(),null);
                } catch (Exception exc) {
                    throw new RuntimeException(exc);
                }
                save.setEnabled(true);
            }
        }
    }
    class SaveL implements ActionListener {
        public void actionPerformed(ActionEvent e) {
            FileSaveService fs = null;
            try {
                fs = (FileSaveService) ServiceManager
                        .lookup("javax.jnlp.FileSaveService");
            } catch (UnavailableServiceException use) {
                throw new RuntimeException(use);
            }
            if (fs != null) {
                try {
```

```
                fileContents = fs.saveFileDialog(".",new String[] { "txt" },
                        new ByteArrayInputStream(ep.getText().getBytes()),fileContents
                                .getName());
                if (fileContents == null) {
                    return;
                }
                filename.setText(fileContents.getName());
            } catch (Exception exc) {
                throw new RuntimeException(exc);
            }
        }
    }
}
public static void main(String[] args) {
    JnlpFileChooser fc = new JnlpFileChooser();
    fc.setSize(400,300);
    fc.setVisible(true);
}
}
```

在上面的程序中，Service 和 FileCloseService 类是从 Javax.jnlp 包引入的，在代码中没有用 JFileChooser 对话框。这里使用的两个服务必须使用 ServiceManager.lookup()方法进行请求，客户系统上的资源只能通过此方法返回的对象进行访问。客户系统中的文件通过 JNLP 提供的 FileContent 接口进行读写，任何通过诸如 File 或 FileReader 对象直接访问资源的企图都将导致抛出 SecurityException 异常，这与在未经签名的 Applet 中执行这些操作得到的结果相似。如果你想用这些类，却不愿为 JNLP 的服务接口所限制，那么就必须对 JAR 文件签名。有关数字签名的方法请参考上面的例子。下面介绍 JNLP 文件的编写，文件内容如清单 13-11 所示。

清单 13-11

```
<?xml version="1.0" encoding="UTF-8"?>
<jnlp spec="1.0+" codebase="file:///D:\\javadir\javaapp\bin\"   href="filechooser.jnlp">
  <information>!--注意，这里的 codebase 开始部分应写成 file:///，不要写成 file://，否则会出错，系统找到所描述
的资源</information>  <information><title>FileChooser 应用演示 application</title>
    <vendor>tfnew21</vendor>
    <description>Jnlp File choose Application</description>
    <description kind="short">      </description>
    <icon href="images/icon.gif"/>
    <offline-allowed/>
  </information>
  <resources>
    <j2se version="1.3+"/>
    <jar href=" Signedmycode.jar " main="true" download="tfnew21"/>
  </resources>
  <application-desc main-class="com.javapp.ch13.JnlpFileChooser"/>
</jnlp>
```

这个启动文件需要以扩展名.jnlp 保存，这里命名为 filechooser.jnlp，它与 JAR 文件在同一个目录。可以发现，这是一个 XML 文件，包含了一个“<jnlp>”标签。Jnlp 元素的 spec 属性可以告诉

客户系统此 JNLP 程序所遵循规范的版本。codebase 属性指向可以找到启动文件和资源的目录。通常，它指向 Web 服务器的 URL，不过这里它指向的是本地机器上的目录，这是一个不错的测试程序的方法。href 属性必须指定这个启动文件的名称。

information 标签也有几个子元素，它们提供了有关应用程序的信息。这些信息将用于 Java Web Start 的管理控制台或者类似程序，它们可以安装 JNLP 程序，并且可以让用户从命令行运行程序，使其更快捷。resources 标签与 HTML 文件中的 Applet 标记功能很相似。j2se 子元素指定程序运行时需要的 J2SE 版本，jar 元素的 href 属性指定包含了.class 文件的 JAR 文件。jar 元素还有一个 download 属性，它的值可以是“eager”或者“lazy”，可以告诉 JNLP 的实现在程序运行之前，是否需要下载整个 JAR 文件。application-desc 元素的 main-class 属性能告诉 JNLP 实现 JAR 文件中的哪个类是可执行的类，即指定程序的入口。

编写好 jnlp 文件后，下面需要在 HTML 页面里添加上指向这个文件的超级链接。这个页面将是它的下载页面。只要把下列内容：

```
<a href="filechooser.jnlp">click here</a>
```

放进 HTML 页面之后，就可以通过单击链接来安装 JNLP 应用程序了。一旦程序下载完毕，可以使用管理控制台对它进行配置。如果在 Windows 系统上使用 Java Web Start，将被提示是否为程序创建一个快捷方式供下次使用。这个行为是可以配置的。 程序运行结果如图 13-8 所示。

图 13-8 使用 Java Web Start

单击运行远程应用程序后出现如图 13-9 所示的对话框：

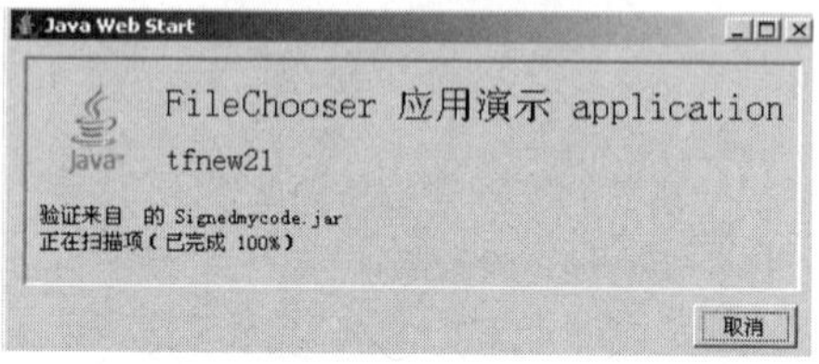

图 13-9 运行远程应用程序

单击 Open 按钮后出现安全对话框，如图 13-10 所示。经过签名的应用程序可以操作本地文件，打开一个本地文件，在弹出的安全建议对话框中单击“是”按钮后，弹出如图 13-11 所示的对话框，打开一个文本文件后，文件内容在程序中显示，如图 13-12 所示。

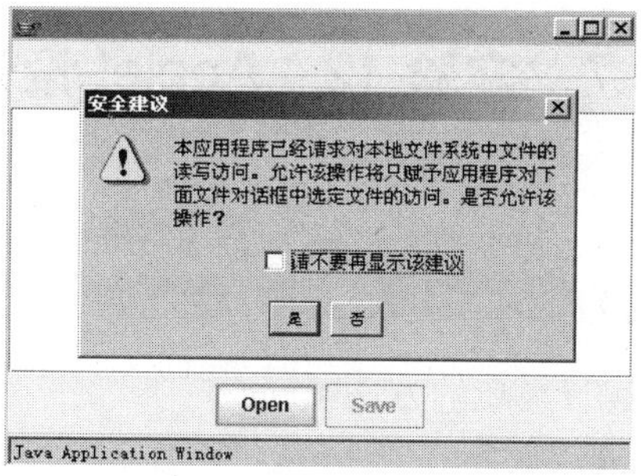

图 13-10　安全对话框

图 13-11　打开文件

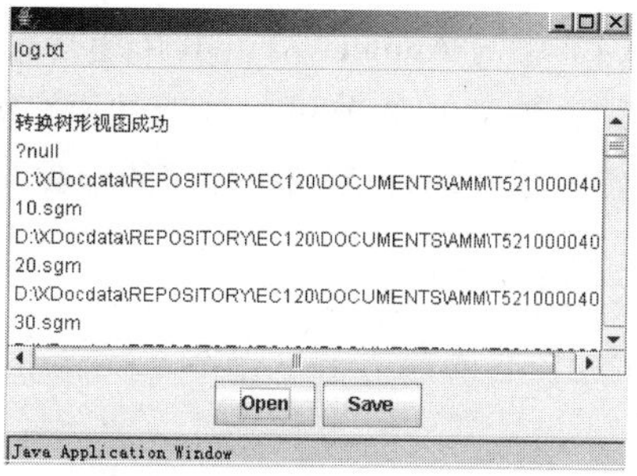

图 13-12　显示文件内容

13.6　本章考试、面试问题分析

1. 在 Java Applet 中如何实现一个模式对话框？

在 Java Applet 中实现模式对话框的关键就是在创建一个对话框的时候要为该对话框指定一个正确的父窗口，因为 Applet 是 Panel 类的子类，不可以作为对话框的父窗口，所以首先要获得 Applet 所在的窗口，作为模式对话框的父窗口。实现代码如下：

```
Dialog d = new Dialog( getParentWindow(comp),title);
// comp 为 applet 上的任意一个组件
public void getParentWindow(Component compOnApplet,String title){
    Container c = compOnApplet.getParent();
    while (c != null) {
        if (c instanceof Frame)
            return (Frame) c;
        c = c.getParent();
    }
    return null;
}
```

2. 在 Java Applet 中如何显示另外一个 HTML 页面？

通过 java.applet.Applet.getAppletContext()方法可以获得与该 applet 相关的 AppletContext，AppletContext.showDocument(URL)方法就可以使 applet 所在的浏览器显示另外一个网页。

13.7 实验 12 Applet 设计

1. 实验目的

（1）了解 Applet 的工作机制。
（2）掌握设置 Applet 程序运行环境的方法。
（3）掌握编写与运行 Applet 程序的方法。

2. 实验要求

（1）编写 Applet，并向其传递参数。
（2）参考 13.3 节和 13.4 节的内容编写一个简单的 Applet 程序。
（3）掌握运行 Applet 程序的步骤。

3. 实验内容

实验内容请参考 13.3 节和 13.4 节的内容。

13.8 本章小结

本章主要详解了 Applet 的应用及数字签名与类的打包用法。首先介绍了 Applet 的基本工作原理，Applet 与 Application 的区别以及 Applet 的安全性；然后介绍了 Applet 与 Application 的相互转化方法。在本章最后，介绍了 Applet 的基本工作原理及数字签名与类的打包用法。

Java 扩展功能把脉篇

第 14 章　Java 图形图像编程

第 15 章　JDBC 技术

第 14 章　Java 图形图像编程

本章重点

- Java 2D 简介
- 基本图形绘制模型及坐标变换
- 图形的绘制及相应的接口和类
- 设置 Graphics2D 上下文
- 绘制图形元素
- 几何形状和几何的概念
- 字体和文本布局
- 图像的处理方法

Java 2D API 是 Java 2 平台的核心组件，Java 2D 具有大量功能，每种功能都代表了面向对象图形编程的最新成就。Java 2D 将应用程序变成虚拟画布，该画布允许进行复杂的绘制和着色操作，还具有超级字体处理和文本处理能力。本章主要介绍 Java 2D API 的组成以及如何利用 Java 2D 编写图形制作程序。学完本章内容后，你将全面了解和掌握应用 Java 2D API 创建图形图像处理程序的方法。

14.1　Java 2D

14.1.1　概述

Java 2D API 是由 Sun 公司与 Adobe 公司共同开发，提供了一个功能强大而且非常灵活的二维图形框架。Java 2D API 扩展了 java.awt 包中定义的 Graphics 类和 Image 类，提供了高性能的二维图形、图像和文字的处理能力，同时又维持了对现有 AWT 应用的兼容。Java2D API 增强了 AWT 的图形、文本和图像处理能力，使你能开发富客户界面和新类型的 Java 应用程序。除了这些丰富的图形、字体和图像处理接口外，Java 2D API 还支持增强的颜色定义及合成、任意形状和文本的边界检测及打印机和显示设备的统一渲染模型。

Java 2D API 还能创建高级图形库，如 CAD-CAM 库、图形图像特殊效果库及创建图像和图形文件的读写过滤器等。当结合 JMF 及 Java Media API 一起使用时，Java 2D API 能创建和显示动画以及其他多媒体的显示。Java Animation 和 JMF API 要依赖于 Java 2D API 的渲染支持。

Java 2D 加强了传统 AWT（Abstract Windowing Toolkit）的描绘功能。应用 Java 2D API ，可以轻松地描绘出任意的几何图形，运用不同的填色效果，对图形做旋转（ rotate）、缩放（ scale）、扭曲（shear）等操作。

14.1.2　图形、文本和图像增强功能

早期版本的 AWT 提供了简单的绘制包，因此仅适用于普通的 HTML 页。对于复杂的图形、文本或图像，其功能却不够全面。作为一种简化的绘制包，早期版本的 AWT 仅可实现许多常规绘制概念的特例。Java 2D API 对 AWT 进行了扩展，提供了更加灵活、功能更全面的绘制包，使其支持更多的一般图形和绘制操作。

例如，用户通过 Graphics 类可以画矩形、椭圆和多边形。Graphics2D 还提供了一种可绘制任意几何形状的机制，从而增强了几何绘制功能。类似地，利用 Java 2D API 还可绘制任意宽度的线条，并可用任意纹理填充几何形状。

几何形状是通过 Shape 接口的实现提供的（例如 Rectangle2D 和 Ellipse2D）。曲线和弧也是 Shape 的特定实现。

填充和画笔样式由 Paint 和 Stroke 接口的实现提供（例如 BasicStroke、GradientPaint、TexturePaint 和 Color）。

AffineTransform 定义二维坐标的线性转换，包括缩放、平移、旋转和修剪。剪切区域由用来定义一般剪切区域的 Shape 接口的同一实现来定义（例如 Rectangle2D 和 GeneralPath）。颜色复合由 Composite 接口的实现提供（例如 AlphaComposite）。

Font 由 Glyphs 集定义，而 Glyphs 集由单个 Shape 定义。

14.2　基本图形绘制模型

Java 2D API 新增的功能中并未改变基本图形绘制模型。绘制图形时，应设置图形上下文，然后调用 Graphics 对象的绘制方法。Java 2D API 类 Graphics2D 对 Graphics 进行了扩展，可支持更多的图形属性，并可提供新的绘制方法。Graphics2D 扩展了 java.awt.Graphics，以便对形状、文本和图像的展示提供更加完善的控制。Java 2D 绘制进程是通过 Graphics2D 对象及其状态属性来控制的。

在绘制图形对象时，Graphics2D 状态属性（如线条样式和变换）将应用于图形对象。与 Graphics2D 有关的状态属性集被称为 Graphics2D 上下文。要绘制文本、形状或图像，请设置 Graphics2D 上下文，然后调用一种 Graphics2D 绘制方法（例如 draw 或 fill）。

Java 2D API 自动补偿不同绘制设备之间的差异，可为不同类型设备提供统一的绘制模型。在应用程序级上，无论目标绘制设备是显示器还是打印机，绘制过程都是相同的。

14.2.1 坐标系统

Java 2D API 有两种坐标系统，用户空间和设备空间。用户空间是一种与设备无关的逻辑坐标系统，应用程序独占使用此坐标系统，所有传入 Java 2D 绘制例程中的几何图形均在用户空间中定义。设备空间是一种与设备有关的坐标系统，它根据目标绘制设备的不同而变化。

Java 2D 系统自动在用户空间和目标绘制设备的设备空间之间执行必要的转换。虽然显示器的坐标系统和打印机的坐标系统有很大的差别，但这些差别对应用程序并无影响。

1. 用户空间

如图 14-1 所示，用户空间的原点位于空间左上角，x 值向右递增，y 值向下递增。

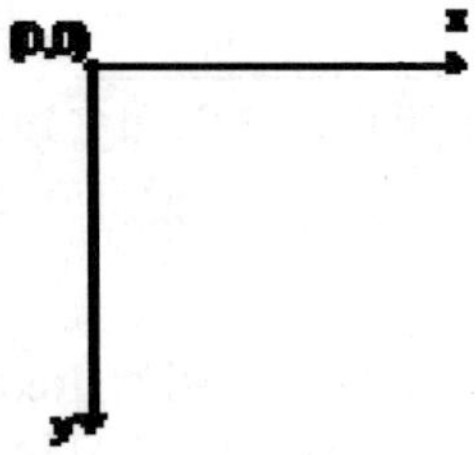

图 14-1 用户空间坐标系统

用户空间是对所有可能的设备坐标系统的一种抽象。某一设备的设备空间与用户空间的原点和方向可能相同，也可能不同。无论怎样，当绘制图形对象时，用户空间坐标将自动变换为相应的设备空间。通常由内部平台设备驱动程序执行这项转换。

2. 设备空间

Java 2D API 定义了三级配置信息，用来支持从用户空间到设备空间的转换。该信息封装在三个类中：

- GraphicsEnvironment
- GraphicsDevice
- GraphicsConfiguration

GraphicsEnvironment 描述了特定平台上对 Java 应用程序可见的绘制设备集。绘制设备包括屏幕、打印机和图像缓冲区。GraphicsEnvironment 还包括平台上所有可用字体的列表。

GraphicsDevice 描述了对应用程序可见的绘制设备（例如屏幕或打印机）。该设备每一种可能的配置都由一个 GraphicsConfiguration 表示。例如 SVGA 显示设备可以在以下几种模式下操作：640×480×16 色、640×480×256 色和 800×600×256 色。SVGA 屏幕由 GraphicsDevice 对象表示，每种模式由一个 GraphicsConfiguration 对象表示。

每个 GraphicsEnvironment 可以包含一个或多个 GraphicsDevices；同样，每个 GraphicsDevice 也可以包含一个或多个 GraphicsConfigurations。

其中，GraphicsEnvironment、GraphicsDevice 和 GraphicsConfiguration 提供定位 Java 平台绘制设备或字体的信息，同时也提供从用户空间到设备空间坐标转换时所需的所有信息。应用程序可以访问该信息，但无需执行用户空间和设备空间之间的任何变换。

14.2.2　变换

Java 2D API 有一种统一的坐标变换方式。所有坐标变换（包括从用户到设备空间的变换）都由 AffineTransform 对象表示。AffineTransform 定义了用矩阵绘制坐标的规则。

可以将 AffineTransform 添加到图形上下文中，以便旋转、平移或修剪需要绘制的几何形状、文本或图像。加入的变换将应用到上下文中的任意图形对象中。用户空间坐标向设备空间坐标转换时将执行此变换。

14.2.3　字体

字符串通常按组成字符串的字符进行考虑。绘制字符串时，它的外观由所选字体决定。然而，被字体用来显示字符的形状并不一定适合每个字符。例如，在专业出版物中，两个或多个字符的某种组合通常被一种称为连字的单个字符取代。

被字体用来表示字符串中字符的形状称为字形。字体可能会用多个字形表示一个字符（例如 tfnew21 中的小写 t)，或用一个字形表示某种字符组合（例如 final 中的 fi)。在 Java 2D API 中，字形与其他 shape（形状）相同，也是一种 shape，可以进行同样的操作和绘制。

字体可以看作字形的集合。一种字体可以有多种形式，例如大号、中号、倾斜、哥特式和正常。这些不同的形式被称为字样。一种字体的所有字样都有类似的排版设计，可以看作同一系列的成员。换言之，带有特殊样式的字形集组成字样，字样的集合组成一个字体系列，而字体系列的集合组成特定 GraphicsEnvironment 内的可用字体集。

在 Java 2D API 中，字体用字样来描述，例如 Helvetica Bold。这与 JDK 1.1 不同。在 JDK 1.1 中，字体用映射到不同字样（与特定平台上的可用字体有关）的逻辑名来描述。为保证向后兼容性，Java 2D API 既支持字样名的字体规范，也支持逻辑名的字体规范。

利用 Java 2D API，用户可以制作和绘制包含不同系列、字样、大小甚至不同语种等的多种字体的字符串。文本的外观在逻辑上与文本布局相独立。Font 对象用来描述 TextLayout 和 TextAttributeSet 对象中存储的外观和布局信息。将字体和布局信息分开存放将便于在不同布局配置中使用相同字体。

14.2.4　图像

图像是按空间位置组织的像素集合。像素则定义某个显示位置的图像外观。像素的二维数组称为光栅。像素的外观既可直接定义，也可作为图像颜色表的索引进行定义。

在包含多种颜色的图像中（多于 256 种），像素通常直接表示每个屏幕位置的颜色、alpha 和其他显示特性。这种图像通常比索引颜色图像大得多，但看上去更为真实。

在索引颜色图像中，图像中的颜色仅限于颜色表中指定的颜色，因而图像中可用的颜色变少。然而，索引通常比颜色值占用更少的存储空间，因此以索引颜色集方式存储的图像通常较小。这种像素格式通常用于 16 或 256 色图像。

Java 2D API 中的图像主要有两个组件：

- 原始图像数据（像素）
- 解释像素的必要信息

解释像素的规则封装在 ColorModel 对象中。例如，值是应解释为直接颜色还是应解释为索引颜色。要显示某一像素，则必须有一种颜色模型与之相配。带是图像颜色空间的一个组件。例如，红色、绿色和蓝色组件是 RGB 图像中的三个带。直接颜色模型图像中的像素可以看作单个屏幕位置的带值的集合。

java.awt.image 包中包含若干 ColorModel 实现，包括用于打包的实现和组件像素表示。ColorSpace 对象中封装了一些控制一组数值度量如何与某种颜色相关联的规则。java.awt.color 中的 ColorSpace 实现提供了最常用的颜色空间，包括 RGB 和灰度。

提 示

颜色空间不是颜色的集合，它只定义了如何解释单个颜色值的规则。
颜色空间与颜色模型的分离，为颜色表示方式及颜色表示之间的转换带来了更大的灵活性。

14.2.5 填充和笔画

有了 Java 2D API，就可以用不同的画笔样式和填充图案绘制 shape。由于文本最终是由字形集合表示的，因此文本字符串也可进行绘制和填充。

画笔样式由实现 Stroke 接口的对象定义。笔画的引入使用户可以为直线和曲线指定不同宽度和短划线图案。

填充图案由实现 Paint 接口的对象定义。早期版本 AWT 中的 Color 类是 Paint 对象的一种简单类型，用来定义纯色填充。Java 2D API 提供了另外两种 Paint 实现。TexturePaint 和 GradientPaint。TexturePaint 利用重复图像片段的方式定义一种填充图案，而 GradientPaint 则定义在两种颜色间渐变的填充图案。在 Java 2D 中，绘制形状的轮廓和用图案填充颜色是两个独立的操作。

使用一种 draw 方法即可绘制由 Stroke 属性指定的形状轮廓或轮廓线及由 Paint 属性指定的填充图案。使用 fill 方法可以用 Paint 属性指定的图案填充形状内部。

绘制文本字符串时，当前 Paint 属性将应用到组成该字符串的字形中。

提 示

实际上是由 drawString 来填充所绘制的字形。要绘制文本字符串中字形的轮廓线，需要找出轮廓线并利用 draw 方法用与其形状相同的方式对其进行绘制。

14.2.6 复合

当绘制的对象与已有对象重叠时，需要确定如何将新对象的颜色与所要绘制的已有区域的颜色相复合。Java 2D API 在 Composite 对象中封装了颜色复合规则。

基本绘制系统仅提供复合颜色的基本布尔运算符。例如，布尔复合规则可能允许源颜色值和目标颜色值为 ANDed、ORed 或 XORed。但这种方法有一些问题，它不具有“用户友好性”，当红色和蓝色进行 ANDed 操作而不是相加时，很难判断得到什么颜色。

布尔复合不支持不同颜色空间的精确颜色复合。

直接布尔复合不考虑颜色的颜色模型。例如，在索引颜色模型中，图像中两个像素值的布尔运算结果是两个索引的复合，而不是两种颜色的复合。

Java 2D API 通过使用 alpha-blending 1 规则（进行复合颜色时考虑颜色模型信息）而避免了这些缺陷。AlphaComposite 对象中包括源颜色和目标颜色的颜色模型。

14.3 Java 2D API 包

Java 2D API 类分为以下几个包：

- java.awt
- java.awt.geom
- java.awt.font
- java.awt.color
- java.awt.image
- java.awt.image.renderable
- java.awt.print

java.awt 包中包含一般的或比原有类增强的 Java 2D API 类和接口，并非所有 java.awt 中的类都是 Java 2D 类。java.awt 包中包含与几何元素定义有关的类和接口如表 14-1 所示。

表 14-1 java.awt 包中包含与几何元素定义有关的类和接口

类或接口	类或接口	类或接口
AlphaComposite	BasicStroke	Color
Composite	CompositeContext	Font
GradientPaint	Graphics2D	GraphicsConfiguration
GraphicsDevice	GraphicsEnvironment	Paint
PaintContext	Rectangle	Shape
Stroke	TexturePaint	Transparency

java.awt.geom 包中包含与几何元素定义有关的类和接口如表 14-2 所示。

表 14-2 java.awt.geom 包中包含与几何元素定义有关的类和接口

类或接口	类或接口	类或接口
AffineTransform	Arc2D	Arc2D.Double
Arc2D.Float	Area	CubicCurve2D
CubicCurve2D.Double	CubicCurve2D.Float	Dimension2D
Ellipse2D	Ellipse2D.Double	Ellipse2D.Float
FlatteningPathIterator	GeneralPath	Line2D
Line2D.Double	Line2D.Float	PathIterator
Point2D	Point2D.Double	Point2D.Float
QuadCurve2D	QuadCurve2D.Double	QuadCurve2D.Float
Rectangle2D	Rectangle2D.Double	Rectangle2D.Float
RectangularShape	RoundRectangle2D	RoundRectangle2D.Double
RoundRectangle2D.Float		

许多几何元素都有相应的 .Float 和 .Double 实现。这样就可以启用浮点数单、双精度实现。双精度实现的绘制精度较高，但在某些平台上会降低性能。

java.awt.font 包中包含用于文本布局和字体定义的类和接口如表 14-3 所示。

表 14-3　java.awt.font 包中包含与几何元素定义有关的类和接口

类或接口	类或接口	类或接口
FontRenderContext	GlyphJustificationInfo	GlyphMetrics
GlyphVector	GraphicAttribute	ImageGraphicAttribute
LineBreakMeasurer	LineMetrics	MultipleMaster
OpenType	ShapeGrapicAttribute	TextAttribute
TextHitInfo	TextLayout	TransformAttribute

java.awt.color 包中包含用于颜色空间定义和颜色监视的类和接口，如表 14-4 所示。

表 14-4　java.awt.color 包中包含与几何元素定义有关的类和接口

类或接口	类或接口	类或接口
ColorSpace	ICC_ColorSpace	ICC_Profile
ICC_ProfileGray	ICC_ProfileRGB	

java.awt.image 和 java.awt.image.renderable 包中包含用于图像定义和绘制的类和接口，如表 14-5 所示。

表 14-5　java.awt.image 和 java.awt.image.renderable 包中包含与几何元素定义有关的类和接口

类或接口	类或接口	类或接口
AffineTransformOp	BandCombineOp	BandedSampleModel
BufferedImage	BufferedImageFilter	BufferedImageOp
ByteLookupTable	ColorConvertOp	ColorModel
ComponentColorModel	ComponentSampleModel	ConvolveOp
ContextualRenderedImageFactory	DataBuffer	
DataBufferByte	DataBufferInt	DataBufferShort
DataBufferUShort	DirectColorModel	IndexColorModel
Kernel	LookupOp	LookupTable
MultiPixelPackedSampleModel	PackedColorModel	ParameterBlock
PixelInterleavedSampleModel	Raster	RasterImageConsumer
RasterOp	RenderableImage	RenderableImageOp
RenderableImageProducer	RenderContext	RenderedImageFactory
RenderedImage	RescaleOp	SampleModel
ShortLookupTable	SinglePixelPackedSampleModel	TileObserver
WritableRaster	WritableRenderedImage	

java.awt.image 包在 AWT 的早期版本中存在。Java 2D API 对下列原有 AWT 图像类进行了功能增强：

- ColorModel
- DirectColorModel
- IndexColorModel

java.awt.image 包中保留了这些颜色模型类，以保证向后兼容性。为保证一致性，新的颜色模型类也位于 java.awt.image 包中。包 java.awt.print 中包含用于打印所有基于 Java 2D 的文本、图形和图像的类和接口。

14.4 图形的绘制

图形的绘制可以应用 Java 2D API 中的 Graphics 对象或 Graphics2D 对象，它们都代表了需要绘图的区域，选择哪个取决于是否要使用所增加的 Java2D 的图形功能。但要注意的是，所有的 Java2D 图形操作都必须在 Graphics2D 对象上调用。

Graphics2D 扩展了 java.awt.Graphics，以便对形状、文本和图像的展示提供更加完善的控制。Java 2D 绘制进程是通过 Graphics2D 对象及其状态属性来控制的。

在绘制图形对象时，Graphics2D 状态属性（如线条样式和变换）将应用于图形对象。与 Graphics2D 有关的状态属性集被称为 Graphics2D 上下文。要绘制文本、形状或图像，请设置 Graphics2D 上下文，然后调用一种 Graphics2D 绘制方法（例如 draw 或 fill）。

14.4.1 接口和类

表 14-6 列出了与 Graphics2D 上下文一起使用的接口，表 14-7 列出了与 Graphics2D 上下文一起使用的类，包括代表状态属性的类。这些类中的大多数都是 java.awt 包的组成部分。

表 14-6 Graphics2D 上下文一起使用的接口

接口	说明
Composite	定义基本图形元素和底层图形区域的复合方法。由 AlphaComposite 实现
CompositeContext	定义复合操作的封装和优化环境。用于程序员实现自定义复合规则
Paint	定义 draw 或 fill 操作的颜色。由 Color、GradientPaint 和 TexturePaint 实现
PaintContext	定义绘画操作的封装和优化环境。程序员用来实现自定义绘画操作
Stroke	生成 Shape 并包含要绘制的 Shape 的轮廓。由 BasicStroke 实现

表 14-7 Graphics2D 上下文一起使用的类

类	说明
AffineTransform	代表 2D 仿射变换，用于执行从一种二维坐标到其他二维坐标的线性映射
AlphaComposite	实现形状、文本和图像的基本 alpha 复合规则
BasicStroke	定义应用于 Shape 轮廓的“画笔样式”
Color	定义 Shape 的实心填充颜色
GradientPaint	定义 Shape 的线性颜色渐变填充图案。该填充图案将从点 P1 的 C1 颜色逐渐变为点 P1 的 C2 颜色
Graphics2D	2D 绘制的基本类。是 java.awt.Graphics 类的扩展
TexturePaint	定义 Shape 的纹理或图案填充。纹理或图案由 BufferedImage 生成

14.4.2 图形绘制过程

要使用 Java 2D API 绘制图形对象，首先需要设置 Graphics2D 上下文，并将该图形对象传给 Graphics2D 绘制方法。可以修改组成 Graphics2D 上下文的状态属性，可以改变以下绘图方式：

- 改变笔画宽度。
- 改变笔画的连接方式。
- 设置剪切路径以限定绘制区域。

- 在绘制时平移、旋转、缩放或修剪对象。
- 定义用来填充形状的颜色和图案。
- 指定复合多个图形对象的方式。

Graphics2D 定义了几种方法，用于添加或改变图形上下文中的属性。其中，大多数都采用某一代表特定属性的对象，例如 Paint 或 Stroke 对象。

Graphics2D 上下文持有对这些属性的引用，它们并不会被复制。如果改变作为 Graphics2D 上下文一部分的属性对象，则需要调用相应的 set 方法来通知上下文。在绘制期间修改属性对象将导致不可预测且可能不稳定的行为。

当绘制图形对象时，几何形状、图像和属性信息将组合起来，以计算显示时必须改变哪些像素值。

Graphics2D 是 Graphics 的子类，包含在 java.awt 包中。在 Graphics2D 类中的用 draw 方法来绘制轮廓图形，而用 fill 方法来填充图形。Java2D 中的字符串的绘制仍然采用 drawString 方法，同时增加了 drawString(String s, float x, float y)和 drawString(String str, int x, int y)。应用 Graphics2D 绘制图形的方法如下：

```
package com.javapp.ch14;
import javax.swing.*;
import java.awt.*; // 导入 Graphics 所需类
import java.awt.event.WindowAdapter;
import java.awt.event.WindowEvent;
import java.awt.geom.*; // 导入 Ellipse2D 所需类
public class FirstJava2DShape extends JPanel {
        private static final long serialVersionUID = 1L;
        private Ellipse2D.Double circle =
              new Ellipse2D.Double(10, 10, 350, 350);//定义一个圆
        private Rectangle2D.Double square =
              new Rectangle2D.Double(10, 10, 350, 350);//定义一个长方体
        public void paintComponent(Graphics g) {
              clear(g);//清除图像
              Graphics2D g2d = (Graphics2D)g;//创建 Graphics2D 对象
              g2d.fill(circle);//画一个实心圆
              g2d.draw(square);//画一个空心的长方体,
        }
        protected void clear(Graphics g) {
              super.paintComponent(g);
        }
        protected Ellipse2D.Double getCircle() {
              return(circle);
        }
        public static void main(String[] args) {
              OpenWindUtil.openwin(new FirstJava2DShape(),400,400);
        }
}
```

在上面的程序中，调用了一个打开窗口的通用工具类，其代码如下：

```
package com.javapp.ch15;
import java.awt.BorderLayout;
import java.awt.Color;
import java.awt.Container;
import java.awt.event.WindowAdapter;
import java.awt.event.WindowEvent;
import javax.swing.JFrame;
public class OpenWindUtil {
	public static void openwin(Container content, int wid, int hei) {
		JFrame jf = new JFrame("Graphics2D demo");
		jf.setBackground(Color.white);
		jf.getContentPane().add(content, BorderLayout.CENTER);
		jf.setSize(wid, hei);
		jf.setVisible(true);
		jf.addWindowListener(new WindowAdapter() {
			public void windowClosing(WindowEvent e) {
				System.exit(0);
			}
		});
	}
}
```

在上面的程序代码中，FirstJava2DShape 类继承于 JPanel 的类，并重载了它的 void paintComponent(Graphics g1)方法，来实现图形的绘制，同时应用 java.awt.geom 包中 Ellipse2D 分别画了一个实心圆和一个空心长方体，其中 Ellipse2D.Double 表示利用 double 坐标指定的图形线段，还有一个 Ellipse2D. Float，表示利用 float 坐标指定的图形线段。java.awt.geom 包中的 Areas 类支持联集（union）、交集（intersection）、差集（subtraction ）、Exclusive OR（XOR）等布尔运算。AffineTransform 类提供图形的 Scale（比例）、Shear（剪裁）、Rotate（旋转）等座标上的转换。程序运行结果如图 14-2 所示。

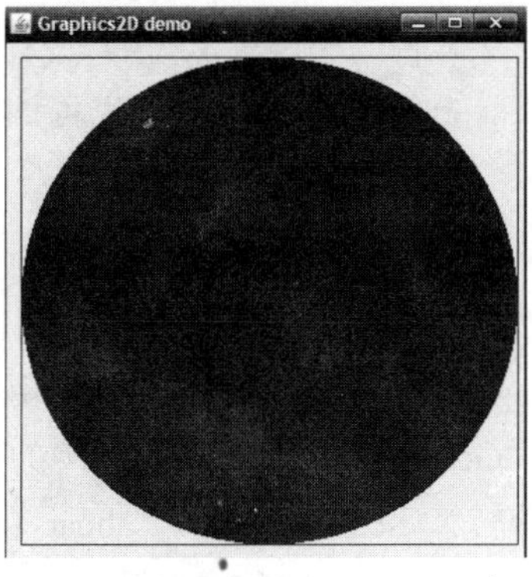

图 14-2　应用 Graphics2D 绘制图形

14.4.3　Stroke 属性

绘制 Shape 等于沿着 GeneralPath 的线段移动一支逻辑画笔。Graphics2D 的 Stroke（画笔）属性定义了该画笔所绘制标记的特性。

BasicStroke 对象用于定义 Graphics2D 上下文的 stroke 属性。BasicStroke 定义的特性包括线条宽度、笔形样式、线段连接样式和短划线图案等。要设置或改变 Graphics2D 上下文中的 Stroke 属性，需要调用 setStroke 方法。

使用 Stroke 属性的 Graphics2D 绘制方法包括 draw、drawArc、drawLine、drawOval、drawPolygon、drawPolyline、drawRect 和 drawRoundRect。当调用这些方法时，将绘制指定 Shape 的轮廓。Stroke 属性定义线条特性，而 Paint 属性定义画笔所绘标记的颜色或图案。

14.4.4 Fill 属性

Graphics2D 上下文中的 fill 填充属性用 Paint 对象表示。可以通过调用 setPaint 方法来将 Paint 添加到 Graphics2D 上下文中。

在绘制 Shape 或字形（Graphics2D.draw、Graphics2D.drawString）时，Paint 属性将应用于代表该对象绘制轮廓的 Shape 内的所有像素。填充 Shape（Graphics2D.fill）时，Paint 属性将应用于 Shape 轮廓内的像素。

使用 setColor 方法可以设置简单的纯色填充。Color 是 Paint 接口的最简单实现。

要使用更复杂的图形样式（例如渐变和纹理）填充 Shape，需要使用 Java 2D Paint 类的 GradientPaint 和 TexturePaint。这些类消除了相当耗时的使用简单纯色图形创建复杂填充的任务。

当调用 fill 绘制 Shape 时，系统将确定组成该 Shape 的像素。从 Paint 对象中获得每个像素的颜色。将颜色转换为输出设备上的相应像素值。然后将像素写到输出设备上。

14.4.5 剪切路径

剪切路径标识了 Shape 或 Image 中需处理的部分。当剪切路径是 Graphics2D 上下文的一部分时，只有位于该路径之内的 Shape 或 Image 部分才会得到处理。

要将剪切路径添加到 Graphics2D 上下文，需要调用 setClip。任何 Shape 都可用来定义剪切路径。

要改变剪切路径，可以用 setClip 方法指定新路径，也可调用 clip 方法将剪切路径改变为原剪切路径与一个新 Shape 的相交部分。

14.4.6 变换

Graphics2D 上下文包含变换，用于在绘制期间将对象从用户空间变换到设备空间。要执行其他变换，Graphics2D 提供了多种 Graphics2D 上下文变换的修改方法。最简单的方法是调用 Graphics2D 变换方法，如 rotate（旋转）、scale（缩放）、shear（修剪）或 translate（平移）。用户可以指定想要在绘制期间应用的变换，Graphics2D 将自动做出相应改变。

也可明确地将某一 AffineTransform 与当前 Graphics2D 变换相连接。AffineTransform 对一系列基本图形执行线性变换（例如平移、缩放、旋转或修剪）。当某一变换与已有变换连接时，最后指定的变换将首先应用。要将某一变换与当前变换相连接，并向 Graphics2D.transform 传递 AffineTransform。

14.4.7 Composite 属性

当两个图形对象重叠时，有必要确定使用哪些颜色来处理重叠像素。例如，如果红色矩形与蓝色矩形相重叠，则其重叠区域应该处理为红色、蓝色或二者的某种组合。重叠区域中像素的颜色决定了哪一个矩形位于上面及其透明程度。确定使用何种颜色处理重叠对象所共有像素的过程称为复合。

Java 2D 中的两个接口构成了复合模型的基础，分别为 Composite 和 CompositeContext。要指定应该使用的复合样式，通过调用 setComposite 方法，将 AlphaComposite 对象添加到 Graphics2D 上下文中。AlphaComposite（Composite 接口的一种实现）支持大量不同的复合样式。该类的实例包含了描述如何混合新颜色与已有颜色的复合规则。

在 AlphaComposite 类中，最常用的复合规则是 SRC_OVER，表示混合时新颜色（源色）应覆盖在已有颜色（目标色）之上。AlphaComposite 复合规则如表 14-8 所示。

表 14-8 AlphaComposite 复合规则中

AlphaComposite 复合规则	说明
CLEAR	清除
DEST_IN	加入目标色
DEST_OUT	去除目标色
DEST_OVER	用目标色覆盖
SRC	源色
SRC_IN	加入源色
SRC_OUT	去除源色
SRC_OVER	用源色覆盖

14.5 设置 Graphics2D 上下文环境

Graphics2D 上下文的配置，通过调用 Graphics2D 的 set 方法来指定属性，例如 RenderingHints、Stroke、Paint、剪切路径、Composite 和 Transform。

14.5.1 指定 Stroke 属性

BasicStroke 定义了应用于 Shape 轮廓的特性，包括其宽度和短划线图案、线段连接方式及线条末端所用的装饰。要设置 Graphics2D 上下文中的 stroke 属性，需要创建 BasicStroke 对象并将它传给 setStroke。

1. 设置 Stroke 宽度

要设置 stroke 宽度，先创建一个具有适当宽度的 BasicStroke 对象，然后调用 setStroke。例如，将 stroke 宽度设置成 10 磅，而对连接和笔形修饰则使用默认值的方法如下：

```
wideStroke = new BasicStroke(10.0f);
g2.setStroke(wideStroke);
```

2．指定连接和笔形样式

要设置连接和笔形样式，先创建一个具有相应属性的 BasicStroke 对象。例如，将 stroke 宽度设置成 10 磅，同时使用圆角连接和笔形样式，而不用默认值的方法如下：

```
roundStroke = new BasicStroke(10.0f, BasicStroke.CAP_ROUND,   BasicStroke.JOIN_ROUND);
g2.setStroke(roundStroke);
```

3．设置短划线图案

使用 BasicStroke 对象可以定义复杂的短划线图案。创建 BasicStroke 对象时，可以指定两个用于控制短划线图案的参数：

- dash：代表短划线图案的数组。数组中的元素交替代表短划线的尺寸和短划线之间的间距。元素 0 代表第一个短划线，元素 1 代表第一个间距。
- dash_phase：定义短划线图案开始位置的偏移量。

例如，对同一线条应用了两种不同的短划线图案。在前一种线型中，短划线的长度和它们之间的间距为常数。第二种短划线图案要复杂一些，它使用了一个六元素数组来定义短划线图案。实现代码如下：

```
float dash1[] = {9.0f};
BasicStroke bs = new BasicStroke(5.0f, BasicStroke.CAP_BUTT,BasicStroke.JOIN_MITER, 9.0f, dash1, 0.0f);
g2.setStroke(bs):
Line2D line = new Line2D.Float(22.0f, 9.0f, 100.0f, 10.0f);
g2.draw(line);
float[] dash2 = {6.0f, 4.0f, 2.0f, 4.0f, 2.0f, 4.0f};
bs = new BasicStroke(5.0f, BasicStroke.CAP_BUTT,BasicStroke.JOIN_MITER, 10.0f, dash2, 0.0f);
g2.setStroke(bs);
g2.draw(line);
```

两种短划线图案的短划线相位值都为零，表示从短划线图案的开头部分开始绘制短划线。

14.5.2　指定 Fill 属性

Graphics2D 上下文中的 Paint 属性决定了绘制文本和 Shape 时所使用的填充颜色和图案，即 Fill 属性。

1．使用渐变填充形状

GradientPaint 类提供了使用一种颜色到另一种颜色的渐变填充形状的方法。在创建 GradientPaint 时，可指定开始位置和颜色及结束位置和颜色。填充颜色将沿着两个位置之间的直线成比例地从一种颜色变为另一种颜色，使用颜色渐变填充形状的步骤如下：

01 创建 GradientPaint 对象。
02 调用 Graphics2D.setPaint。
03 创建 Shape。
04 调用 Graphics2D.fill(shape)。

例如，用红-绿色渐变来填充矩形，方法如下：

```
GradientPaint gp = new GradientPaint(50.0f, 50.0f, Color.red，50.0f, 250.0f, Color.green);
g2.setPaint(gp);
g2.fillRect(50, 50, 200, 200);
```

14.5.3 使用纹理填充形状

TexturePaint 类提供了使用重复图案填充形状的方法。创建 TexturePaint 时，应指定 BufferedImage 作为重复图案。也可为构造函数传递一个矩形来定义图案的重复频率，使用纹理填充形状的步骤如下：

01 创建 TexturePaint 对象。

02 调用 Graphics2D.setPaint。

03 创建 shape。

04 调用 Graphics2D.fill(shape)。

例如，使用由缓冲区图像创建的简单纹理来填充矩形的方法如下：

```
// 创建大小为 10x10 的缓冲区纹理图像片
BufferedImage bi = new BufferedImage(10, 10,BufferedImage.TYPE_INT_RGB);
Graphics2D big = bi.createGraphics();
// 绘制 BufferedImage 图形以创建纹理
big.setColor(Color.red);
big.fillRect(0,0,10,10);
big.setColor(Color.lightGray);
big.fillOval(0,0,10,10);
// 由缓冲区图像创建纹理画图
Rectangle r = new Rectangle(0,0,10,10);
TexturePaint tp = new    TexturePaint(bi,r,TexturePaint.NEAREST_NEIGHBOR);
// 将纹理画图添加到图形上下文中。
g2.setPaint(tp);
// 创建并绘制使用该纹理填充的矩形。
g2.fillRect(0,0,220,220);
```

14.5.4 设置剪切路径

剪切路径标识了 Shape 或 Image 中需处理的部分。定义剪切路径步骤如下：

01 创建一个 Shape，代表想要绘制的区域。

02 调用 Graphics2D.setClip，将该形状用作 Graphics2D 上下文的剪切路径。

03 要缩小剪切路径。

04 创建一个与当前剪切路径相交的 Shape。

05 调用 clip，将剪切路径更改为当前剪切路径与新 Shape 相交的部分。

例如，先用椭圆创建剪切路径，然后通过调用 clip 来修改剪切路径的方法如下：

```
public void paint(Graphics g) {
```

```
    Graphics2D g2 = (Graphics2D) g;
    // 画布的宽度和高度
    int w = getSize().width;
    int h = getSize().height;
    // 创建一个椭圆并用作剪切路径
    Ellipse2D e = new Ellipse2D.Float(w/4.0f,h/4.0f,w/2.0f,h/2.0f);
    g2.setClip(e);
    // 填充画布。仅绘制位于剪切路径内的区域
    g2.setColor(Color.cyan);
    g2.fillRect(0,0,w,h);
    // 更改剪切路径，将它设置成当前剪切路径
    // 与新矩形相交的部分。
    Rectangle r = new Rectangle(w/4+10,h/4+10,w/2-20,h/2-20);
    g2.clip(r);
    // 填充画布。 仅绘制位于新剪切路径内
    // 的区域
    g2.setColor(Color.magenta);
    g2.fillRect(0,0,w,h);
}
```

14.5.5 在 Java 2D 中绘制各种样式的图形

在 Java 2D 中，可以利用 Graphics 类的环境状态属性来绘制各种样式的图形，Graphics 类支持的各种确定图形环境状态的属性主要有以下几种：

- Color：表示当前绘制颜色，它属于 java.awt.Color 类。所有的绘制、着色和纯文本输出都将以 Color 指定的颜色显示。
- Font：表示当前字体，它属于 java.awt.Font 类。它适用于所有纯文本输出的字体。
- Clip：java.awt.Shape 类的对象，应用它定义几何形状的接口。该属性包含的形状定义了图形环境的区域，图形的绘制区域。
- ClipBounds：java.awt.Rectangle 对象，它表示由 Clip 特性定义的形状所代表的最小矩形。
- FontMetrics：java.awt.FontMetrics 类的只读属性。该对象含有关于图形环境中当前起作用 Font 的信息。
- Paint Mode：该属性控制 Graphics 类的环境状态使用当前颜色的方式。如果调用了 setPaintMode 方法，那么所有绘制操作都将使用当前颜色。如果调用了 setXORMode 方法，那么就用指定的颜色对像素做“XOR”操作。XOR 具有在重新绘制时恢复初始位模式的特性，因此它被用作橡皮擦除和动画操作。

下面应用这几种属性绘制具有多种样式风格的图形，该图形类继承于上面定义的 FirstJava2DShape 类，在此类的基础上添加了各种样式，程序代码如下：

```
package com.javapp.ch14;
import java.awt.*;
import java.awt.event.WindowAdapter;
import java.awt.event.WindowEvent;
import javax.swing.JFrame;
```

```
public class GradientPaintapp extends FirstJava2DShape {
    // 在坐标(0,0)为红色, (175,175)为黄色, 在二者之间逐渐变化.
    private GradientPaint gradient =
        new GradientPaint(0, 0, Color.red, 175, 175, Color.yellow,   true); // 参数 true 表示重复绘制
    public void paintComponent(Graphics g) {
        clear(g);
        Graphics2D g2d = (Graphics2D)g;
        drawGradientCircle(g2d);
    }
    protected void drawGradientCircle(Graphics2D g2d) {
        g2d.setPaint(gradient);// 应用渐变色来填充
        g2d.fill(getCircle());//画一个实心圆
        g2d.setPaint(Color.black);//设置圆的边框颜色为黑色
        g2d.draw(getCircle());//画一个空心圆
    }
    public static void main(String[] args) {
        OpenWindUtil.openwin(new GradientPaintapp(),400,400);
    }
}
```

程序运行结果如图 14-3 所示。

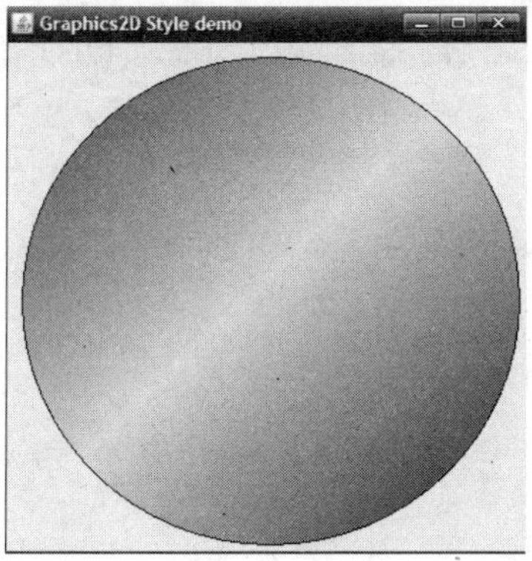

图 14-3　应用渐变色来填充 Graphics2D 绘制图形

在上面程序中，应用了 Color 类的渐变色的填充方式 Paint 对图形进行着色，Paint（油漆桶）接口有几个具体的实现，可以应用这个接口实现纯色、渐变色或图案来填充图形。具体填充方法如下：

（1）纯色填充：对 java.awt.Color 类做一些调整以实现 Paint，并且可以用于纯色填充。在上面的代码应用了此方法，代码如下：

```
g2d.setPaint(Color.black);// 纯色填充圆的边框颜色为黑色
```

（2）渐变色来填充（应用梯度填充 GradientPaint 类）：java.awt.GradientPaint 类允许用线性颜色渐变色来填充形状，线性颜色渐变色允许在两个指定的 Color 对象之间创建过渡。可以将渐变色设置成“周期性的”，这将导致渐变色图案重复出现。在上面的代码应用了此方法，代码如下：

```
// 在坐标(0,0)为红色, (175,175)为黄色, 在二者之间逐渐变化.
private GradientPaint gradient = new GradientPaint(0, 0, Color.red, 175, 175, Color.yellow,   true); // 参数 true 表示重复绘制
```

```
g2d.setPaint(gradient);//设置样式属性
g2d.setPaint(gradient);// 应用渐变色来填充
```

（3）图案填充（纹理 TexturePaint 类）：提供了 java.awt.TexturePaint 类，它可以用由 BufferedImage 描述的图案填充形状。下面定义一个实现图案填充的应用程序，程序代码如下：

```
package com.javapp.ch14;
import javax.swing.*;
import java.awt.*;
import java.awt.image.*;
public class TexturePaintDemo extends JPanel {
	private String imageFile1 =
 this.getClass().getResource("54366336.JPG").getPath();
	private TexturePaint imagePaint1;
	private Rectangle imageRect;
	private String imageFile2 =
 this.getClass().getResource("DSC00704.JPG").getPath();
	private TexturePaint imagePaint2;
	private int[] xPoints = { 30, 700, 400 };
	private int[] yPoints = { 30, 30, 600 };
	private Polygon imageTriangle = new Polygon(xPoints, yPoints, 3);//	创建一个三角形
	public TexturePaintDemo() {// 导入图形
		System.out.println(this.getClass().getResource("DSC00704.JPG").
getPath().substring(1));
		BufferedImage image = getBufferedImage(imageFile1, this);
		//创建二个图案填充
		imageRect = new Rectangle(265, 50, image.getWidth()*2/3, image.getHeight()*2/3);
		imagePaint1 = new TexturePaint(image, imageRect);
		image = getBufferedImage(imageFile2, this);
		imagePaint2 = new TexturePaint(image, new Rectangle(0, 0, 32, 32));
	}
	public void paintComponent(Graphics g) {
		super.paintComponent(g);
		Graphics2D g2d = (Graphics2D) g;
		g2d.setPaint(imagePaint2);//图案填充
		g2d.fill(imageTriangle);
		g2d.setPaint(Color.yellow);
		g2d.setStroke(new BasicStroke(4));//线的宽度
		g2d.draw(imageTriangle);
		g2d.setPaint(imagePaint1);
		g2d.fill(imageRect);
		g2d.setPaint(Color.CYAN);
		g2d.draw(imageRect);
	}
	public static void main(String[] args) {
		OpenWindUtil.openwin(new TexturePaintDemo(), 500, 500,"图案填充");
	}
	// 建立图像缓冲区
	public static BufferedImage getBufferedImage(String imageFile, Component c) {
		Image image = c.getToolkit().getImage(imageFile);
		waitForImage(image, c);
```

```
        BufferedImage bufferedImage = new BufferedImage(image.getWidth(c),
                image.getHeight(c), BufferedImage.TYPE_INT_RGB);
        Graphics2D g2d = bufferedImage.createGraphics();
        g2d.drawImage(image, 0, 0, c);
        return (bufferedImage);
    }
    // 等待图像调入
    public static boolean waitForImage(Image image, Component c) {
        MediaTracker tracker = new MediaTracker(c);
        tracker.addImage(image, 0);
        try {
            tracker.waitForAll();
        } catch (InterruptedException ie) {
        }
        return (!tracker.isErrorAny());
    }
}
```

程序运行结果如图 14-4 所示。

在上面的程序中，应用了设置笔的形状 Stroke 接口，Stroke 接口由 java.awt.BasicStroke 类实现。该类允许进行大量的设置用以修改线的绘制细节。可以编程指定 BasicStroke 宽度，也可以指定对名为柱头和交点的路径上端点和交点的“装饰”。也可以绘制点划线，只须设置 BasicStroke 的破折号属性即可。

在 Graphics 类中线条是一个点宽，而在 Graphics2D 中可以通过 BasicStoke 类中的 setStroke 方法来设置。其构造函数是 BasicStroke(float width, int cap, int join)，其中 width 指示线宽（默认时为 1.0）。cap 指示线的末端，join 指示线段之间的拐角。

图 14-4　应用图案填充 Graphics2D 绘制图形

14.5.6　设置 Graphics2D 变换

在实际应用中，有时需要变换 Shape、文本字符串或 Image 图形，在绘制这些图形对象前需要将 AffineTransform 添加到 Graphics2D 上下文的变换流水线中。绘制图形对象时将应用该变换。

例如，要绘制一个旋转 35 度的矩形步骤如下：

01 通过调用 AffineTransform. getRotateInstance 获得一次旋转变换。

02 调用 Graphics2D.setTransform 将新变换添加到变换流水线中。

03 创建 Rectangle2D.Float 对象。

04 调用 Graphics2D.draw 绘制该矩形。

在下面的例子中，将在绘制矩形时使用 AffineTransform 实例将它旋转 35 度，实现代码如下：

```
Rectangle2D rect = new Rectangle2D.Float(1.0,1.0,2.0,3.0);
AffineTransform rotate35 =AffineTransform.getRotateInstance(Math.PI/3.0,0.0,0.0)
g2.setTransform(rotate35);
g2.draw(rect);
使用 AffineTransform 沿一个中心点旋转文本字符串：
// 定义绘制变换
AffineTransform at = new AffineTransform();
// 应用平移变换以便为旋转文本
// 留出空间。
at.setToTranslation(400.0, 400.0);
g2.transform(at);
// 创建旋转变换以旋转文本
at.setToRotation(Math.PI / 2.0);
// 以 90 度角分别绘制四个“Java”字符串副本
for (int i = 0; i < 4; i++) {
     g2.drawString("Java", 0.0f, 0.0f);
     g2.transform(at);
}
```

用户可以用相同的方法来变换图像 ，在绘制期间将应用 Graphics2D 上下文中的变换，而不管要绘制的图形对象是什么类型。

要对图像应用变换而不改变 Graphics2D 上下文中的变换，可以将 AffineTransform 传递给 drawImage，实现方法如下：

```
AffineTransform rotate45 = AffineTransform.getRotateInstance(Math.PI/3.0,0.0,0.0)
g2.drawImage(myImage, rotate35);
```

14.5.7 指定复合样式

AlphaComposite 封装了复合规则，可确定在对象相互重叠时如何绘制颜色。要指定 Graphics2D 上下文的复合样式，通过创建 AlphaComposite 并将它传给 setComposite 方法。最常用的复合样式是 SRC_OVER。

1. 使用“用源色覆盖”复合规则

SRC_OVER 复合规则将源像素复合到目的像素上，因此复合像素呈现源像素的颜色。例如，如果先绘制蓝色矩形，然后绘制与其部分重叠的红色矩形，则重叠区域将为红色。也就是说，后绘制的对象将显示在上面。要使用 SRC_OVER 复合规则，先通过调用 getInstance 并指定 SRC_OVER 规则，创建 AlphaComposite 对象，用法如下：

```
AlphaComposite ac =AlphaComposite.getInstance(AlphaComposite.SRC_OVER);
```

调用 setComposite，将 AlphaComposite 对象添加到 Graphics2D 上下文中。例如：

```
g2.setComposite(ac);
```

一旦设置完复合对象，就将使用指定的复合规则来绘制重叠对象。

2．增加复合对象的透明度

AlphaComposite 允许用户指定一个额外的 alpha 常量来乘以源像素的 alpha 值，以增加透明度。例如，要创建以 50% 透明度绘制源对象的 AlphaComposite 对象，设置 alpha 的值为 .5，设置方法如下：

```
AlphaComposite ac =AlphaComposite.getInstance(AlphaComposite.SRC_OVER, .5f);
```

下面例子将创建 alpha 的值递增的 alpha 复合对象源，然后将其添加到图形上下文中，使得以后的形状均绘制为递增的透明度。程序代码如下：

```
package com.javapp.ch14;
import javax.swing.*;
import java.awt.*;
import java.awt.geom.*;
public class TransparencyExample extends JPanel {
    private static int gap = 10, width = 60, offset = 20, deltaX = gap + width+ offset;
    private Rectangle blueSquare = new Rectangle(gap + offset, gap + offset,
            width, width), redSquare = new Rectangle(gap, gap, width, width);
    private AlphaComposite makeComposite(float alpha) {
        int type = AlphaComposite.SRC_OVER;
        return (AlphaComposite.getInstance(type, alpha));
    }
    private void drawSquares(Graphics2D g2d, float alpha) {
        Composite originalComposite = g2d.getComposite();
        g2d.setPaint(Color.blue);
        g2d.fill(blueSquare);
        g2d.setComposite(makeComposite(alpha));
        g2d.setPaint(Color.red);
        g2d.fill(redSquare);
        g2d.setComposite(originalComposite);
    }
    public void paintComponent(Graphics g) {
        super.paintComponent(g);
          Graphics2D g2 = (Graphics2D) g;
          g2.setColor(Color.red);
          g2.translate(100,50);
          // 弧度 = 度 * pie / 180
          g2.rotate((45*java.lang.Math.PI)/180);
          g2.fillRect(0,0,100,100);
          g2.setTransform(new AffineTransform());  // 设置标识
          // 创建新 alpha 复合
          AlphaComposite ac =  AlphaComposite.getInstance(AlphaComposite.SRC_OVER,0.5f);
          g2.setComposite(ac);
```

```
            g2.setColor(Color.green);
            g2.fillRect(50,0,100,100);
            g2.setColor(Color.blue);
            g2.fillRect(125,75,100,100);
            g2.setColor(Color.yellow);
            g2.fillRect(50,125,100,100);
            g2.setColor(Color.pink);
            g2.fillRect(-25,75,100,100);
            for(int i=0; i<5; i++) {
                drawSquares(g2, i*0.1F);
                g2.translate(deltaX, 0);
            }
    }
    public static void main(String[] args) {
        String title = "Transparency example: alpha of the top (red) "
                + "square ranges from 0.0 at the left to 1.0 at "
                + "the right. Bottom (blue) square is opaque.";
        OpenWindUtil.openwin(new TransparencyExample(), 11 * deltaX + 2
                * gap, deltaX + 3 * gap, title);
    }
}
```

程序运行结果如图 14-5 所示。

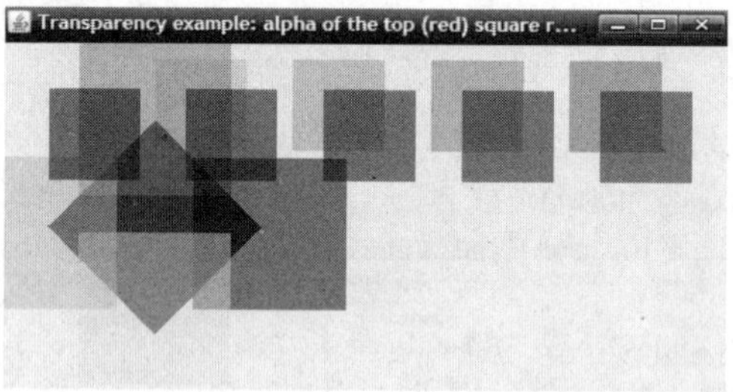

图 14-5　应用递增的透明度 Graphics2D 绘制图形

14.6　图形元素的绘制

Graphics2D 提供绘制 Shape、Text 和 Image 的方法，具体方法如下：

- draw：利用 Graphics2D 上下文中的 Stroke 和 Paint 对象描绘 Shape 的路径。
- fill：利用 Graphics2D 上下文中的 Paint 填充 Shape。
- drawString：利用 Graphics2D 上下文中的 Paint 绘制指定的文本串。
- drawImage：绘制指定的图像。

要描绘和填充形状，必须调用 draw 和 fill 两种方法。同时，Graphics2D 也支持 JDK 早期版本中的描绘和填充方法，例如 drawOval 和 fillRect。

14.6.1 绘制形状

所有 Shape 的轮廓线都可用 Graphics2D.draw 方法进行绘制。同时，下列早期 JDK 版本中的描绘方法也受到支持：drawLine、drawRect、drawRoundRect、drawOval、drawArc、drawPolyline、drawPolygon、draw3DRect。

绘制 Shape 时，其路径由 Graphics2D 上下文中的 Stroke 对象描绘，有关详细信息，参见第 15.4.3 节的“Stroke 属性”。通过设置 Graphics2D 上下文中的相应 BasicStroke 对象，用户即可绘制任意宽度或图案的线条。BasicStroke 对象也可定义线条的笔形和交点属性。绘制 Shape 的轮廓线的步骤为：

01 创建 BasicStroke 对象。

02 调用 Graphics2D.setStroke。

03 创建 Shape。

04 调用 Graphics2D.draw(shape)。

在下例中，使用 GeneralPath 对象定义星形，然后将 BasicStroke 对象添加到 Graphics2D 上下文中以定义星形线的 with 和 join 属性。程序代码如下：

```
package com.javapp.ch14;
import java.awt.BasicStroke;
import java.awt.Color;
import java.awt.Graphics;
import java.awt.Graphics2D;
import java.awt.geom.GeneralPath;
import javax.swing.JPanel;
public class FiveStar extends JPanel {
        private static final long serialVersionUID = 1L;
        public void paintComponent(Graphics g) {
                clear(g);// 清除图像
                Graphics2D g2 = (Graphics2D) g;
                // 创建并设置绘图
                g2.setStroke(new BasicStroke(8.0f));
                // 用通用路径对象创建星形
                GeneralPath p = new GeneralPath(GeneralPath.WIND_NON_ZERO);
                p.moveTo(-100.0f, -25.0f);
                p.lineTo(+100.0f, -25.0f);
                p.lineTo(-50.0f, +100.0f);
                p.lineTo(+0.0f, -100.0f);
                p.lineTo(+50.0f, +100.0f);
                p.closePath();
                g2.setPaint(Color.red);
                // 将原图向画布中心位置变换
                g2.translate(100.0f, 100.0f);
                // 绘制星形的路径
                g2.draw(p);
        }
        protected void clear(Graphics g) {
                super.paintComponent(g);
        }
```

```
    public static void main(String[] args) {
        OpenWindUtil.openwin(new FiveStar(), 400, 400,"FiveStar");
    }
}
```

程序运行结果如图 14-6 所示。

图 14-6 使用 GeneralPath 对象定义星形

14.6.2 填充形状

调用 Graphics2D.fill 方法可用于填充任一 Shape。 Shape 被填充后，系统会调用 Graphics2D 上下文的当前 Paint 属性（包括 Color、TexturePaint 或 GradientPaint）对其路径以内的区域进行绘制。

同时，支持早期 JDK 版本中的填充方法：fillRect、fill3DRect、fillRoundRect、fillOval、fillArc、fillPolygon、clearRect。

要填充一个 Shape，先利用 Graphics2D.setColor 或 Graphics2D.setPaint 在图形上下文中设置填充颜色或图案。创建 Shape，然后调用 Graphics2D.fill 绘制上述 Shape。

在下例中，系统调用 setColor 定义 Rectangle2D 的红色填充，实现代码如下：

```
public void paintComponent(Graphics g) {
    Graphics2D g2 = (Graphics2D) g;
    g2.setPaint(Color.red);
    Rectangle2D r2 = new Rectangle2D.Float(25, 25, 150, 150);
    g2.fill(r2);
}
```

14.7 几何形状

Java 2D API 提供了几种定义诸如点、直线、曲线和矩形等常用几何对象的类。这些新几何类是 java.awt.geom 包的组成部分。为保持向后兼容性，早期版本的 JDK 中的几何类（例如 Rectangle、Point 和 Polygon）仍在 java.awt 包中。

Java 2D API 几何类（例如 GeneralPath、Arc2D 和 Rectangle2D）实现 java.awt 定义的 Shape 接口。Shape 提供说明、检查几何路径对象的公共协议。新接口 PathIterator 定义了从几何形状检索元素的方法。用几何类可以很容易定义和处理几乎所有二维对象。

实现几何形状接口和类

表 14-9 和表 14-10 列出了重要的几何接口和类。这些接口和类多数是 java.awt.geom 包的组成

部分。其他如 Shape 是 java.awt 包的组成部分，主要为了保持与早期版本 JDK 兼容性。

表 14-9　几何接口

接口	说明
PathIterator	定义从路径检索元素的方法
Shape (java.awt)	提供说明和检查几何路径对象的公共方法集。由 GeneralPath 和其他几何类实现

表 14-10　几何类

类	说明
Arc2D Arc2D.Double Arc2D.Float	扩展：RectangularShape 表示用外切矩形、起始角、角度和闭合类型定义的圆弧。用来指定圆弧，包括浮点和双精度两种方式：Arc2D.Float 和 Arc2D.Double
Area	实现：Shape, Cloneable 表示支持布尔操作的区域几何形状
CubicCurve2D CubicCurve2D.Double CubicCurve2D.Float	实现：Shape 表示 (w) 坐标系中一段三次方程曲线。用来指定三次曲线，包括浮点和双精度两种方式：CubicCurve2D.Float 和 CubicCurve2D.Double
Dimension2D	封装宽和高。所有存储两维的对象的抽象父类
Ellipse2D Ellipse2D.Double Ellipse2D.Float	扩展：RectangularShape 表示用外切矩形定义的椭圆。用来指定椭圆，包括浮点和双精度两种方式：Ellipse2D.Float 和 Ellipse2D.Double
FlatteningPathIterator	返回 PathIterator 对象的整平视图 可用来为自身不能进行插值计算的 Shapes 提供整平操作
GeneralPath	实现：Shape 表示由直线及二次、三次曲线形成的几何路径
Line2D Line2D.Double Line2D.Float	实现：Shape 表示 (x, y) 坐标空间的线段。用来指定直线，包括浮点和双精度两种：Line2D.Float 和 Line2D.Double
Point2D Point2D.Double Point2D.Float	代表 (x, y) 坐标空间中某个位置的点。用来指定点，包括浮点和双精度两种方式：Point2D.Float 和 Point2D.Double
QuadCurve2D QuadCurve2D.Double QuadCurve2D.Float	实现：Shape 表示 (x, y) 坐标空间中一段二次方程曲线。用来指定二次曲线，包括浮点和双精度两种方式：QuadCurve2D.Float 和 QuadCurve2D.Double
Rectangle2D Rectangle2D.Double Rectangle2D.Float	扩展：RectangularShape 表示由 (x, y) 位置和 (w x h) 维定义的矩形。用来指定矩形，包括浮点和双精度两种方式：Rectangle2D.Float 和 Rectangle2D.Double
RectangularShape	实现：Shape 为处理有矩形边界的形状提供公共处理例程
RoundRectangle2D RoundRectangle2D.Double RoundRectangle2D.Float	扩展：RectangularShape 表示由 (x, y) 位置、(w x h) 维及角弧的宽和高定义的圆角矩形。用来指定圆角矩形，包括浮点和双精度两种方式：RoundRectangle2D.Float 和 RoundRectangle2D.Double

14.8 几何的概念

Shape（形状）是任何实现 Shape 接口的类（例如 GeneralPath 或 Rectangle2D.Float）的一个实例。Shape 的轮廓（轮廓线）是指它的路径。所谓绘制 Shape，即对 Shape 的路径应用 Stroke 对象在 Graphics2D 上下文中定义的画笔样式。而所谓填充 Shape，即在它的路径区里应用 Graphics2D 上下文中的 Paint。Shape 的路径也可用来定义剪切路径。剪切路径决定了所要渲染的像素，即只渲染位于剪切路径定义的区域内的像素。剪切路径是 Graphics2D 上下文的组成部分。

GeneralPath 是一种可用来表示能用直线和二次或三次曲线构造的二维对象的形状。为方便起见，java.awt.geom 还提供了表示矩形、椭圆、圆弧和曲线等常用几何对象的 Shape 接口的实现。Java 2D API 还提供了支持构造几何区域的形状的特殊类型。

构造几何区域

构造几何区域（CAG）是通过对现有对象进行布尔运算以创建新几何对象的过程。在 Java 2D API 中，Area 类是任意形状区域的与设备无关的规范。Area 对象是作为对其他封闭区域的几何形状（如矩形、椭圆形和多边形）执行某些二进制 CAG（构造区域几何图形，Constructive Area Geometry）操作的对象而定义的。CAG 操作包括 Add（union）、Subtract、Intersect 和 ExclusiveOR。例如，一个 Area 可以由一个矩形区域减去一个椭圆形区域组成。用户可从任何 Shape 构造 Area。

Area 支持下面的布尔运算：

- Union（并）
- Intersection（交）
- Subtraction（差）
- Exclusive OR（异或 XOR）

这些运算结果如图 14-7 所示。

图 14-7 布尔运算

下面以一个例子来实现对各种几何形状的设计。程序代码如下：

```
package com.javapp.ch14;
import javax.swing.*;
import java.awt.*;
import java.awt.event.*;
import java.awt.geom.*;
public class ShapesTest extends JPanel {
        // 应用 Graphics2D 类画不种形状的图形
        int maxCharHeight = 15;
```

```
int minFontSize = 10;
Color bg = Color.white;
Color fg = Color.black;
Color red = Color.red;
Color white = Color.white;
BasicStroke stroke = new BasicStroke(2.0f);
BasicStroke wideStroke = new BasicStroke(8.0f);
float dash1[] = { 10.0f };
BasicStroke dashed = new BasicStroke(1.0f,
BasicStroke.CAP_BUTT,
BasicStroke.JOIN_MITER,
10.0f, dash1, 0.0f);
Dimension totalSize;
FontMetrics fontMetrics;
// 创建 FontMetrics 类,用于决定字符的长度与宽度
FontMetrics pickFont(Graphics2D g2,String longString,int xSpace) {
        boolean fontFits = false;
        Font font = g2.getFont();
        FontMetrics fontMetrics = g2.getFontMetrics();
        int size = font.getSize();
        String name = font.getName();
        int style = font.getStyle();
        while (!fontFits) {
                if ((fontMetrics.getHeight() <= maxCharHeight)
                && (fontMetrics.stringWidth(longString) <= xSpace)) {
                        fontFits = true;
                }
                else {
                        if (size <= minFontSize) {
                                fontFits = true;
                        }
                        else {
                                g2.setFont(font = new Font(name, style, --size));
                                fontMetrics = g2.getFontMetrics();
                        }
                }
        }
        return fontMetrics;
}
public void paintComponent(Graphics g) {
        // 将类 Graphics 转为功能更为强大的 Graphics2D 类
        Graphics2D g2 = (Graphics2D) g;
        // 通过该方法使图形去除锯齿状
        g2.setRenderingHint(RenderingHints.KEY_ANTIALIASING,
        RenderingHints.VALUE_ANTIALIAS_ON);
        Dimension d = getSize();
        int gridWidth = d.width / 6;
        int gridHeight = d.height / 2;
        fontMetrics = pickFont(g2, "字符最长的长度 ",
        gridWidth);
```

```
int x = 5;
int y = 7;
int rectWidth = gridWidth - 2 * x;
int stringY = gridHeight - 3 - fontMetrics.getDescent();
int rectHeight = stringY - fontMetrics.getMaxAscent() - y - 2;
// 画直线
g2.draw(new Line2D.Double(x, y + rectHeight - 1, x + rectWidth, y));
g2.drawString("画直线", x, stringY);
x += gridWidth;
// 画矩形
g2.setStroke(stroke);
g2.draw(new Rectangle2D.Double(x, y, rectWidth, rectHeight));
g2.drawString("画矩形", x, stringY);
x += gridWidth;
// 画虚线矩形
g2.setStroke(dashed);
g2.draw(new RoundRectangle2D.Double(x, y, rectWidth,
rectHeight, 10, 10));
g2.drawString("画虚线矩形", x, stringY);
x += gridWidth;
// 画弧线
g2.setStroke(wideStroke);
g2.draw(new Arc2D.Double(x, y, rectWidth, rectHeight, 90,
135, Arc2D.OPEN));
g2.drawString("画弧线", x, stringY);
x += gridWidth;
// 画椭圆形
g2.setStroke(stroke);
g2.draw(new Ellipse2D.Double(x, y, rectWidth, rectHeight));
g2.drawString("画椭圆形", x, stringY);
x += gridWidth;
// 通过路径画不规则的图形
int x1Points[] = { x, x + rectWidth, x, x + rectWidth };
int y1Points[] = { y, y + rectHeight, y + rectHeight, y };
GeneralPath polygon = new GeneralPath(GeneralPath.WIND_EVEN_ODD,
x1Points.length);
polygon.moveTo(x1Points[0], y1Points[0]);
for (int index = 1; index < x1Points.length; index++) {
        polygon.lineTo(x1Points[index], y1Points[index]);

}
polygon.closePath();
g2.draw(polygon);
g2.drawString("画不规则的图形", x, stringY);
// 新建一行
x = 5;
y += gridHeight;
stringY += gridHeight;
// 通过路径画开口的图形
int x2Points[] = { x, x + rectWidth, x, x + rectWidth };
```

```
int y2Points[] = { y, y + rectHeight, y + rectHeight, y };
GeneralPath polyline = new GeneralPath(GeneralPath.WIND_EVEN_ODD,
x2Points.length);
polyline.moveTo(x2Points[0], y2Points[0]);
for (int index = 1; index < x2Points.length; index++) {
        polyline.lineTo(x2Points[index], y2Points[index]);
}
g2.draw(polyline);
g2.drawString("画不规则图形(开口)", x, stringY);
x += gridWidth;
// 填充矩形
g2.setPaint(red);
g2.fill(new Rectangle2D.Double(x, y, rectWidth, rectHeight));
g2.setPaint(fg);
g2.drawString("填充矩形", x, stringY);
x += gridWidth;
// 填充圆角矩形
// 创建颜色过渡器 GradientPaint
GradientPaint redtowhite = new GradientPaint(x, y, red, x+ rectWidth,
y, white);
g2.setPaint(redtowhite);
g2.fill(new RoundRectangle2D.Double(x, y, rectWidth,
rectHeight, 10, 10));
g2.setPaint(fg);
g2.drawString("填充圆角矩形", x, stringY);
x += gridWidth;
// 填充弧线
g2.setPaint(red);
g2.fill(new Arc2D.Double(x, y, rectWidth, rectHeight, 90,
135, Arc2D.OPEN));
g2.setPaint(fg);
g2.drawString("填充弧线", x, stringY);
x += gridWidth;
// 填充椭圆形
redtowhite = new GradientPaint(x, y, red, x + rectWidth, y, white);
g2.setPaint(redtowhite);
g2.fill(new Ellipse2D.Double(x, y, rectWidth, rectHeight));
g2.setPaint(fg);
g2.drawString("填充椭圆形", x, stringY);
x += gridWidth;
// 填充不规则图形
int x3Points[] = { x, x + rectWidth, x, x + rectWidth };
int y3Points[] = { y, y + rectHeight, y + rectHeight, y };
GeneralPath filledPolygon = new GeneralPath(
                GeneralPath.WIND_EVEN_ODD,
                x3Points.length);
filledPolygon.moveTo(x3Points[0], y3Points[0]);
for (int index = 1; index < x3Points.length; index++) {
        filledPolygon.lineTo(x3Points[index], y3Points[index]);
}
```

```
            filledPolygon.closePath();
            g2.setPaint(red);
            g2.fill(filledPolygon);
            g2.setPaint(fg);
            g2.draw(filledPolygon);
            g2.drawString("填充不规则图形", x, stringY);
        }
        public static void main(String[] args) {
            OpenWindUtil.openwin(new ShapesTest(), 400, 400, "绘制多种形状的实例示例");
        }
}
```

程序运行结果如图 14-8 所示。

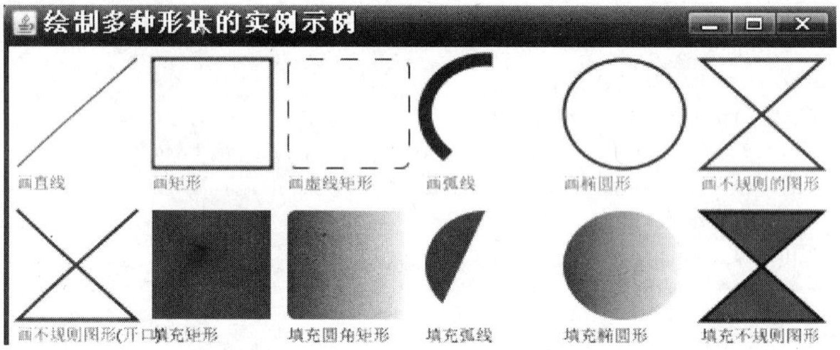

图 14-8　绘制多种形状的实例示例

14.9　字体和文本布局

可以对文本字符串使用 Java 2D API 变换和绘制机制。另外，Java 2D API 提供与文本相关的类，它们支持划分细致的字体控制和复杂的文本布局。其中包括增强的 Font 类和新的 TextLayout 类。

14.9.1　接口和类

表 14-11 和表 14-12 列出了主要的字体及文本布局接口和类。这些接口和类多数是 java.awt.font 包的组成部分。其他（例如 Font）是 java.awt 包的组成部分，用于保持与早期 JDK 版本的兼容性。

表 14-11　字体及文本布局接口

接口	说明
MultipleMaster	代表 Type 1 Multiple Master 字体。通过 Font 对象实现。后者包含多个主字体，允许对多个主设计控制进行访问
OpenType	代表 Open Type 和 True Type 字体。通过 Font 对象实现。后者包括 Open Type 和 True Type 字体，允许对字体的 sfnt 表进行访问

表 14-12 字体及文本布局类

类	说明
Font	代表主机系统上可用字样集中的字样实例。提供详细的字体信息规范，并允许访问字体及其字形的信息（在 java.awt 包中）
FontRenderContext	封装正确度量文本所需的信息
GlyphJustificationInfo	提供有关字形对齐属性的信息（例如粗细度、优先级、吸收率和界限）
GlyphMetrics	为单个字形提供度量
GlyphVector	字形及其位置的集合
GraphicAttribute	TextLayout 属性的基本类，指定嵌入文本的图形。通过 ShapeGraphicAttribute 和 ImageGraphicAttribute 来实现。它们可实现在 TextLayout 中嵌入 Shape（形状）和 Image（图像）。可将其子类化以实现自定义字符替换图形的功能
ImageGraphicAttribute	扩展：GraphicAttribute ，GraphicsAttribute 用于在 TextLayout 内绘制 Image
LineBreakMeasurer	将跨行的文本块断开以适应指定行长的 TextLayout 对象
LineMetrics	提供对沿一行和多行排定字符布局时所需字体度量的访问。这些度量包括提升、降低、前导、高度和基线信息
ShapeGraphicAttribute	扩展：GraphicAttribute。GraphicsAttribute 用于在 TextLayout 内绘制 Shape
TextAttribute	定义用于文本处理的属性关键字和值
TextHitInfo	提供 TextLayout 中字符的选中测试信息
TextLayout	实现：Cloneable ，提供有一定样式的字符数据（包括双向文本）的不可变图形表示

14.9.2 管理文本布局

TextLayout 类支持含有不同书写系统下多种样式和字符的文本，包括 Arabic 和 Hebrew。即使是在处理纯英文，TextLayout 仍可简化文本的显示和度量过程。利用 TextLayout，用户毫不费力即可获得高质量的字样。

TextLayout 类负责管理字形的定位和排序。其用途如下：

- 确定单向和双向文本的布局
- 显示和移动插入记号
- 对文本执行选中测试
- 高亮显示所选文本

某些情况下，用户可能想自己计算文本的布局，以便准确控制所用的字形及其位置。利用诸如字形大小、字距调整表及连字等信息，即可自己编写文本布局的算法，而不使用系统的布局计算机制。GlyphVector 类提供了一种显示自定义布局机制效果的途径。GlyphVector 对象可看作是这样一种算法的输出：首先取一个字符串，然后计算如何对其进行精确显示。系统中有一种内置算法，而 Java 2D API 也允许高级用户定义自己的算法。

GlyphVector 对象其实是一个字形和字形位置数组。对布局特性（例如字距调整和连字）进行完全控制的方法是使用字形而不是字符。例如，当显示字符串“final”时，用户可能想将前导子串 fi 替换为连字 fi。此时，GlyphVector 对象中的字形数就少于原始字符串中的字符数。当 String 上调用 drawString 时，内置布局算法将：

- 利用 Graphics2D 上下文中的当前 Font 确定所用字形。
- 计算各个字形所应放置的位置。

- 将最终字形及其位置信息存储于 GlyphVector。
- 将 GlyphVector 传递给实际绘制字形的字形绘制例程。

14.9.3 定文本布局

TextLayout 可自动确定文本的布局（包括双向 BIDI 文本），使之外形和次序正确。要准确确定代表文本行的字样的形状和次序，TextLayout 必须知道完整的文本上下文：

- 如果文本需要位于一行上，就可以直接利用文本编写 TextLayout。
- 如果文本太大而无法位于一行内，或者想将一行上的文本分为若干由制表符分隔的片段，就不能直接编写 TextLayout， 而是必须用 LineBreakMeasurer 提供足够的上下文。

文本的基准方向通常由文本的属性（样式）设置。如果丢失了该属性，TextLayout 就会遵循 Unicode 双向算法，沿用段落起始字符的基准方向。

14.9.4 双插入记号

TextLayout 可以保留插入记号的信息，诸如插入记号的 Shape、位置及角度。使用该信息可以很方便地在单向及双向文本中显示插入记号。在为双向文本绘制插入记号时，使用 TextLayout 可确保插入记号准确定位。

TextLayout 提供默认插入记号 Shape 并自动支持双插入记号。对于斜体和倾斜字形，TextLayout 将生成有一定角度的插入记号，在给定插入点偏移量的前提下，getCaretShapes 方法将返回一个双元素 Shape 数组：元素 0 是强插入记号，而元素 1 是弱插入记号。要显示双插入记号，只需绘制两个插入记号 Shape，插入记号将自动准确定位。

如果想使用自定义插入记号 Shape，可从 TextLayout 中检索插入记号的位置和角度，然后自己绘制。

在下例中，默认的强、弱插入记号 Shape 使用了不同的颜色加以绘制。这是一种区分双插入记号的常见方式。

```
Shape[] caretShapes = layout.getCaretShapes(hit);
g2.setColor(PRIMARY_CARET_COLOR);
g2.draw(caretShapes[0]);
if (caretShapes[1] != null){
    g2.setColor(SECONDARY_CARET_COLOR);
    g2.draw(caretShapes[1]);
}
```

14.9.5 移动插入记号

利用 TextLayout 也可确定按左右方向键时最终的插入点偏移量。在给定一个代表当前插入点偏移量的 TextHitInfo 对象的前提下，如果按的是在方向键，getNextRightHit 方法就会返回一个 TextHitInfo 对象，给出正确的插入点偏移量。getNextLeftHit 方法提供按左方向键时的类似信息。在下例中，当前插入点偏移量是对应于右方向键的。

```
TextHitInfo newInsertionOffset =   layout.getNextRightHit(insertionOffset);
if (newInsertionOffset != null) {
    Shape[] caretShapes =
            layout.getCaretShapes(newInsertionOffset);
    // 绘制插入记号
    ...
    insertionOffset = newInsertionOffset;
}
```

14.9.6 选中测试

TextLayout 提供文本选中测试的简单机制。hitTestChar 方法将鼠标的 x 和 y 坐标作为参数，并返回 TextHitInfo 对象。TextHitInfo 中包含指定的测试点位置和边缘的插入点偏移量。插入点偏移量是距离测试点最近的偏移量：如果测试点超出行尾，则返回行尾的偏移量。下例中，TextLayout 上首先调用 hitTestChar，随后用 getInsertionOffset 检索偏移量。

```
TextHitInfo hit = layout.hitTestChar(x, y);
int insertionOffset = hit.getInsertionOffset();
```

14.9.7 显示所选内容

从 TextLayout 中也可获得代表高亮显示区域的 Shape。TextLayout 会在计算高亮显示区域的大小时自动考虑上下文。TextLayout 既支持逻辑意义上的高亮显示，也支持视觉上的高亮显示。下例中，高亮显示区域被高亮显示色所充满，随即在填满的区域上绘制 TextLayout。这是一种显示高亮显示文本的常见方式。

```
Shape highlightRegion = layout.getLogicalHighlightShape(hit1,   hit2);
graphics.setColor(HIGHLIGHT_COLOR);
graphics.fill(highlightRegion);
graphics.drawString(layout, 0, 0);
```

14.9.8 查询布局度量

TextLayout 可提供对其所表示的整个文本范围内图形度量的访问。可从 TextLayout 中获得的度量包括上升值、下降值、前置量、加宽、可见加宽及闭合矩形。

多种字体可同时与 TextLayout 关联：不同的样式将使用不同的字体。TextLayout 的上升值和下降值是 TextLayout 中所用字体的最大值。TextLayout 的前置量计算较为复杂，而非简单的最大前置量。

TextLayout 的加宽值就是其长度：从最左侧字形的左边缘到最右侧字形的右边缘。加宽有时也称为总加宽。可见加宽是指 TextLayout 不带尾部空白的长度。

TextLayout 的边框将布局中的全部文本都包含在其中。其中既包含全部可见字形，也包含插入记号边界。边框是相对于 TextLayout 初值（而非某一特定屏幕位置）而言的。例如，将在布局的边框范围内绘制 TextLayout 中的文本的方法为：

```
graphics.drawString(layout, 0, 0);
Rectangle2D bounds = layout.getBounds();
```

```
graphics.drawRect(bounds.getX()-1, bounds.getY()-1,bounds.getWidth()+2, bounds.getHeight()+2);
```

14.9.9 绘制文本查询

TextLayout 也可用于跨行显示一串文本。例如，可以将某一文本段按一定宽度换行，从而在数行上进行显示。

为此，用户无需直接创建代表每一文本行的 TextLayouts，用 LineBreakMeasurer 可为用户实现这样的功能。除非段落中的文本均可用，否则将无法保证双向排序始终能正确执行。LineBreakMeasurer 封装的上下文信息足够生成正确的 TextLayouts。

跨行显示文本时，行的长度通常由显示区的宽度决定。在给定行必须适应的图形宽度后，换行操作决定了行的起止位置。

最常用的策略就是在每行上放置所能适应的尽量多的字。这可由 LineBreakMeasurer 实现。其他更复杂的换行方式包括使用连字符，或者试着将段内不同行间的长度差距降到最小。Java 2D API 不提供这些方式。

要将文本段换到多行上，需要对整个段落编写 LineBreakMeasurer，然后调用 nextLayout 以在文本中移动并生成各行的 TextLayouts。

为此，LineBreakMeasurer 保留有文本内的偏移量。初始情况下，该偏移量位于文本的起始位置。每次调用 nextLayout 都会按所建 TextLayout 的字符数移动一定的偏移量。当该偏移量到达文本末尾时，nextLayout 返回 null。

LineBreakMeasurer 所创建的各个 TextLayout 的可见加宽不会超过指定的行宽。调用 nextLayout 时，通过更改所指定的行宽可对文本进行换行以适应复杂的区域，例如 HTM 网页中有时需要图像位于某固定区域内或含制表符域。也可通过传递 BreakIterator 来通知 LineBreakMeasurer 有效断点的位置。如果用户不提供，就将使用默认 locale 机制的某个 BreakIterator。

下例中将按行绘制多语种文本片段。取决于文本基准方向是从左到右还是从右到左，行将对齐左边缘或右边缘。实现代码如下：

```
Point2D pen = initialPosition;
LineBreakMeasurer measurer = new LineBreakMeasurer(styledText,
myBreakIterator);
while (true) {
    TextLayout layout = measurer.nextLayout(wrappingWidth);
    if (layout == null) break;
        pen.y += layout.getAscent();
    float dx = 0;
    if (layout.isLeftToRight())
        dx = wrappingWidth - layout.getAdvance();
    layout.draw(graphics, pen.x + dx, pen.y);
    pen.y += layout.getDescent() + layout.getLeading();
}
```

通过 Java 2D TextLayout，可以显示更细致的文字。下面的范例将显示出外边为淡绿色的带属性的字符的图形。程序代码如下：

```
package com.javapp.ch14;
```

```
import javax.swing.JPanel;
import java.awt.BasicStroke;
import java.awt.Color;
import java.awt.Font;
import java.awt.Graphics;
import java.awt.Graphics2D;
import java.awt.Shape;
import java.awt.font.*;
import java.awt.geom.AffineTransform;
public class TextLayoutDemo extends JPanel {
    public void paintComponent(Graphics g) {
        Shape sha;
        Graphics2D g2 = (Graphics2D) g;
        FontRenderContext frc = g2.getFontRenderContext(); // 获得文字上下文尺寸对象
        TextLayout tl = new TextLayout("Java 2D Font Test", new Font("Modern",
        Font.BOLD + Font.ITALIC, 60), frc);
        sha = tl.getOutline(AffineTransform.getTranslateInstance(30, 100)); // 获得平移后的形状
        g2.setColor(Color.GREEN); // 文字的边线的颜色
        g2.setStroke(new BasicStroke(8.0f));
        g2.draw(sha);
        g2.setColor(Color.red); // 文字的填充颜色
        g2.fill(sha);
    }
    public static void main(String[] args) {
        OpenWindUtil.openwin(new TextLayoutDemo(), 400, 400, "TextLayoutDemo");
    }
}
```

程序运行结果如图 14-9 所示。

图 14-9　带属性的字符的图形

14.10　Java 3D 介绍

Java 3D API 是用来开发三维图形和开发基于 Web 的 3D 应用程序（Apple）的编程接口。目前用于开发三维图形软件的 3D API（OpenGL、Direct3D）都是基于摄像机模型的思想，即通过调整摄像机的参数来控制场景中的显示对象，而 Java 3D 则提出了一种新的基于视平台的模型和输入设备模型的技术实现方案，即通过改变视平台的位置、方向来浏览整个虚拟场景。它不仅提供了建造和操作三维几何物体的高层构造函数，而且利用这些构造函数还可以建造复杂程度各异的虚拟场景，这些虚拟场景大到宇宙天体，小到微观粒子。

14.10.1 Java 3D 的安装和运行

J2SE 在其标准开发包中并不提供 Java 3D 的 API，Java 3D 是一个独立的可选组件，可以单独下载，所以要进行 Java 3D 开发，先需要下载 Java 3D API 开发包。Java 3D 的下载地址为 https://java3d.dev.java.net，最新版本 1.5.2，笔者下载的是 j3d-1_5_2-windows-i586.exe 。下载完后，进行安装 Java 3D ，在 Windows 下，直接运行下载的 j3d-1_5_2-windows-i586.exe 文件，出现在安装向导的第一步对话框，如图 14-10 所示，在图 14-10 中，单击 Accept 按钮接收安装协议后，出现第二步安装向导，如图 14-11 所示。

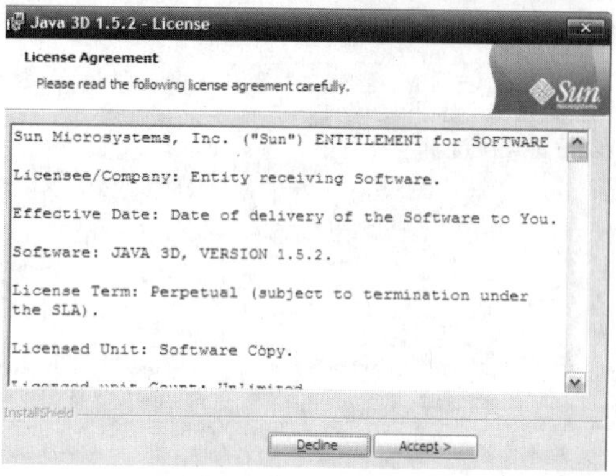

图 14-10 安装协议

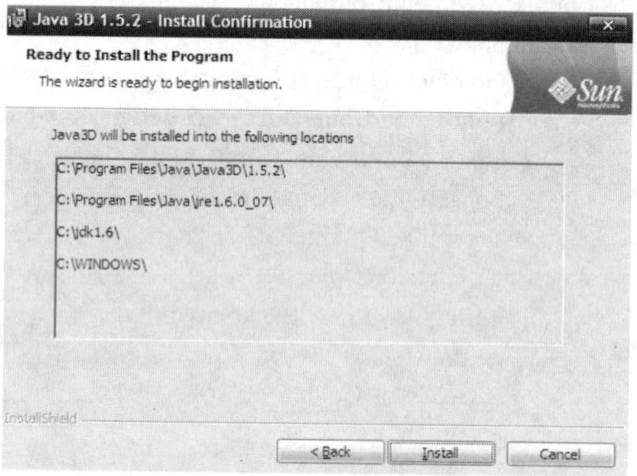

图 14-11 Java 3D 安装路径

图 14-11 中显示了 Java 3D 安装路径，安装程序会自动检测当前系统所安装的 JDK 路径，并分别安装 Java 3D 到 JRE 安装目录下的\lib\ext 目录、JDK 安装目录和 Window 目录中。Java 3D 有三个 API 包，分别为 Java 3D 核心包 j3dcore.jar、Java 3D 工具类包 j3dutils.jar 和数学运算的类包 vecmath.jar。

除了 Java 3D 核心包之外，Java 3D 程序设计也会用到其他的包，比如 com.sun.j3d.utils，这个包通常称做 Java 3D 工具类，核心类中仅仅包含了在 Java 3D 编程中必需的最底层的类，而工具类是对核心类方便而强大的补充。

利用工具类大大地减少了 Java 3D 程序中的代码行数。除 Java 3D 核心类和工具类包之外，每一个 Java 3D 程序还引用了 java.awt 包和 javax.vecmath 包中的类。AWT 类用于创建显示和渲染场景和窗口。而 javax.vecmath 包则定义了对点、矢量、矩阵以及其他数学对象进行数学运算的类。

14.10.2 Java 3D 数据结构

在 Java 3D 中采用了一种很简单的数据结构对 3D 图形进行处理，数据结构中的基本元素如图 14-12 所示。下面首先介绍数据结构中涉及到的概念。

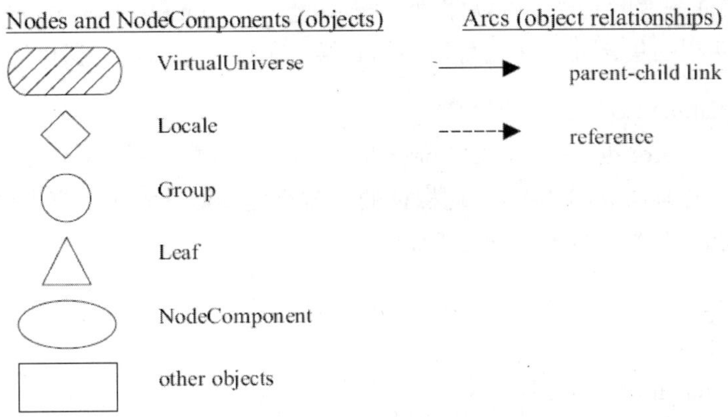

图 14-12　场景图中对象的描述符号

- Virtual Universe: 包含所有图形元素的虚拟场景空间。
- Locale positions: 空间中的某一个位置，它包含着一组图形。
- Branch graph: 表示一个场景图像。
- Node: 表示场景图像中的一个分支。
- Node component: 节点组件，表示节点的一组属性的集合。

Java 3D 处理过程可以使用如图 14-13 所示的树来概括。

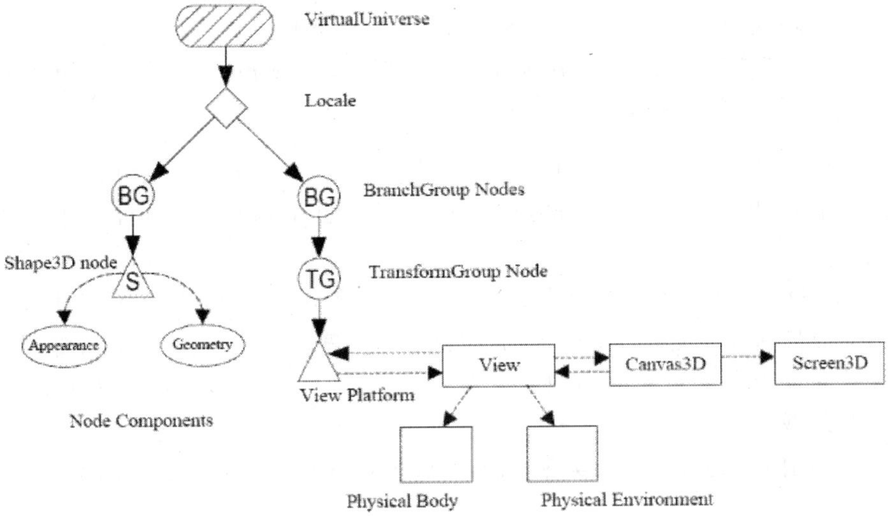

图 14-13　Java 3D 树结构图

Java 3D 树结构图节点中的元素具体含义如下：

（1）Virtual universe

Virtual universe 是一系列场景图像的集合，一般情况下，一个应用程序中，只能有一个 universe。

（2）Locale

Locale 是在 universe 中的一个用来存放场景图像的位置。一般情况下，一个 universe 中只有一个 Locale。在编写 3D 图像的时候，可以使用一个简单子类 SimpleUniverse，它可以看作是 Java 3D 树结构图中最高的两层的集合体。在编写程序的时候，主要就是向这一棵树中，添加适当的节点。

（3）场景图（Branch graph）

一般情况下，一个 Locale 可以有多个 branch graphs。一幅场景图（scene graphics）可以看作是一棵子树，该树包含着场景图数据， 这棵树的子节点是图形、光线、声音等。父节点是一组子节点和其他的父结点。一个场景图包含如下组件：

- Lights（灯光）
- Shapes（形状）
- Groups and transforms（变形）
- Fog and backgrounds（雾和背景）
- Sounds and sound environments（声音和声音环境）
- Behaviors（行为）
- View platforms（用户的观察点）

（4）节点（Node）

节点（Node）是场景图（scene graphics）的一个分支。节点主要有以下几种类型：

- 叶子节点（Leaf）：没有子节点的分支，形状（Shapes）、灯光（Lights）、声音（Sounds）、动画行为（Animation behaviors）等都是叶子结点。
- 组结点（Group nodes）：包含有子节点的节点。Transforms、switches 等都是组节点。
- 节点组件：节点的一组属性，例如图形的几何形状（Geometry）、图形的颜色（Color）、要播放的声音文件等，都是节点组件。

Java 3D 是 Java 语言在三维图形领域的扩展，与 Java 一样，Java 3D 有纯粹的面向对象结构。Java 3D 的数据结构采用的是 Scene Graphs Structure（场景图），就是一些具有方向性的不对称图形组成的树状结构。

在一个 Java 3D 应用程序看到的逼真三维场景从程序的角度看来，实际就是由 Java 3D 定义的一系列的对象，这些对象不是杂乱无序，对象之间也不是毫无关系。如果想让三维图像正常显示，必须在这两点上遵循 Java 3D 场景图的规定。观察图 14-13 可以看出，Java 3D 场景图的树结构由各种各样的对象组成。

在图 14-13 中出现的这些对象都实现了 Java 3D 中有重要的意义的类，从逻辑上将它们分为三类：

- 根节点（Root）：Virtual Universe Object 。
- 节点（Node）：Local Object、Branch Group Nodes、Behavior Node、Shape3D Node 等。
- 叶子节点（Leaf）：Appearance、Geomery 等。

场景图中线和线的交汇点称为节点（Node），这些节点都是 Java 3D 类的实例（Instance of Class），节点之间的线表示各个实例之间的关系。

Virtual Universe 是根节点，每一个场景图的 Virtual Universe 是唯一的。 在 Virtual Universe 下

面是 Locale 节点，每个程序可以有一个或多个 Locale，但同时只能有一个 Locale 处于显示状态，就好象一个三维世界非常大，有很多个景点，但我们同时只能在一个景点进行观察。Java 3D 允许从一个 Locale 跳到另一个 Locale，不过绝大多数程序只有一个 Locale。 每一个 Locale 可以拥有多个 BranchGroup 节点。所有三维形体的位置信息（Transform Group Nodes）都建立在 BranchGroup 节点之上。TransformGroup Node 用来设定 Shape3D 在 Virtual Universe 中的位置。

Shape 3D Node 是三维图形节点，这个节点的实体放映在最后的显示画面中，就是三维世界中的每个形体。包括正方体、球体以及任何形状和外观的三维形体。位于场景图最下层的是两个叶子节点：三维体的外观（Appearance）和几何信息（Geometry），这两个节点定义了一个三维体的显示效果。

上面所列的概念很多，但是对于建立一个简单的 Java 3D 程序，我们至少需要了解三个概念：虚拟世界（Virtual Universe）、场景（Locale）、坐标系统。

14.10.3　Virtual Universe

在 Java 3D 中，虚拟世界被定义为结合一系列对象的三维空间。虚拟宇宙被用作最大的聚集体表现单位，同时也可被看作一个数据库。不管是在物理空间还是逻辑内容，虚拟世界都可以很大。实际上在大多数情况下，一个虚拟世界就可以满足一个应用程序所有的需求。虚拟世界是各自独立的个体，原因是在任何时候一个结点对象都不能在超过一个的虚拟世界中存在。同样的，在一个虚拟世界中的结点对象也不能在其他的虚拟世界中可见或者与其他的对象结合。

对于一个 Java 3D 应用程序，必须定义一个虚拟世界才可以在这个“宇宙”中显示三维图像。

14.10.4　Java 3D 的坐标系统

默认情况下，Java 3D 的坐标系统是右旋的，用方位语义学来解释就是：正 y 方向是本地重力的上，正 x 方向是水平的右，正 z 是正对着观察者的方向，默认的单位是米。

双精度浮点、单精度浮点甚至是定点来表示的三维坐标都足够来表示和显示丰富的 3D 场景。不过，场景不是真实世界，更不必说整个宇宙了。

为了支持一个大型的邻接 Virtual Universe，Java 3D 选择了有 256 位的高分辨率坐标。

Java 3D 高分辨率坐标由三个 256 位的定点数组成，分别表示 x、y、z。定点被固定在第 128 位，并且值 1.0 被定义为真实的 1 米。这个坐标系统足够用来描述一个超过几百万光年距离的宇宙，也可以定义小于一质子大小（小于一普朗克长度）的对象。

在 Java 3D 中，高分辨率坐标仅仅用于将更加传统的浮点坐标系统嵌入更高分辨率的底层系统。用这种方法，可以创造出一个具有任意大小和规模的在视觉上无缝的 Virtual Universe，而且可以不必担心数字上的精度。

一个 256 位的定点数还具有能够直接表示几乎任何的合理适当的单精度浮点值。

Java 3D 用有符号的、两位补码的 256 位定点数字来表示高分标率坐标。尽管 Java 3D 保持内部高分辨率坐标表示的不透明，但用户用有八个整型变量的数组来表示 256 位的坐标。Java 3D 把数组中从索引号由 0 到 7 分别看作高分辨率坐标的从高到底位上的数。第 128 位上是二进制的小数点，也可以说在索引号为 3 和 4 的整数之间。高分辨率坐标的 1.0 就是 1 米。

如果是“小”的虚拟宇宙（类似于相对比例的几百米），在 Virtual Universe 对象下的（0.0,0.0,0.0）点建立一个带有高分辨率坐标的 Locale 作为根节点就足够使用了。装入程序在装入过程中能自动构建结点，而在高分辨率坐标下的点不需要任何外部文件的直接描述。

14.10.5 Java 3D API

Java 3D API 是作为复杂三维图形和声音渲染系统的接口的一系列层次的 Java 类的统称。程序员可以用 Java 3D 开发创建和操纵 3D 图形对象的高端应用。这个图形对象处于一个被渲染了的虚拟世界（Virtual Universe）中。这个 API 就是设计用来灵活方便地创建精确的、各种大小的虚拟环境，可以大到太空物体，小到比原子还小。

在 Java 3D API 中有数以百计的属性和方法。尽管如此，一个包含动画功能的简单的虚拟世界的构建仅需要几个类。

除了 Java 3D 核心包之外，Java 3D 程序设计也会用到其他的包，比如 com.sun.j3d.utils，这个包通常称做 Java 3D 工具类，核心类中仅仅包含了在 Java 3D 编程中必需的最底层的类，而工具类是对核心类方便而强大的补充。

工具类主要分为四类，分别是内容加载器、场景图构建辅助类、图形类和方便的一些工具类。

利用工具类大大地减少了 Java 3D 程序中的代码行数。除 Java 3D 核心类和工具类包之外，每一个 Java 3D 程序还引用了 java.awt 包和 javax.vecmath 包中的类。AWT 类用于创建显示和渲染场景和窗口。而 javax.vecmath 包则定义了对点、矢量、矩阵以及其他数学对象进行数学运算的类。

可视对象（visual object）就是场景图中的对象，比如一个立方体或者球体。对象（object）是指一个类的实例。而内容（content）指的是一个场景图中全部的可视对象。Java 3D API 层次结构如图 14-14 所示。

VirtualUniverse、Locale、Group 和 Leaf 类处于类层次中。除了 VirtualUniverse 和 Locale 对象，场景图中其他部分由 SceneGraphObject 对象构成。SceneGraphObject 几乎是 Java 3D 类中每一个核心类和工具类的上层类。

SceneGraphObject 有两个子类，分别是 Node 类和 NodeComponent.类，Node 子类提供了场景图中的绝大部分对象，一个 Node 对象可以是一个 Group，也可以是一个 Leaf 结点对象。

Group 和 Leaf 是一系列类的上层类。Node 类的有两个子类，分别为：

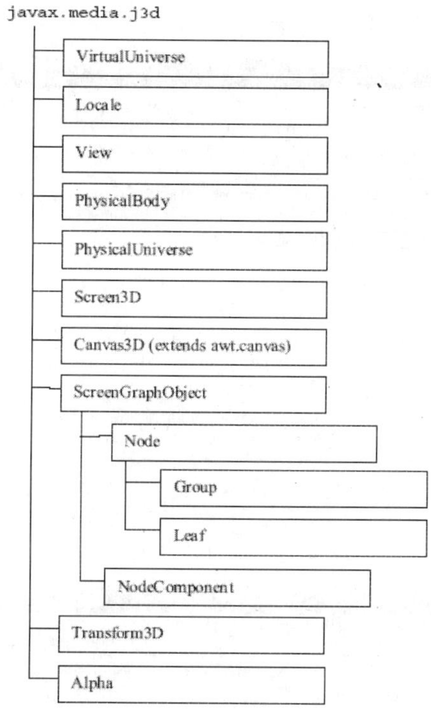

图 14-14 Java 3D API 层次结构

（1）Group 类

Group 类是用于在虚拟世界中指定可视对象位置和方向的类的超类。Group 类的两个下层类是 BranchGroup 是 TransformGroup。在场景图的图形表现中，Group 标记用圆表示。而其中 BranchGroups 注为 GB，TransformGroups 注为 TG。

（2）Leaf 类

Leaf 是用于指定虚拟世界中可视对象的形状、声音和动作的类的超类。Leaf 的一些子类如 Shape 3D、Light、Behavior 和 Sound。这些对象不能有自己的孩子，并且可能引用 NodeComponents 对象。

NodeComponent 类是用于指定 Shape 3D Leaf 结点对象的图形、表面、纹理和材质属性的类的超类。NodeComponents 不是场景图的组成部分，但是为其所引用。一个 NodeComponent 对象可能为多个 Shape 3D 对象所引用。

14.10.6 创建 Java 3D 应用程序

本小节主要介绍如何设计 Java 3D 应用程序 ，以一个 Hello3d 应用程序来演示具体的开发过程。在本例中应用 MyEclipse 集成开发环境开发应用程序，所以需要把 j3dcore.jar、j3dutils.jar 和 vecmath.jar 导入到当前应用项目的 Libraries 路径中，具体方法为在前面的章节中创建的 Javaapp 项目上单击右键，在弹出的菜单项中选择“Properties”，弹出如图 14-15 所示属性设置对话框。在弹出的属性设置对话框左边选择“Java Build Path”项，然后在右边选择 Libraries 标签项，单击“Add External JARs”按钮选择所要添加的 JAR，然后选择 Java 3D 安装路径 Lib 目录下 j3dcore.jar、 j3dutils.jar 和 vecmath.jar 包，如图 14-16 所示。

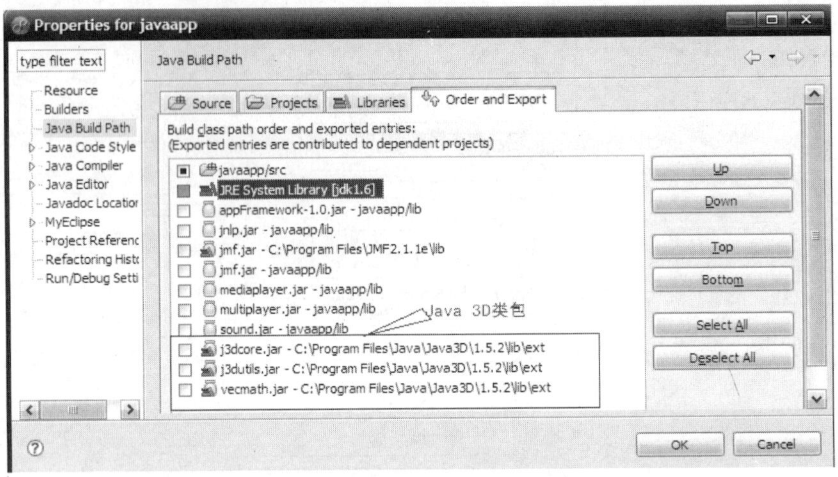

图 14-15　属性设置对话框

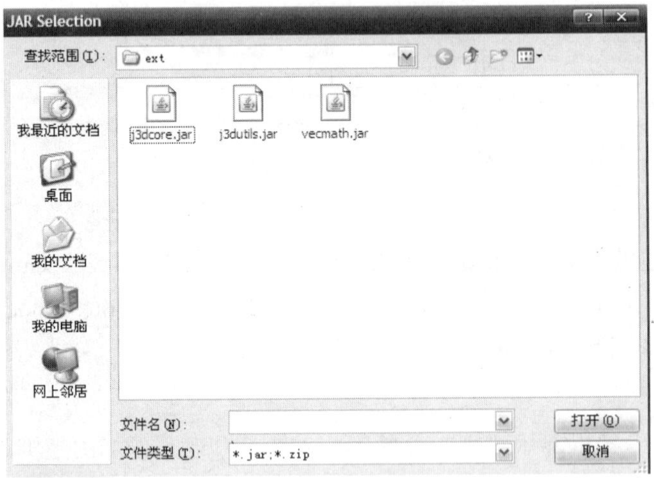

图 14-16　添加的 JAR

设置完类包后，新建一个类，创建并显示一个 Java 3D 图形的基本步骤如下：

01 在屏幕上创建一个虚拟场景图。

02 创建内容分支的数据结构。

03 在内容分支的内部节点中添加一个对象。

04 设置视图的位置。

05 添加内容分支的内部节点到虚拟场景图中。

下面按照上面所介绍的 5 个基本步骤创建一个 Hello3d 的类，其实现的功能是在黑色背景下显示一个红色的立方体，程序代码如下：

```
package com.javapp.ch14;
import com.sun.j3d.utils.universe.SimpleUniverse;
import com.sun.j3d.utils.geometry.ColorCube;
```

```
import com.sun.j3d.utils.geometry.Sphere;
import javax.media.j3d.BranchGroup
public class Hello3d {
    public Hello3d() {
        SimpleUniverse universe = new SimpleUniverse();// 创建一个简单的 Java3D 虚拟世界场景图
        BranchGroup group = new BranchGroup();// 创建分支
        group.addChild(new ColorCube(0.3));// 在组中添加一个对象
        universe.getViewingPlatform().setNominalViewingTransform();// 设置视图的位置
        universe.addBranchGraph(group);// 添加组到虚拟场景图中
    }
    public static void main(String[] args) {
        new Hello3d();
    }
}
```

程序运行结果如图 14-17 所示。

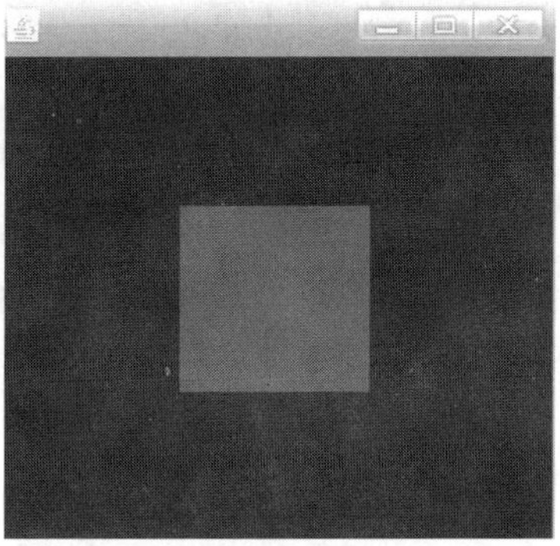

图 14-17　Hello3d 运行图

从上面的程序运行结果图来看，并不能看出它是一个 3D 立方体，如果想看到 3D 效果图，需要在虚拟场景图中添加一些灯光，当灯光反射到虚拟场景中的图像时，就可以看到 3D 效果图了，下面演示如何在红色灯光下显示一个球体，程序代码如下：

```
package com.javapp.ch14;
import com.sun.j3d.utils.geometry.*;
import com.sun.j3d.utils.universe.*;
import javax.media.j3d.*;
import javax.vecmath.*;
public class Ball {
    public Ball() {
        // 创建虚拟场景
        SimpleUniverse universe = new SimpleUniverse();
        //    创建包含对象的场景图
        BranchGroup group = new BranchGroup();
        // 创建一个球体并添加到  分支结点中
        Sphere sphere = new Sphere(0.5f);
        group.addChild(sphere);
        // 创建一盏红灯从 100 类的方向照射
        Color3f light1Color = new Color3f(1.8f, 0.1f, 0.1f);
        BoundingSphere bounds = new BoundingSphere(new Point3d(0.0, 0.0, 0.0),100.0);
```

```
        Vector3f light1Direction = new Vector3f(4.0f, -7.0f, -12.0f);
        DirectionalLight light1 = new DirectionalLight(light1Color,light1Direction);
        light1.setInfluencingBounds(bounds);
        group.addChild(light1);
        // 设置观察点
        universe.getViewingPlatform().setNominalViewingTransform();
        // 添加分支结点到虚拟场景
        universe.addBranchGraph(group);
    }
    public static void main(String[] args) {
        new Ball();
    }
}
```

程序运行结果如图 14-18 所示。

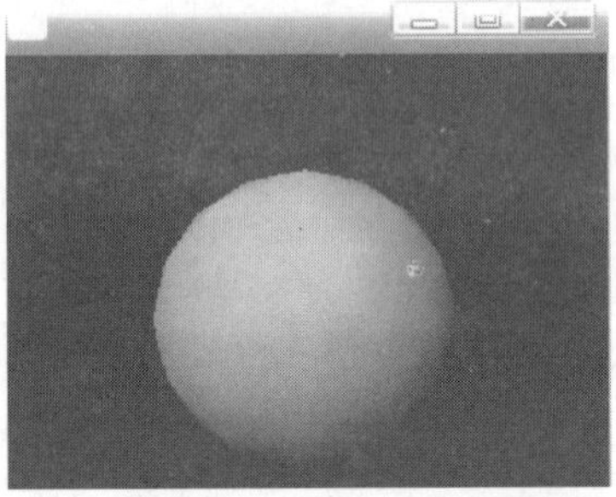

图 14-18 3D 效果图

上面的程序利用 SimpleUniverse 类的构造函数创建虚拟场景，这个类在 com.sun.j3d.utils.universe 包中。它构建了一个尽可能小的用户环境，以使 Java 3D 程序能尽快尽简单地运转起来。这个工具类创建了视图子图中所必需的所有对象。特别是创建了 Locale、VirtualUniverse、ViewingPlatform 和 Viewer 对象，这些对象以恰当的关系构成了视图子图。

SimpleUniverse 提供了许多基本的 Java 3D 应用程序所必需的全部功能。Viewer 和 ViewingPlatform 都是很方便的工具类。这些类用到了 View 和 ViewPlatform 核心类。

SimpleUniverse 类的构造方法 SimpleUniverse 用于构建一个包含视图子图的简单虚拟世界，而 SimpleUniverse（Canvas3D canvas3D）方法用于构建一个简单虚拟世界，并与指定的 Canvas3D 对象建立关联。

SimpleUniverse 对象创建了虚拟世界中一个完全的视图分支子图。这个视图分支图包括一个图板（image plate）。Java 3D 把场景内容投影到图板块上形成一个渲染图象。Canvas3D 对象，提供了在计算机的窗口上显示图象，就可以看做图板。

一般情况下，一个 Java 3D 程序，都把视图往后退（Z 轴正向），以使物体处于或者离原始视图比较近。SimpleUniverse 类有一个 ViewingPlatform 的类的实例作为成员对象，ViewingPlatform 类也有一个 setNominalViewingTransform 的方法来设置观察者的位置，

创建了分支结点子图后，可以用 addBranchGraph 把分支结点子图加到 SimpleUniverse 对象中。addBranchGraph 方法把 BranchGroup 的实例作为唯一的传入参数。BranchGroup 作为 SimpleUniverse 对象所创建的 Locale 对象的子结点添加到场景图中。

14.11 BranchGroup 类

BranchGroup 类的对象用于构建场景图，BranchGroup 的实例是子图的根结点，BranchGroup 对象也是唯一能成为 Locale 对象的子结点对象的对象。BranchGroup 对象可以有多子结点，BranchGroup 对象的子结点对象可以是 Group 和 Leaf 对象。

14.12 Canvas3D 类

Canvas3D 类继承自 Abstract Windowing Toolkit （AWT）类的 Canvas 类，在场景图的视图分支图中，至少要引用一个 Canvas3D 对象，Canvas3D 类的构造函数为：

```
Canvas3D(GraphicsConfiguration graphicsconfiguration)
```

它用于构造并初始化一个新的 Canvas3D 对象，Java 3D 可以在给定的 GraphicsConfiguration 对象条件下渲染这个对象。这是 AWT Canvas 类的扩展的类。

14.13 Transform3D 类

Transform3D 对象用于进行 3D 几何形变比于平移和旋转。这些对象一般仅仅用于创建一个 TransformGroup 对象。Transform3D 对象可能基于一些 Transform3D 对象的组合而创建，然后用这个 Transform3D 来构建一个 TransformGroup 对象。变换允许在场景中移动、旋转或调整几何对象的大小，也可以用来影响查看场景的方式。当进行 Java 3D 编程时，将经常使用 Transform3D 对象。Transform3D 对象代表一个变换矩阵。Transform3D 对象通常由 TransformGroup 类使用。

下面介绍 Transform3D 类中的一些辅助函数：

- rotX(double angle)：将旋转组件设置成绕 X 轴逆时针旋转。请注意调用 rotX 会删除矩阵中的非旋转组件。方法 rotY 和 rotZ 也是非常有用的。角度以弧度指定，因此如果有必要，请使用 Math.toRadians(degrees) 将角度从度转换成弧度。
- void rotY(double angle)：设置图形 Y 轴方向沿逆时针对象按指定的角度旋转。角度值用弧度指定。
- void rotZ(double angle)：设置图形 Z 轴方向沿逆时针对象按指定的角度旋转。角度值用弧度指定。
- void set(Vector3f translate)：利用传入的 Vector3f 型的参数设置图形的平移值，如果这个传入的形变是单位矩阵，则在其他时候设置真正的形变值。
- setTranslation(Vector3f trans)：平移（移动）对象。用 trans 参数中的 x、y 和 z 值来替换本次变换的平移值。
- setScale(double scale)：设置该变换的比例。使用该函数来调整对象的大小。

14.14 TransformGroup 类

TransformGroup 类是 Group 类的子类，TransformGroup 类的实例用于创建场景图并且都是其子结点的集合。TransformGroup 对象存储了几何变换，例如平移和旋转。一般利用不在场景图中的 Transform3D 对象来构造某一变换。TransformGroup 对象保存了场景图中的形变信息。Transform3D 对象中所包含的形变信息在 TransformGroup 对象创建时或者是调用了 setTransform 方法并复制到 TransformGroup 中。

14.15 Vector3f 类

Vector3f 是包 javax.vecmath 中的数学类，用于用浮点数来设定一个矢量。Vector 对象常常用于设置图形开发。Vector3f 对象也不直接在场景图中用到。常用于指定形变、表现、法向量以及一些其他的应用。Vector3f 构造函数需要三个参数，三个参数用单精度浮点数分别表示 X、Y、Z 坐标。

Vector3f 的构造方法 Vector3f()用(0,0,0)构造并初始化一个 Vector3f。而 Vector3f(float x, float y, float z)方法指定 x、y、z 轴坐标来构造并初始化一个 Vector3f。

接下来根据上面介绍的类来编写一个由 XYZ 坐标描述，X 轴坐标值沿向右方向增长，Y 轴向上，Z 轴由屏幕向外，旋转一个物体到场景中的例子，程序的主要功能是在 X 轴创建球体，在 Y 轴创建圆锥体，在 Z 轴创建气缸柱，并用 TransformGroup 和 Transform3D 变换和旋转图形组件，然后在绿光灯下显示图形。实现代码如下：

```
package com.javapp.ch14;
import com.sun.j3d.utils.geometry.*;
import com.sun.j3d.utils.universe.*;
import javax.media.j3d.*;
import javax.vecmath.*;
public class Position {
	public Position() {
		SimpleUniverse universe = new SimpleUniverse();
		BranchGroup group = new BranchGroup();
		// 在 X 轴创建球体
		for (float x = -1.0f; x <= 1.0f; x = x + 0.1f) {
			Sphere sphere = new Sphere(0.05f);
			TransformGroup tg = new TransformGroup();
			Transform3D transform = new Transform3D();
			Vector3f vector = new Vector3f(x, .0f, .0f);
			transform.setTranslation(vector);
			tg.setTransform(transform);
			tg.addChild(sphere);
			group.addChild(tg);
		}
		// 在 Y 轴创建圆锥体
```

```
        for (float y = -1.0f; y <= 1.0f; y = y + 0.1f) {
            TransformGroup tg = new TransformGroup();
            Transform3D transform = new Transform3D();
            Cone cone = new Cone(0.05f, 0.1f);
            Vector3f vector = new Vector3f(.0f, y, .0f);
            transform.setTranslation(vector);
            tg.setTransform(transform);
            tg.addChild(cone);
            group.addChild(tg);
        }
        // 在 Z 轴创建气缸柱
        for (float z = -1.0f; z <= 1.0f; z = z + 0.1f) {
            TransformGroup tg = new TransformGroup();
            Transform3D transform = new Transform3D();
            Cylinder cylinder = new Cylinder(0.05f, 0.1f);
            Vector3f vector = new Vector3f(.0f, .0f, z);
            transform.setTranslation(vector);
            tg.setTransform(transform);
            tg.addChild(cylinder);
            group.addChild(tg);
        }
        Color3f light1Color = new Color3f(.1f, 1.4f, .1f); // 绿光灯
        BoundingSphere bounds = new BoundingSphere(new Point3d(0.0, 0.0, 0.0),100.0);
        Vector3f light1Direction = new Vector3f(4.0f, -7.0f, -12.0f);
        DirectionalLight light1 = new DirectionalLight(light1Color,light1Direction);
        light1.setInfluencingBounds(bounds);
        group.addChild(light1);
        universe.getViewingPlatform().setNominalViewingTransform();
        // 添加分支结点到虚拟场景
        universe.addBranchGraph(group);
    }
    public static void main(String[] args) {
        new Position();
    }
}
```

程序运行结果如图 14-19 所示。

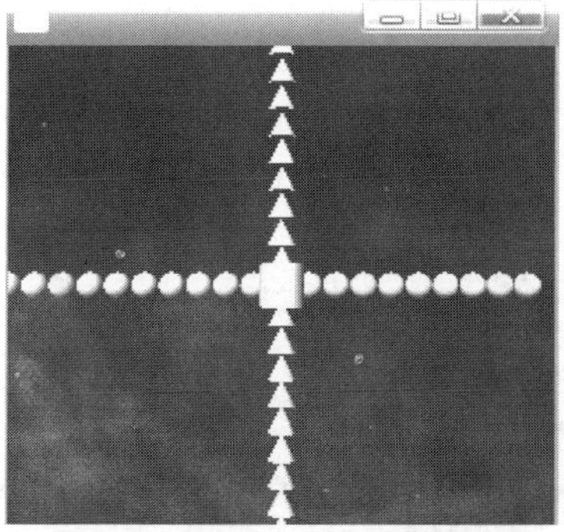

图 14-19　绿光灯下显示图形

分析上面的程序，可以总结出利用 TransformGroup 和 Transform3D 变换和旋转图形组件主要步骤为：

01 创建一个变换（transform），一个变换组（transformGroup）和物体，具体方法如下：

```
Transform=new Transform3D();
transformGroup tg=new TransformGroup();
Cone cone=new Cone(0.5f,0.5f);
```

02 为物体指定位置，具体方法如下：

```
Vector3fvector=new Vector3f(-.2f,.1f,-.4f);
```

03 设置 Transform 移动物体到指定位置，具体方法如下：

```
Transform.setTranslation(vector);
```

04 把 Transform 加入 TransformGroup，具体方法如下：

```
tg.setTransform(transform);
```

05 把物体加入 TransformGroup，具体方法如下：

```
tg.addChild(cone);
```

变换组 TransformGroup 允许把物体聚集在一起并作为一个整体移动 Transform3D 类，还可以改变物体大小，使物体绕某个坐标轴旋转。

14.16 Primitive 类

Primitive 是用于几何对象的抽象类，这些用在场景图中的几何对象可以作为简单构件使用。Java 3D 包括 Primitive 的几个具体子类：Sphere、Box、Cone 和 Cylinder，应用这些子类可以无须指定许多数据就能轻松地创建基本对象。例如，当使用 Sphere 类时，只需指定半径，然后就会生成所有的顶点数据。

14.17 OrbitBehavior 类

OrbitBehavior 类允许使用鼠标方便地移动视图。当用户移动鼠标时，它会平移、旋转以及缩放场景。下面的代码片段将 OrbitBehavior 添加到 ViewingPlatform 中，无需其他代码。

```
ViewingPlatform viewingPlatform = universe.getViewingPlatform();
orbit = new OrbitBehavior();
BoundingSphere bounds =
    new BoundingSphere(new Point3d(0.0, 0.0, 0.0), 100.0);
orbit.setSchedulingBounds(bounds);
viewingPlatform.setViewPlatformBehavior(orbit);
```

OrbitBehavior 使用 SimpleUniverse 对象来操纵场景图的视图部分。

14.18 Light 类

光用于照亮场景中的几何对象。有几种不同的光类型，它们都是抽象 Light 类的子类。所有光都有一个颜色值，即开 / 关位，以及一个描述它照亮的场景区域的绑定对象。

在现实世界里，周围的对象被几个不同的光源照亮。从窗户射进的阳光和屋顶的灯光一起照亮了屋内的一切。两种光都会影响屋内对象的颜色和外观。在 Java 3D 中，可以通过使用多个光源来模拟实际的光照效果。

14.18.1 光的类型

在场景中 AmbientLight 无处不在，它不发自某个特定点，也不指向某个特定方向。

PointLight 从一个指定位置向各个方向辐射，并随着距离的增加而减弱。点光源的一个例子是没有灯罩的台灯。SpotLight 是一种将光的范围限制在一个圆锥形内的点光源。聚光源的一个例子是手电筒。

DirectionalLight 的光线射向某一个特定方向，却不发自任何特定的位置。这种定向光的所有光线都平行发射。虽然从技术上说，太阳是一个点光源，但使用 DirectionalLight 可以更准确地模拟太阳光。

14.18.2 场景图中的光

所有的 Light 节点都是场景图中的叶节点。当你创建它们时，需要指定 Bounds 对象，这里可以将使用 BoundingSphere。光将仅仅影响那些位于光的 BoundingSphere 所定义的空间内的几何对象，因此我们需要确保 BoundingSphere 足够大。在创建完光之后，我们将其附加到场景图的顶部 BranchGroup。光、行为和材质都在场景图的上面添加。

14.18.3 材质特性

材质特性描述对象如何反射光线。如果你的对象（Primitive 或 Shape3D）在其 Appearance 对象中没有 Material 对象，则即使你指定了一个光源，它也不会被照亮。你必须创建一个 Material 对象，启用 Material 对象中的光照，然后将其添加到 Appearance 对象中。Material 对象是在 Appearance 对象中保存的几个不同的属性集之一。

为了更好地理解材质特性如何影响对象的外观，请想象一颗闪闪发光的红宝石这个对象和一条红地毯。虽然它们都是红色的，但它们对光的反射却不同，红宝石反射灯光的地方将发出耀眼的光芒，而地毯则会将光线散射出去。要为 Java 3D 指定这一外观差异，你最好在 Material 对象中为红宝石指定一个高 shininess 值，而给地毯一个很低的 shininess 值。

14.19 材质贴图

材质贴图通过增加对象表面的额外视觉细节来增强场景的真实感。假定你想在场景中绘制一堵石头墙。你可以为每块石头、每片灰泥定义几何对象，然后将渲染所有这些对象以模拟这堵石头墙。那样做的工作量会很大。一个替代的方法是使用材质贴图。在本例中，你可以使用一个矩形对象来表示整堵墙，然后将一副石头墙的图像粘贴到该矩形上。

为了使用材质贴图，你需要指定图像，要将该图像粘贴到对象的位置，以及当图像不能和粘贴位置完全吻合时该如何处理，例如将一副矩形位图粘贴到一个非矩形多边形上。在本节的余下部分中，我们将讨论这些任务。

14.19.1 装入材质

同光照一样，材质贴图影响整个几何对象。我们将再一次使用 Appearance 类来指定材质贴图效果。

Java 3D 简化了装入材质图像的过程。TextureLoader 类位于 Java 3D 实用类中：

```
TextureLoader texLoader = new TextureLoader(url,imageobserver)
appearance.setTexture(texLoader.getTexture());
```

为了看起来更真实，一般将材质图像的宽度和高度设置成 2 的幂，其他的值会导致 TextureLoader 将材质压变形。

如果图像文件只有 RGB 值，而没有 alpha 值，则使用：

```
TextureLoader texLoader = new TextureLoader(url,new String("RGB"), imageobserver);
```

14.19.2 粘贴到图像上

既然已经装入了一幅材质图，需要指定如何将它粘贴到对象上。通过对每个顶点使用材质坐标来完成这一任务。材质坐标定义了对您的对象的每个多边形使用材质图像的哪一块。一个有用的类比是想象如何将包装纸包装到礼品上。应用 Primitive 类生成材质坐标。

如果没有使用 Primitive 类，那么需要自己定义材质坐标。要完成这一任务，同时在 x 和 y 方向指定介于 0.0 和 1.0 之间的值。以石头墙为例，我们需要为石头墙的每一个角指定材质坐标。假定要在墙壁上使用整幅石头图像，需要为四个角中的每个角指定一个坐标：(0,0)、(1,0)、(1,1) 和 (0,1)。这会将整个石头图像在组成这堵墙的矩形中拉伸。

14.19.3 压缩和拉伸材质

当需要将矩形材质用于非矩形区域时，材质贴图会变得复杂。将材质粘贴到对象上时对其进行的压缩或拉伸被称为过滤。

过滤时，如果提供材质的不同尺寸的表示（小地图）供 Java 3D 使用，材质贴图看起来将更真实。

有几种方法可用于过滤材质，可以根据显卡的性能和期望的外观来选择过滤类型。

14.19.4 材质贴图示例

该文件使用材质贴图的 Primitive。Primitive 类将生成用于定义图像在对象上的粘贴位置的材质坐标。下面的示例使用 TextureLoader 实用程序来读入一幅 jpeg 图像，并生成在 MIP 贴图中所用的过滤图像。在每一个锥体 / 球体对中都使用了不同的材质过滤。可以注意到在红色条纹和白色条纹之间的边界上的过滤差别。下面就是一个材质贴图的例子，实现代码如下：

```
package com.javapp.ch14;
import java.applet.Applet;
import java.awt.BorderLayout;
import java.awt.GraphicsConfiguration;
import com.sun.j3d.utils.applet.MainFrame;
import com.sun.j3d.utils.geometry.*;
import com.sun.j3d.utils.universe.*;
import com.sun.j3d.utils.image.*;
import javax.media.j3d.*;
import javax.vecmath.*;
import com.sun.j3d.utils.behaviors.vp.*;
public class Wallpaper extends Applet {
    private SimpleUniverse universe ;
    private BranchGroup scene;
    private Canvas3D canvas;
    private BoundingSphere bounds =new BoundingSphere(new Point3d(0.0, 0.0, 0.0), 1000.0);
    private static java.net.URL texImage = null;
    public Group   createGeometry(int filter, float y, java.net.URL texImage) {
        //他对材质贴图并映射到图形对象上
        Appearance appearance = new Appearance();
        TextureLoader tex = new TextureLoader(texImage, TextureLoader.GENERATE_MIPMAP , this);
        Texture texture = tex.getTexture();
        texture.setMinFilter(filter) ;
        appearance.setTexture(texture);
        TextureAttributes texAttr = new TextureAttributes();
        texAttr.setTextureMode(TextureAttributes.MODULATE);
        appearance.setTextureAttributes(texAttr);
        Color3f black = new Color3f(0.0f, 0.0f, 0.0f);
        Color3f white = new Color3f(1.0f, 1.0f, 1.0f);
        // 设置材质属性
        appearance.setMaterial(new Material(white, black, white, black, 1.0f));
        //构建分支组图
        Group topNode = new Group();
        Transform3D translate = new Transform3D();
        translate.setTranslation(new Vector3f(.5f,y,-0.5f));
        TransformGroup gimmeSpace = new TransformGroup(translate);
        Cone cone =    new Cone(.4f,0.8f,Primitive.GENERATE_NORMALS
        |Primitive.GENERATE_TEXTURE_COORDS,appearance);
        gimmeSpace.addChild(cone);
        topNode.addChild(gimmeSpace); //在低端添加锥体
        translate = new Transform3D();
        translate.setTranslation(new Vector3f(-0.5f,y,-0.5f));
```

```
        gimmeSpace = new TransformGroup(translate);
        Sphere sphere = new Sphere(.4f,Primitive.GENERATE_NORMALS
        |Primitive.GENERATE_TEXTURE_COORDS,appearance);
        gimmeSpace.addChild(sphere);
        topNode.addChild(gimmeSpace); //在低端添加锥体
        return topNode;
    }
    public void setupView() {
        //设置观察点
        OrbitBehavior orbit = new OrbitBehavior(canvas,
                OrbitBehavior.REVERSE_ALL|OrbitBehavior.STOP_ZOOM);
        orbit.setSchedulingBounds(bounds);
        ViewingPlatform viewingPlatform = universe.getViewingPlatform();
        // 鼠标移动视图
        viewingPlatform.setNominalViewingTransform();
        viewingPlatform.setViewPlatformBehavior(orbit);
        }
    public BranchGroup createSceneGraph() {
        // 构建建场景图
        BranchGroup objRoot = new BranchGroup();
        //创建简单的 Shape3D 结点，并添加到场景图中
        // 设置材质地图
        // 设置图像路径
        objRoot.addChild(createGeometry( Texture.BASE_LEVEL_POINT,1.0f,texImage));
        objRoot.addChild(createGeometry( Texture.MULTI_LEVEL_POINT,0.0f,texImage));
        objRoot.addChild(createGeometry( Texture.MULTI_LEVEL_LINEAR,-1.0f,texImage));
        //设置灯光
        Color3f lightColor = new Color3f(.5f,.5f,.5f);
        AmbientLight ambientLight= new AmbientLight(lightColor);
        ambientLight.setInfluencingBounds(bounds);
        objRoot.addChild(ambientLight);
        DirectionalLight directionalLight = new DirectionalLight();
        directionalLight.setColor(lightColor);
        directionalLight.setInfluencingBounds(bounds);
        objRoot.addChild(directionalLight);
        return objRoot;
    }
    public void init() {
        BranchGroup scene = createSceneGraph();
        setLayout(new BorderLayout());
        GraphicsConfiguration config =
           SimpleUniverse.getPreferredConfiguration();
        canvas = new Canvas3D(config);
        add("Center", canvas);
        //在虚拟场景中创建场景图
        universe = new SimpleUniverse(canvas);
        setupView();
        universe.addBranchGraph(scene);
    }
    public void destroy() {
```

```
        universe.removeAllLocales();
    }
    public static void main(String[] args) {
     Wallpaper paper=new Wallpaper();
        try{
            texImage = new java.net.URL(paper.getClass().getResource("7.jpg").toString());
        }
        catch (java.net.MalformedURLException ex) {
            System.out.println(ex.getMessage());
            System.exit(1);
        }
        new MainFrame(new Wallpaper(), 256, 256);
    }
}
```

为了让材质装入器为您生成预过滤图像，在构造 TextureLoader 时指定 GENERATE_MIPMAP。在 Texture 对象（存储在 Appearance 对象中）指定 MIP 贴图过滤函数。程序运行结果如图 14-20 所示。

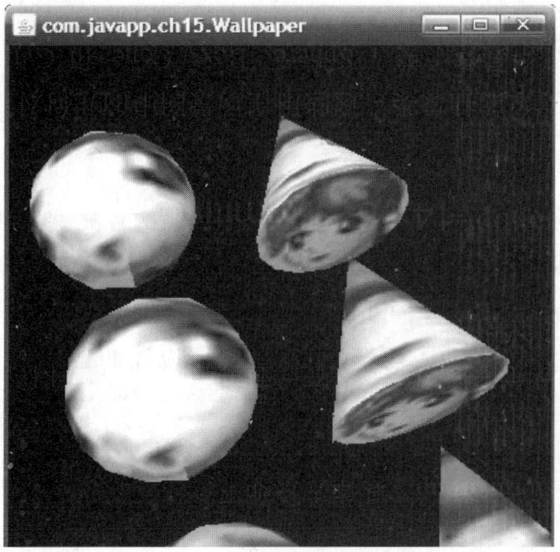

图 14-20　材质贴图示例

14.20　Behavior 类

Behavior 类允许使场景元素运动起来并同场景图交互。Behavior 类提供了一种修改场景图的机制，它位于场景图中并由鼠标运动触发。

插入器提供了一种将简单动画添加到场景图中的方法，本节介绍 Behavior 处理的基本内容。

14.20.1　唤醒调用

通过 WakeupCriterion 指定触发行为的条件。唤醒条件的示例包括按键、鼠标事件、定时器以及已播放的帧的数目。在最初创建行为以及每次处理行为消息时指定条件。OrbitBehavior 是一个由鼠标事件唤醒的 Behavior 示例。

通过使用 WakeupOnElapsedTime，可以改变 TranformGroup 的 Transform3D 来使得场景图的一部分动起来。

14.20.2 processStimulus 方法

当唤醒事件发生时，将调用行为的 processStimulus 方法。可以在 processStimulus 方法中做任何事情，可以从场景中添加或删除对象、更改变换、更改对象的外观、检测两个对象何时相撞或者你需要做的任何其他事。无论需要在场景图中更改什么事物，都需要设置相关的功能标识。例如，要更改 processStimulus 方法中的 TransformGroup 节点，需要设置 TransformGroup.ALLOW_TRANSFORM_WRITE 标识。

插入器 Interpolator 是内置的，它可以将简单动画添加到场景图中。它们在所定义的值的范围内平滑地移动或插入。Alpha 对象生成一个 0.0 与 1.0 之间的值作为计时之用，Alpha 对象同顶点的 alpha 值无关，后者指定透明度。

插入器使用 Alpha 对象来实施它们对场景图的更改。Alpha 对象的值可以随时间而改变，这取决于如何对其编程。

14.20.3 旋转示例

创建一个 Sphere ，然后将地图材质应用于其上。（地球看起来有些模糊，因为用作材质的地图不详尽）在 RotationInterpolator 中设置了一个 TransformGroup，然后将用材质处理过的 Sphere 附加到 TransformGroup 之下。当插入器 Interpolator 改变 TransformGroup 时，地球开始旋转。因为 Interpolator 在渲染循环开始之后更改了场景图中的值，所以我们必须设置一个功能标识，设置方法如下：

```
spinGroup.setCapability(TransformGroup.ALLOW_TRANSFORM_WRITE)
```

在下面的示例中，将 Alpha 对象配置成加速顺时针旋转，然后反过来逆时针旋转。实现代码如下：

```
package com.javapp.ch14
import java.applet.Applet;
import java.awt.BorderLayout;
import java.awt.GraphicsConfiguration;
import com.sun.j3d.utils.applet.MainFrame;
import com.sun.j3d.utils.geometry.*;
import com.sun.j3d.utils.universe.*;
import com.sun.j3d.utils.image.*;
import javax.media.j3d.*;
import javax.vecmath.*;
import com.sun.j3d.utils.behaviors.vp.*;
public class SupermanInterp extends Applet {
        private SimpleUniverse universe;
        private BranchGroup scene;
```

```
private Canvas3D canvas;
private BoundingSphere bounds = new BoundingSphere(new Point3d(0.0, 0.0,0.0), 1000.0);
public Primitive createGeometry(int filter, java.net.URL texImage,
        Appearance appearance) {
    //创建一个球体并贴图
    TextureLoader tex = new TextureLoader(texImage,TextureLoader.GENERATE_MIPMAP, this);
    Texture texture = tex.getTexture();
    texture.setMinFilter(filter);
    appearance.setTexture(texture);
    TextureAttributes texAttr = new TextureAttributes();
    texAttr.setTextureMode(TextureAttributes.MODULATE);
    appearance.setTextureAttributes(texAttr);
    Color3f black = new Color3f(0.0f, 0.0f, 0.0f); //颜色插入器
    Color3f white = new Color3f(1.0f, 1.0f, 1.0f);
     // 设置材质属性
    appearance.setMaterial(new Material(white, black, white, black, 1.0f));
    Sphere sphere = new Sphere(.4f, Primitive.GENERATE_NORMALS
            | Primitive.GENERATE_TEXTURE_COORDS, appearance);
    return sphere;
}
public void setupView() {
    //设置观察点
    // 鼠标移动视图
    OrbitBehavior orbit = new OrbitBehavior(canvas,
            OrbitBehavior.REVERSE_ALL | OrbitBehavior.STOP_ZOOM);
    orbit.setSchedulingBounds(bounds);

    ViewingPlatform viewingPlatform = universe.getViewingPlatform();
    viewingPlatform.setNominalViewingTransform();
    viewingPlatform.setViewPlatformBehavior(orbit);
}
public BranchGroup createSceneGraph() {
     // 构建建场景图
    BranchGroup objRoot = new BranchGroup();
   //创建简单的 Shape3D 结点，并添加到场景图中
  // 设置材质地图
    java.net.URL texImage = null;
      // 设置图像路径
    try {
        texImage = new java.net.URL(getClass().getResource("DSC00608.jpg")
                .toString());
    } catch (java.net.MalformedURLException ex) {
        System.out.println(ex.getMessage());
        System.exit(1);
    }
    Appearance app = new Appearance();
    Primitive geo = createGeometry(Texture.MULTI_LEVEL_LINEAR, texImage,app);
    TransformGroup spinGroup = new TransformGroup();
    spinGroup.setCapability(TransformGroup.ALLOW_TRANSFORM_WRITE);
    spinGroup.addChild(geo);
```

```
        // 创建一个行为对象并添加到场景中
        Alpha rotationAlpha = new Alpha(-1, Alpha.INCREASING_ENABLE
                    | Alpha.DECREASING_ENABLE, 0, 0, 5000, 2500, 200, 5000, 2500,200);
        RotationInterpolator rotator = new RotationInterpolator(rotationAlpha,spinGroup);
        rotator.setSchedulingBounds(bounds);
          //设置灯光
        Color3f lightColor = new Color3f(.5f, .5f, .5f);
        AmbientLight ambientLight = new AmbientLight(lightColor);
        ambientLight.setInfluencingBounds(bounds);
        DirectionalLight directionalLight = new DirectionalLight();
        directionalLight.setColor(lightColor);
        directionalLight.setInfluencingBounds(bounds);
        objRoot.addChild(rotator);
        objRoot.addChild(spinGroup);
        objRoot.addChild(directionalLight);
        objRoot.addChild(ambientLight);
        return objRoot;
    }
    public SupermanInterp() {
    }
    public void init() {
        BranchGroup scene = createSceneGraph();
        setLayout(new BorderLayout());
        GraphicsConfiguration config = SimpleUniverse.getPreferredConfiguration();
        canvas = new Canvas3D(config);
        add("Center", canvas);
        universe = new SimpleUniverse(canvas);
        setupView();
        universe.addBranchGraph(scene);
    }
    public void destroy() {
        universe.removeAllLocales();
    }
    public static void main(String[] args) {
        new MainFrame(new SupermanInterp(), 256, 256);
    }
}
```

程序运行结果如图 14-21 所示。

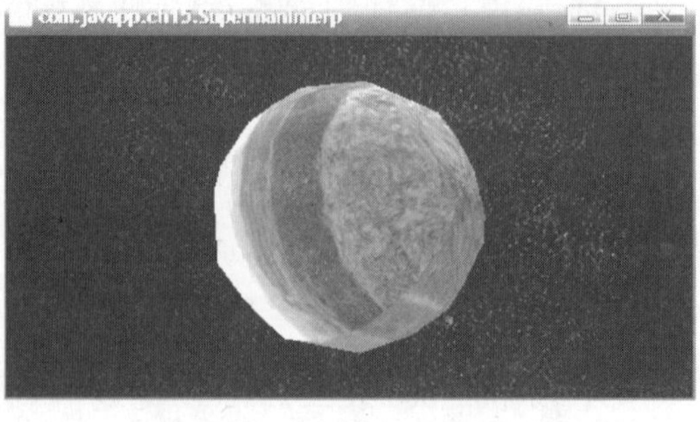

图 14-21　旋转示例图示例

14.21 实验 13 图形与多媒体处理

1. 实验目的

了解图形、图像的使用方法，熟悉计算机动画的原理和 Java 的多线程处理机制，能够编写 2D 和简单的 3D 图形。

2. 实验要求

（1）掌握使用图形类 Graphics 画出不同图形的方法。

（2）掌握在容器中输入图像、播放音乐的方法。

（3）理解计算机动画原理，能够设计计算机动画。

3. 实验内容

下面程序实现在 Applet 中插入 3 种大小的图像，并在打开文件时播放背景音乐，实现代码如下：

```
import java.awt.*;
import java.applet.*;
public class KY8_3 extends Applet {
    Image img;
    public void init(){
        img=getImage(getCodeBase(),"image/Test.gif");//获取图像文件地址读取图    像文件到内存
        play(getDocumentBase(),"WAV/Sound.wav");              //播放声音文件
    }
    public void paint(Graphics g){
        int w=img.getWidth(this);
        int h=img.getHeight(this);
        g.drawImage(img,30,30,this);                          // 画出原图
        g.drawImage(img,30,400, w/2, h/2, this); // 画出缩小一倍的图
        g.drawImage(img,160,0, w*2, h*2, this); // 画出放大一倍的图
    }
}
```

14.22 本章小结

本章重点介绍了 Java 2D API 组成及应用。首先介绍了 Java 2D 的基本概念和基本图形绘制模型，同时介绍了 Java 2D API 中图形绘制方法和设置 Graphics2D 上下文环境；然后介绍了 Java 2D 图形元素的绘制以及实现几何形状的接口和类。在本章最后，重点介绍了 Java 3D API 组成及应用。介绍了 Java 3D 的下载与安装，同时介绍了 Java 3D API 中的场景图中应用到的类；然后介绍了 Java 3D 材质贴图的应用。

第 15 章 JDBC 技术

本章重点

- JDBC 的用途以及与 ODBC 的比较
- JDBC 驱动的层次模型及驱动程序类型
- JDBC 中的数据库操作对象
- JDBC 4.0 新特性

JDBC（Java Data Base Connectivity，Java 数据库连接）是一种用于执行 SQL 语句的 Java API，可以为多种关系数据库提供统一访问，它由一组用 Java 语言编写的类和接口组成。JDBC 提供了一种基准，据此可以构建更高级的工具和接口，使数据库开发人员能够编写数据库应用程序，同时，JDBC 也是个商标名。

15.1 JDBC 介绍

JDBC 目前版本是 JDBC 4.0，JDBC 是一种用于执行 SQL 语句的 Java API（JDBC 本身是个商标名而不是一个缩写字，然而 JDBC 常被认为是代表 “Java 数据库连接”）。它由一组用 Java 语言编写的类和接口组成。JDBC 为数据库开发人员提供了一个标准的 API，使他们能够用纯 Java API 来编写数据库应用程序。有了 JDBC，向各种关系数据库发送 SQL 语句就是一件很容易的事。换言之，有了 JDBC API，就不必为访问 Sybase 数据库专门写一个程序、为访问 Oracle 数据库又专门写一个程序、为访问 Informix 数据库又写另一个程序等。只需用 JDBC API 写一个程序就够了，它可向相应数据库发送 SQL 语句。而且使用 Java 编程语言编写的应用程序，就无须去忧虑要为不同的平台编写不同的应用程序。将 Java 和 JDBC 结合起来将使程序员只须写一遍程序就可让它在任何平台上运行。Java 具有稳定、安全、易于使用、易于理解和可从网络上自动下载等特性，是编写数据库应用程序的杰出语言。所需要的只是 Java 应用程序与各种不同数据库之间进行对话的方法。而 JDBC 正是作为此种用途的机制。JDBC 扩展了 Java 的功能。例如用 Java 和 JDBC API 可以发布含有 Applet 的网页，而该 Applet 使用的信息可能来自远程数据库。企业也可以用 JDBC 通过 Intranet 将所有职员连到一个或多个内部数据库中（即使这些职员所用的计算机有 Windows、 Macintosh 和 UNIX 等各种不同的操作系统）。随着越来越多的程序员开始使用 Java 编程语言，对从 Java 中便捷地访问数据库的要求也在日益增加。MIS 管理员们都喜欢 Java

和 JDBC 的结合，因为它使信息传播变得容易和经济。企业可继续使用它们安装好的数据库，并能便捷地存取信息，即使这些信息是储存在不同数据库管理系统上。新程序的开发期很短。安装和版本控制将大为简化。程序员可只编写一遍应用程序或只更新一次，然后将它放到服务器上，随后任何人就都可得到最新版本的应用程序。对于商务上的销售信息服务，Java 和 JDBC 可为外部客户提供获取信息更新的更好方法。

15.1.1 JDBC 的用途

一般来讲，JDBC 可做三件事：

- 与数据库建立连接。
- 发送 SQL 语句。
- 处理结果。

下面代码段给出了以上三步的基本示例：

```
Connection con=DriverManager.getConnection ("jdbc:odbc:mis"， "admin"， "12345");
Statement stmt=con.createStatement();
ResultSet rs =stmt.executeQuery("SELECT a， b， c FROM mytable");
while (rs.next())
System.out.println(rs.getString("a")+""+rs.getString("b")+""u+rs.getString("c")
```

JDBC 是一种低级 API ，是高级 API 的基础，JDBC 是个“低级”接口，也就是说，它用于直接调用 SQL 命令。在这方面它的功能极佳，并比其他的数据库连接 API 易于使用，但它同时也被设计为一种基础接口，在它之上可以建立高级接口和工具。高级接口是“对用户友好的”接口，它使用的是一种更易理解和更为方便的API，这种 API 在幕后被转换为诸如JDBC这样的低级接口。JDBC 要求 SQL 语句必须作为 String 传给 Java 方法。相反，嵌入式 SQL 预处理器允许程序员将 SQL 语句直接与 Java 混在一起使用。例如，可在 SQL 语句中使用 Java 变量，用以接受或提供 SQL 值。然后嵌入式SQL 预处理器将通过 JDBC调用把这种Java/SQL的混合物转换为关系数据库表到Java类的直接映射。在这种“对象/关系”映射中，表中的每行对应于类的一个实例，而每列的值对应于该实例的一个属性。于是程序员可直接对 Java 对象进行操作。存取数据所需的 SQL 调用将在“掩盖下”自动生成。此外还可提供更复杂的映射，例如将多个表中的行结合进一个 Java 类中。随着人们对 JDBC 的兴趣日益增长，越来越多的开发人员一直在使用基于 JDBC 的工具，以使程序的编写更加容易。程序员也一直在编写力图使最终用户对数据库的访问变得更为简单的应用程序。例如，应用程序可提供一个选择数据库任务的菜单。任务被选定后，应用程序将给出提示及空白供填写执行选定任务所需的信息。所需信息输入后，应用程序将自动调用所需 SQL 命令。在这样一种程序的协助下，即使用户根本不懂 SQL 的语法，也可以执行数据库任务。

15.1.2 JDBC 与 ODBC 和其他 API 的比较

目前，Microsoft 的 ODBC（开放式数据库连接）API 可能是使用最广的、用于访问关系数据库的编程接口。它能在几乎所有平台上连接几乎所有的数据库。为什么 Java 不使用 ODBC？对这个问题的回答是 Java 可以使用 ODBC，但最好是在 JDBC 的帮助下以 JDBC-ODBC 桥的形式使用，这一点稍后再讲。现在的问题已变成 “为什么需要 JDBC”？ODBC 不适合直接在 Java 中使用，因为它使用 C 语言接口。从 Java 调用本地 C 代码在安全性、实现、稳定性和程序的自动移植性方面都有许多缺点。

从 ODBC API 到 Java API 的字面翻译是不可取的。例如 Java 没有指针，而 ODBC 却对指针用得很广泛（包括很容易出错的指针“void *”）。可以将 JDBC 想象成被转换为面向对象接口的 ODBC，而面向对象的接口对 Java 程序员来说较易于接收。ODBC 很难学，它把简单和高级功能混在一起，而且即使对于简单的查询，其选项也极为复杂。相反，JDBC 尽量保证简单功能的简便性，而同时在必要时允许使用高级功能。启用“纯 Java ”机制需要像 JDBC 这样的 Java API。如果使用 ODBC，就必须手动地把 ODBC 驱动程序管理器和驱动程序安装在每台客户机上。如果完全用 Java 编写 JDBC 驱动程序则 JDBC 代码在所有 Java 平台上（从网络计算机到大型机）都可以自动安装、移植并保证安全性。

总之，JDBC API 对于基本的 SQL 抽象和概念是一种自然的 Java 接口。它建立在 ODBC 之上而不是从零开始。因此，熟悉 ODBC 的程序员将发现 JDBC 很容易使用。JDBC 保留了 ODBC 的基本设计特征。事实上，两种接口都基于 X/Open SQL CLI（调用级接口）。它们之间最大的区别在于 JDBC 以 Java 风格与优点为基础并进行优化，因此更加易于使用。

15.1.3 两层模型和三层模型

JDBC API 既支持数据库访问的两层模型，同时也支持三层模型。

在两层模型中，Java Applet 或应用程序将直接与数据库进行对话。这将需要一个 JDBC 驱动程序来与所访问的特定数据库管理系统进行通讯。用户的 SQL 语句被送往数据库中，而其结果将被送回给用户。数据库可以位于另一台计算机上，用户通过网络连接。这就是客户机/服务器模式，其中用户的计算机为客户机，提供数据库的计算机为服务器。网络可以是 Intranet（它可将公司职员连接起来），也可以是 Internet。

在三层模型中，命令先是被发送到服务的“中间层”，然后由它将 SQL 语句发送给数据库。数据库对 SQL 语句进行处理并将结果送回到中间层，中间层再将结果送回给用户。MIS 主管们都发现三层模型很吸引人，因为可用中间层来控制对公司数据的访问和可作的更新种类。中间层的另一个好处是，用户可以利用易于使用的高级 API，而中间层将把它转换为相应的低级调用。

15.1.4 SQL 的一致性

结构化查询语言（SQL）是访问关系数据库的标准语言。困难之处在于虽然大多数的 DBMS（数据库管理系统）对其基本功能都使用了标准形式的 SQL，但它们却不符合最新为更高级的功能定义的标准 SQL 语法或语义。例如并非所有的数据库都支持储存程序或外部连接，那些支持这一功能的数据库又相互不一致。人们希望 SQL 中真正标准的那部份能够进行扩展以包括越来越多的功能。但同时 JDBC API 又必须支持现有的 SQL。

JDBC API 解决这个问题的一种方法是允许将任何查询字符串一直传到所涉及的 DBMS 驱动程序上。这意味着应用程序可以使用任意多的 SQL 功能，但它必须冒这样的风险，有可能在某些 DBMS 上出错。

15.1.5 JDBC 驱动程序的类型

JDBC 驱动程序可分为以下四个种类：

（1）JDBC-ODBC 桥

JDBC-ODBC 桥驱动利用 ODBC 驱动程序提供 JDBC 访问。注意，必须将 ODBC 二进制代码（许多情况下还包括数据库客户机代码）加载到使用该驱动程序的每个客户机上。因此，这种类型的驱动程序最适合于企业网（这种网络上客户机的安装不是主要问题），或者是用 Java 编写的三层结构的应用程序服务器代码。

（2）本地 API -部份用 Java 来编写的驱动程序

这种类型的驱动程序把客户机 API 上的 JDBC 调用转换为 Oracle、Sybase、Informix、DB2 或其他 DBMS 的调用。

注意，像桥驱动程序一样，这种类型的驱动程序要求将某些二进制代码加载到每台客户。

（3）JDBC 网络纯 Java 驱动程序

这种驱动程序将 JDBC 转换为与 DBMS 无关的网络协议，之后这种协议又被某个服务器转换为一种 DBMS 协议。这种网络服务器中间件能够将它的纯 Java 客户机连接到多种不同的数据库上。所用的具体协议取决于提供者。通常，这是最为灵活的 JDBC 驱动程序。有可能所有这种解决方案的提供者都提供适合于 Intranet 上用的产品。为了使这些产品也支持 Internet 访问，它们必须处理 Web 所提出的安全性、通过防火墙的访问等方面的额外要求。

（4）本地协议纯 Java 驱动程序

这种类型的驱动程序将 JDBC 调用直接转换 DBMS 所使用的网络协议。这将允许从客户机机器上直接调用 DBMS 服务器，是 Intranet 访问的一个很实用的解决方法。

15.2 Connection 对象

Connection 对象代表与数据库的连接。连接过程包括所执行的 SQL 语句和在该连接上所返回的结果。一个应用程序可与单个数据库有一个或多个连接，或者可与许多数据库有连接。

15.2.1 建立连接

与数据库建立连接的标准方法是调用 DriverManager.getConnection 方法。该方法接受含有某个 URL 的字符串。DriverManager 类（即所谓的 JDBC 管理层）将尝试找到可与提供 URL 所代表的数据库进行连接的驱动程序。DriverManager 类存有已注册的 Driver 类的清单。当调用方法 getConnection 时，它将检查清单中的每个驱动程序，直到找到可与 URL 中指定的数据库进行连接的驱动程序为止。Driver 的 connect 方法使用这个 URL 来建立实际的连接。

15.2.2 发送 SQL

SQL 语句连接一旦建立，就可用来向它所涉及的数据库传送 SQL 语句。JDBC 对可被发送的 SQL 语句类型不加任何限制。这就提供了很大的灵活性，即允许使用特定的数据库语句或甚至于非 SQL 语句。然而，它要求用户自己负责确保所涉及的数据库可以处理所发送的 SQL 语句。例如，如果某个应用程序试图向不支持储存程序的 DBMS 发送储存程序调用，就会失败并将抛出异常。JDBC 要求驱动程序应至少能提供 ANSI SQL-2 Entry Level 功能才可算是符合 JDBC 标准。这意味着用户至少可信赖这一标准级别的功能。JDBC 提供了三个类，用于向数据库发送 SQL 语句。

15.2.3 事务隔离级别

如果 DBMS 支持事务处理，它必须有某种途径来管理两个事务同时对一个数据库进行操作时可能发生的冲突。用户可指定事务隔离级别，以指明 DBMS 应该花多大精力来解决潜在冲突。例如，当事务更改了某个值而第二个事务却在该更改被提交或还原前读取该值时该怎么办，假设第一个事务被还原后，第二个事务所读取的更改值将是无效的，那么是否可允许这种冲突？JDBC 用户可用以下代码来指示 DBMS 允许在值被提交前读取该值（“dirty 读取”），其中 con 是当前连接：

```
con.setTransactionIsolation(TRANSACTION_READ_UNCOMMITTED);
```

事务隔离级别越高，为避免冲突所花的精力也就越多。Connection 接口定义了五级事务隔离，其中最低级别指定了根本就不支持事务，而最高级别则指定当事务在对某个数据库进行操作时，任何其他事务不得对那个事务正在读取的数据进行任何更改。通常，隔离级别越高，应用程序执行的速度也就越慢（由于用于锁定的资源耗费增加了，而用户间的并发操作减少了）。在决定采用什么隔离级别时，开发人员必须在性能需求和数据一致性需求之间进行权衡。当然，实际所能支持的级别取决于所涉及的 DBMS 的功能。

当创建 Connection 对象时，其事务隔离级别取决于驱动程序，但通常是所涉及的数据库的默认值。用户可通过调用 setIsolationLevel 方法来更改事务隔离级别。新的级别将在该连接过程的剩余时间内生效。要想只改变一个事务的事务隔离级别，必须在该事务开始前进行设置，并在该事务结束后进行复位。不提倡在事务的中途对事务隔离级别进行更改，因为这将立即触发 commit 方法的调用，使在此之前所作的任何更改变成永久性的。

15.2.4 驱动设置

DriverManager 类是 JDBC 的管理层，作用于用户和驱动程序之间。它跟踪可用的驱动程序，并在数据库和相应驱动程序之间建立连接。另外，DriverManager 类也处理诸如驱动程序登录时间限制及登录和跟踪消息的显示等事务。对于简单的应用程序，一般程序员需要在此类中直接使用的唯一方法是 DriverManager.getConnection。该方法将建立与数据库的连接。JDBC 允许用户调用 DriverManager 的 getDriver 方法、getDrivers 方法 和 registerDriver 方法以及 Driver 的 connect 方法。

（1）跟踪可用驱动程序

DriverManager 类包含一列 Driver 类，通过调用 DriverManager.registerDriver 方法

来注册相应的驱动程序。所有 Driver 类都必须包含有一个静态方法。它创建该类的实例，然后在加载该实例时 DriverManager 类进行注册。这样，用户正常情况下将不会直接调用 DriverManager.registerDriver，而是在加载驱动程序时由驱动程序自动调用。在 DriverManager 中通过调用 Class.forName 方法显式地加载驱动程序类。由于这与外部设置无关，因此推荐使用这种加载驱动程序的方法。以下代码加载 Oracle 数据库驱动程序类。

```
oracle.jdbc.driver.OracleDriver;
Class.forName("oracle.jdbc.driver.OracleDriver");
```

如果将 oracle.jdbc.driver.OracleDriver 编写为加载时创建实例，并调用以该实例为参数的 DriverManager.registerDriver，则它在 DriverManager 的驱动程序列表中，并可用于创建连接。

（2）建立连接

加载 Driver 类并在 DriverManager 类中注册后，它们即可用来与数据库建立连接。当调用 DriverManager.getConnection 方法发出连接请求时，DriverManager 将检查每个驱动程序，查看它是否可以建立连接。有时可能有多个 JDBC 驱动程序可以与给定的 URL 连接。例如，与给定远程数据库连接时，可以使用 JDBC-ODBC 桥驱动程序、JDBC 到通用网络协议驱动程序或数据库厂商提供的驱动程序。在这种情况下，测试驱动程序的顺序至关重要，因为 DriverManager 将使用它所找到的第一个可以成功连接到给定 URL 的驱动程序。首先 DriverManager 试图按注册的顺序使用每个驱动程序。它将跳过代码不可信任的驱动程序，除非加载它们的源与试图打开连接的代码的源相同。它通过轮流在每个驱动程序上调用方法 Driver.connect，并向它们传递用户开始传递给方法 DriverManager.getConnection 的 URL 来对驱动程序进行测试，然后连接第一个认出该 URL 的驱动程序。这种方法初看起来效率不高，但由于不可能同时加载数十个驱动程序，因此每次连接实际只需几个过程调用和字符串比较。以下代码是通常情况下用驱动程序（例如 JDBC-ODBC 桥驱动程序）建立连接所需所有步骤的示例：

```
Class.forName("sun.jdbc.odbc.JdbcOdbcDriver"); //加载驱动程序
String url = "jdbc:odbc:tfnew21db";
Connection con=DriverManager.getConnection(url, "userID", "passwd");
```

Oracle 驱动程序注册方法示例如下：

```
Class.forName("oracle.jdbc.driver.OracleDriver"); //加载驱动程序
String url ="jdbc:oracle:thin:@server:1521:tfnew21db";
Connection con=DriverManager.getConnection(url, "userID", "passwd");
```

Sql Server 2000 驱动程序注册方法示例如下：

```
Class.forName("com.microsoft.jdbc.sqlserver.SQLServerDriver"); //加载驱动程序
String url ="jdbc:microsoft:sqlserver://server:1433;databasename=tfnew21db";
Connection con=DriverManager.getConnection(url, "userID", "passwd");
```

MySql 驱动程序注册方法示例如下：

```
Class.forName("com.mysql.jdbc.Driver"); //加载驱动程序
```

```
String url ="jdbc:mysql://localhost/tfenw21db";
Connection con=DriverManager.getConnection(url, "userID", "passwd");
```

15.3 Statement 对象

Statement 对象用于将 SQL 语句发送到数据库中。实际上有三种 Statement 对象，它们都作为在给定连接上执行 SQL 语句。Statement 对象用于执行不带参数的简单 SQL 语句。

15.3.1 创建 Statement 对象

建立了到特定数据库的连接之后，就可用该连接发送 SQL 语句。Statement 对象用 Connection 的 createStatement 方法创建，创建代码为：

```
Connection con = DriverManager.getConnection(url, "sunny", "");
Statement stmt = con.createStatement();
```

15.3.2 使用 Statement 对象执行语句

Statement 接口提供了三种执行 SQL 语句的方法，分别为 executeQuery、executeUpdate 和 execute。使用哪一个方法由 SQL 语句所产生的内容决定。

executeQuery 方法用于产生单个结果集的语句，例如 SELECT 语句。executeUpdate 方法用于执行 INSERT、UPDATE 或 DELETE 语句以及 SQL DDL（数据定义语言）语句，例如 CREATE TABLE 和 DROP TABLE。INSERT、UPDATE 或 DELETE 语句的效果是修改表中零行或多行中的一列或多列。executeUpdate 方法返回值是一个整数，指示受影响的行数。对于 CREATE TABLE 或 DROP TABLE 等不操作行的语句，executeUpdate 方法返回值总为零。 execute 方法用于执行返回多个结果集、多个更新计数或二者组合的语句。

执行语句的所有方法都将关闭所调用的 Statement 对象的当前打开结果集（如果存在）。这意味着在重新执行 Statement 对象之前，需要完成对当前 ResultSet 对象的处理。

提 示

继承了 Statement 接口中所有方法的 PreparedStatement 接口有自己的 executeQuery、executeUpdate 和 execute 方法。Statement 对象本身不包含 SQL 语句，因而必须给 Statement.execute 方法提供 SQL 语句作为参数。PreparedStatement 对象并不将 SQL 语句作为参数提供给这些方法，因为它们已经包含预编译 SQL 语句。

15.3.3 语句完成

当连接处于自动提交模式时，其中所执行的语句在完成时将自动提交或还原。语句在已执行且所有结果返回时，即认为已完成。对于返回一个结果集的 executeQuery 方法，在检索完 ResultSet 对象的所有行时该语句完成。对于方法 executeUpdate，当它执行时语句即完成。但在少数调用方法 execute 的情况中，在检索所有结果集或它生成的更新计数之后语句才完成。有些 DBMS 将已存储过程中的每条语句视为独立的语句；而另外一些则将整个过程视为一个复合语句。在启用自动提交时，这种差别就变得非常重要，因为它影响什么时候调用 commit 方法。在前一种情况中，每条语句单独提交；在后一种情况中，所有语句同时提交。

15.3.4 关闭 Statement 对象

Statement 对象将由 Java 垃圾收集程序自动关闭。而作为一种好的编程风格，应在不需要 Statement 对象时显式地关闭它们。这将立即释放 DBMS 资源，有助于避免潜在的内存问题。

15.3.5 Statement 对象中的 SQL 转义语法

Statement 可包含使用 SQL 转义语法的 SQL 语句。转义语法告诉驱动程序其中的代码应该以不同方式处理。驱动程序将扫描任何转义语法，并将它转换成特定数据库可理解的代码。这使得转义语法与 DBMS 无关，并允许程序员使用在没有转义语法时不可用的功能。

15.4 ResultSet 对象

ResultSet 包含符合 SQL 语句中条件的所有行，并且它通过一套 get 方法（这些 get 方法可以访问当前行中的不同列）提供了对这些行中数据的访问。ResultSet 的 next 方法用于移动到 ResultSet 中的下一行，使下一行成为当前行。下面的代码段就是执行 SQL 语句的示例。该 SQL 语句将返回行集合，其中列 1 为 int，列 2 为 String，而列 3 则为字节数组。代码如下：

```
java.sql.Statement stmt = conn.createStatement();
ResultSet r = stmt.executeQuery("SELECT a， b， c FROM Table1");
while (r.next())
{
    // 打印当前行的值。
    int i = r.getInt("a");
    String s = r.getString("b");
    float f = r.getFloat("c");
    System.out.println("ROW = " + i + " " + s + " " + f);
}
```

15.4.1 行和光标

ResultSet 维护指向其当前数据行的光标。每调用一次 next 方法，光标向下移动一行。最初它位于第一行之前，因此第一次调用 next 将把光标置于第一行上，使它成为当前行。随着每次调用 next 导致光标向下移动一行，按照从上至下的次序获取 ResultSet 行。

提示

不是所有的 DBMS 都支持定位更新和删除。可使用 DatabaseMetaData.supportsPositionedDelete 和 supportsPositionedUpdate 方法来检查特定连接是否支持这些操作。当支持这些操作时，DBMS 驱动程序必须确保适当锁定选定行，以使定位更新不会导致更新异常或其他并发问题。

15.4.2 列

getXXX 方法提供了获取当前行中某列值的途径。在每一行内，可按任何次序获取列值。但为了保证可移植性，应该从左至右获取列值，并且一次性地读取列值。列名或列号可用于标识要从中获取数据的列。例如，如果 ResultSet 对象第二列名为“title”并将值存储为字符串，则在下列任一行代码将获取存储在该列中的值：

```
String s = rs.getString("title");
String s = rs.getString(2);
```

注意列是从左至右编号的，并且从列 1 开始。同时，应用 getXXX 方法输入的列名不区分大小写。提供使用列名这个选项的目的是为了让在查询中指定列名的用户可使用相同的名字作为 getXXX 方法的参数。另一方面，如果 select 语句未指定列名（例如在“select * from table1”中或列是导出）时应该使用列号。

有些情况下，SQL 查询返回的结果集中可能有多个列具有相同的名字。如果列名用作 getXXX 方法的参数，则 getXXX 方法将返回第一个匹配列名的值。因而，如果多个列具有相同的名字，则需要使用列索引来确保检索了正确的列值。这时，使用列号效率要稍微高一些。关于 ResultSet 中列的信息，可通过调用方法 ResultSet.getMetaData 方法得到。返回的 ResultSetMetaData 对象将给出其 ResultSet 对象各列的编号、类型和属性。如果列名已知，但不知其索引，则可用方法 findColumn 得到其列号。

15.4.3 数据类型和转换

对于 getXXX 方法，JDBC 驱动程序试图将基本数据转换成指定的 Java 类型，然后返回适合的 Java 值。例如，如果 getXXX 方法为 getString，而基本数据库中数据类型为 VARCHAR，则 JDBC 驱动程序将把 VARCHAR 转换成 Java String。getString 的返回值将为 Java String 对象。

15.5 PreparedStatement 接口

PreparedStatement 接口继承 Statement 类，PreparedStatement 实例包含已编译的 SQL 语句。这就是使语句“准备好”。包含于 PreparedStatement 对象中的 SQL 语句可具有一个或多个 IN 参数。IN 参数的值在 SQL 语句创建时未被指定。相反，该语句为每个 IN 参数保留一个问号（“？”）作为占位符。每个问号的值必须在该语句执行之前，通过适当的 setXXX 方法来提供。

由于 PreparedStatement 对象已预编译过，所以其执行速度要快于 Statement 对象。因此，多次执行的 SQL 语句经常创建为 PreparedStatement 对象，以提高效率。

作为 Statement 的子类，PreparedStatement 继承了 Statement 的所有功能。另外它还添加了自己的一整套方法，用于设置发送给数据库以取代 IN 参数占位符的值。

15.5.1 创建 PreparedStatement 对象

以下的代码段（其中 con 是 Connection 对象）创建包含带两个 IN 参数占位符的 SQL 语句的 PreparedStatement 对象：

```
PreparedStatement pstmt = con.prepareStatement("UPDATE table4 SET m = ? WHERE x = ?");
```

pstmt 对象包含语句“UPDATE table4 SET m = ? WHERE x = ?”，它已发送给 DBMS，并为执行作好了准备。

15.5.2 传递 IN 参数

在执行 PreparedStatement 对象之前，必须设置每个 ? 参数的值。这可通过调用 setXXX 方法来完成，其中 XXX 是与该参数相应的类型。例如，如果参数具有 Java 类型 long，则使用的方法就是 setLong。setXXX 方法的第一个参数是要设置的参数的序数位置，第二个参数是设置给该参数的值。例如，以下代码将第一个参数设为 123456789，第二个参数设为 100000000：

```
pstmt.setLong(1， 123456789);
pstmt.setLong(2， 100000000);
```

一旦设置了给定语句的参数值，就可用它多次执行该语句，直到调用 clearParameters 方法清除它为止。在连接的默认模式下（启用自动提交），当语句完成时将自动提交或还原该语句。

如果基本数据库和驱动程序在语句提交之后仍保持这些语句的打开状态，则同一个 PreparedStatement 可执行多次。如果这一点不成立，那么试图通过使用 PreparedStatement 对象代替 Statement 对象来提高性能是没有意义的。

15.5.3 IN 参数中数据类型的一致性

setXXX 方法中的 XXX 是 Java 类型。它是一种隐含的 JDBC 类型（一般 SQL 类型），因为驱动程序将把 Java 类型映射为相应的 JDBC 类型，并将该 JDBC 类型发送给数据库。例如，以下代码段将 PreparedStatement 对象 pstmt 的第二个参数设置为 44，Java 类型为 short：

```
pstmt.setShort(2， 44);
```

驱动程序将 44 作为 JDBC SMALLINT 发送给数据库，它是 Java short 类型的标准映射。程序员的责任是确保将每个 IN 参数的 Java 类型映射为与数据库所需的 JDBC 数据类型兼容。如果使用方法 setByte，则驱动程序将 JDBC TINYINT 发送给数据库。这是可行的，因为许多数据库可从一种相关的类型转换为另一种类型，并且通常 TINYINT 可用于 SMALLINT 适用的任何地方。

15.6 CallableStatement 对象

CallableStatement 对象为所有的 DBMS 提供了一种以标准形式调用已储存过程的方法。对储存过程的调用是 CallableStatement 对象所含的内容。

通常，创建 CallableStatement 对象时应当知道所用的 DBMS 是支持已储存过程，并且知道这些过程都是些什么。CallableStatement 中定义的所有方法都用于处理 OUT 参数或 INOUT 参数的输出部分。

15.6.1 创建 CallableStatement 对象

CallableStatement 对象是通过调用 Connection 连接的 prepareCall 方法创建。下面是创建 CallableStatement 的实例，其中含有对已储存过程 getTestData 调用。该过程有两个变量，但不含结果参数：

```
CallableStatement cstmt = con.prepareCall("{call getTestData(?,  ?)}");
```

其中?占位符为 IN、OUT 还是 INOUT 参数，取决于已储存过程 getTestData。

15.6.2 IN 和 OUT 参数

将 IN 参数传给 CallableStatement 对象是通过 setXXX 方法完成的。该方法继承自 PreparedStatement。所传入参数的类型决定了所用的 setXXX 方法，例如用 setFloat 来传入 float 值等。

如果储存过程返回 OUT 参数，则在执行 CallableStatement 对象以前必须先注册每个 OUT 参数的 JDBC 类型（这是必需的，因为某些 DBMS 要求 JDBC 类型）。注册 JDBC 类型是调用 registerOutParameter 方法来完成。语句执行完后，CallableStatement 的 getXXX 方法将取回参数值。正确的 getXXX 方法是为各参数所注册的 JDBC 类型所对应的 Java 类型。换言之，registerOutParameter 方法使用的是 JDBC 类型（因此它与数据库返回的 JDBC 类型匹配），而 getXXX 将之转换为 Java 类型。

作为示例，下面代码先注册 OUT 参数，执行由 cstmt 所调用的已储存过程，然后检索在 OUT 参数中返回的值。方法 getByte 从第一个 OUT 参数中取出一个 Java 字节，而 getBigDecimal 从第二个 OUT 参数中取出一个 BigDecimal 对象（小数点后面带三位数）。

```
CallableStatement cstmt = con.prepareCall("{call getTestData(?,  ?)}");
cstmt.registerOutParameter(1,  java.sql.Types.TINYINT);
cstmt.registerOutParameter(2,  java.sql.Types.DECIMAL,  3);
cstmt.executeQuery();
byte x = cstmt.getByte(1);
java.math.BigDecimal n = cstmt.getBigDecimal(2,  3);
```

CallableStatement 与 ResultSet 不同，它不提供用增量方式检索大字段 OUT 值的特殊机制。

15.6.3 INOUT 参数

既支持输入又接受输出的参数（INOUT 参数）除了调用 registerOutParameter 方法外，还要求调用适当的 setXXX 方法（该方法是从 PreparedStatement 继承来的）。setXXX 方法将参数值设置为输入参数，而 registerOutParameter 方法将它的 JDBC 类型注册为输出参数。setXXX 方法提供一个 Java 值，而驱动程序先把这个值转换为 JDBC 值，然后将它送到数据库中。这种 IN 值的 JDBC

类型和提供给 registerOutParameter 方法的 JDBC 类型应该相同。然后，要检索输出值，就要用对应的 getXXX 方法。例如，Java 类型为 byte 的参数应该使用方法 setByte 来赋输入值。应该 registerOutParameter 方法类型为 TINYINT 的 JDBC 类型，同时应使用 getByte 来检索输出值。

在下面的程序中，有一个储存过 reviseTotal，其唯一参数是 INOUT 参数。方法 setByte 把此参数设为 25，驱动程序将把它作为 JDBC TINYINT 类型送到数据库中。接着，registerOutParameter 方法将该参数注册为 JDBC TINYINT。执行完该已储存过程后，将返回一个新的 JDBC TINYINT 值。方法 getByte 将把这个新值作为 Java byte 类型检索。程序代码如下：

```
CallableStatement cstmt = con.prepareCall("{call reviseTotal(?)}");
cstmt.setByte(1， 25);
cstmt.registerOutParameter(1， java.sql.Types.TINYINT);
cstmt.executeUpdate();
byte x = cstmt.getByte(1);
```

15.6.4 先检索结果，再检索 OUT 参数

由于某些 DBMS 的限制，为了实现最大的可移植性，建议先检索由执行 CallableStatement 对象所产生的结果，然后再用 CallableStatement 的 getXXX 方法来检索 OUT 参数。如果 CallableStatement 对象返回多个 ResultSet 对象（通过调用 execute 方法），在检索 OUT 参数前应先检索所有的结果。这种情况下，为确保对所有的结果都进行了访问，必须对 Statement 对象的 getResultSet 方法、getUpdateCount 方法和 getMoreResults 方法进行调用，直到不再有结果为止。检索完所有的结果后，就可用 CallableStatement 的 getXXX 方法来检索 OUT 参数中的值。

15.6.5 检索作为 OUT 参数的 NULL 值

返回到 OUT 参数中的值可能会是 JDBC NULL。当出现这种情形时，将对 JDBC NULL 值进行转换以使 getXXX 方法所返回的值为 null、0 或 false，这取决 getXXX 方法类型。对于 ResultSet 对象，要知道 0 或 false 是否源于 JDBC NULL 的唯一方法，是用方法 wasNull 进行检测。如果 getXXX 方法读取的最后一个值是 JDBC NULL，则该方法返回 true，否则返回 false。

15.7 JDBC 4.0 新特性

15.7.1 自动加载驱动

在 JDBC 4.0 之前，编写 JDBC 程序都需要加上以下这行代码：

```
Class.forName("org.apache.derby.jdbc.EmbeddedDriver").newInstance();
```

java.sql.DriverManager 的内部实现机制决定了这样代码的出现。只有先通过 Class.forName 找到特定驱动的 class 文件，DriverManager.getConnection 方法才能顺利地获得 Java 应用和数据库的连接。这样的代码为编写程序增加了不必要的负担，JDK 的开发者也意识到了这一点。从 Java 1.6 开始，应用程序不再需要显式地加载驱动程序，DriverManager 开始能够自动地承担这项任务。

DriverManager 为什么能够做到自动加载呢？这就要归功于一种被称为 Service Provider 的新机制。熟悉 Java 安全编程的程序员可能对其已经是司空见惯，而它现在又出现在 JDBC 模块中。JDBC 4.0 的规范规定所有 JDBC 4.0 的驱动 Jar 文件必须包含一个 java.sql.Driver，它位于 Jar 文件的 META-INF/services 目录下。这个文件里每一行便描述了一个对应的驱动类。其实编写这个文件的方式和编写一个只有关键字（key）而没有值（value）的 Properties 文件类似。同样，“#”之后的文字被认为是注释。有了这样的描述，DriverManager 就可以从当前在 CLASSPATH 中的驱动文件中找到，它应该去加载哪些类。而如果在 CLASSPATH 里没有任何 JDBC 4.0 的驱动文件的情况下，调用 JDK 中默认的驱动 sun.jdbc.odbc.JdbcOdbcDriver。如果开发人员想使得自己的驱动也能够被 DriverManager 找到，只需要将对应的 Jar 文件加入到 CLASSPATH 中。当然对于那些 JDBC 4.0 之前的驱动文件，还需要显式地去加载。

15.7.2 RowId

熟悉 DB2、Oracle 等大型 DBMS 的人一定不会对 RowId 这个概念陌生：它是数据表中一个“隐藏”的列，是每一行独一无二的标识，表明这一行的物理或者逻辑位置。由于 RowId 类型的广泛使用，在 Java 1.6 中新增了 java.sql.RowId 的数据类型，允许 JDBC 程序能够访问 SQL 中的 RowId 类型。但不是所有的 DBMS 都支持 RowId 类型。即使支持，不同的 RowId 也会有不同的生命周期。因此使用 DatabaseMetaData.getRowIdLifetime 来判断类型的生命周期。下面代码演示如何了解 RowId 类型的支持情况。

```
DatabaseMetaData meta = conn.getMetaData();
System.out.println(meta.getRowIdLifetime());
```

既然提供了新的数据类型，那么一些相应的获取、更新数据表内容的新 API 也在 Java 1.6 中被添加进来。和其他已有的类型一样，在得到 ResultSet 或者 CallableStatement 之后，调用 get/set/update 方法得到/设置/更新 RowId 对象，一个获得/设置 RowId 对象程序示例代码如下：

```
PreparedStatement pstmt = connection.prepareStatement(
    "SELECT rowid， name， score FROM hellotable WHERE rowid = ?");
pstmt.setRowId(1， rowid);
ResultSet rset = pstmt.executeQuery();
while(rs.next()) {
        RowId id = rs.getRowId(1);
        String name = rs.getString(2);
        int score = rs.getInt(3);
}
```

鉴于不同 DBMS 的不同实现，RowId 对象通常在不同的数据源（datasource）之间并不是可移植的。因此 JDBC 4.0 的 API 规范并不建议从连接 A 取出一个 RowId 对象，将它用在连接 B 中，以避免不同系统的差异而带来的难以解释的错误。

15.7.3 SQL XML

SQL 2003 标准引入了 SQL/XML 作为 SQL 标准的扩展。SQL/XML 定义了 SQL 语言和 XML 交互的方式：如何创建 XML 数据、如何在 SQL 语句中嵌入 XQuery 表达式等。作为 JDBC 4.0

的一部分，在 Java 1.6 中增加了 java.sql.SQLXML 的类型。JDBC 应用程序可以利用该类型初始化、读取、存储 XML 数据。应用 java.sql.Connection.createSQLXML 方法就可以创建一个空白的 SQLXML 对象。当获得这个对象之后，便可以利用 setString、setBinaryStream、setCharacterStream 或者 setResult 等方法来初始化所表示的 XML 数据。下面以 setCharacterStream 为例介绍一个 SQLXML 对象如何获取 java.io.Writer 对象，从外部的 XML 文件中逐行读取内容，从而完成初始化，实现代码如下：

```
SQLXML xml = con.createSQLXML();
Writer writer = xml.setCharacterStream();
BufferedReader reader = new BufferedReader(new FileReader("test.xml"));
String line= null;
while((line = reader.readLine() != null) {
        writer.write(line);
}
```

由于 SQLXML 对象有可能与各种外部的资源有联系，并且在一个事务中一直持有这些资源。为了防止应用程序耗尽资源，Java 1.6 提供了 free 方法来释放其资源。

15.7.4 SQLExcpetion 的增强

在 Java 1.6 之前，有关 JDBC 的异常类型不超过 10 个。这似乎已经不足以描述日渐复杂的数据库异常情况。因此，Java 1.6 的设计人员对以 java.sql.SQLException 为根的异常体系作了大幅度的改进。SQLException 实现了 Iterable<Throwable> 接口。下面的示例就是实现 SQLException 的 for-each loop 遍历了每一个 SQLException 和它潜在的原因（cause）。实现代码如下：

```
catch (Throwable e) {
    if (e instanceof SQLException) {
        for(Throwable ex : (SQLException)e ){
            System.err.println(ex.toString());
        }
    }
}
```

除了原有的 SQLException 的子类，Java 1.6 中新增的异常类被分为 3 种：SQLReoverableException、SQLNonTransientException 和 SQLTransientException。在 SQLNonTransient Exception 和 SQLTransientException 之下还有若干子类，详细地区分了 JDBC 程序中可能出现的各种错误情况。大多数子类都会有对应的标准 SQLState 值，很好地将 SQL 标准和 Java 1.6 类库结合在一起。

15.8 本章考试、面试问题分析

1. Statement 与 PreparedStatement 有什么区别？

PreparedStatement 的效率比前者高，在使用 PreparedStatement 对象执行 SQL 命令时，命令被

数据库进行编译和解析，然后被放到命令缓冲区。然后，每当执行同一个 PreparedStatement 对象时，它就会被再解析一次，但不会被再次编译。在缓冲区中可以发现预编译的命令，并且可以重新使用。

如果需要写 insert 、update 、delete，最好用 preparedStatement，在有大量用户的企业级应用软件中，经常会重复执行相同的 SQL 命令，使用 PreparedStatement 对象带来的编译次数的减少能够提高数据库的总体性能。

2. Class.forName 的作用?

调用 Class.forName 访问返回一个以字符串指定类名的类的对象。

3. JDO 是什么?

JDO 是 Java 对象持久化的新的规范，为 java data object 的简称，也是一个用于存取某种数据仓库中的对象的标准化 API。JDO 提供了透明的对象存储，因此对开发人员来说，存储数据对象完全不需要额外的代码（如 JDBC API 的使用）。这些繁琐的例行工作已经转移到 JDO 产品提供商身上，使开发人员解脱出来，从而集中时间和精力在业务逻辑上。另外，JDO 很灵活，因为它可以在任何数据底层上运行。JDBC 只是面向关系数据库（RDBMS）JDO 更通用，提供到任何数据底层的存储功能，比如关系数据库、文件、XML 以及对象数据库（ODBMS）等等，使得应用可移植性更强。

4. 当用 JDBC 向数据库中插入数据或提取数据时，为何有时中文字符会显示为乱码?

这个问题的实现通常与各个 JDBC driver 的实现有关。目前大多数 JDBC driver 采用本地编码格式来传输中文字符，例如中文字符“0x4325”会被转成“0x43”和“0x25”进行传输。因此需要对 JDBC driver 返回的字符以及要发给 JDBC driver 的字符进行转换。

当用 JDBC driver 向数据库中插入数据时，需要先将 Unicode 转成 native code。当 JDBC driver 从数据库中查询数据时，则需要将 native code 转换成 Unicode。

15.9 实验 14 数据库的连接

1. 实验目的

了解 JDBC 核心 API，利用 JDBC 核心 API，建立数据库连接、执行 SQL 语句、获取查询集、数据类型支持等功能。

2. 实验要求

（1）了解 JDBC 的概念和工作原理。

（2）掌握使用 JDBC 实现简单的数据库管理。

3. 实验内容

（1）应用 ODBC 数据源

在“开始”菜单中，选择“设置”|“控制面板”。

在“控制面板”中选择“管理工具”|“数据源（ODBC）”。

打开“数据源（ODBC）”后，弹出一个选项对话框，主要选项包括“用户 DSN”、“系统 DSN”、“文件 DSN”等等。本实验中选择“系统 DSN”。

单击“系统 DSN”中的“添加…”按钮，弹出一个对话框。

在对话框中，列出了当前系统支持的 ODBC 数据源的驱动程序，选择“Microsoft Access Driver”，单击“完成”按钮，弹出一个对话框。

在对话框中，向“数据源”文本框内输入数据源的名字，名字可以任取，在本例中，输入的名字是“dbtest”。然后，单击“创建”按钮。

在对话框中，选择数据库存放的目录，单击“确定”按钮，会弹出显示“数据库创建成功”的对话框。

（2）编写程序，打开 Access，按表 15-1 的结构建立“person”表

表 15-1 “person”表的结构

字段名	宽度	SQL 数据类型
Name	15	Char(15)
Sex	2	Char(2)
Age	3	Integer
Tel	30	Char(30)
Id(注：主键)	18	Char(18)

（3）编写程序，完成填写功能

向“person”表中填入若干数据记录。

（4）编写程序，完成查询功能

在“person”表中分别查询所有记录以及满足条件“age>21 且性别为 M”的记录。

15.10 本章小结

本章重点介绍了 JDBC 的组成及应用。首先介绍了 JDBC 的用途及 JDBC 与 ODBC 的比较，同时介绍了 JDBC 多层应用模型和 JDBC 驱动程序类型，然后介绍了 Connection、Statement、ResultSet、PreparedStatement 对象的基本语法及其具体的应用实例。在本章最后，介绍了 JDBC 4.0 的新特性。

Java 项目实战把脉篇

第 16 章　MP3/MP4 媒体播放器设计

本章重点

- Java 声音处理方法
- JMF 系统应用模型及其实现的功能
- JMF 的下载与安装
- 应用 JMF 编写 MP3/MP4 播放器

本章将重点介绍 Java 音频、Java 媒体框架（JMF）的知识，并应用 JMF 实现一个 MP3/MP4 播放器。

16.1　在 Applet 中播放声音

16.1.1　Java 声音处理

数字音频格式有很多种，其质量与采样频率和采样精度两个参数有关。频率的表示单位为赫兹（Hz），它表示每秒采样次数。采样频率越高，音质就越好。采样精度为每次采样所存储的数据数量，它决定每个数字信号所能够表示的离散振幅的数量。存储每个样本的数据越多，音质就越好。但是高品质的声音需要占用大量的内存和磁盘空间。考虑到网络带宽，在 Internet 连接上传输就需要花费很长的时间。对于 Applet 来说，保证声音文件的最小化是极为重要的。

Java 能够支持以下四种声音格式：

- AU
- AIFF
- WAVE
- MIDI

第一种声音格式 AU 为早期的 Java 1.1 版本支持的唯一的声音格式。采样频率为 8000 赫兹，采样精度为 8 位。AIFF 和 WAVE 与 AU 格式一样，都用来表示数字化的声音。其中，WAVE 格式提供了更宽范围的音质。MIDI 格式专用于音乐，并且以音符与乐器而不是数字化的声音来描述声音的。

从 Java 1.2 开始，都能够支持上述四种声音格式。简单的方法为在 Java 中通过 Applet 类的 AudioClip 接口来装载声音。该接口封装了有关声音片断的常用方法，具有对播放声音片断的最小功能支持。

AudioClip 接口定义方法如下：

（1）play()

开始播放声音片断。不论声音片断是否已经在播放，都从头播放。播放一遍但不重复。

（2）loop()

循环播放声音片断。调用该方法是不论声音片断是否已在播放，都从头开始播放。

（3）stop()

停止播放声音片断。AudioClip 接口可以通过 getAudioClip()及 getCodeBase()方法来获取声音片断及 URL 地址。可以利用此方法在 WEB 页中播放指定的声音片断。

16.1.2 应用 AudioClip 接口来实现声音的播放

下面应用 AudioClip 接口来实现声音的播放。程序代码如清单 16-1 所示。

清单 16-1

```
package com.javapp.ch14;
public class SoundTest1 extends JApplet {
    .....
    AudioClip clip;
    // 读取参数
    public String getParameter(String key, String def) {
        return isStandalone ? System.getProperty(key, def)
                : (getParameter(key) != null ? getParameter(key) : def);
    }
    // 初始化 Applet
    public void init() {
        try {
            jbInit();
        } catch (Exception e) {
            e.printStackTrace();
        }
    }
    // 初始化组件
        try {
            sound = this.getParameter("clip", "sound.AU");
        } catch (Exception e) {
            e.printStackTrace();
        }
        if (sound != null) {
            try {
                clip = JApplet.newAudioClip(new URL(getCodeBase(), sound));

            } catch (MalformedURLException e) {
                System.out.println("Bad URL");
```

```
            }
        }
    }
    void jButtonPlay_mouseClicked(MouseEvent e) {
        clip.play();
    }
    void jButtonLoop_mouseClicked(MouseEvent e) {
        clip.loop();
    }
    void jButtonStop_mouseClicked(MouseEvent e) {
        clip.stop();
    }
}
```

接下来编写一个 html 文件调用 Applet，SoundApplet.html 如清单 16-2 所示。

清单 16-2

```
<html>
    <head>
        <meta http-equiv="Content-Type" content="text/html; charset=GBK">
        <title>Applet 演示</title>
    </head>
    <body>
        <applet codebase="." code="com.javapp.ch13.SoundTest1.class"
            name="TestApplet" width="400" height="200">
            <PARAM NAME = "clip" VALUE = "sound.AU">
            </applet>
    </body>
</html>
```

在上面的 html 代码中，应用<PARAM NAME = "clip" VALUE = "sound.AU">传入所要播放的声音文件，文件格式可以是 AU、AIFF 、WAVE 和 MIDI 格式。

16.1.3 应用 Sound API 来处理声音

还可以利用 Java 媒体框架中的 Sound API 来处理声音片断。Sound API 被包含在 SUN 公司的 Java 媒体框架中，也包含在 JDK 1.3 以上版本中。编译源代码需要支持 JDK 1.3 以上的开发环境和运行环境。Sound API 主要包括以下类包：

- javax.sound.midi 提供 MIDI （Musical Instrument Digital Interface）的 I/O、序列、合成的接口和类。
- javax.sound.sampled 为采样数字音频的捕获、处理、重放提供接口和类。

下面介绍一个应用 Java 媒体框架中的 Sound API 播放音乐的例子，程序运行结果如图 16-1 所示。

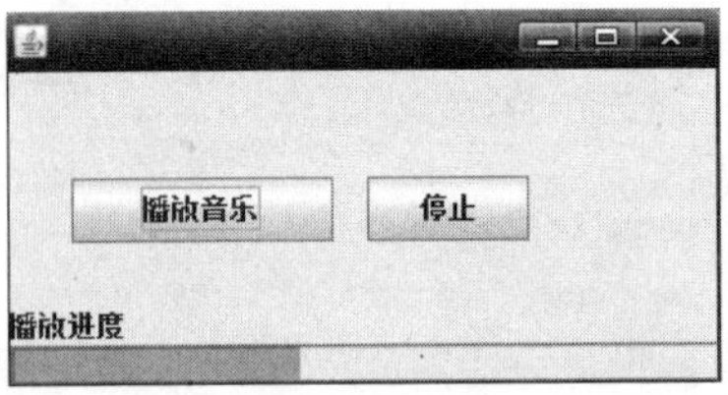

图 16-1　播放音乐

程序实现代码如清单 16-3 所示。

清单 16-3

```
package com.javapp.ch16;
import org.jdesktop.application.ApplicationActionMap;
public class WavPlayer extends JFrame {
	// 文件过滤器
	private class MyFilter extends FileFilter {
		@Override
		public boolean accept(File arg0) {
			if (arg0.getName().endsWith(".wav") || arg0.isDirectory())
				return true;
			return false;
		}
		@Override
		public String getDescription() {
			return "波形文件（.wav)";
		}
	}
	WavPlayer() {
		super();
		this.setSize(324, 175);
		BorderLayout thisLayout = new BorderLayout();
		setVisible(true);
		getContentPane().setLayout(thisLayout);
		this.getContentPane().add(this.getJPanel1());
		this.setPreferredSize(new java.awt.Dimension(324, 175));
		this.pack();
		Application.getInstance().getContext().getResourceMap(getClass())
				.injectComponents(getContentPane());
	}
	public static void main(String[] args) {
		new WavPlayer();
	}
	private ApplicationActionMap getAppActionMap() {
		return Application.getInstance().getContext().getActionMap(this);
	}
	private JProgressBar getJProgressBar1() {
		if (jProgressBar1 == null) {
			jProgressBar1 = new JProgressBar();
			jProgressBar1.setBounds(0, 123, 316, 17);
		}
```

```
        return jProgressBar1;
    }
    @Action
    public void PlayAction() {
        Thread th = new Thread() {
            public void run() {
                JFileChooser jfc = new JFileChooser();
                jfc.setFileFilter(new MyFilter());
                if (jfc.showOpenDialog(null) == JFileChooser.APPROVE_OPTION)
                    fileUrl = jfc.getSelectedFile().getAbsolutePath();
                else
                    return;
                try {
                    ais = AudioSystem.getAudioInputStream(new File(fileUrl));
                    AudioFormat af = ais.getFormat();
                    DataLine.Info info = new DataLine.Info(
                            SourceDataLine.class, af);
                    sdl = (SourceDataLine) AudioSystem.getLine(info);
                    sdl.open(af);
                    sdl.start();
                  // 播放
                int nByte = 0;
                    byte[] buffer = new byte[128];
                    jProgressBar1.setMaximum(sdl.getBufferSize());
                    int pro=1;
                    while (nByte != -1) {
                        pro++;
                        nByte = ais.read(buffer, 0, 128);
                        if (nByte >= 0) {
                            int oByte = sdl.write(buffer, 0, nByte);
                            jProgressBar1.setValue(pro*6);
                        }
                    }
                } catch (UnsupportedAudioFileException e) {
                    e.printStackTrace();
                } catch (IOException e) {
                    e.printStackTrace();
                } catch (LineUnavailableException e) {
                    e.printStackTrace();
                }
            }};
        th.start();
    }
    @Action
    public void StopAction() {
        sdl.stop();
    }
    private JLabel getJLabel1() {
        if(jLabel1 == null) {
            jLabel1 = new JLabel();
```

```
                jLabel1.setBounds(0, 106, 74, 17);
                jLabel1.setName("jLabel1");
            }
            return jLabel1;
        }
}
```

在上面的程序中，实现了一个可以播放 wav 格式的音乐程序，程序中利用了多线程序的控制方法，可以在播放音乐的同时，停止播放并同时显示播放进度。

16.2 Java 媒体框架

应用 Java 媒体框架（JMF）能够编写出功能强大的多媒体程序，却不用关心底层复杂的实现细节。JMF API 的使用相对比较简单，但是能够满足几乎所有多媒体编程的需求。JMF 是 Java 的一个类包。JMF 2.1.1 技术提供了先进的媒体处理能力，从而扩展了 Java 平台的功能。这些功能包括：媒体捕获、压缩、流转、回放，以及对各种主要媒体形式和编码的支持，如 M-JPEG、H.263、MP3、RTP/RTSP（实时传送协议和实时流转协议）、Macromedia Flash、IBM 的 HotMedia 和 Beatnik 的 Rich Media Format （RMF）等。JMF 2.1.1 还支持广受欢迎的媒体类型，如 Quicktime、Microsoft AVI 和 MPEG-1 等。此外，JMF 2.1.1 软件中包括了一个开放的媒体架构，可使开发人员灵活采用各种媒体回放、捕获组件，或采用他们自己的定制的内插组件。

Sun 以四种不同的专用版本提供 JMF 2.1.1 技术，满足专业开发人员的各类需求，第一个是一个轻便型版本，它完全采用 Java 语言编写，适用于任何 Java 兼容系统。此外，开发人员还可选择分别适用于 Solaris、Windows 或 Linux 等操作系统的性能最优化软件包，以提高性能和能力。

JMF 2.1.1 软件也是 Java Media 系列软件的一部分。Java Media 系列软件包括 Java 3D、Java 2D、Java Sound 和 Java Advanced Imaging 等 API。采用各种 Java Media API，软件开发商人员就能容易、快速地为他们已有的各种应用程序和客户端 Java 小程序增添丰富的媒体功能，如流式视频、3D 图像和影像处理等。各种 Java Media API 发挥了 Java 平台的固有优势，将“编写一次，到处运行”的能力扩展到了图像、影像和数字媒体等各种应用领域，从而大大缩减了开发时间和降低了开发成本。

16.2.1 JMF 系统介绍

在开发 JMF 应用程序之前要完全理解 JMF 的体系架构、接口和类。比如用摄像机系统中。首先用摄像机拍摄内容，拍摄下来的内容录制在 DV 带中。DV 带可以放在放像机里播放、放像机提供视频信号给电视机，提供音频信号给音箱，这样就可以在电视机上看到画面，从音箱里听到声音。JMF API 提供的也是同样的模型。

JMF 提供的模型可大致分为七类：

- 数据源（Data source）
- 捕获设备（Capture Device，包括视频和音频捕获设备）

- 播放器（Player）
- 处理器（Processor）
- 数据池（DataSink）
- 数据格式（Format）
- 管理器（Manager）

JMF 提供的工作模型如图 16-2 所示。

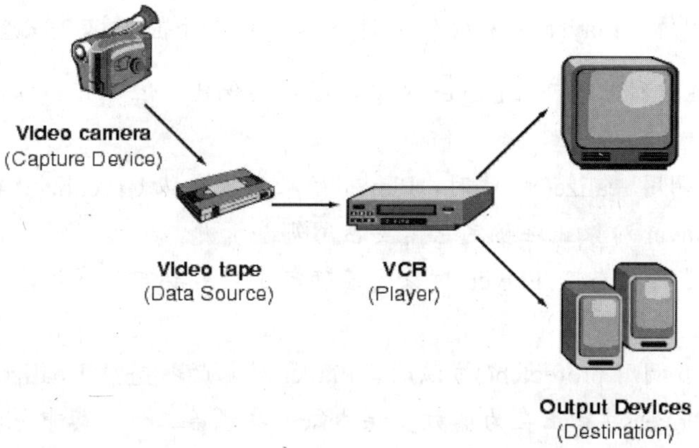

图 16-2　JMF 提供的工作模型

下面来分别详细介绍这 7 种术语的具体含义。

16.2.2　数据源（Data source）

数据源（Data source）就像 CD 中保存了歌曲一样，数据源中包含了媒体数据流。在 JMF 中，DataSource 对象就是数据源，它可以是一个多媒体文件，也可以是从互联网上下载的数据流。对于 DataSource 对象，一旦确定了它的位置和类型，对象中就包含了多媒体的位置信息和能够播放该多媒体的软件信息。当创建了 DataSource 对象后，可以将它送入 Player 对象中，而 Player 对象不需要关心 DataSource 中的多媒体是如何获得的，以及格式是什么。

在某些情况下，需要将多个数据源合并成一个数据源。例如制作一段录像时，需要将音频数据源和视频数据源合并在一起。JMF 支持数据源合并。

16.2.3　捕获设备（Capture Device）

捕获设备指的是可以截取到音频或视频数据的硬件，如麦克风、摄像机等。截取到的数据可以被送入 Player 对象中进行处理。

16.2.4　播放器（Player）

在 JMF 中对应播放器的接口是 Player。Player 对象将音频 / 视频数据流作为输入，然后将数据流输出到音箱或屏幕上，就像 CD 播放机读取 CD 唱片中的歌曲，然后将信号送到音箱上一样。播放器的工作原理如图 16-3 所示。

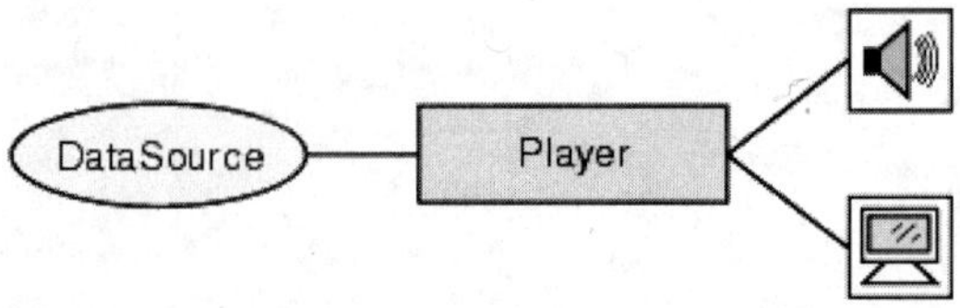

图 16-3　播放器的工作原理

Player 对象有多种状态，JMF 中定义了六种状态，在正常情况下 Player 对象需要经历每个状态，然后才能播放多媒体。Player 对象状态如图 16-4 所示，下面对这些状态进行说明。

- Unrealized：在这种状态下，Player 对象已经被实例化，但是并不知道它需要播放的多媒体的任何信息。
- Realizing：当调用 realize()方法时，Player 对象的状态从 Unrealized 转变为 Realizing。在这种状态下，Player 对象正在确定它需要占用哪些资源。
- Realized：在这种状态下 Player 对象已经确定了它需要哪些资源，并且也知道需要播放的多媒体的类型。
- Prefetching：当调用 prefectch()方法时，Player 对象的状态从 Realized 变为 Prefetching。在该状态下的 Player 对象正在为播放多媒体做一些预备工作，其中包括加载多媒体数据，获得需要独占的资源等。这个过程被称为预取（Prefetch）。
- Prefetched：当 Player 对象完成了预取操作后就到达了该状态。
- Started：当调用 start()方法后，Player 对象就进入了该状态并播放多媒体。

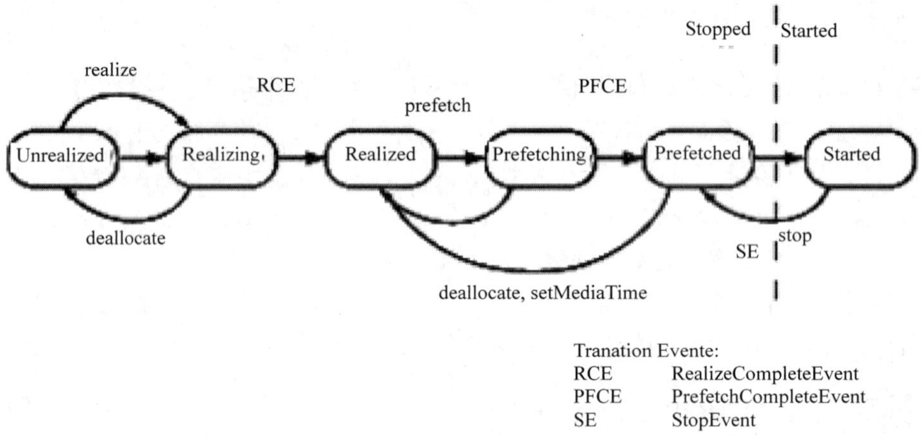

图 16-4　Player 对象状态

16.2.5　处理器（Processor）

处理器对应的接口是 Processor，它一种播放器。在 JMF API 中，Processor 接口继续了 Player 接口。Processor 对象除了支持 Player 对象支持的所有功能，还可以控制对于输入的多媒体数据流进行何种处理以及通过数据源向其他的 Player 对象或 Processor 对象输出数据。Processor 的工作原理如图 16-5 所示。

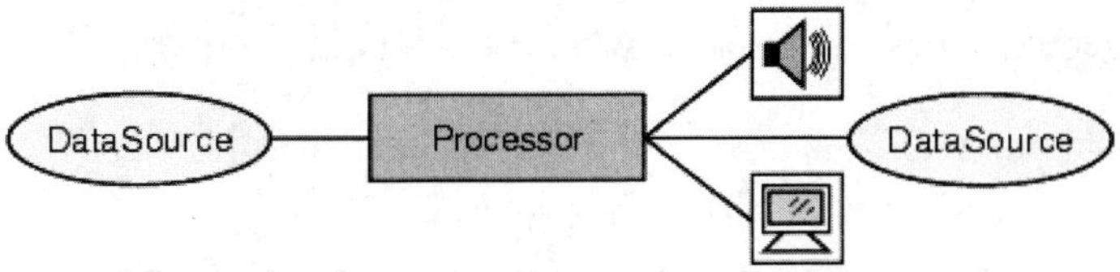

图 16-5 Processor 的工作原理

除了在播放器中提到了六种状态外，Processor 对象还包括两种新的状态，这两种状态是在 Unrealized 状态之后，但是在 Realizing 状态之前。这两种状态分别为：

- Configuring: 当调用 configure( )方法后，Processor 对象进入该状态。在该状态下，Processor 对象连接到数据源并获取输入数据的格式信息。
- Configured: 当完成数据源连接，获得输入数据格式的信息后，Processor 对象就处于 Configured 状态。Processor 状态转化过程如图 16-6 所示。

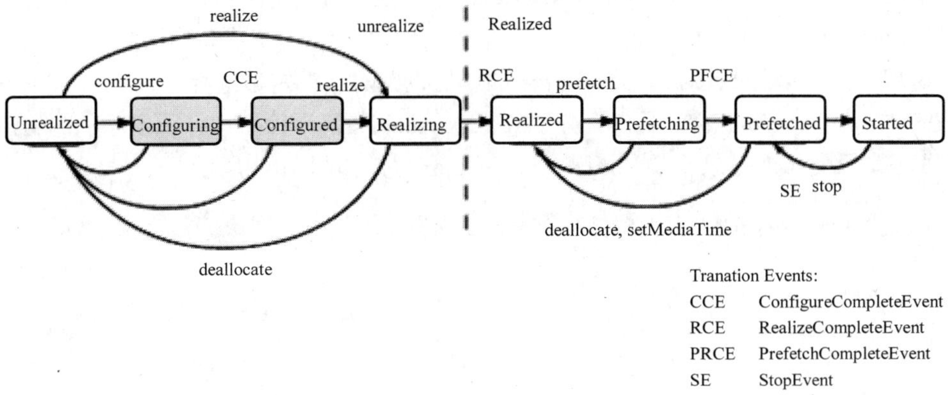

图 16-6 Processor 状态转化过程

16.2.6 数据池（DataSink）

DataSink 用于从数据源读取数据并将其呈递到某目的地，一般来说不是表现（presentation）设备。DataSink 对象是由管理器（manager）使用数据源创造的，它通过 DataSinkEvent 通告其状态。

16.2.7 数据格式（Format）

Format 对象中保存了多媒体的格式信息。该对象中本身没有记录多媒体编码的相关信息，但是它保存了编码的名称。Format 的子类包括 AudioFormat 和 VideoFormat 类，ViedeoFormat 又有六个子类：H261Format、H263Format、IndexedColorFormat、JPEGFormat、RGBFormat 和 YUVFormat 类。

16.2.8 管理器（Manager）

管理器（manager）使得接口新的实现与原有的类无缝地整合。JMF 使用四种管理器：Manager 用于创造播放器、处理器、数据源和数据池，PackageManager 用于记录包含 JMF 类的包，

CaptureDeviceManager 用于记录可用的采集设备、保存截取设备的注册信息，PlugInManager 用于记录 JMF 插件的注册信息。

16.3 MP3/MP4 媒体播放器的设计

16.3.1 JMF 的下载和安装

登录 http://java.sun.com/products/java-media/jmf/ 站点，可下载 JMF 最新版本。当前的最新版本是 2.1，笔者下载的是在 Windows 平台上的安装包 jmf-2_1_1e-windows-i586.exe ，当下载了 JMF2.1 以后，运行 jmf-2_1_1e-windows-i586.exe。该程序会将 JMF2.1 安装到你指定的目录下。安装完成后，在 CLASSPATH 中需要包含 jmf.jar 和 sound.jar。在本例中是应用 MyEclipse 集成开发环境开发应用程序。所以需要把 jmf.jar 和 sound.jar 导入到当前应用项目的 Libraries 路径中，具体方法为在前面的章节中创建的 Javaapp 项目上，单击右键，在弹出的菜单项中选择“Properties”，弹出如图 16-7 所示的属性设置对话框。在弹出的属性设置对话框左边选择“Java Build Path”项，然后在右边选择“Libraries”标签项，单击“Add External JARs”按钮选择所要添加的 JAR，然后选择 JMF2.1 安装路径 Lib 目录下的 jmf.jar 和 sound.jar 包，如图 16-8 所示。

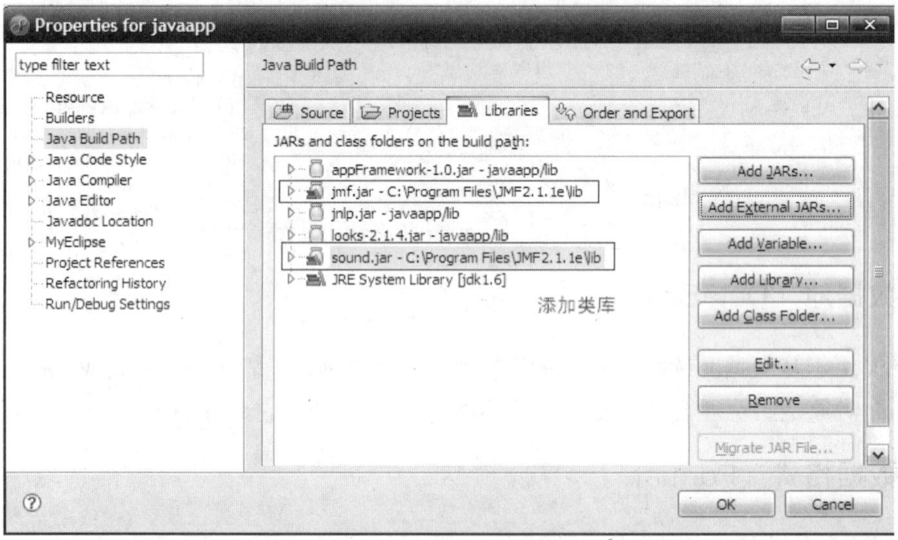

图 16-7 属性设置对话框

图 16-8　选择 JMF2.1 安装路径

16.3.2　MP3/MP4 媒体播放器设计分析

在 JMF 编程中，最常见的工作就是创建一个 Player 对象。可以通过 Manager 类的 createPlayer 方法创建 Player 对象。Manager 对象使用多媒体的 URL 或 MediaLocator 对象来创建 Player 对象。当获得了一个 Player 对象后，可以通过调用 getVisualComponent 方法得到 Player 对象的图像部件（Visual Component，在图像部件上可以播放多媒体的图像）。然后将图像部件加入到应用程序或 Applet 的界面上。Player 对象还包含一个控制面板，在上面可以控制媒体的播放、停止和暂停等。使用的 createPlayer 方法创建一个 Player 对象方法如下：

```
Player audioPlayer = Manager.createPlayer(new MediaLocator("url"));
```

还可以用 Manager 类的 createRealizedPlayer(url)方法创建一个实例化的 Player 对象。

有时需要使用一个 Player 对象来控制多个其他的 Player 和 Controller 对象，通常把这个 Player 对象称为主对象，并把这些对象组成一个组。通过调用主对象中的 start、stop、setMediaTime 等方法就可以激活组中所有成员的相应方法。主对象控制所有的状态变化和事件发布。然后使用 addControllerListerner 方法来将一个 ControllerListener 对象绑定到 Player 对象上，Controller 对象将向该 ControllerListener 对象发送事件消息。例如：

```
audioPlayer.addControllerListener(this);
```

最后需要调用 start 方法来启动 Player 对象。start 方法将 Player 对象的状态设置为 Started。如果 Player 没有被实体化（Realize）或预取（Prefetch），start 方法会自动执行这些操作。启动对象的方法为：

```
audioPlayer.start();
```

由于 JMF 类实现了 ControllerLister 接口，因此需要实现该接口中的 controllerUpdate 方法，该方法在 Controller 对象产生一个事件时被调用。实现代码如下：

```
public synchronized void controllerUpdate(ControllerEvent event) {
    if (event instanceof RealizeCompleteEvent) {
        Component comp;
        if ((comp =audioPlayer.getVisualComponent()) != null)
            add ("Center", comp);
        if ((comp = audioPlayer.getControlPanelComponent()) != null)
            add("South", comp);
        validate();
    }
}
```

当 JMF 类产生了一个 RealizeCompleteEvent 事件后，controllerUpdate 方法在界面上增加两个 Component 对象，一个用于播放媒体，一个用于放置控制按钮，例如播放、停止等。audioPlayer.getGainControl().getControlComponent() 是操作音量（增加）的可视组件。getGainControl() 方法返回一个 GainControl 实例，可用于改变节目的增加等级。

16.3.3 Player 对象的扩展

接下来利用上面介绍的 Player 对象设计一个可以播放各种媒体文件，例如 MP3、AU、AVI、MIDI、MPEG、QuickTime 和 WAV 等文件的媒体播放器。程序运行界面如图 16-9 所示。

在这个例子中，首先定义一个 Player 对象的扩展类，命名为 PlayWork，该类主要实现 Player 对象的创建以及媒体的播放、停止等。程序代码如清单 16-4 所示。

图 16-9　多媒体播放器

清单 16-4

```
package com.javapp.ch16;
public class PlayerWork {
    private Player audioPlayer = null;//Player 对象
    private URL url;
    private File filelist;// 媒体播放文件
```

```
private String lists[];// 媒体播放列表
private String path;
public void choiceFile(String path) {
        filelist = new File(path);
        this.path = path;
}
public void PlayerWorking(URL url) throws Exception {
        this.url = url;
}
public Player getPlay() {
        return this.audioPlayer;
}
public void PlayerWorking(String filename) {
        File file = new File(path + "/" + filename);// 歌曲文件夹路径
        System.out.println(filename);
        try {
                this.url = file.toURL();
        } catch (MalformedURLException e) {
                System.out.println(e);
        }
}
public void playerStart() {
        try {
                audioPlayer = Manager.createPlayer(new MediaLocator(url));
                audioPlayer.start();//开始播放

        } catch (IOException e) {
                System.out.println(e);
        } catch (NoPlayerException e) {
                System.out.println(e);
                JOptionPane.showMessageDialog(null, "没有发现 Player");
                this.playerStop();
        }
        System.out.println("开始播放。。" + url.getFile());
}
public void playerStop() {//停止播放
        try {
                audioPlayer.stop();
                audioPlayer.close();
        } catch (Exception ex) {
                ex.printStackTrace();
        }
        System.out.println("播放完毕。。");
}
public Vector getFileList() {//添加播放列表
        lists = filelist.list(new Folder());
        Vector vlist = new Vector();
        for (int i = 0; i < lists.length; i++)
                vlist.add(lists[i]);
        return vlist;
```

```
        }
}
class Folder implements FilenameFilter {//文件类型过滤
        public boolean accept(File dir, String name) {
            if( name.endsWith(".mp3")||name.endsWith(".avi")|| name.endsWith(".mpeg")||name.endsWith(".wav"))
                return true;
            else
                return false;
        }
}
```

16.3.4 MP3/MP4 媒体播放器主程序的设计

定义好后 Player 对象的扩展类后，下定义一个主程序类，该类主要提供各种操作组件的显示和媒体信息的显示，实现代码如清单 16-5 所示。

清单 16-5

```
package com.javapp.ch14;
public class MP3Application extends SingleFrameApplication implements
            ControllerListener {

    Vector v;
    @Override
            play = new PlayerWork();// 创建播放器
            topPanel = new JPanel();
            BorderLayout topPanelLayout = new BorderLayout();
            topPanel.setPreferredSize(new java.awt.Dimension(498, 109));
            topPanel.setName("topPanel");
            topPanel.setLayout(topPanelLayout);
            show(topPanel);
    }
    private void chooser() {//选择文件
            JFileChooser fileChooser = new JFileChooser();
            fileChooser.setFileFilter(new JAVAFiler(
                        "*.mp3,*.AU、*.AVI、*.MIDI、*.MPEG、*.QuickTime,*.wav"));
            int result = fileChooser.showOpenDialog(getMainFrame());
            if (result == JFileChooser.APPROVE_OPTION) {
                String path = fileChooser.getSelectedFile().getAbsolutePath();
                System.out.println(path);
                String parent = fileChooser.getSelectedFile().getParent();
                play.choiceFile(parent);
                v = play.getFileList();// 加载歌曲
                List.removeAllItems();// 清除以前歌曲
                List.addItem(fileChooser.getSelectedFile().getName());
                // 首先添加所选歌曲
                for (int i = 0; i < v.size(); i++) {
                    if (!((String) (v.get(i))).equals(fileChooser.getSelectedFile()
                                .getName())) {
                        List.addItem(v.get(i));
                    }
```

```
            }
        }
        if (List.getSelectedItem().equals("")) {
            JOptionPane.showMessageDialog(null, "播放器中没有歌曲");
            return;
        }
        play.PlayerWorking((String) (List.getSelectedItem()));
        play.playerStart();
        play.getPlay().addControllerListener(this);

        getMainFrame().setTitle(
                getMainFrame().getTitle() + (String) (List.getSelectedItem()));
    }
    public static void main(String[] args) {
        launch(MP3Application.class, args);
    }
    @Action
    public void OpenAction() {
        this.chooser();
    }
    private ApplicationActionMap getAppActionMap() {
        return Application.getInstance().getContext().getActionMap(this);
    }
    @Override
    public synchronized void controllerUpdate(ControllerEvent event) {//ControllerLister 接口
        if (event instanceof RealizeCompleteEvent) {
            jPanel1.removeAll();
            Component comp = play.getPlay().getVisualComponent();
            //得到 Player 对象的图像部件
            if ((comp = play.getPlay().getVisualComponent()) != null)
                jPanel1.add("Center", comp);//图像部件
            if ((comp = play.getPlay().getControlPanelComponent()) != null)
                jPanel1.add(comp, BorderLayout.SOUTH);//播放控件
            comp.setPreferredSize(new java.awt.Dimension(363, 22));//加入到面板中
            jPanel1.updateUI();
            jPanel1.validate();
        }
        System.out.println(event);
    }
    @Action
    public void ListAction() {//播放列表动作
        try {
            play.getPlay().removeControllerListener(this);
            play.playerStop();
            play.PlayerWorking((String) (List.getSelectedItem()));
            play.playerStart();
            play.getPlay().addControllerListener(this);
        } catch (Exception ex) {
            ex.printStackTrace();
        }
```

```
        }
}
class JAVAFiler extends FileFilter {//文件选择过滤器
        private static final long serialVersionUID = 1L;
        String ext;
        public JAVAFiler(String ext) {
                this.ext = ext;
        }
        public boolean accept(File file) {
                if (file.isDirectory())
                        return true;
                String fileName = file.getName();
                int index = fileName.lastIndexOf('.');

                if (index > 0 && index < fileName.length() - 1) {
                        String extension = fileName.substring(index + 1).toLowerCase();
                        if (ext.toLowerCase().indexOf(extension.toLowerCase()) >= 0)
                                return true;
                }
                return false;
        }
        @Override
        public String getDescription() {
                return "媒体(*.mp3,*.AU、*.AVI、*.MIDI、*.MPEG、*.QuickTime,*.wav)";
        }
}
```

上述代码实现了一个能够播放 MP3、MP4、AVI、MPEG 等多种格式的歌曲和电影的多媒体播放器。

第 17 章　网络实时流媒体收发系统

本章重点

- 应用 JMF 获取音频和视频数据
- 发送和接收实时流媒体数据
- 利用 JMF 框架开发视频和音频捕捉程序

本章将重点介绍 JMF API 的组成与应用，包括 Java 的媒体框架以及数据模型。并在本章最后完整介绍一个利用 JMF 框架开发的音视频捕捉程序。

17.1　获取媒体数据的分析

17.1.1　注册音频和视频截取设备

在程序中使用视频和音频截取的设备，需要确认安装了这些设备的驱动程序。除此之外，还需要运行 JMFRegistry 应用程序。JMFRegistry 可以向 JMF 注册新的数据源、媒体处理器、插件、视频和音频截取设备，然后才能够在程序中使用它们。只需要运行一次 JMFRegistry 就能注册系统中所有的视频和音频截取设备。选择“开始”→“程序”→“Java Media Framework 2.1.1e”，运行 JMF Registry，运行了 JMFRegistry 后，弹出如图 17-1 所示窗口。

选择“Capture Devices”标签，然后单击“Detect Capture Devices”按钮，程序将自动检测出系统中的视频和音频截取设备。在左边的类表框中会列出所有检测到的设备的名称。在图 17-1 中看到 JMFRegsitery 发现了 JavaSound audio capture、DirectSoundCapture 和 vfw:Microsoft WDM Image Capture (Win32):1。单击某个设备可以看到该设备支持的视频或音频格式。如果 JMFRegistry 无法检测到设备，有可能是没有正常安装设备的驱动程序。

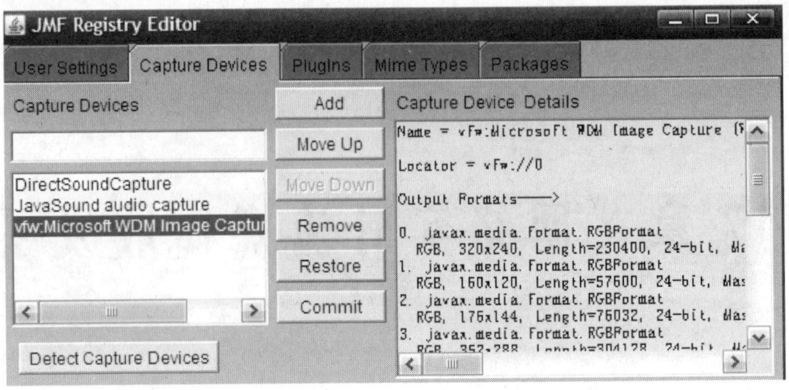

图 17-1　JMFRegistry 注册程序

17.1.2　获取音频和视频数据

JMF 可以捕获语音和视频设备，也就是利用 JMF 可以控制麦克、摄像头这些音视频设备，要获取音频和视频数据，首先要获取捕获设备，在 JMF API 中，通过调用 CaptureDeviceManager 类的 getDeviceList()方法来获取设备，用法如下：

```
devices = CaptureDeviceManager.getDeviceList (Format ); 参数 Format 为数据格式
```

CaptureDeviceManager 类使用查询机制和一个注册表来定位设备，然后将设备的信息放入 CaptureDeviceInfo 对象中返回。还可以利用 CaptureDeviceManager 类来注册新的设备。通过调用 getDeviceList()方法程序获取了一个支持指定格式的设备的列表。如果将格式参数设定为 null，这意味着设备可以使用任何格式。返回值被放入 device 变量中。如果 getDeviceList()方法返回的是一个非空值，其中包含音频设备名称和视频设备名称，但是到目前为止，还不知道哪些设备是音频设备，哪些是视频设备。

可以通过 CaptureDeviceInfo 的 getFormat()方法获得 Format 对象数组，在 Format 对象中保存了设备支持的媒体格式。Format 类间接被 AudioFormat 和 VideoFormat 类所继承。因此可以利用设备支持的格式类型来区分设备的类型，判断代码如下：

```
if (deviceList != null & deviceList.size() > 0) {
        int deviceCount = deviceList.size();
        Format[] formats;
        for (int i = 0; i < deviceCount; i++) {
            CaptureDeviceInfo cdi = (CaptureDeviceInfo) deviceList
                        .elementAt(i);
            formats = cdi.getFormats();
            for (int j = 0; j < formats.length; j++) {
                if (formats[j] instanceof AudioFormat) {
                    audioDevices.addElement(cdi);
                    break;
                } else if (formats[j] instanceof VideoFormat) {
                    videoDevices.addElement(cdi);
                    break;
                }
            }
```

```
        }
}
```

在上面的程序代码中，audioDevices()中将包含所有的音频设备，videoDevices()中将保存所有的视频设备。其中 cdi 是 CaptureDeviceInfo 对象。使用 capture()方法可以截取音频和视频数据。和 play()方法类似，可以通过使用 Manger 类中的静态方法 createPlayer()创建一个 Player 对象，该对象可以播放一个 DataSource 对象中的数据流。例如：

```
MediaLocator locator = null;
CaptureDeviceInfo captureInfo;
Locator= captureInfo.getLocator();
.....
player = new MediaPlayer();
player.setMediaLocator(locator);
```

在上面代码中，首先通过调用 CaptureDeviceInfo 的 getLocator()方法来获得 MediaLocator 对象，然后利用 Manager 类的 createPlayer()方法创建 Player 对象。获取摄像头视频数据和麦克风音频数据具体步骤如下：

01 读取所有视频和音频设备到程序中，然后判断设备类型。

02 获取设备的 medialocator 地址。

03 创建 Player，当 Play 开始的时候，就开始了视频捕获的过程。

04 给 Player 添加 addControllerListener 方法，调用 getVisualComponent()方法得到 Player 对象的图像部件。

17.1.3 保存摄像头数据为视频文件

视频的保存与上节介绍的获取摄像头视频数据程序基本相同，首先是找到捕获设备，然后取的捕获设备的位置信息。如果要保存所采集的数据，就要创建一个处理器。然后将处理器的输出作为数据池的输入。当启动数据池的时候，就可以把捕获的数据保存成文件了。具体步骤如下：

01 设定要输出的音频格式和视频格式。设置方法如下：

```
Format formats[] = new Format[2];
FileTypeDescriptor outputType = null;
if (type.equals("avi")) {// 判断输出的文件类型格式
        formats[0] = new AudioFormat(AudioFormat.IMA4_MS);//设置为 AVI 格式
        formats[1] = new VideoFormat(VideoFormat.CINEPAK);//确定视频格式
        outputType = new FileTypeDescriptor(FileTypeDescriptor.MSVIDEO);
} else if (type.equals("mov")) {
        formats[0] = new AudioFormat(AudioFormat.IMA4);//设置为 QuickTime 格式
        formats[1] = new VideoFormat(VideoFormat.CINEPAK);
        outputType = new FileTypeDescriptor(FileTypeDescriptor.QUICKTIME);
}
```

在上面的代码中，VideoFormat.CINEPAK 表示视频的格式，视频 VideoFormat 支持的格式如表 17-1 所示。

表 17-1　VideoFormat 支持的格式

视频格式	支持的媒体类型	视频质量
CINEPAK	AVI，QuickTime	中
MPEG-1	MPEG	高
H.261	AVI，RTP	低
H.263	QuickTime，AVI，RTP	中
JPEG	QuickTime，AVI，RTP	高
Indeo	QuickTime，　AVI	中

音频 AudioFormat 支持的格式如表 17-2 所示。

表 17-2　音频 AudioFormat 支持的格式

音频格式	支持的媒体类型	音频质量
PCM	AVI，QuickTime，WAV	高
Mu-Law	AVI，QuickTime，WAV，RTP	低
ADPCM(DVI,IMA4)	AVI，QuickTime，WAV，RTP	中
MPEG-1	MPEG	高
MPEG，Layer3	MPEG	高
GSM	WAV，RTP	低
G.723.1	WAV，RTP	中

02 以数据轨道输出格式和文件输出类型为参数，创建 ProcessorModel。实现代码如下：

```
// 创建 ProcessorModel,参数为数据轨道输出格式和文件输出类型
ProcessorModel pm=new ProcessorModel(formats,outputType);
```

03 由 ProcessorModel 对象创建 Processor 对象。实现代码如下：

```
// 由 ProcessorModel 对象创建 Processor 对象
vprocessor = Manager.createRealizedProcessor(pm);
```

04 以 Processor 的输出为参数创建数据源。实现代码如下：

```
vprocessor.configure();
vprocessor.realize();
// 获取 Processor 的输出
DataSource source = vprocessor.getDataOutput();
```

05 建立一个记录保存文件的 MediaLocator。实现代码如下：

```
File ff = new File("d:/vidio." + type);
// 建立一个记录保存文件的 MediaLocator
MediaLocator dest = new MediaLocator(ff.toURL());
```

06 创建 DataSink。实现代码如下：

```
// 创建数据池
DataSink filewriter = Manager.createDataSink(source, dest);
```

07 开始保存数据文件，启动处理器。实现代码如下：

```
filewriter.open();
// 设置 Processor 控制生成文件的大小，只要调用 Processor 的 StreamWriterControl
```

```
StreamWriterControl swc = (StreamWriterControl) vprocessor
                    .getControl("javax.media.control.StreamWriterControl");
if (swc != null)
    swc.setStreamSizeLimit(5000000); // 设置生成文件大小最大 5M
filewriter.start();// 开始保存数据文件，启动处理器
vprocessor.start();
```

08 当结束捕获视频时，停止处理器。

17.1.4 摄像头拍照

摄像头拍照与上面介绍的获取摄像头视频数据的程序基本相同，主要功能是在显示视频的同时，可以捕捉一个画面并保存为图片。实现拍照的主要方法是利用当前播放的视频帧控制组件FrameGrabbingControl 来截取某一帧数据。实现代码如下：

```
FrameGrabbingControl fgc = (FrameGrabbingControl) this.getVideoplayer()
                    .getControl("javax.media.control.FrameGrabbingControl");
Buffer buf = fgc.grabFrame();//获取当前祯并存入 Buffer 类
```

截取某一帧数据并存入 Buffer 类后，需要创建 image 图像缓冲区，实现代码如下：

```
// 创建 image 图像缓冲区
BufferToImage bio = new BufferToImage((VideoFormat) buf.getFormat());
Image img = bio.createImage(buf);
// 按图像大小来创建 image 图像缓冲区
BufferedImage bi = new BufferedImage(img.getWidth(null), img
                    .getHeight(null), BufferedImage.TYPE_INT_RGB);
```

生成 image 图像缓冲区后，然后根据 BufferedImage 对象创建 Graphics2D 对象，实现代码如下：

```
// 根据 BufferedImage 对象创建 Graphics2D 对象
Graphics2D g2 = bi.createGraphics();
g2.drawImage(img, null, null);
```

生成 Graphics2D 对象后，创建所要保存的文件，实现代码如下：

```
FileOutputStream out = null;
java.util.Random rand = new java.util.Random();// 随机产生文件名
File fout = new File("d:/Cameravideo" + rand.nextInt() + ".jpg");
```

然后把生成 Graphics2D 对象转化为 JPEG 图像格式并保存。实现代码如下：

```
out = new FileOutputStream(fout);
// 转换成 JPEG 图像格式
JPEGImageEncoder encoder = JPEGCodec.createJPEGEncoder(out);
JPEGEncodeParam param = encoder.getDefaultJPEGEncodeParam(bi);
param.setQuality(1f, false);// 不压缩图像
encoder.setJPEGEncodeParam(param);
encoder.encode(bi);
out.close();
```

摄像头拍照程序具体实现将在后面的章节中详细介绍，接下来介绍视频和音频的实时发送和

接收方法。

17.1.5 通过网络发送实时媒体流数据

JMF 提供的 Player 和 Processor 可以提供显示、获取、转换 RTP 数据流的机制。可以按照标准的方式通过 Manager 为 RTP 数据流创建 Player。使用包含 RTP Session 的 MediaLocator 作为参数，调用 Manager 的 createPlayer(MediaLocator)来创建 Player。也可以用某个接收数据流的 DataSource 作为参数来创建 Player。

如果用 MediaLocator 作为参数来创建 Player，Player 只会显示 Session 中检测到的第一个 RTP 数据流。如果想播放 Session 中的所有视频流，则需要调用 SessionManager 为每个接收数据流创建一个 Player。

当使用 MediaLocator 为 RTP Session 创建 Player，Manager 为 Session 中的第一个数据流创 Player。当检测到数据时，Player 发出 RealizeCompleteEvent。通过监听 RealizeCompleteEvent，可以确定 Player 是否收到了数据以及 Player 是否可以播放任何数据。一旦 Player 发出这个事件，就可以获取 Player 的可视组件和控制组件。如果在没有检测到 Session 中数据时，Player 是不会结束 Realizing 状态的。对于 RTP 媒体流 Player 不能试图调用 Manager 的 CreateRealizedPlayer。如果调用，会引起死锁。

在发送 RTP 数据流之前，需要应用 Processor 产生 RTP 编码的数据源。可通过构建一个 SessionManager 或者是 DataSink 来控制传输过程。

Processor 处理器的输入可以是现有的媒体文件，也可以是实时捕获的数据。对于现有的媒体数据，可以使用 MediaLocator 来代表媒体文件。并根据 MediaLocator 来创建 Processor。对于捕获的媒体数据，一个捕获数据源 Capture DataSource 会用作 Processor 的输入。

有两种方式来发送 RTP 数据流，一种是用 MediaLocator 作为 RTP session 的参数，调用 Manager 的 createDataSink 方法来创建一个 RTP DataSink。另一种方式是利用 session manager 来创建发送数据流，并控制传输过程。

当利用 MediaLocator 来构建 RTP DataSink 的时候，只能发送 DataSource 中的第一个数据流。如果需要在一个进程中发送多个 RTP 数据流或者需要监控进程的统计状态，就需要直接使用 SessionManager。如果需要将媒体数据发送到网络，首先需要用 Processor 生成 RTP 编码的数据源，然后创建 SessionManager 或者 DataSink 来控制传输过程。具体步骤如下：

01 获取视频采集设备。

02 创建 Processor，连接到视频采集设备，实现代码如下：

```
CaptureDeviceInfo videocaptureInfo = videoDevices.get(drive);
MediaLocator    videolocator = videocaptureInfo.getLocator();
DataSource ds = Manager.createDataSource(videolocator);
Processor    vprocessor = Manager.createProcessor(ds);
```

03 配置处理器，直到 processor 的状态变成 configured，设置输出格式为 RAW_RTP，实现代码如下：

```
vprocessor.configure();
```

```
while (vprocessor.getState() != vprocessor.Configured)
    System.out.println("正在配置处理器，请稍后......");
ContentDescriptor cd = new ContentDescriptor(ContentDescriptor.RAW_RTP);
vprocessor.setContentDescriptor(cd);
```

04 列出所有与数据轨道相关的控制器，实现代码如下：

```
// 列出所有的和数据轨道相关的控制器
TrackControl track[] = vprocessor.getTrackControls();
```

05 遍历控制器，找到可以控制输出格式的控制器，找到了数据轨道的格式控制器之后，设置输出格式，输出格式输出为 VideoFormat.JPEG_RTP，实现代码如下：

```
boolean programmed = false;
// 遍历这些控制器，找到可以控制输出格式的控制器
for (int i = 0; i < track.length; i++) {
        Format format = track[i].getFormat();
        if (track[i].isEnabled() && format instanceof VideoFormat&& !programmed) {
                // 找到了数据轨道的格式控制器之后，设置输出格式，输出格式输出为 VideoFormat.JPEG_RTP>。
                Dimension size = ((VideoFormat) format).getSize();
                float frameRate = ((VideoFormat) format).getFrameRate();
                int w = (size.width % 8 == 0 ? size.width: (int) (size.width / 8) * 8);
                int h = (size.height % 8 == 0 ? size.height: (int) (size.height / 8) * 8);
                VideoFormat jpegFormat = new VideoFormat(VideoFormat.JPEG_RTP, new Dimension(w, h),
                Format.NOT_SPECIFIED, Format.byteArray, frameRate);
                track[i].setFormat(jpegFormat);
                System.err.println("Video transmitted as:");
                System.err.println("    " + jpegFormat);
                        programmed = true;
        } else
                track[i].setEnabled(false);
        }
}
```

06 设置好 Processor 配置工作后，调用 Processor 的 realize 方法，实现代码如下：

```
while (this.vprocessor.getState() != this.vprocessor.Realized) {
        System.out.println("正在配置处理器，请稍后......");
        this.vprocessor.realize();
}
```

07 当 Processor 进出 realized 状态以后，可以取得 Processor 的输出作为数据源，实现代码如下：

```
// 获取 Processor 的输出
DataSource source = vprocessor.getDataOutput();
```

08 把数据源作为参数传递给 manager，通过 manager 创建一个 RTP 的数据池。确定了数据源和发送地址，可以建立数据池 DataSink 了，建立成功后调用 open()和 start()方法，就可以在网上以多播方式发送捕获的内容了。实现代码如下：

```
String url = "rtp://"+ip+":49150/audio";
```

```
MediaLocator mDest = new MediaLocator(url);
// 创建数据池
DataSink  filewriter = Manager.createDataSink(source, mDest);
filewriter.open();
filewriter.start();
source.start();
vprocessor.start();
```

JMF 的类库还可以提供对 RTP（实时传输协议）的支持。RTP 支持在网上实时的发送、接收媒体流。RTP 可以用在开发视频点播、音频点播或者网上的交互内容服务等应用。

17.1.6　通过网络接收实时媒体流数据

接收网上传输的数据流时，首先要构建一个 MediaLocator 来描述 RTP 进程，Manager 为进程中的第一个数据流创建播放器，当从进程中检测到数据时，Player 会发出 RealizeComplete 事件。通过监听 RealizeComplete 事件，可以确定是否有数据传输，还可以确定 Player 是否准备好播放数据。当 Player 发出这个事件时，就可以获取播放器的可视面板和控制面板了。

有两种方式来接收 RTP 数据流，一种是用 MediaLocator 作为 RTP session 的参数，调用 Manager 的 createDataSink 方法来创建一个 RTP DataSink。另一种方式是利用 session manager 来创建接收数据流，并控制传输过程。

当利用 MediaLocator 来构建 RTP DataSink 的时候，只能接收 DataSource 中的第一个数据流。如果需要在一个进程中接收多个 RTP 数据流或者需要监控进程的统计状态，就需要直接使用 SessionManager。如果需要将媒体数据发送到网络，首先需要用 Processor 生成 RTP 编码的数据源，然后创建 SessionManager 或者 DataSink 来控制传输过程。具体步骤如下：

01 确定 RTP 数据源的地址，以 RTP 数据源地址为参数，创建 MediaLocator。实现代码如下：

```
String url = "rtp://127.0.0.1:49150/audio";
// 实现接收单个数据流
MediaLocator mrl = new MediaLocator(url);
if (mrl == null) {
        System.err.println("Can't build MRL for RTP");
        return;
}
```

02 以 MediaLocator 为参数，创建 Player，为 PLAYER 添加监听器，以便监听 RealizeComplete 事件。实现代码如下：

```
this.dualPlaye = Manager.createPlayer(mrl);
if (dualPlaye != null) {
      dualPlaye.realize();
      dualPlaye.start();
}
```

上面的第一步只能接收进程中的第一个数据流。为了接收并播放 RTP 进程中的全部数据流，可以用 SessionManager 来创建接收数据流，为每个数据流创建一个 Player。当创建一个新的数据流后，SessionManager会发出一个NewReceiveStream Event。注册了ReceiveStream Listener接收数据流监听器，就会收到这些事件。就可以为每一个新的接收数据流创建Player。从接收数据流中获取DataSource，并作为参数传递给Manager来创建Player。具体步骤如下：

01 创建一个SessionManager，然后调用SessionManager的addReceiveStreamListener方法注册一个监听器，并调用SessionManager的initSession方法初始化SessionManger，调用startSession方法启动SessionManager。实现代码如下：

```
SessionManager mgr = null;
mgr = (SessionManager) new com.sun.media.rtp.RTPSessionMgr();
if (mgr == null)
        return null;
//添加音频格式
mgr.addFormat(new AudioFormat(AudioFormat.DVI_RTP, 44100, 4, 1), 18);
if (listener)//添加监听器，监听收到新数据流时间
        mgr.addReceiveStreamListener(this);
SessionAddress localaddr = new SessionAddress();
InetAddress destaddr = InetAddress.getByName(address);
SessionAddress sessaddr = new SessionAddress(destaddr, port,        destaddr, port );
SourceDescription[] userdesclist = new SourceDescription[] {//创建资源描述
//初始化 SessionManager
mgr.initSession(localaddr, userdesclist, 0.05, 0.25);
//启动 SessionManager
mgr.startSession(sessaddr, ttl, null);//ttl 为会话的生命期
```

02 当新的数据流检测到的时候，可以在ReceiveStreamListener的update方法中获得发现新数据流事件的通知。数据流通知之后，调用getReceiveStream方法获取新的数据流，把数据源对象作为参数传递到Manager的createPlayer方法中来创建Player。实现代码如下：

```
public void update(ReceiveStreamEvent event) {//监听事件，接收到新数据流后所做的工作
        Player newplayer = null;
        RTPPlayerWindow playerWindow = null;
        // 获取新数据流的数据源
        SessionManager source = (SessionManager) event.getSource();
        // 当检测到新接收数据源时，创建新的播放器
        if (event instanceof NewReceiveStreamEvent) {
                String cname = "Java Media Player";
                ReceiveStream stream = null;
                try {
                        // 获取接收数据流
                        stream = ((NewReceiveStreamEvent) event).getReceiveStream();
                        //获取数据流的发送源地址
                        Participant part = stream.getParticipant();
                        if (part != null)
                                cname = part.getCNAME();
                        // 获取发送数据流的数据源
                        DataSource dsource = stream.getDataSource();
                        // 将数据源作为参数传递给 MediaManager 来创建 Player
                        newplayer = Manager.createPlayer(dsource);
```

```
                System.out.println("created player " + newplayer);
            } catch (Exception e) {
                System.err.println("NewReceiveStreamEvent exception "      + e.getMessage());
                return;
            }
            if (newplayer == null)
                return;
            playerlist.addElement(newplayer);
            newplayer.addControllerListener(this);
            //发送 Player 到播放器界面
            playerWindow = new RTPPlayerWindow(newplayer, cname);
        }
}
```

本节详细介绍了 JMF 框架的组成和工作原理，并详细介绍了如何利用 JMF 框架开发视频和音频捕捉程序，以及如何发送和接收捕捉到的流媒体数据。下一节将以一个实例来演示 Java 视频、音频捕捉综合处理系统。

17.2 网络实时流媒体收发系统的设计

17.2.1 Java 网络流媒体播放器分析

本节利用上面介绍的利用 JMF 框架开发视频和音频捕捉程序，以及如何发送和接收捕捉到的流媒体数据的开发过程来设计一个视频、音频捕捉综合处理系统。本程序主要实现的功能有：

（1）读取系统中已安装的音频和视频设置，然后区分设置类型，添加到设置列表中。

（2）根据所选择的设备，捕捉视频和音频数据并播放捕捉到的媒体数据。

（3）对正在播放的视频数据正进拍照并保存为图片。

（4）保存捕捉到的视频和音频数据到一个媒体文件，其格式可以是 AVI 或 MOV。

（5）发送实时媒体数据到网络中。

（6）接收一个实时媒体流数据并播放。

（7）同时接收多个实时数据流并播放。

程序运行主界面如图 17-2 所示。

图 17-2　视频和音频捕捉程序运行主界面

当选择同时接收多个实时数据流时，系统会自动弹出收到的每个媒体流的播放窗口，这样就以同时查看多个媒体流的视频数据。多个媒体流视频播放窗口如图 17-3 所示。

图 17-3　多个媒体流视频播放窗口

17.2.2　媒体设备捕捉和发送类

实现媒体设备捕捉和发送类 CaptureAudio 代码如清单 17-1 所示。

清单 17-1

```
package com.javapp.ch17;
……
public class CaptureAudio {
    Vector deviceList = new Vector();// 用于保存设备
    Vector<CaptureDeviceInfo> audioDevices = new Vector<CaptureDeviceInfo>();// 保存音频设备
    Vector<CaptureDeviceInfo> videoDevices = new Vector<CaptureDeviceInfo>();// 保存视频设备
    MediaPlayer audioplayer = null;// 音频播放器
    MediaPlayer videoplayer = null;// 视频播放器
    Player dualPlaye = null;// 能同时播放音频和视频
    MediaLocator audiolocator = null;// 音频设备的位置信息
    MediaLocator videolocator = null;// 视频设备的位置信息
```

```
javax.media.Processor vprocessor = null;// 媒体处理器，用于保存视频
DataSink filewriter = null;// 保存视频数据池
CaptureDeviceInfo audiocaptureInfo, videocaptureInfo;// 设备信息
{
    audioplayer = new MediaPlayer();// 初始化播发器
    videoplayer = new MediaPlayer();

}
……
public CaptureAudio() {// 读取设备列表
    deviceList = CaptureDeviceManager.getDeviceList(null);
    if (deviceList != null & deviceList.size() > 0) {
        int deviceCount = deviceList.size();
        Format[] formats;
        for (int i = 0; i < deviceCount; i++) {
            CaptureDeviceInfo cdi = (CaptureDeviceInfo) deviceList
                    .elementAt(i);
            formats = cdi.getFormats();
            System.out.println(cdi.getName());
            for (int j = 0; j < formats.length; j++) {
                if (formats[j] instanceof AudioFormat) {
                    audioDevices.addElement(cdi);// 音频设备
                    break;
                } else if (formats[j] instanceof VideoFormat) {
                    videoDevices.addElement(cdi);// 视频设备
                    break;
                }
            }
        }
    }
}
public void play(int audio, int video) {// 开如捕捉视频
    Manager.setHint(Manager.LIGHTWEIGHT_RENDERER, new Boolean(true));
    audiocaptureInfo = audioDevices.get(audio);
    videocaptureInfo = videoDevices.get(video);
    audiolocator = audiocaptureInfo.getLocator();
    videolocator = videocaptureInfo.getLocator();
    videoplayer.setMediaLocator(videolocator);
    videoplayer.start();
    audioplayer.setMediaLocator(audiolocator);
    audioplayer.start();
}
public void stop() {// 停止捕捉
    videoplayer.stop();
    videoplayer.close();
    audioplayer.stop();
    audioplayer.close();
}
public void playandsave(int audio, int video) {// 能同时播放音频和视频
    DataSource[] dataSources = new DataSource[2];
```

```
        audiocaptureInfo = audioDevices.get(audio);
        videocaptureInfo = videoDevices.get(video);
        audiolocator = audiocaptureInfo.getLocator();
        videolocator = videocaptureInfo.getLocator();
        try {
            Manager.setHint(Manager.LIGHTWEIGHT_RENDERER, new Boolean(true));
            dataSources[0] = Manager.createDataSource(audiolocator);
            dataSources[1] = Manager.createDataSource(videolocator);
            DataSource ds = Manager.createMergingDataSource(dataSources);
            dualPlaye = Manager.createPlayer(ds);
            dualPlaye.start();
        } catch (NoDataSourceException e) {
            e.printStackTrace();
        } catch (IOException e) {
            e.printStackTrace();
        } catch (IncompatibleSourceException e) {
            e.printStackTrace();
        } catch (NoPlayerException e) {
            e.printStackTrace();
        }
    }
    public void savevideo(String type) {// 保存视频
        try {
            Format formats[] = new Format[2];
            FileTypeDescriptor outputType = null;
            if (type.equals("avi")) {// 判断输出的文件类型格式
                formats[0] = new AudioFormat(AudioFormat.IMA4_MS);
                formats[1] = new VideoFormat(VideoFormat.CINEPAK);//设置为 AVI 格式
                outputType = new FileTypeDescriptor(FileTypeDescriptor.MSVIDEO);
            } else if (type.equals("mov")) {
                formats[0] = new AudioFormat(AudioFormat.IMA4);
                formats[1] = new VideoFormat(VideoFormat.CINEPAK);
            outputType = new FileTypeDescriptor(FileTypeDescriptor.QUICKTIME);//QuickTime 格式
            }
            // 创建 ProcessorModel,参数为数据轨道输出格式和文件输出类型
            // 由 ProcessorModel 对象创建 Processor 对象
            this.vprocessor = Manager.createRealizedProcessor(new ProcessorModel(formats,outputType));
            this.vprocessor.configure();
            System.out.println("正在配置处理器，请稍后......");
            this.vprocessor.realize();
            // 获取 Processor 的输出
            DataSource source = vprocessor.getDataOutput();
            File ff = new File("d:/vidio." + type);
            // 建立一个记录保存文件的 MediaLocator
            MediaLocator dest = new MediaLocator(ff.toURL());
            // 创建数据池
            filewriter = Manager.createDataSink(source, dest);
            filewriter.open();
            // 设置 Processor 控制生成文件的大小，只要调用 Processor 的 StreamWriterControl
            StreamWriterControl swc = (StreamWriterControl) vprocessor
```

```
                    .getControl("javax.media.control.StreamWriterControl");
            // 设置生成文件大小最大 5M
            if (swc != null)
                swc.setStreamSizeLimit(5000000);
            filewriter.start();// 开始保存数据文件，启动处理器
            this.vprocessor.start();
            System.out.println(this.vprocessor.getControlPanelComponent());
        } catch (NoProcessorException e) {
            e.printStackTrace();
        } catch (IOException e) {
            e.printStackTrace();
        } catch (NoDataSinkException e) {
            e.printStackTrace();
        } catch (CannotRealizeException e) {
            e.printStackTrace();
        }
    }
    public void saveaspic() {// 摄像头拍照，保存为图片
        FrameGrabbingControl fgc = (FrameGrabbingControl) this.getVideoplayer()
                .getControl("javax.media.control.FrameGrabbingControl");
        Buffer buf = fgc.grabFrame();
        // 获取当前祯并存入 Buffer 类
        BufferToImage bio = new BufferToImage((VideoFormat) buf.getFormat());
        Image img = bio.createImage(buf);
        // 创建 image 图像缓冲区
        BufferedImage bi = new BufferedImage(img.getWidth(null), img
                .getHeight(null), BufferedImage.TYPE_INT_RGB);
        // 根据 BufferedImage 对象创建 Graphics2D 对象
        Graphics2D g2 = bi.createGraphics();
        g2.drawImage(img, null, null);
        FileOutputStream out = null;
        java.util.Random rand = new java.util.Random();// 随机产生文件名
        File fout = new File("d:/Cameravideo" + rand.nextInt() + ".jpg");
        try {
            out = new FileOutputStream(fout);
            // 转换成 JPEG 图像格式
            JPEGImageEncoder encoder = JPEGCodec.createJPEGEncoder(out);
            JPEGEncodeParam param = encoder.getDefaultJPEGEncodeParam(bi);
            param.setQuality(1f, false);// 不压缩图像
            encoder.setJPEGEncodeParam(param);
            encoder.encode(bi);
            out.close();
        } catch (FileNotFoundException e) {
            e.printStackTrace();
        } catch (ImageFormatException e) {
            e.printStackTrace();
        } catch (IOException e) {
            e.printStackTrace();
        }
    }
```

```
public void setRTP(String type, int drive,String ip) {// 发送实时媒体数据
    DataSource[] dataSources = new DataSource[1];
    videocaptureInfo = videoDevices.get(drive);
    videolocator = videocaptureInfo.getLocator();
    try {
        dataSources[0] = Manager.createDataSource(videolocator);
        DataSource ds = dataSources[0];
        this.vprocessor = Manager.createProcessor(ds);
        this.vprocessor.configure();
        while (this.vprocessor.getState() != this.vprocessor.Configured)
            System.out.println("正在配置处理器，请稍后......");
        ContentDescriptor cd = new ContentDescriptor(
                ContentDescriptor.RAW_RTP);
        vprocessor.setContentDescriptor(cd);
        // 列出所有的和数据轨道相关的控制器
        TrackControl track[] = vprocessor.getTrackControls();
        boolean programmed = false;
        // 遍历这些控制器，找到可以控制输出格式的控制器
        for (int i = 0; i < track.length; i++) {
            Format format = track[i].getFormat();
            if (track[i].isEnabled() && format instanceof VideoFormat&& !programmed) {
// 找到了数据轨道的格式控制器之后，设置输出格式，输出格式输出为 VideoFormat.JPEG_RTP>。
                Dimension size = ((VideoFormat) format).getSize();
                float frameRate = ((VideoFormat) format).getFrameRate();
                int w = (size.width % 8 == 0 ? size.width: (int) (size.width / 8) * 8);
                int h = (size.height % 8 == 0 ? size.height: (int) (size.height / 8) * 8);
                VideoFormat jpegFormat = new VideoFormat(
                        VideoFormat.JPEG_RTP, new Dimension(w, h),
                        Format.NOT_SPECIFIED, Format.byteArray, frameRate);
                track[i].setFormat(jpegFormat);
                System.err.println("Video transmitted as:");
                System.err.println("    " + jpegFormat);
                programmed = true;
            } else
                track[i].setEnabled(false);
        }
        while (this.vprocessor.getState() != this.vprocessor.Realized) {
            System.out.println("正在配置处理器，请稍后......");
            this.vprocessor.realize();
        }
        // 获取 Processor 的输出
        DataSource source = vprocessor.getDataOutput();
      // 可以把这个数据源作为参数传递给 manager,通过 manager 创建一个 RTP 的数据池。
      //先设置一个发送数据流的多播目的网址
        String url = "rtp://"+ip+":49150/audio";
        MediaLocator mDest = new MediaLocator(url);
        // 确定了数据源和发送地址，可以建立数据池 DataSink 了,建立成功后调用
      //open()和 start()方法，就可以在网上以多播方式发送捕获的内容了。
        filewriter = Manager.createDataSink(source, mDest);  // 创建数据池
        filewriter.open();
```

```
            filewriter.start();//启动处理器
            source.start();
            vprocessor.start();
            System.out.println(this.vprocessor.getControlPanelComponent());
        } catch (NoProcessorException e) {
            e.printStackTrace();
        } catch (IOException e) {
            e.printStackTrace();
        } catch (NoDataSinkException e) {
            e.printStackTrace();
        } catch (NoDataSourceException e) {
            e.printStackTrace();
        }
    }
    public void recRTP(String ip) {
        String url = "rtp://"+ip+":49150/audio";
        // 实现接收单个数据流
        MediaLocator mrl = new MediaLocator(url);
        if (mrl == null) {
            System.err.println("Can't build MRL for RTP");
            return;
        }
        // 根据 MediaLocator 创建 Player
        try {
            this.dualPlaye = Manager.createPlayer(mrl);
            if (dualPlaye != null) {
                dualPlaye.realize();
                dualPlaye.start();
            }
        } catch (NoPlayerException e) {
            e.printStackTrace();
        } catch (IOException e) {
            e.printStackTrace();
        }
    }
    public void recMutilRTP(String ip) {
        // 实现同时接收多个数据流的方式
        String url = "rtp://"+ip;
        RTPUtil util = new RTPUtil();
        util.createManager(url, 49150, 255, true, true);
    }
    public void stopsave() {// 终止保存
        try {
            this.filewriter.stop();
        } catch (IOException e) {
            e.printStackTrace();
        }
        this.filewriter.close();
        this.vprocessor.stop();
        this.vprocessor.close();
```

```
    }
}
```

在上面的代码中，首先通过调用 audiocaptureInfo 和 videocaptureInfo 的 getLocator()方法来获得 MediaLocator 对象，然后利用 Manager 类的 createPlayer()方法创建 Player 对象。最后将一个 ControllerListener 对象绑定到视频 Player 对象上并开始播放。

使用这种方法导致最后获得了两个 Player 对象。也可以使用 Manager 类中的 createDataSource()方法从视频和音频 CaptureDeviceInfo 对象（audiocaptureInfo 和 videocaptureInfo）中获得视频和音频数据源（DataSource 对象），然后调用 createMergingDataSource()方法将两个数据源合并成一个数据源（ds），实现代码如下：

```
DataSource[] dataSources = new DataSource[2];
audiocaptureInfo = audioDevices.get(audio);
videocaptureInfo = videoDevices.get(video);
audiolocator = audiocaptureInfo.getLocator();
videolocator = videocaptureInfo.getLocator();
Manager.setHint(Manager.LIGHTWEIGHT_RENDERER, new Boolean(true));
dataSources[0] = Manager.createDataSource(audiolocator);
dataSources[1] = Manager.createDataSource(videolocator);
DataSource ds = Manager.createMergingDataSource(dataSources);
dualPlaye = Manager.createPlayer(ds);
dualPlaye.start();
```

17.2.3　媒体播放主程序类

定义好后 CaptureAudio 类后，下定义一个主程序类，该类主要提供各种操作组件的显示和媒体信息的显示，实现程序 USBCanmeApp 如清单 17-2 所示。

清单 17-2

```
package com.javapp.ch17;
public class USBCanmeApp extends SingleFrameApplication implements ControllerListener
{

    private CaptureAudio play;// 视频捕捉类
    private String distype = "display";// 用于控制视频显示或视频保存

            {
                play = new CaptureAudio();
                Vector av = play.getAudioDevices();// 获得设备信息
                audioComb = new JComboBox();
                for (int i = 0; i < av.size(); i++) {
                    CaptureDeviceInfo aci = (CaptureDeviceInfo) av.get(i);
                    audioComb.addItem(aci.getName());
                }
                jPanel2.add(audioComb);
                audioComb.setBounds(62, 30, 174, 23);
                videoComb = new JComboBox();
                av = play.getVideoDevices();
```

```
                    for (int i = 0; i < av.size(); i++) {
                        CaptureDeviceInfo aci = (CaptureDeviceInfo) av.get(i);
                        videoComb.addItem(aci.getName());
                    }
                    jPanel2.add(videoComb);
                    videoComb.setBounds(62, 77, 174, 23);
                }
                {
                    jButton3 = new JButton();
                    jPanel2.add(jButton3);
                    jButton3.setBounds(54, 213, 81, 23);
                    jButton3.setName("jButton3");
                    jButton3.setAction(getAppActionMap().get("saveAction"));
                }

            }
            show(topPanel);
        }
        public static void main(String[] args) {
            launch(USBCanmeApp.class, args);
        }
        @Action
        public void playAction() {// 捕捉视频并显示
            this.distype = "display";
            int au = this.audioComb.getSelectedIndex();
            int vi = this.videoComb.getSelectedIndex();
            play.play(au, vi);
            play.getVideoplayer().addControllerListener(this);
            play.getAudioplayer().addControllerListener(this);
        }
        private ApplicationActionMap getAppActionMap() {
            return Application.getInstance().getContext().getActionMap(this);
        }
        @Override
        public void controllerUpdate(ControllerEvent e) {
            System.out.println(e);
            if (e instanceof RealizeCompleteEvent) {// 得到 Player 对象的图像部件
                if (this.distype.equals("display")) {
                    this.jPanel1.add(play.getVideoplayer().getVisualComponent(),
                            BorderLayout.CENTER);
                    this.jPanel1.add(play.getVideoplayer()
                            .getControlPanelComponent(), BorderLayout.SOUTH);
                    this.jPanel1.add(play.getAudioplayer()
                            .getControlPanelComponent(), BorderLayout.NORTH);
                } else if (this.distype.equals("savevideo")) {
                    this.jPanel1.add(play.getVprocessor().getVisualComponent(),
                            BorderLayout.CENTER);
                    this.jPanel1.add(play.getVprocessor()
                            .getControlPanelComponent(), BorderLayout.SOUTH);
                    this.jPanel1.add(play.getVprocessor()
```

```
                    .getControlPanelComponent(), BorderLayout.NORTH);
            }
            else {
                this.jPanel1.add(play.getDualPlaye().getVisualComponent(),
                        BorderLayout.CENTER);
                this.jPanel1.add(play.getDualPlaye()
                        .getControlPanelComponent(), BorderLayout.SOUTH);
            }
            this.jPanel1.updateUI();
            this.jPanel1.validate();
        }
    }
    @Action
    public void closeAction() {// 停止捕捉
        play.stop();
        this.jButton3.setEnabled(true);
    }
    @Action
    public void saveAction() {// 保存为文件
        this.distype = "savevideo";
        play.stop();
        play.savevideo("avi");
        play.getVprocessor().addControllerListener(this);
        this.stopsave.setEnabled(true);
        this.jButton3.setEnabled(false);
    }
    @Action
    public void stopsaveAction() {// 停止保存
        play.stopsave();
        this.stopsave.setEnabled(false);
        this.jButton3.setEnabled(true);
    }
    @Action
    public void savepic() {//保存为图片
        play.saveaspic();
    }
    @Action
    public void sendRTPtAction() {//发送实现视频流数据

        this.distype = "sendvideo";
        play.setRTP("avi",this.videoComb.getSelectedIndex(),this.TIP.getText());
        recMutilRTP.setEnabled(true);
        this.RecRTP.setEnabled(true);
    }
    @Action
    public void recRTPAction() {// 实现接收单个数据流
        this.distype = "recvideo";
        this.sendRTP.setEnabled(false);
        //this.recMutilRTP.setEnabled(false);
        play.recRTP(this.TIP.getText());
```

```
            play.getDualPlaye().addControllerListener(this);
        }
        @Action
        public void RecMutilAction() {// 实现同时接收多个数据流的方式
            this.distype = "recmutilvideo";
            this.sendRTP.setEnabled(false);
            //this.RecRTP.setEnabled(false);
            play.recMutilRTP(this.TIP.getText());
        }
}
```

USBCanmeApp 是一个播放和控制设备捕捉的程序，在该程序中调用 CaptureAudio 提供的各种方法。

17.2.4 同时接收多个流媒体类

在上面的程序中，有一个能同时接收多个流媒体的功能，实现该功能的类是 RTPUtil.java，其程序代码如清单 17-3 所示。

清单 17-3

```
package com.javapp.ch17;
//实现同时接收多个实时媒体流功能工具类
public class RTPUtil implements ReceiveStreamListener, ControllerListener {
        Vector playerlist = new Vector();
        SessionManager mgr = null;
        boolean terminatedbyClose = false;
        //创建 SessionManager
        public SessionManager createManager(String address, String sport,
                    String sttl, boolean listener, boolean sendlistener) {

            return createManager(address, new Integer(sport).intValue(),
                        new Integer(sttl).intValue(), listener, sendlistener);
        }
        public SessionManager createManager(String address, int port, int ttl,
                    boolean listener, boolean sendlistener) {
            mgr = (SessionManager) new com.sun.media.rtp.RTPSessionMgr();
            if (mgr == null)
                return null;
            //添加音频格式
            mgr.addFormat(new AudioFormat(AudioFormat.DVI_RTP, 44100, 4, 1), 18);
            if (listener)//添加监听器，监听收到新数据流时间
                mgr.addReceiveStreamListener(this);
            String cname = mgr.generateCNAME();
            String username = null;
            try {
                username = System.getProperty("user.name");
            } catch (SecurityException e) {
                username = "jmf-user";
            }
```

```
        // 创建本地 Session 地址
        SessionAddress localaddr = new SessionAddress();
        try {
            InetAddress destaddr = InetAddress.getLocalHost();//用于本地测试，实际应用是改为
            //InetAddress.getByName(address);
             SessionAddress sessaddr = new SessionAddress(destaddr, port,     destaddr, port + 1);
             SourceDescription[] userdesclist = new SourceDescription[] {//创建资源描述
                        new SourceDescription(SourceDescription.SOURCE_DESC_EMAIL,
                                "tfnew21@sina.com", 1, false),
                        new SourceDescription(SourceDescription.SOURCE_DESC_CNAME,
                                cname, 1, false),
                        new SourceDescription(SourceDescription.SOURCE_DESC_TOOL,
                                "Java 流媒体系统", 1, false) };
            //初始化 SessionManager
            mgr.initSession(localaddr, userdesclist, 0.05, 0.25);
            //启动 SessionManager
            mgr.startSession(sessaddr, ttl, null);
        } catch (Exception e) {
            e.printStackTrace();
            System.err.println(e.getMessage());
            return null;
        }
        return mgr;
    }
    public void update(ReceiveStreamEvent event) {//监听事件，接收到新数据流后所做的工作
        Player newplayer = null;
        RTPPlayerWindow playerWindow = null;
         // 获取新数据流的数据源
        SessionManager source = (SessionManager) event.getSource();
        // 当检测到新接收数据源时，创建新的播放器
        if (event instanceof NewReceiveStreamEvent) {
            String cname = "Java Media Player";
            ReceiveStream stream = null;
            try {
                // 获取接收数据流
                stream = ((NewReceiveStreamEvent) event).getReceiveStream();
                //获取数据流的发送源地址
                Participant part = stream.getParticipant();
                if (part != null)
                    cname = part.getCNAME();
                 // 获取发送数据流的数据源
                DataSource dsource = stream.getDataSource();
                // 将数据源作为参数传递给 MediaManager 来创建 Player
                newplayer = Manager.createPlayer(dsource);
                System.out.println("created player " + newplayer);
            } catch (Exception e) {
                System.err.println("NewReceiveStreamEvent exception "+ e.getMessage());
                return;
            }
            if (newplayer == null)
```

```
                    return;
                playerlist.addElement(newplayer);
                newplayer.addControllerListener(this);
                //发送 Player 到播放器界面
                playerWindow = new RTPPlayerWindow(newplayer, cname);
            }
        }
        public void controllerUpdate(ControllerEvent evt) {
            if ((evt instanceof ControllerClosedEvent)
                    || (evt instanceof ControllerErrorEvent)
                    || (evt instanceof DeallocateEvent)) {
                Player p = (Player) evt.getSourceController();

                if (!terminatedbyClose) {
                    if (playerlist.contains(p))
                        playerlist.removeElement(p);
                    if ((playerlist.size() == 0) && (mgr != null))
                        mgr.closeSession("All players are closed");
                }
            }
        }
        public void closeManager() {//关闭管理器
            terminatedbyClose = true;
            // 列出当前所有播放器
            for (int i = 0; i < playerlist.size(); i++) {
                ((Player) playerlist.elementAt(i)).close();
            }
            if (mgr != null) {
                mgr.closeSession("RTP Session Terminated");
                mgr = null;
            }
        }
        class RTPPlayerWindow extends PlayerWindow {//播放器窗体
            public RTPPlayerWindow(Player player, String title) {
                super(player);
                setTitle(title);
            }
            public void Name(String title) {
                setTitle(title);
            }
        }
}
```

JMF 2.1 支持媒体捕获，并且考虑到了程序开发者需求。允许程序开发者在媒体处理、媒体控制上添加自己的控制器。JMF 提供的插件的架构使得直接访问媒体数据成为可能。这样 JMF 可以更方便地被扩展。JMF 的设计目的是使开发简便、支持媒体捕获、支持使用 JAVA 技术开发媒体传输以及视频会议等应用、支持高级开发者开发插件扩展 JMF 应用，新的特性还可以和原有的系统很好地融合。允许开发者开发定制的、可下载的编码器、处理器、分离器和组合器。

JMF 的类库还可以提供对 RTP（实时传输协议）的支持。RTP 支持在网上实时发送、接收媒体流。RTP 可以用在开发视频点播、音频点播或者网上的交互内容服务等应用中。本例实现了上述的基本功能，读者可以在本例的基础上进一步完善和扩展。

17.3 本章小结

本章重点介绍了应用 JMF API 组成及应用。首先介绍了 JMF 的基本概念和 Java 媒体框架，同时介绍了 JMF API 提供的数据模型，然后介绍了 JMF 的下载与设置以及应用 JMF 编写 MP3、MP4 媒体播放器。在本章最后，介绍了利用 JMF 框架开发视频和音频捕捉程序，以及如何发送和接收捕捉到的流媒体数据的开发过程来设计一个视频。

第 18 章　航空电子票务综合管理系统

本章重点

- 系统需求分析与用例的设计
- 业务实体的设计
- JDBC 编程方法
- Swing 程序的设计

该系统是个简单的航空电子票务综合管理系统，通过该系统，可以实现航班信息查询，航班信息管理，客户定票管理，客户退票管理，产生定单等功能。

系统采用最流行的基于 JDBC+Java Swing 开发技术。该系统结构成熟、性能良好、运行稳定。通过学习本章内容使读者进一步掌握应用 Java Swing 开发数据库管理系统。

18.1　系统需求说明

18.1.1　需求分析

随着民航业的发展，各种机票经营企业也快速发展起来，用户需要实时的管理航班信息，能够对客户定票、退票管理、产生定单进行管理。所以开发一套航空电子票务综合管理系统以满足各种机票经营企业的需求。

18.1.2　主要用例说明

系统的用例图如图 18-1 所示。下面介绍应用程序中的主要用例（user case）。

1．航班信息查询

航班信息查询分简单查询和综合查询两种方式，在简单查询功能中，用户可按航班号、航班名称、目的地、出发城市、到达城市查询。在综合查询功能中，用户可按单程、往返、联程查询，其中单程可按出发城市、到达城市、出发日期、航空公司名称查询，往返可按出发城市、到达城市、出发日期、返回日期、航空公司名称查询，联程可按出发城市、第一到达城市、第二到达城市、第一出发日期、第二出发日期查询。

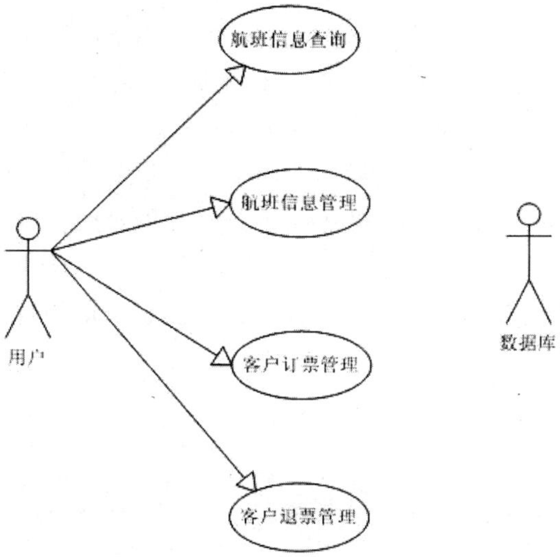

图 18-1　系统用例图

2．航班信息管理

用户可通过航班信息管理模块录入航班信息，如航班号、航空公司、班期、座位、起飞地、抵达地、起飞时间、抵达时间、票价、折扣等信息。

3．客户定票管理

在客户主定票管理中，用户可按单程、往返、联程定票，其中按单程可按出发日期、航班号定票，往返可按出发日期、航班号、返回日期定票，联程可按第一出发日期、第二出发日期、第一航班号、第二航班号定票。

4．客户退票管理

在客户退票管理中，先输入定票客户的订单号和身份证号，然后查询客户的定票信息，如果系统中存在客户的定票信息则办理退票手续，同时更新数据库的票务信息。

18.2　业务实体层设计

业务实体在内存中表现为实体域对象，在数据库中表现为关系数据。实现业务实体包括以下内容：

- 设计域模型，创建域模型实体对象。
- 设计关系数据模型。

18.2.1　设计域模型

航空电子票务综合管理系统中的业务实体包括航班信息（flightTick），定票客户信息（clientInfo），每期航班座位信息（seat）。下面将详细介绍这些实体模型含义。

（1）flightTick：代表一个航班信息实体，主要属性包括航班号（flight）、航空公司（airfirm）、起飞地（start）、到达地（destination）、起飞时间（leaveTime）、到达时间（arriveTime）、儿童票价（childFare）、成人票价（adultFare）、座位（seat）等。

（2）clientInfo：代表一个定票客户信息实体，主要包括用户身份证号（id）、用户名（name）、出发地（start）、到达地（end）、出发时间（starttime）、返回时间（returntime）、航班号（flight）、联系电话（telephone）、返回航班号（returnflight）、航空公司（airfirm）、机票类型（style）等。

（3）seat：代表一个每期航班座位信息实体，主要包括每期航班标识（seatnumber）、每期航班已售座位数（bookedSeats）。

18.2.2 设计数据模型

实体模型 flightTick 和 clientInfo 对象都需要持久化，它们在数据库中有对应的表。下面介绍数据模型的数据字典。

1. 航班信息 flightTick 数据字典

航班信息 flightTick 数据字典如表 18-1 所示。

表 18-1 航班信息数据字典

项次	字段名	必输	数据类型/长度	中文名/说明
1	flight	Y(PK)	VARCH/5	航班号
2	airfirm	Y	VARCH/50	航空公司
3	start	N	VARCH/50	起飞地
4	destination	N	VARCH/15	到达地
5	leaveTime	N	DATE	起飞时间
6	arriveTime	N	DATE	到达时间
7	childFare	N	NUMBER/10	儿童票价
8	adultFare	N	NUMBER/10	成人票价
9	discount1	N	NUMBER/10	打折
10	discount2	N	NUMBER/10	折扣
11	seat	N	VARCH/30	座位数
12	remark	Y	VARCH/30	航班序号，每个航班具有唯一标识
13	week	Y	VARCH/30	班期，如 135 表示每周星期一、三、五有航班

2. 定票客户信息 clientInfo 数据字典

定票客户信息 clientInfo 数据字典如表 18-2 所示。

表 18-2 定票客户信息数据字典

项次	字段名	必输	数据类型/长度	中文名/说明
1	id	Y	VARCH/18	身份证号
2	name	Y	VARCH/20	用户名
4	start	N	VARCH/20	出发地
5	end	N	VARCH/20	到达地
6	starttime	N	DATE	出发时间
7	returntime	N	DATE	返回时间

（续表）

项次	字段名	必输	数据类型/长度	中文名/说明
8	flight	N	VARCH/100	航班号
9	telephone	N	NUMBER/10	联系电话
10	returnflight	N	VARCH/30	返回航班号
11	airfirm	N	VARCH/30	航空公司
12	style	N	VARCH/10	机票类型
14	adultticketnumber	N	NUMBER/10	成人票数
15	childticketnumber	N	NUMBER/10	儿童票数
16	biaojia	N	NUMBER/10	票价
17	po	N	VARCH/30	定单编号

3. 每期航班座位信息 seat 数据字典

每期航班座位信息 seat 数据字典如表 18-3 所示。

表 18-3　座位信息数据字典

项次	字段名	必输	数据类型/长度	中文名/说明
1	id	Y	VARCH/18	自动编号
2	seatnumber	Y	VARCH/20	每期航班标识
3	bookedSeats	N	NUMBER/10	每期航班已售座位数

18.3　系统设计

18.3.1　程序的实现

在航空电子票务综合管理系统中，用到了许多 Java 技术，如 Java Swing 中的各种组件、JDBC、Java 多线程，Java 多维数组等技术。

通过前面的分析，设计的类图及类与类之间的关系如图 18-2 所示，下面介绍类图中各个类主要实现的功能。

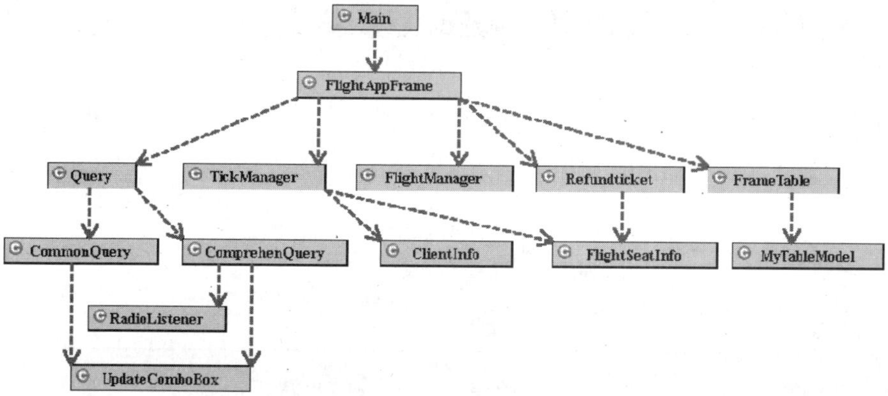

图 18-2　系统中类与类之间的关系图

（1）航空电子票务管理类 FlightAppFrame：系统的主界面应用类，实现系统的启动、初始化、提供操作菜单等功能。

（2）航班简单查询类 CommonQuery：实现简单查询功能，用户可按航班号、航班名称、目的地、出发城市、到达城市查询。

（3）综合信息查询类 ComprehenQuery：实现综合查询功能，用户可按单程、往返、联程查询，其中按单程可按出发城市、到达城市、出发日期、航空公司名称查询，往返可按出发城市、到达城市、出发日期、返回日期、航空公司名称查询，联程可按出发城市、第一到达城市、第二到达城市、第一出发日期、第二出发日期查询。

（4）航班管理类 FlightManager：该类实现用户录入航班信息，如航班号、航空公司、班期、座位、起飞地、抵达地、起飞时间、抵达时间、票价、折扣等信息。

（5）定票管理类 TickManager：该类实现用户可按单程、往返、联程定票，其中按单程可按出发日期、航班号定票，往返可按出发日期、航班号，返回日期定票，联程可按第一出发日期、第二出发日期、第一航班号、第二航班号定票。

（6）退票管理类 Refundticket：在客户退票管理中，先输入定票客户的订单号和身份证号，然后查询客户的定票信息，如果系统中存在客户的定票信息则办理退票手续，同时更新数据库的票务信息。

（7）数据库连接类 DataBaseManager：用于管理数据库的连接和 SQL 语句的执行。

（8）查询客户已订票信息类 FrameTable：用于从定票客户信息 clientInfo 中查询客户已订票信息。

（9）每期航班座位信息类 FlightSeatInfo：用于管理每期航班的座位信息。

（10）定票客户信息类 ClientInfo：用于录入定票客户的信息并产生定单。

18.3.2 航空电子票务管理类

系统应用类实现系统的启动、始化始、提供操作菜单等功能。在该类中创建查询对象、定票管理类的实例对象、退票管理类的实例对象和航班管理类的实例对象，程序运行主界面如图 18-3 所示。应用程序主界面 FlightAppFrame 类的程序实现部分代码如清单 18-1 所示，完整代码请参考光盘中的 javaapp\src\com\javapp\ch18\ FlightAppFrame.java 文件。

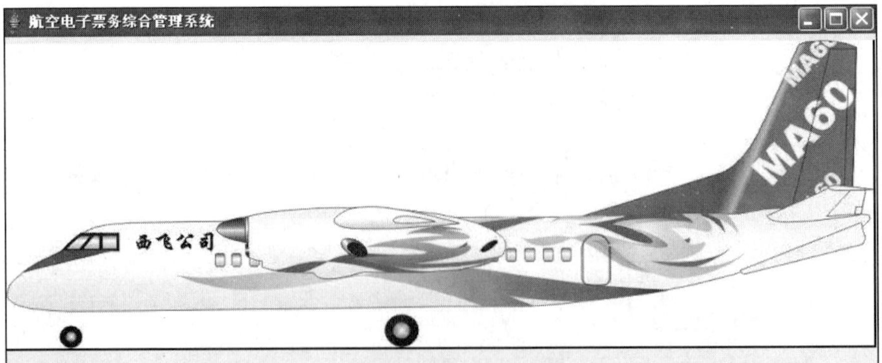

图 18-3　系统主界面

清单 18-1

```
.package com.javapp.ch18;
.....
/**
 * Description:航空电子票务管理类
 * @version 1.0,jdk1.6
 * @Date 2011-1-28
*/
class FlightAppFrame extends JPanel implements ActionListener {
        private Query query;
        private Refundticket tuiPiao;
        private TickManager dingPiao;
        private JButton jbQuery = new JButton("航班信息查询");
        private JButton jbManager = new JButton("航班信息管理");
        private JButton jbDingPiao = new JButton("客户定票管理");
        private JButton jbTuiPiao = new JButton("客户退票管理");
        private JButton FindClient = new JButton("查询已定票客户信息");
        ImageIcon log = new ImageIcon(this.getClass().getResource("MA60.jpg"));
        JLabel jLabel2 = new JLabel();
        public FlightAppFrame() {
                //初始化 UI 组件
        }
        public void actionPerformed(ActionEvent e) {//控制查看面板是否可见按钮命令
                if (e.getSource() == jbQuery) {
                        query = new Query();
                        query.pack();
                        query.setTitle("航班查询系统");
                        query.setDefaultCloseOperation(JFrame.DO_NOTHING_ON_CLOSE);
                        query.setVisible(true);
                }
                else if (e.getSource() == jbManager) {
                        FlightManager insertPanel = new FlightManager();
                        insertPanel.pack();
                        insertPanel.setResizable(false);
                        insertPanel.setTitle("航班信息管理");
                        insertPanel.setDefaultCloseOperation(JFrame.DO_NOTHING_ON_CLOSE);
                        insertPanel.setVisible(true);

                }
                else if (e.getSource() == jbDingPiao) {
                        dingPiao = new TickManager();
                        dingPiao.pack();
                        dingPiao.setResizable(false);
                        dingPiao.setTitle("电子机票预定管理");
                        dingPiao.setDefaultCloseOperation(JFrame.DO_NOTHING_ON_CLOSE);
                        dingPiao.setVisible(true);
                }
                else if (e.getSource() == jbTuiPiao) {
                        tuiPiao = new Refundticket();
                        tuiPiao.pack();
```

```
                tuiPiao.setResizable(false);
                tuiPiao.setTitle("电子机票退票系统");
                tuiPiao.setDefaultCloseOperation(JFrame.DO_NOTHING_ON_CLOSE);
                tuiPiao.setVisible(true);
            }
            else if (e.getSource() == FindClient) {
                FrameTable frame = new FrameTable();
                frame.pack();
                frame.setVisible(true);
            }
        }
}
```

在上面程序中，通过按钮的 ActionEvent 事件的 getSource()方法来判断按钮名称，getSource()返回的是按钮名称，然后在按钮事件中处理用户的请求。用于实现系统启动的主程序类实现部分代码如清单 18-2 所示，完整代码请参考光盘中的 javaapp\src\com\javapp\ch18\ Main.java 文件。

清单 18-2

```
package    com.javapp.ch22;
.....
public class Main extends JFrame
{
      private UpdateComboBox update;
      private FlightAppFrame jiemian;
        public Main()
        {
              update = new UpdateComboBox();
              jiemian = new FlightAppFrame();
              this.getContentPane().add(jiemian);
        }
        public static void main(String args[])
        {
              Main frame = new Main();
              frame.setSize(690,400);
              frame.setResizable(true);
              frame.setTitle("航空电子票务综合管理系统");
              frame.setDefaultCloseOperation(JFrame.EXIT_ON_CLOSE);
              frame.setVisible(true);
        }
}
```

在所有的类模块中，都要用到以下拉列表框的形式显示的航班号、起飞地、到达地等信息以供用户选择，所以下面定义一个公共类 UpdateComboBox，用于实时更新各模块中下拉列表框中的值，程序实现部分代码如清单 18-3 所示，完整代码请参考光盘中的 javaapp\src\com\javapp\ch18\ UpdateComboBox.java 文件。

清单 18-3

```
package com.javapp.ch18;
…
```

```
/**
 * Description:实时更新航班列表信息
 * @version 1.0,jdk1.6
*/
public class UpdateComboBox extends Thread
{
        private DataBaseManager sqlBean = new DataBaseManager();
        private HashSet flight = new HashSet();
        private HashSet airFirm = new HashSet();
        private HashSet place = new HashSet();
        private HashSet destination=new HashSet();
        public final static int INSERT_INFO = 1;
        public final static int DELETE_INFO = 2;
        public UpdateComboBox()
        {
            this.start();
        }
        public void run()
        {
            try
            {
                while (true)
                {
                    updateInsert();
                    updateDelete();
                    this.sleep(3000);
                }
            }
            catch(Exception e)
            {
                e.printStackTrace();
            }
        }
        public void updateInsert()
        {
            String sqlString = "select flight,airfirm,start,destination from flightTick";
            String newFlightNum = "";
            String newAirFirm = "";
            String newPlace = "";
            String destinations="";
            try
            {
                ResultSet rs = sqlBean.executeQuery(sqlString);
                while (rs.next())
                {
                    newFlightNum = rs.getString("flight");
                    newAirFirm = rs.getString("airfirm");
                    newPlace = rs.getString("start");
                    destinations=rs.getString("destination");
                    if ( !flight.contains(newFlightNum))
```

```
            {
                flight.add(newFlightNum);
                updateFlightComboBox(newFlightNum,this.INSERT_INFO);
            }
                if ( !airFirm.contains(newAirFirm))
                {
                    airFirm.add(newAirFirm);
                    updateAirFirmComboBox(newAirFirm,this.INSERT_INFO);
                }
                if ( !place.contains(newPlace))
                {
                    place.add(newPlace);
                    updatePlaceComboBox(newPlace,this.INSERT_INFO);
                }
                if ( !destination.contains(destinations))
                {
                    destination.add(destinations);
                    updatePlaceComboBox(destinations,this.INSERT_INFO);
                }
            }
            rs.close();
        }
        catch(Exception e)
        {
            e.printStackTrace();
        }
    }
    public void updateDelete()
    {
        try
        {
            String sqlString = "select flight,airfirm,start,destination from flightTick";
            ResultSet rs = sqlBean.executeQuery(sqlString);
            HashSet fli = new HashSet();
           HashSet firm = new HashSet();
           HashSet pla = new HashSet();
           HashSet des=new HashSet();
            while (rs.next())
            {
             fli.add(rs.getString("flight"));
             firm.add(rs.getString("airfirm"));
             pla.add(rs.getString("start"));
             des.add(rs.getString("destination"));
            }
            rs.close();
            Iterator flightIt = flight.iterator();
            Iterator airFirmIt = airFirm.iterator();
            Iterator placeIt = place.iterator();
            Iterator dest = des.iterator();
            String flightNum = "";
```

```
                while (flightIt.hasNext())
                {
                    flightNum = (String)flightIt.next();
                    if ( !fli.contains(flightNum))
                    {
                            updateFlightComboBox(flightNum,this.DELETE_INFO);
                    }
                }
                flight = (HashSet)fli.clone();
                String air = "";
                while (airFirmIt.hasNext())
                {
                    air = (String)airFirmIt.next();
                    if ( !firm.contains(air))
                    {
                            updateAirFirmComboBox(air,this.DELETE_INFO);
                    }
                }
                airFirm = (HashSet)firm.clone();
                String location = "";
                while (placeIt.hasNext())
                {
                    location = (String)placeIt.next();
                    if ( !pla.contains(location))
                    {
                            updatePlaceComboBox(location,this.DELETE_INFO);
                    }
                }
                place = (HashSet)pla.clone();
            }
            catch(Exception e)
            {
                e.printStackTrace();
            }
        }
        private void updateFlightComboBox(String newFlightNum,int insertOrDelete )
        {
            CommonQuery.updateFlightComboBox(newFlightNum,insertOrDelete);
        }
        private void updateAirFirmComboBox(String newAirFirm,int insertOrDelete)
        {
            CommonQuery.updateAirFirmComboBox(newAirFirm,insertOrDelete);
            ComprehenQuery.updateAirFirmComboBox(newAirFirm,insertOrDelete);
        }
        private void updatePlaceComboBox(String newPlace,int insertOrDelete)
        {
            CommonQuery.updatePlaceComboBox(newPlace,insertOrDelete);
            ComprehenQuery.updatePlaceComboBox(newPlace,insertOrDelete);
        }
}
```

UpdateComboBox 类继承于 Thread 多线程类，当程序运行后，在该类中每隔 3 秒从数据库中读取数据并刷新一次各个模块中的下拉列表框中的值。程序首先从数据库读取航班号、出发地、到达地、航空公司，然后保存到所定义的哈稀表 flight、place 、destination 、airFirm 中，为了保证下拉列表框中的值不重复，程序在每次更新数据时，首先用哈稀表的 contains()方法判断哈稀表中是否已存在所要添加的值，如果存在则无需更新，否则更新各个下拉列表框中的值，实现方法如下：

```
String newAirFirm = "";
if ( !airFirm.contains(newAirFirm))
{
        airFirm.add(newAirFirm);
        updateAirFirmComboBox(newAirFirm,this.INSERT_INFO);
        }
.......
```

18.3.3 数据库连接类

数据库连接类用于管理数据库的连接和 SQL 语句的执行，在系统所有的类中通过调用该类实现数据库的操作，程序实现部分代码如清单 18-4 所示，完整代码请参考光盘中的 javaapp\src\com\javapp\ch18\ DataBaseManager.java 文件。

清单 18-4

```
package com.javapp.ch22;
…
/**
 * Description:数据库连接类
 * @version 1.0,jdk1.6
*/
public class DataBaseManager {
        private Connection conn = null;
        private ResultSet rs = null;
        // 连接数据库
        public Connection getDb() {
                String driver = "sun.jdbc.odbc.JdbcOdbcDriver";
                String url = "jdbc:odbc:driver={Microsoft Access Driver (*.mdb)};DBQ="
                                + this.getClass().getResource("./").getPath().substring(1)
                                + "/flight.mdb";
                try {
                        Class.forName(driver);
                        conn = DriverManager.getConnection(url, "", "");
                } catch (SQLException ex1) {
                        ex1.printStackTrace();

                } catch (ClassNotFoundException ex) {
                        ex.printStackTrace();
                }
                return conn;
        }
        // 查询数据
```

```
public ResultSet executeQuery(String sql) {
        rs = null;
        try {
                conn = getDb();
                Statement stmt = conn.createStatement();
                rs = stmt.executeQuery(sql);
        } catch (SQLException ex) {
                ex.printStackTrace();
        }
        return rs;
}
// 添加数据
public int executeInsert(String sql) {
        int num = 0;
        try {
                conn = getDb();
                Statement stmt = conn.createStatement();
                num = stmt.executeUpdate(sql);
        } catch (SQLException ex) {ex.printStackTrace();
        }
        return num;
}
// 删除数据
public int executeDelete(String sql) {
        int num = 0;
        try {
                conn = getDb();
                Statement stmt = conn.createStatement();
                num = stmt.executeUpdate(sql);
        } catch (SQLException e) {e.printStackTrace();
        }
        return num;
}
//更新数据
public int executeUpdate(String sql) {
        int num = 0;
        try {
                conn = getDb();
                Statement stmt = conn.createStatement();
                num = stmt.executeUpdate(sql);
        } catch (SQLException e) {e.printStackTrace();
        }
        return num;
}
// 关闭连接
public void CloseDataBase() {
        try {
                conn.close();
        } catch (Exception e) {e.printStackTrace();
        }
```

```
    }
}
```

在上面程序中，提供了获得数据库连接方法 getDb()方法以供各模块调用，并对系统中的通用数据库操作进行了封装，如提供关闭连接方法 CloseDataBase()，查询数据方法 executeQuery()，添加数据方法 executeInsert()，删除数据方法 executeDelete()，更新数据方法 executeUpdate()。

18.3.4 每期航班座位信息类

每期航班座信息类用于管理每期航班的座位信息，当客户定票时，程序首先调用该类，判断当期航班座位是否已定满、客户选择的日期是否在班期内等信息，程序实现代码如清单 18-5 所示，完整代码请参考光盘中的 javaapp\src\com\javapp\ch18\FlightSeatInfo.java 文件。

清单 18-5

```
package com.javapp.ch18;
....
/**
 * Description:航班坐位信息
 * @version 1.0,jdk1.6
*/
public class FlightSeatInfo {
        private DataBaseManager sqlBean = new DataBaseManager();
        private final int FLIGHT_PER_DAY = 5;// 每天的航班数
        public boolean isFull(String flightNum, String day)// 判断座位是已满
        {
                try {
                        System.out.println("判断座位是已满");
                        long index = cacuIndex(day);
                        long address = cacuAddr(flightNum);
                        long absoluteAddress = index + address;
                        String sql = "select * from seat where seatnumber='"
                                        + absoluteAddress + "'";
                        java.sql.Statement st = sqlBean.getDb().createStatement();
                        java.sql.ResultSet rs = st.executeQuery(sql);
                        int bookedSeats = 0;
                        if (rs.next())
                                bookedSeats = rs.getInt("bookedSeats");
                        st.close();
                        String sqlString = "select seat from flightTick where flight='"
                                        + flightNum + "'";
                        rs = sqlBean.executeQuery(sqlString);
                        int totalSeats = 0;
                        while (rs.next())
                                totalSeats = rs.getInt(1);
                        rs.close();
                        if (totalSeats == bookedSeats)
                                return true;// 已满
                        else
                                return false;
```

```
        } catch (Exception e) {
            return false;
        }
    }
    public int dingPiao(String flightNum, String day, int seats)// 处理定票
    {
        int leftSeats = 0;
        try {
            int index = (int) cacuIndex(day);
            int address = (int) cacuAddr(flightNum);
            int absoluteAddress = index + address;

            String sql = "select * from seat where seatnumber="
                    + absoluteAddress + "";
            java.sql.Statement st = sqlBean.getDb().createStatement();
            java.sql.ResultSet rs = st.executeQuery(sql);
            int bookedSeats = 0;// 已定座位数
            if (rs.next())
                bookedSeats = rs.getInt("bookedSeats");
            st.close();
            String sqlString = "select seat,week from flightTick where flight='"
                    + flightNum + "' ";
            rs = sqlBean.executeQuery(sqlString);
            int totalSeats = 0;
            String week = "";//班期
            while (rs.next()) {
                totalSeats = rs.getInt(1);
                week = rs.getString(2);
            }
            String c = isAbsence(day);// 是否在班期内
            int flag = 0;
            for (int i = 0; i < week.length(); i++) {
                String w = week.substring(i, i + 1);
                if (c.equals(w)) {
                    flag = 1;
                    break;
                }
            }
            if (flag == 1) {
                leftSeats = totalSeats - bookedSeats;// 剩下的座位
                if (leftSeats >= seats) {
                    sql = "select * from seat where seatnumber="
                            + absoluteAddress + "";
                    st = sqlBean.getDb().createStatement();
                    rs = st.executeQuery(sql);

                    if (rs.next()) {
                        String sqls = "update seat set bookedSeats=? where seatnumber="
                                + absoluteAddress + " ";
                        java.sql.Connection con = sqlBean.getDb();
```

```
                    java.sql.PreparedStatement pst = con
                            .prepareStatement(sqls);
                    pst.setInt(1, bookedSeats + seats);
                    pst.execute();
                    con.commit();
                    pst.close();
                    con.close();
                }

                else {
                    String sqls = "insert into seat(seatnumber,bookedSeats) values(?,?)";
                    java.sql.Connection con = sqlBean.getDb();
                    java.sql.PreparedStatement pst = con
                            .prepareStatement(sqls);
                    pst.setInt(1, absoluteAddress);
                    pst.setInt(2, bookedSeats + seats);
                    pst.execute();
                    con.commit();
                    pst.close();
                    con.close();
                }
                rs.close();
                st.close();
                return -1;
} else
                return leftSeats;// 无座
        } else
            return -2;// 不在班期内

    } catch (Exception e) {
        e.printStackTrace();
    }
    return leftSeats;
}
public void tuiPiao(String flightNum, String day, int seats)// 退票
{
    try {
        int index = (int) cacuIndex(day);
        int address = (int) cacuAddr(flightNum);
        int absoluteAddress = index + address;
        String sql = "select * from seat where seatnumber="
                + absoluteAddress + "";
        java.sql.Statement st = sqlBean.getDb().createStatement();
        java.sql.ResultSet rs = st.executeQuery(sql);
        int bookedSeats = 0;// 已定座位数
        if (rs.next())
            bookedSeats = rs.getInt("bookedSeats");
        st.close();
        if (bookedSeats < seats)
            JOptionPane.showMessageDialog(null, "退票数大于已定票数!", "错误信息",
```

```
                              JOptionPane.ERROR_MESSAGE);
                else {
                    String sqls = "update seat set bookedSeats=? where seatnumber="
                            + absoluteAddress + " ";
                    java.sql.Connection con = sqlBean.getDb();
                    java.sql.PreparedStatement pst = con.prepareStatement(sqls);
                    pst.setInt(1, bookedSeats - seats);
                    pst.execute();
                   con.commit();
                    pst.close();
                    con.close();
                }
            } catch (Exception e) {
                e.printStackTrace();
            }
        }
        public long cacuIndex(String day) {// 产生每日的索引值
            System.out.println(day);
            String d = day.substring(8, 10);
            long index = Long.parseLong(d);// 日
            return (index - 1) * 4 * FLIGHT_PER_DAY;
        }
        public long cacuAddr(String flightNum) {
            long remark = 0;
            try {
                String sqlString = "select remark from flightTick where flight='"
                        + flightNum + "'";
                ResultSet rs = sqlBean.executeQuery(sqlString);
                while (rs.next())
                    remark = rs.getInt(1);
            } catch (Exception e) {
                e.printStackTrace();
            }
            return (remark - 1) * 4;
        }
        private String timeToWeek(String year, String month, String day) {// 时间转换为周
            java.util.Calendar cal = java.util.Calendar.getInstance();
            cal.setTime(java.sql.Date.valueOf(year + "-" + month + "-" + day));
            int week = cal.get(java.util.Calendar.DAY_OF_WEEK_IN_MONTH);
            return String.valueOf(week);
        }
        private String isAbsence(String date) {//根据日期获得周
            String year = date.substring(0, 4);
            String month = date.substring(5, 7);
            String day = date.substring(8, 10);
            String week = timeToWeek(year, month, day);
            return week;

        }
}
```

在每期航班座位信息类中，用 isFull()方法来判断座位是已满，具体算法主要步骤如下：

01 根据出发日期和航班号的唯一序列号生成每期航班座位索引号，实现方法如下：

```
………
long index = cacuIndex(day);
long address = cacuAddr(flightNum);
long absoluteAddress = index + address;//生成每期航班座位索引号
int FLIGHT_PER_DAY = 5;// 每天的航班数
public long cacuIndex(String day) {// 产生每日的索引值
        System.out.println(day);
        String d = day.substring(8, 10);
        long index = Long.parseLong(d);// 日
        return (index - 1) * 4 * FLIGHT_PER_DAY;
    }
    public long cacuAddr(String flightNum) {//读取航班序号
        long remark = 0;
        try {
            String sqlString = "select remark from flightTick where flight='"
                    + flightNum + "'";
            ResultSet rs = sqlBean.executeQuery(sqlString);
            while (rs.next())
                remark = rs.getInt(1);
        } catch (Exception e) {
            e.printStackTrace();
        }
        return (remark - 1) * 4;
    }
```

02 根据每期航班座位索引号从每期航班座位信息表 seat 中读取已售出的机票数，然后从航班信息表 flightTick 中读取该期航班中的座位总数，如果座位总数大于等于已售机票数，则表示座位是已满，具体实现方法如下：

```
String sql = "select * from seat where seatnumber='"+ absoluteAddress + "'";
java.sql.Statement st = sqlBean.getDb().createStatement();
java.sql.ResultSet rs = st.executeQuery(sql);
int bookedSeats = 0;
if (rs.next())
    bookedSeats = rs.getInt("bookedSeats");
    st.close();
    String sqlString = "select seat from flightTick where flight='"+ flightNum + "'";
    rs = sqlBean.executeQuery(sqlString);
    int totalSeats = 0;
    if (rs.next())
        totalSeats = rs.getInt(1);
            rs.close();
            if (totalSeats == bookedSeats)
                return true;// 已满
            else
                return false;
        } catch (Exception e) {
```

```
                return false;
}
```

当用户选择预定票时，程序首先根据航班号和出发日期判断是否在班期内，如果在班期内，则再次判断是否有座位，如果有，则更新每期航班座位信息表 seat 并返回处理结果，判断是否在班期内的方法如下：

```
private String isAbsence(String date) {// 得到当前日期是星期几,如"2008,12,24" 转化的值是 3(星期三)
String year = date.substring(0, 4);
String month = date.substring(5, 7);
String day = date.substring(8, 10);
        String week = timeToWeek(year, month, day);
        return week;
}
private String timeToWeek(String year, String month, String day) {// 时间转换为周
java.util.Calendar cal = java.util.Calendar.getInstance();
cal.setTime(java.sql.Date.valueOf(year + "-" + month + "-" + day));
int week = cal.get(java.util.Calendar.DAY_OF_WEEK_IN_MONTH);
return String.valueOf(week);
}
String week = "135";//班期 135 表示星期一、星期三、星期五有航班
……
String c = isAbsence(day);// 得到当前日期是星期几
int flag = 0;
for (int i = 0; i < week.length(); i++) {
        String w = week.substring(i, i + 1);
                if (c.equals(w)) {// 是否在班期内
                        flag = 1;
                        break;
                }
        }
```

18.3.5 航班管理类

用户可通过航班信息管理模块录入航班信息，如航班号、航空公司、班期、座位、起飞地、抵达地、起飞时间、抵达时间、票价、折扣等信息。航班管理运行界面如图 18-4 所示。程序实现代码如清单 18-6 所示，完整代码请参考光盘中的 javaapp\src\com\javapp\ch18\ FlightManager.java 文件。

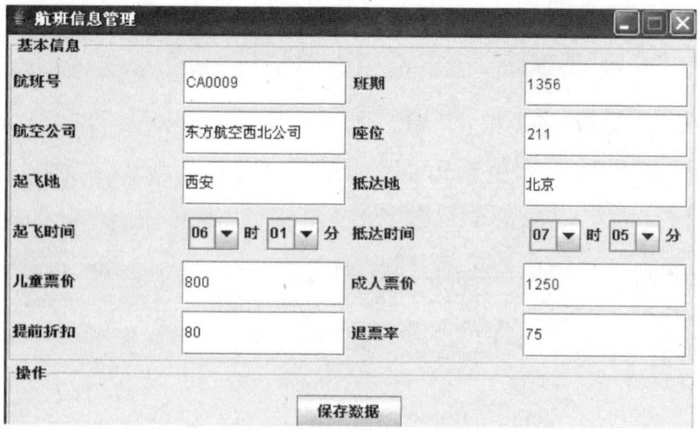

图 18-4　航班管理运行界面

清单 18-6

```
package com.javapp.ch18;
....
/**
 * Description:航班管理类
 * @version 1.0,jdk1.6*/
public class FlightManager extends JFrame {
	private JTextField[] Filght = new JTextField[12];
	private JLabel[] label = new JLabel[12];
	private JButton[] button = new JButton[3];
	private JComboBox week, hour1, hour2, min1, min2;
	private String[] sunday = { "1", "2", "3", "4", "5", "6", "7" };
	private Connection con;
	private Statement stmt;
	private ResultSet rs;
	public FlightManager() {
		week = new JComboBox();
		for (int i = 0; i < sunday.length; i++)
			week.addItem(sunday[i]);
		hour1 = new JComboBox();
		hour2 = new JComboBox();
		min1 = new JComboBox();
		min2 = new JComboBox();
		for (int i = 1; i <= 24; i++) {
			if (i < 10) {
				hour1.addItem("" + 0 + i);
				hour2.addItem("" + 0 + i);
			} else {
				hour1.addItem("" + i);
				hour2.addItem("" + i);
			}
		}
		for (int i = 0; i <= 59; i++) {
			if (i < 10) {
				min1.addItem("" + 0 + i);
				min2.addItem("" + 0 + i);
```

```
            } else {
                min1.addItem("" + i);
                min2.addItem("" + i);
            }
        }
    ……//初始化 UI 组件
                    if (Filght[11].getText().length() == 0) {
                        JOptionPane.showMessageDialog(null, "退票率不能为空", "系统提示",
                                JOptionPane.ERROR_MESSAGE);
                        return;
                    } else {
                        int maxremark = 1;
                        rs = stmt.executeQuery("select remark from flightTick");
                        int remark = 0;
                        while (rs.next()) {
                            remark = rs.getInt(1);
                            if (remark > maxremark)
                                maxremark = remark;
                        }
                        String time1 = (String) hour1.getSelectedItem()
                                + (String) min1.getSelectedItem();
                        String time2 = (String) hour2.getSelectedItem()
                                + (String) min2.getSelectedItem();
                        maxremark = maxremark + 1;
                        String sql = "insert into flightTick values('"
                                + Filght[0].getText() + "','" + Filght[2].getText()
                                + "','" + Filght[4].getText() + "','"
                                + Filght[5].getText() + "','" + time1 + "','"
                                + time2 + "',"
                                + Float.parseFloat(Filght[8].getText().trim())
                                + ","
                                + Float.parseFloat(Filght[9].getText().trim())
                                + ","
                                + Float.parseFloat(Filght[10].getText().trim())
                                + ","
                                + Float.parseFloat(Filght[11].getText().trim())
                                + ","
                                + Integer.parseInt(Filght[3].getText().trim())
                                + ",'" + Filght[1].getText() + "'," + maxremark
                                + ")";
                        stmt.executeUpdate(sql);
                        stmt.close();
                        con.close();
                        JOptionPane.showMessageDialog(null, "保存数据成功!", "系统提示",
                                JOptionPane.INFORMATION_MESSAGE);
                    }
                } catch (Exception ex) {
                    ex.printStackTrace();
        JOptionPane.showMessageDialog(null, "保存数据失败,原因："+ex.toString(), "系统提示",
                            JOptionPane.ERROR_MESSAGE);
```

```
                    }
                    finally{
                        try {
                            con.close();
                        } catch (SQLException e1) {
                            e1.printStackTrace();
                        }
                    }
                }
            });
        }
}
```

在上面程序中，首先定义了一个文本输入 JTextField 字段数组，用于输入航班信息，在保存数据时，程序判断是否有空字段，如果有空字段则提示用户，否则保存录入的航班信息到数据库中。

18.3.6 航班简单查询类

航班信息查询分简单查询和综合查询两种方式，在简单查询功能中，用户可按航班号、航班名称、目的地、出发城市、到达城市查询。航班简单查询运行界面如图 18-5 所示，按目的地查询结果如图 18-6 所示，按航空公司查询运行界面如图 18-7 所示，按航班号查询运行界面如图 18-8 所示。航班查询主程序实现代码如清单 18-7 所示，完整代码请参考光盘中的 javaapp\src\com\javapp\ch18\Query.java 文件。简单查询代码如清单 18-8 所示，完整代码请参考光盘中的 javaapp\src\com\javapp\ch18\CommonQuery.java 文件。

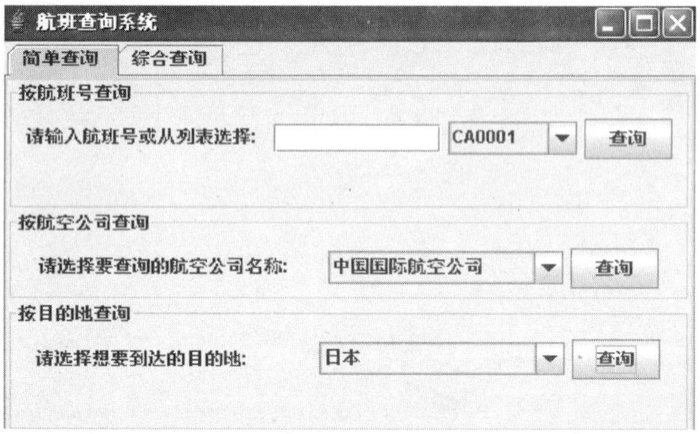

图 18-5　航班简单查询运行界面

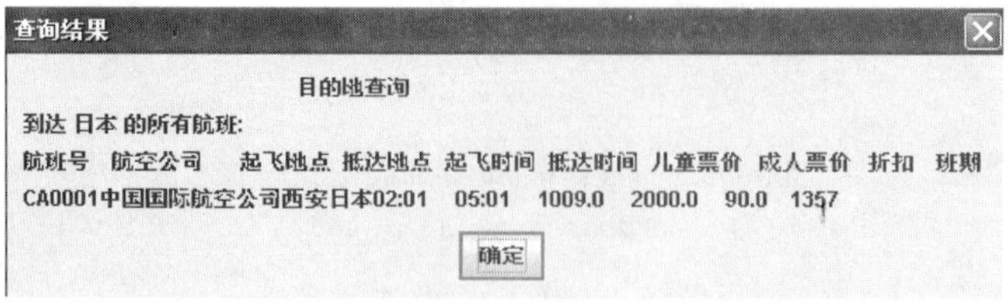

图 18-6　按目的地查询运行界面

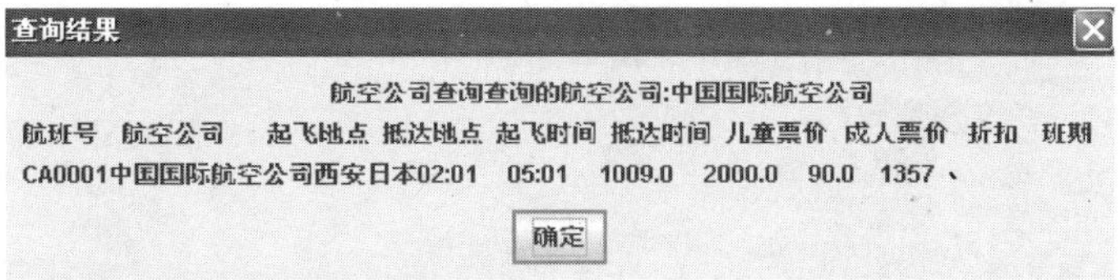

图 18-7　按航空公司查询运行界面

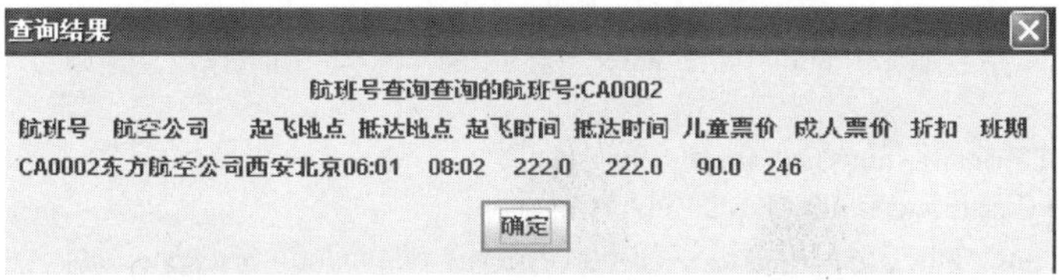

图 18-8　按航班号查询运行界面

清单 18-7

```
package com.javapp.ch18;
....
/**
 * Description:航班查询选择类
 * @version 1.0,jdk1.6
*/
public class Query extends JFrame {
	public Query() {
		JTabbedPane jtp = new JTabbedPane();
		jtp.add("简单查询 ", new CommonQuery());
		jtp.add("综合查询", new ComprehenQuery());
		this.getContentPane().add(jtp);
		jtp.setPreferredSize(new java.awt.Dimension(474, 274));
		initGUI();
	this.addWindowListener(new WindowAdapter() {
			public void windowClosing(WindowEvent e) {
				Query.this.setVisible(false);
				Query.this.dispose();
			}
		});
	}
	private void initGUI() {
		try {
			{
				this.setSize(506, 214);
			}
		} catch(Exception e) {
			e.printStackTrace();
		}
	}
}
```

在上面程序中，创建一个 JTabbedPane 标签选项容器用于添加简单查询和综合查询组件。

清单 18-8

```
package com.javapp.ch18;
…
/**
 * Description:航班简单查询类
 * @version 1.0,jdk1.6
*/
public class CommonQuery extends JPanel implements ActionListener,ItemListener
{
    DataBaseManager DbBean = new DataBaseManager();
     private JTextField flightField = new JTextField(10);;
     private static DefaultComboBoxModel modelFlight = new DefaultComboBoxModel();
     private static JComboBox jcbFlight = new JComboBox(modelFlight);
     private JButton jbFlightQuery = new JButton("查询");
     private static DefaultComboBoxModel modelAirFirm = new DefaultComboBoxModel();
     private static JComboBox jcbAirFirm = new JComboBox(modelAirFirm);
     private JButton jbAirFirmQuery = new JButton("查询");
     private static DefaultComboBoxModel model_1 = new DefaultComboBoxModel();
     private static DefaultComboBoxModel modelStart = new DefaultComboBoxModel();
     private static DefaultComboBoxModel modelArrive = new DefaultComboBoxModel();
     private static JComboBox jcb1 = new JComboBox(model_1),
                              jcbStart = new JComboBox(modelStart),
                              jcbArrive = new JComboBox(modelArrive);
    private JButton jbPlaceQuery1 = new JButton("查询"),
                         jbPlaceQuery2 = new JButton("查询");
     private String flightNumber;//航班号
     private String airfirm;//航班名称
    private String destination,start,arrive;//目的地、出发城市、抵达城市
    ……
    public CommonQuery()
    {
     JPanel jpFlight = new JPanel();
     jpFlight.setBorder(new TitledBorder("按航班号查询"));
     flightField.setPreferredSize(new java.awt.Dimension(63, 20));
     jcbFlight.setPreferredSize(new java.awt.Dimension(88, 23));
     JPanel jpAirFirm = new JPanel();
     jpAirFirm.setBorder(new TitledBorder("按航空公司查询"));
    …//初始化 UI 组件
    //更新下拉列表框信息
    public static void updateFlightComboBox(String newFlightNum,int insertOrDelete)
     {
            if (insertOrDelete == 1)
            {
                   if (modelFlight.getIndexOf(newFlightNum) == -1)
                       modelFlight.addElement(newFlightNum);
            }
            else if (insertOrDelete == 2)
            {
                   if (modelFlight.getIndexOf(newFlightNum) != -1)
                       modelFlight.removeElement(newFlightNum);
```

```
            }
    }
    public static void updateAirFirmComboBox(String newPlace,int insertOrDelete)
    {
            if (insertOrDelete == 1)
            {
                    if (modelAirFirm.getIndexOf(newPlace) == -1)
                        jcbAirFirm.addItem(newPlace);
            }
            else if (insertOrDelete == 2)
            {
                    if (modelAirFirm.getIndexOf(newPlace) != -1)
                        jcbAirFirm.removeItem(newPlace);
            }
    }
    public static void updatePlaceComboBox(String newPlace,int insertOrDelete)
   {
    if (insertOrDelete == 1)
    {
            if (model_1.getIndexOf(newPlace) == -1)
                jcb1.addItem(newPlace);
            if (modelStart.getIndexOf(newPlace) == -1)
                jcbStart.addItem(newPlace);
            if (modelArrive.getIndexOf(newPlace) == -1)
                jcbArrive.addItem(newPlace);
    }
    else if (insertOrDelete == 2)
    {
            if (model_1.getIndexOf(newPlace) != -1)
                jcb1.removeItem(newPlace);
            if (modelStart.getIndexOf(newPlace) != -1)
              jcbStart.removeItem(newPlace);
            if (modelArrive.getIndexOf(newPlace) != -1)
                jcbArrive.removeItem(newPlace);
    }
   }
   public void itemStateChanged(ItemEvent e)
   {
    if (e.getSource() == jcbFlight)
    {
            flightField.setText( (String)jcbFlight.getSelectedItem() );
    }
   }
   public void actionPerformed(ActionEvent e)
   {
    if (e.getSource() == jbFlightQuery)//按航班号查询
    {
            this.flightNumber = flightField.getText().trim();
                    if (flightNumber.length() == 0)
                    {
```

```
                    JOptionPane.showMessageDialog(null,"请输入航班号或者从列表中选择",
                                                  "错误信息",JOptionPane.ERROR_MESSAGE);
                    return;
                }
                executeFlightQuery();
        }
        else if (e.getSource() == jbAirFirmQuery)//按航空公司名称查询
        {
            this.airfirm = (String)jcbAirFirm.getSelectedItem();
                executeAirFirmQuery();
        }
        else if (e.getSource() == jbPlaceQuery1)
        {
            destination = (String)jcb1.getSelectedItem();
            destination = destination.trim();
            executeDestinQuery(1);
        }
        else if (e.getSource() == jbPlaceQuery2)
        {
              //得到起始地
            start = (String)jcbStart.getSelectedItem();
            start = start.trim();
              //得到目的地
            arrive = (String)jcbArrive.getSelectedItem();
            arrive = arrive.trim();
            executeDestinQuery(2);//按目的地查询
        }
    }
    public void executeFlightQuery()//按航班号查询
    {
        String sqlString = "SELECT DISTINCT * FROM " +"flightTick " +
                           "WHERE flight=" + "\'" + flightNumber + "\'";
        ResultSet rs = DbBean.executeQuery(sqlString);
        if (rs != null)
        {
            String result = "      " + "航班号查询";
              result += "查询的航班号:" + flightNumber + "\n";
            result += formResult(rs);
                //显示结果
            showResult(result);
        }
        else
            JOptionPane.showMessageDialog(null,"未查询到数据!",
                                          "错误信息",JOptionPane.ERROR_MESSAGE);
        try {
                rs.close();
        } catch (SQLException e) {

                e.printStackTrace();
        }
```

```
    }
//按航空公司名称查询
    public void executeAirFirmQuery()
    {
            //Form the sqlString
        String sqlString = "SELECT DISTINCT * FROM " +"flightTick    " +
                        "WHERE airfirm=" + "\'" + airfirm + "\'";
        ResultSet rs = DbBean.executeQuery(sqlString);

        if (rs != null)
        {
            String result = "      " + "航空公司查询";
              result += "查询的航空公司:" + airfirm + "\n";
            result += formResult(rs);
                //显示查询结果
            showResult(result);
        }
        else
            JOptionPane.showMessageDialog(null,"未查询到数据!",
                                    "错误信息",JOptionPane.ERROR_MESSAGE);
        try {
                rs.close();
          } catch (SQLException e) {
                e.printStackTrace();
          }
    }
    public void executeDestinQuery(int flag)//按目的地查询
    {
    String sqlString = "SELECT DISTINCT * FROM " + "flightTick    ";
    if (flag == 1)
        sqlString += "WHERE destination=" + "\'" + destination + "\'";
    else
        sqlString += "WHERE start=" + "\'" + start + "\'" + " AND " +    "destination=" + "\'" + arrive + "\'";
        ResultSet rs =DbBean.executeQuery(sqlString);
        if (rs != null)
        {
          String result = "      " + "目的地查询 " + "\n";
            //区分两种类型的查询
              if (flag == 1)
                  result += "到达  " + destination + "  的所有航班:" + "\n";
              else
                  result += "始发地: " + start + "---" + "目的地: " + arrive + "\n";
              result += formResult(rs);
              showResult(result);
        }
        else
            JOptionPane.showMessageDialog(null,"未查到数据!",
                                    "错误信息",JOptionPane.ERROR_MESSAGE);
      try {
              rs.close();
```

```
        } catch (SQLException e) {
            e.printStackTrace();
        }
    }
    public String formResult(ResultSet rs)
    {
        String result = "航班号      航空公司          起飞地点    抵达地点    起飞时间    抵达时间    " +
                    "儿童票价    成人票价    折扣      班期  " + "\n";
        int originLength = result.length();
        String time1,time2;
        String childFare,adultFare,discount1,discount2,seat;
        try
        {
            while(rs.next())
            {
                result += rs.getString("flight") + rs.getString("airfirm") + rs.getString("start") +
                        rs.getString("destination");
                time1 = rs.getString("leaveTime");
                time2 = rs.getString("arriveTime");
                time1 = getTime(time1);
                time2 = getTime(time2);
                result += time1 + "        " + time2    + "        ";
                childFare = String.valueOf(rs.getFloat("childFare"));
                adultFare = String.valueOf(rs.getFloat("adultFare"));
                discount1 = String.valueOf(rs.getFloat("discount1"));
                discount2 = String.valueOf(rs.getFloat("discount2"));
                seat = String.valueOf(rs.getInt("seat"));
                while(childFare.length() != 11)
                    childFare += " ";
                while(adultFare.length() != 11)
                    adultFare += " ";
                while(discount1.length() != 8)
                    discount1 += " ";
                result += childFare + adultFare + discount1 +
                        rs.getString("week");
                result += "\n";
            }
            rs.close();
        }
        catch(SQLException e)
        {
            e.printStackTrace();
        }
        if (result.length() == originLength)
        {
            result += "        " +  "未找到航班信息!" + "\n";
        }
        return result;
    }
    //显示对话框
```

```
    public void showResult(String result)
    {
     JOptionPane.showMessageDialog(null,result,"查询结果",JOptionPane.PLAIN_MESSAGE);
    }
     //更改时间格式
     private String getTime(String time)
     {
            String time1,time2;
            time1 = time.substring(0,2);
            time2 = time.substring(2,4);
            time1 = time1.concat(":");
            time1 = time1.concat(time2);
            return time1;
     }
}
```

在上面程序中，航班号、航空公司、出发地、到达地的选择下拉列表框值的更新是通过 DefaultComboBoxModel 来控制的，并提供一个 updateFlightComboBox()方法来更新各个下拉列表框中的值，该方法由公共类 UpdateComboBox 来调用到设置值。

18.3.7　综合信息查询类

在综合查询功能中，用户可按单程、往返、联程查询，其中按单程可按出发城市、到达城市、出发日期、航空公司名称查询，往返可按出发城市、到达城市、出发日期、返回日期、航空公司名称查询，联程可按出发城市、第一到达城市、第二到达城市、第一出发日期、第二出发日期查询。综合查询主界面如图 18-9 所示，按单程查询结果如图 18-10 所示，当选择“往返”选项后，查询界面如图 18-11 所示，往返查询结果如图 18-12 所示，当选择“联程”选择后，查询界面如图 18-13 所示，联程查询结果如图 18-14 所示，程序实现代码如清单 18-9 所示，完整代码请参考光盘中的 javaapp\src\com\javapp\ch18\ ComprehenQuery.java 文件。

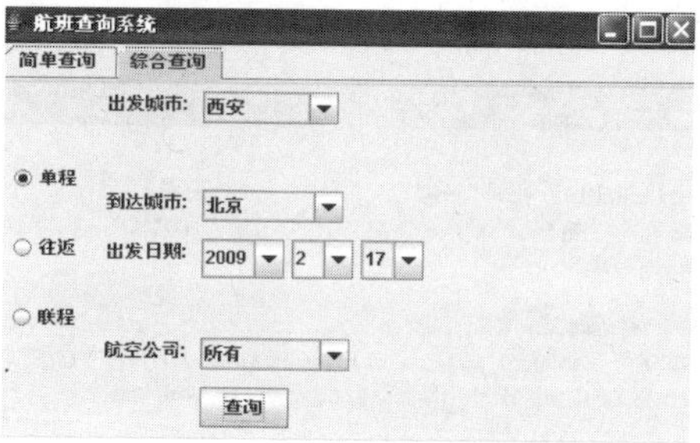

图 18-9　综合查询主界面

图 18-10　单程查询结果

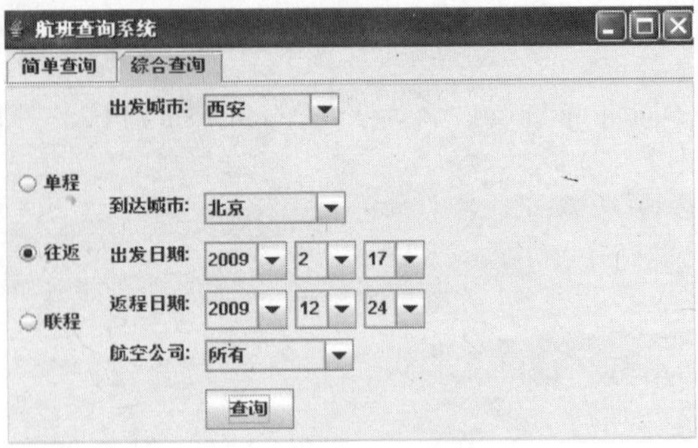

图 18-11 选择往返查询界面

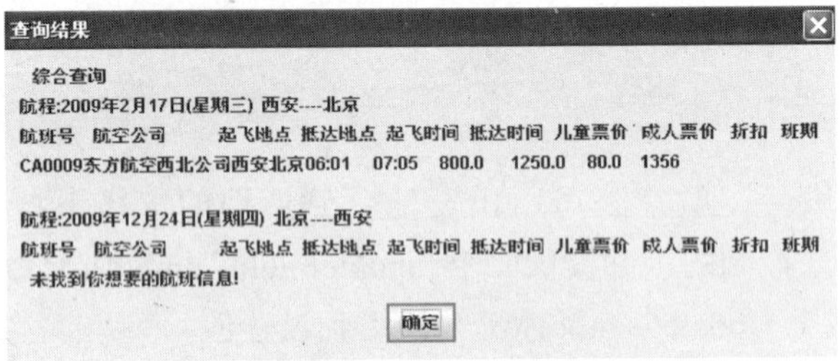

图 18-12 往返查询结果

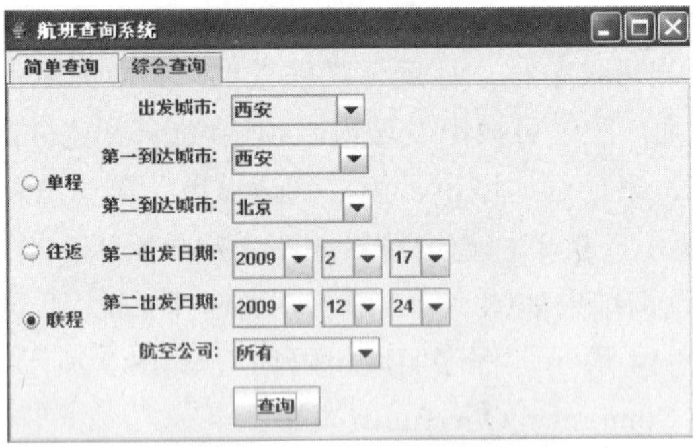

图 18-13 选择联程查询界面

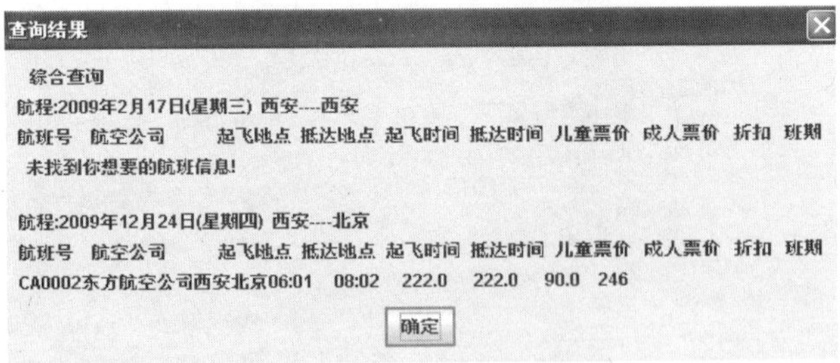

图 18-14 联程查询结果

清单 18-9

```
package com.javapp.ch18;
…
/**
 * Description:综合信息查询类
* @version 1.0,jdk1.6
```

```
*/
public class ComprehenQuery extends JPanel implements ActionListener,ItemListener
{
        //数据库管理类
    static DataBaseManager DbBean = new DataBaseManager();
        //定义地点 combobox 模型
    private static DefaultComboBoxModel modelPlace = new DefaultComboBoxModel();
        //定义航空公司 combobox 模型
    private static DefaultComboBoxModel modelAirFirm = new DefaultComboBoxModel();
    private static Object[] year = {"2008","2009","2010"};
    private static Object[] month = {"1","2","3","4","5","6","7","8","9","10","11","12"};
    private static Object[] day = {"1","2","3","4","5","6","7","8","9","10","11","12",
                                   "13","14","15","16","17","18","19","20","21","22",
                                   "23","24","25","26","27","28","29","30","31"};
    private    static JComboBox jcbStart = new JComboBox(),jcbFirstArrive = new JComboBox(),
    .....//初始化 UI 组件
    public ComprehenQuery()
    {
        jcbAirFirm.addItem("所有");
        jcbAirFirm.setSelectedItem("所有");
        setDisplayPresentTime();
    ....
    }
    public static void updatePlaceComboBox(String newPlace,int insertOrDelete)
    {
     if (insertOrDelete == 1)
     {
            if (modelPlace.getIndexOf(newPlace) == -1)
            {
                   modelPlace.addElement(newPlace);
                   jcbStart.addItem(newPlace);
                   jcbFirstArrive.addItem(newPlace);
                   jcbArrive.addItem(newPlace);
            }
     }
     else if (insertOrDelete == 2)
     {
            if (modelPlace.getIndexOf(newPlace) != -1)
            {
                   modelPlace.removeElement(newPlace);
                   jcbStart.removeItem(newPlace);
                   jcbFirstArrive.removeItem(newPlace);
                   jcbArrive.removeItem(newPlace);
            }
     }
    }
    public static void updateAirFirmComboBox(String newAirFirm,int insertOrDelete)
    {
     if (insertOrDelete == 1)
     {
```

```
            if (modelAirFirm.getIndexOf(newAirFirm) == -1)
                jcbAirFirm.addItem(newAirFirm);
        }
        else if (insertOrDelete == 2)
        {
            if (modelAirFirm.getIndexOf(newAirFirm) != -1)
                jcbAirFirm.removeItem(newAirFirm);
        }
    }
    //显示当前时间
    public void setDisplayPresentTime()
    {
        Calendar cal = Calendar.getInstance();
        cal.setTime(new java.util.Date());
        String year = String.valueOf(cal.get(Calendar.YEAR));
        String month = String.valueOf(cal.get(Calendar.MONTH) + 1);
        String day = String.valueOf(cal.get(Calendar.DAY_OF_MONTH));
        jcbYear1.setSelectedItem(year);
        jcbYear2.setSelectedItem(year);
        jcbMonth1.setSelectedItem(month);
        jcbMonth2.setSelectedItem(month);
        updateDay(year,month,jcbDay1);
        updateDay(year,month,jcbDay2);
        jcbDay1.setSelectedItem(day);
        jcbDay2.setSelectedItem(day);
    }
    private void updateDay(String year,String month,JComboBox jcb)
    {
        if (month.equals("4") || month.equals("6") || month.equals("9") || month.equals("11"))
        {
            if (jcb.getItemCount() == 31)
                jcb.removeItem("31");
            else if(jcb.getItemCount() == 29)
                jcb.addItem("30");
            else if (jcb.getItemCount() == 28)
            {
                jcb.addItem("29");
                jcb.addItem("30");
            }
        }
        //2 月
        else if (month.equals("2"))
        {
            int years = Integer.parseInt(year);
            //是否润年
            if ( (years % 400 == 0) || (years %4 == 0 && years % 100 != 0))
            {
                if (jcb.getItemCount() == 31)
                {
                    jcb.removeItem("30");
```

```
                jcb.removeItem("31");
            }
            else if (jcb.getItemCount() == 30)
            {
                jcb.removeItem("30");
            }
            else if (jcb.getItemCount() == 28)
            {
                jcb.addItem("29");
            }
        }
        else
        {
            if (jcb.getItemCount() == 29)
            {
                jcb.removeItem("29");
            }
            else if (jcb.getItemCount() == 30)
            {
                jcb.removeItem("29");
                jcb.removeItem("30");
            }
            else if (jcb.getItemCount() == 31)
            {
                jcb.removeItem("29");
                jcb.removeItem("30");
                jcb.removeItem("31");
            }
        }
    }
    else
    {
        if (jcb.getItemCount() == 28)
        {
            jcb.addItem("29");
            jcb.addItem("30");
            jcb.addItem("31");
        }
        else if (jcb.getItemCount() == 29)
        {
            jcb.addItem("30");
            jcb.addItem("31");
        }
        else if (jcb.getItemCount() == 30)
        {
            jcb.addItem("31");
        }
    }
}
//下拉列表框状态改变事件
```

```
    public void itemStateChanged(ItemEvent e)
    {
     if (e.getSource() == jcbYear1 || e.getSource() == jcbMonth1)
     {
            String year = (String)jcbYear1.getSelectedItem();
            String month = (String)jcbMonth1.getSelectedItem();

            updateDay(year,month,jcbDay1);
     }
     if (e.getSource() == jcbYear2 || e.getSource() == jcbMonth2)
     {
            String year = (String)jcbYear2.getSelectedItem();
            String month = (String)jcbMonth2.getSelectedItem();
            updateDay(year,month,jcbDay2);
     }
    }
    class RadioListener implements ActionListener
    {
     public void actionPerformed(ActionEvent e)
     {
            if (jrbSingle.isSelected())//选择单程
            {
                  jlFirstArrive.setText(" ");
                  …
            }
            else if(jrbDouble.isSelected())//选择往返
            {
                  jlFirstArrive.setText("");
                  …
            }
               //选择联程
            else if (jrbMutiple.isSelected())
            {
                  jlFirstArrive.setText("第一到达城市:");
                  ….
            }
     }
  }
     //查询
   public void actionPerformed(ActionEvent e)
   {
         if (jrbSingle.isSelected())
         {
           start = (String)jcbStart.getSelectedItem();//得到起飞地
           start = start.trim();
           arrive = (String)jcbArrive.getSelectedItem();    //得到目的地
           arrive = arrive.trim();
           leaveYear = (String)jcbYear1.getSelectedItem();//得到起飞时间
           leaveMonth = (String)jcbMonth1.getSelectedItem();
           leaveDay = (String)jcbDay1.getSelectedItem();
```

```
        //判断时间有效性
        if (!isTimeValid(leaveYear,leaveMonth,leaveDay))
        {
            JOptionPane.showMessageDialog(null,"已经过了出发时间,请重新设定并查询",
                                              "错误信息",JOptionPane.ERROR_MESSAGE);
            return;
        }
        // 得到当前日期是星期几,如"2008,12,24" 转化的值是 3(星期三)
        leaveWeek = timeToWeek(leaveYear,leaveMonth,leaveDay);
        airFirm = (String)jcbAirFirm.getSelectedItem();    //得到航空公司
        airFirm = airFirm.trim();
        executeSingleQuery();    //进行查询
    }
        //选择往返
    else if(jrbDouble.isSelected())
    {
        start = (String)jcbStart.getSelectedItem();
        start = start.trim();
        arrive = (String)jcbArrive.getSelectedItem();
        arrive = arrive.trim();
        leaveYear = (String)jcbYear1.getSelectedItem();
        leaveMonth = (String)jcbMonth1.getSelectedItem();
        leaveDay = (String)jcbDay1.getSelectedItem();
        backYear = (String)jcbYear2.getSelectedItem();
        backMonth = (String)jcbMonth2.getSelectedItem();
          backDay = (String)jcbDay2.getSelectedItem();
        if (!isTimeValid(leaveYear,leaveMonth,leaveDay))
        {
            JOptionPane.showMessageDialog(null,"已经过了出发时间,请重新设定并查询",
                                              "错误信息",JOptionPane.ERROR_MESSAGE);
            return;
        }

        if (!isTimeValid(leaveYear,leaveMonth,leaveDay,backYear,backMonth,backDay))
        {
            JOptionPane.showMessageDialog(null,"返程日期不能比出发日期早,请重新设定并查询",
                                              "错误信息",JOptionPane.ERROR_MESSAGE);
            return;
        }
        leaveWeek = timeToWeek(leaveYear,leaveMonth,leaveDay);
        backWeek = timeToWeek(backYear,backMonth,backDay);
        airFirm = (String)jcbAirFirm.getSelectedItem();
        airFirm = airFirm.trim();
        executeDoubleQuery();
    }
        //联程查询
    else if (jrbMutiple.isSelected())
    {
        start = (String)jcbStart.getSelectedItem();
        start = start.trim();
```

```
            firstArrive = (String)jcbFirstArrive.getSelectedItem();
            firstArrive = firstArrive.trim();
            arrive = (String)jcbArrive.getSelectedItem();
            arrive = arrive.trim();
            leaveYear = (String)jcbYear1.getSelectedItem();
            leaveMonth = (String)jcbMonth1.getSelectedItem();
            leaveDay = (String)jcbDay1.getSelectedItem();
            leaveYear2 = (String)jcbYear2.getSelectedItem();
            leaveMonth2 = (String)jcbMonth2.getSelectedItem();
            leaveDay2 = (String)jcbDay2.getSelectedItem();
            if (!isTimeValid(leaveYear,leaveMonth,leaveDay))
            {
                JOptionPane.showMessageDialog(null,"已经过了出发时间,请重新设定并查询",
                                                    "错误信息",JOptionPane.ERROR_MESSAGE);
                return;
            }

            if (!isTimeValid(leaveYear,leaveMonth,leaveDay,leaveYear2,leaveMonth2,leaveDay2))
            {
                JOptionPane.showMessageDialog(null,"返程日期不能比出发日期早,请重新设定并查询",
                                                    "错误信息",JOptionPane.ERROR_MESSAGE);
                return;
            }
            leaveWeek = timeToWeek(leaveYear,leaveMonth,leaveDay);
            leaveWeek2 = timeToWeek(leaveYear2,leaveMonth2,leaveDay2);
            airFirm = (String)jcbAirFirm.getSelectedItem();
            airFirm = airFirm.trim();
            executeMutipleQuery();
        }
    }
    private boolean isTimeValid(String year,String month,String day)
    {
     int y = Integer.parseInt(year);
     int m = Integer.parseInt(month);
     int d = Integer.parseInt(day);
     Calendar cal = Calendar.getInstance();
     cal.setTime(new java.util.Date());
     int py = cal.get(Calendar.YEAR);
     int pm = cal.get(Calendar.MONTH) + 1;
     int pd = cal.get(Calendar.DAY_OF_MONTH);
     if (y == py)
     {
            if (m < pm)
                return false;
            else if(d < pd)
                return false;
     }
     return true;
    }
    private boolean isTimeValid(String year1,String month1,String day1,
```

```
                    String year2,String month2,String day2)
{
 int y1 = Integer.parseInt(year1);
 int m1 = Integer.parseInt(month1);
 int d1 = Integer.parseInt(day1);
 int y2 = Integer.parseInt(year2);
 int m2 = Integer.parseInt(month2);
 int d2 = Integer.parseInt(day2);
 if (y1 < y2)
     return true;
 else if (y1 == y2)
 {
        if (m1 < m2)
            return true;
        else if (m1 == m2)
        {
               if (d1 < d2)
                   return true;
               else if (d1 == d2)
                   return true;
               else
                   return false;
        }
        else
            return false;
 }
 else
     return false;
}
// 得到当前日期是星期几,如"2008,12,24" 转化的值是 3(星期三)
private String timeToWeek(String year,String month,String day)
{
 java.util.Calendar cal = java.util.Calendar.getInstance();
        cal.setTime(java.sql.Date.valueOf(year + "-" + month + "-" + day));
        int week = cal.get(java.util.Calendar.DAY_OF_WEEK_IN_MONTH);
    return String.valueOf(week);
}
    //The query method for the one way query mode
public void executeSingleQuery()
{
 String sqlString = formSQLString(start,arrive);
      ResultSet rs = DbBean.executeQuery(sqlString);
      if (rs != null)
        {
            String result = "" +  "综合查询";
            result += formResult(rs,leaveYear,leaveMonth,leaveDay,leaveWeek,start,arrive);
            showResult(result);
        }
        else
          JOptionPane.showMessageDialog(null,"没有连接上数据库!",
```

```
                                            "错误信息",JOptionPane.ERROR_MESSAGE);
        try {
                rs.close();
            } catch (SQLException e) {

                e.printStackTrace();
            }
    }
    public void executeDoubleQuery()
    {
     String sqlString1 = formSQLString(start,arrive);
        ResultSet rs1 = DbBean.executeQuery(sqlString1);
        String sqlString2 = formSQLString(arrive,start);
        ResultSet rs2 = DbBean.executeQuery(sqlString2);
        if ( (rs1 != null) || (rs2 != null))
         {
          String result = "     " + "综合查询  ";
             result += formDoubleResult(rs1,rs2);
             showResult(result);
         }
         else
            JOptionPane.showMessageDialog(null,"没有连接上数据库!",
                                            "错误信息",JOptionPane.ERROR_MESSAGE);
        try {
                rs1.close();
            } catch (SQLException e) {
                e.printStackTrace();
            }
    }
      //联程查询
    public void executeMutipleQuery()
    {
        String sqlString1 = formSQLString(start,firstArrive);
        ResultSet rs1 = DbBean.executeQuery(sqlString1);
        String sqlString2 = formSQLString(firstArrive,arrive);
        ResultSet rs2 = DbBean.executeQuery(sqlString2);
        if ((rs1 != null) || (rs2 != null))
         {
          String result = "     " +    "综合查询          ";
             result += formMutipleResult(rs1,rs2);
             showResult(result);
         }
         else
            JOptionPane.showMessageDialog(null,"没有连接上数据库!",
                                            "错误信息",JOptionPane.ERROR_MESSAGE);
        try {
                rs1.close();
            } catch (SQLException e) {
                e.printStackTrace();
            }
```

```
}
public String formSQLString(String begin,String end)
{
 String sqlString = "SELECT DISTINCT * FROM " + "flightTick " +
                              "WHERE start=" + "\"" + begin + "\"" + " AND " +
                           "destination=" + "\"" + end + "\"";
 if (!airFirm.equals("所有"))
     sqlString += " AND " + "airFirm=" + "\"" + airFirm + "\"";
 return sqlString;
}
   //格式化查询结果
public String formResult(ResultSet rs,String year,String month,String day,
                                          String week,String begin,String end)
{
        String result = "";
        String weekDay = dayOfWeek(week);
        result += "\n" + "航程:" + year + "年" + month + "月" + day + "日" +
                  "(星期" + weekDay + ")    " + begin + "----" + end + "\n";
        result += "航班号      航空公司              起飞地点   抵达地点   起飞时间   抵达时间   " +
                  "儿童票价    成人票价    折扣     班期  " + "\n";
        int originLength = result.length();
        String time1,time2;
        String childFare,adultFare,discount1,discount2,seat;
        try
        {
            String tempResult = "";
            String tempWeek;
             while(rs.next())
             {
                  tempResult = rs.getString("flight") + rs.getString("airfirm") + rs.getString("start") +
                               rs.getString("destination");
                  time1 = rs.getString("leaveTime");
                  time2 = rs.getString("arriveTime");
                  time1 = getTime(time1);
                  time2 = getTime(time2);
                  tempResult += time1 + "      " + time2    + "       ";
                  childFare = String.valueOf(rs.getFloat("childFare"));
                  adultFare = String.valueOf(rs.getFloat("adultFare"));
                  discount1 = String.valueOf(rs.getFloat("discount1"));
                  discount2 = String.valueOf(rs.getFloat("discount2"));
                  seat = String.valueOf(rs.getInt("seat"));
                  while(childFare.length() != 11)
                      childFare += " ";
                  while(adultFare.length() != 11)
                      adultFare += " ";
                  while(discount1.length() != 8)
                      discount1 += " ";
                  tempWeek = rs.getString("week");
                tempResult += childFare + adultFare + discount1 +
                                tempWeek;
```

```
                    tempResult += "\n";

                    if (tempWeek.indexOf(week) != -1)
                        result += tempResult;
                }
                rs.close();
            }
            catch(SQLException e)
            {
                e.printStackTrace();
            }
            if (result.length() == originLength)
            {
                result += "    " +"未找到你想要的航班信息!" + "\n";
            }
            return result;
    }
        //转化时间格式
    private String getTime(String time)
     {
            String time1,time2;
            time1 = time.substring(0,2);
            time2 = time.substring(2,4);
            time1 = time1.concat(":");
            time1 = time1.concat(time2);
            return time1;
     }
       //得到周的中文名称
    private String dayOfWeek(String weekNum)
    {
     String week = "";
     int num = Integer.parseInt(weekNum);
            switch(num)
            {
                case 1:
              week = "一";
              break;
            case 2:
              week = "二";
              break;
            case 3:
              week = "三";
              break;
            case 4:
              week = "四";
              break;
            case 5:
              week = "五";
              break;
            case 6:
```

```
                week = "六";
                break;
            case 7:
                week = "日";
                break;
            }
            return week;
    }
    //格式化往返结果
    public String formDoubleResult(ResultSet rs1,ResultSet rs2)
    {
     String result1 = formResult(rs1,leaveYear,leaveMonth,leaveDay,leaveWeek,start,arrive);
     String result2 = formResult(rs2,backYear,backMonth,backDay,backWeek,arrive,start);
     String result = result1 + result2;
     return result;
    }

        //格式化联程结果
    public String formMutipleResult(ResultSet rs1,ResultSet rs2)
    {
     String result1 = formResult(rs1,leaveYear,leaveMonth,leaveDay,leaveWeek,start,firstArrive);
     String result2 = formResult(rs2,leaveYear2,leaveMonth2,leaveDay2,leaveWeek2,firstArrive,arrive);
     String result = result1 + result2;
     return result;
    }
        //显示查询对话框
    public void showResult(String result)
    {
     JOptionPane.showMessageDialog(null,result,"查询结果",JOptionPane.PLAIN_MESSAGE);
    }
}
```

在上面程序中，提供一个 isTimeValid 方法来判断用户所选择的出发日期是否大于当前日期，如果大于当前日期则提示用户不能办理定票手续。

18.3.8 定票管理类

在客户主定票管理中，用户可按单程、往返、联程定票，其中按单程可按出发日期、航班号定票，往返可按出发日期、航班号，返回日期定票，联程可按第一出发日期、第二出发日期、第一航班号、第二航班号定票。运行程序后，运行界面如图 18-15 所示，选择“往返”选项后，程序运行界面如图 18-16 所示，选择“联程”选项后，程序运行界面如图 18-17 所示，程序实现代码如清单 18-10 所示，完整代码请参考光盘中的 javaapp\src\com\javapp\ch18\ TickManager.java 文件。

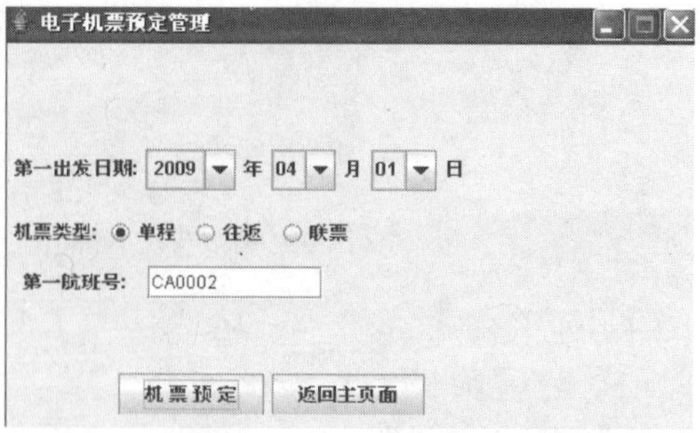

图 18-15 选择“单程”选项后运行界面

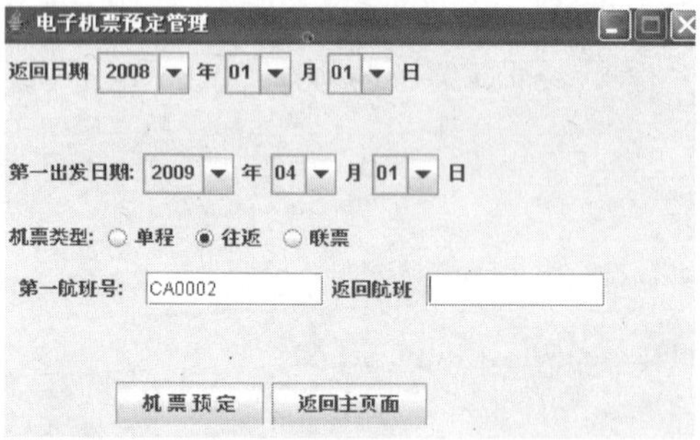

图 18-16 选择“往返”选项后运行界面

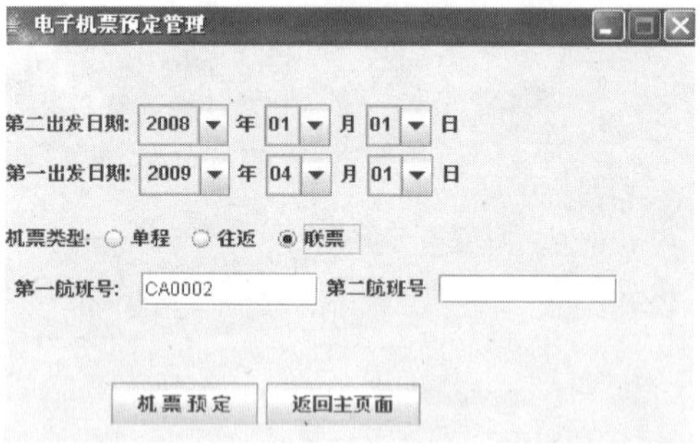

图 18-17 选择“联程”选项后运行界面

清单 18-10

```
package com.javapp.ch18;
…
/**
  * Description:定票管理类
  * @version 1.0,jdk1.6
*/
public class TickManager extends JFrame implements ActionListener {
        private String[] string = new String[22];
        …//初始化 UI 组件
      //定义日期
        private String[] year = { " 2008", " 2009"," 2010" };
        private String[] adult = { " 成人 "," 儿童 "," 学生 " };
        private String[] month = { "01", "02", "03", "04", "05", "06", "07", "08",
                    "09", "10", "11", "12" };
        private String[] day = { "01", "02", "03", "04", "05", "06", "07", "08",
```

```
            "09", "10", "11", "12", "13", "14", "15", "16", "17", "18", "19",
            "20", "21", "22", "23", "24", "25", "26", "27", "28", "29", "30" ,"31"};
...
public TickManager() {
        frame = this;
        string[5] = "单程";
        for (int i = 0; i < year.length; i++)
            boxyear.addItem(year[i]);
        for (int i = 0; i < year.length; i++)
            boxyear1.addItem(year[i]);
        for (int i = 0; i < year.length; i++)
            boxyear2.addItem(year[i]);
        for (int i = 0; i < month.length; i++)
            boxmonth.addItem(month[i]);
        for (int i = 0; i < month.length; i++)
            boxmonth1.addItem(month[i]);
        for (int i = 0; i < month.length; i++)
            boxmonth2.addItem(month[i]);
        for (int i = 0; i < month.length; i++)
            boxday.addItem(day[i]);
        for (int i = 0; i < month.length; i++)
            boxday1.addItem(day[i]);
        for (int i = 0; i < month.length; i++)
            boxday2.addItem(day[i]);
        JPanel p0 = new JPanel();
        p0.setVisible(false);
        display(p0);
        p0.setLayout(new FlowLayout(FlowLayout.LEFT));
        p0.add(new JLabel("返回日期"));
        p0.add(boxyear1);
        p0.add(new JLabel("年"));
        p0.add(boxmonth1);
        p0.add(new JLabel("月"));
        p0.add(boxday1);
        p0.add(new JLabel("日"));
        // 往返面板
        JPanel p1 = new JPanel();
        …
        //联程面板
        JPanel p3 = new JPanel();
        …
        // 机票类型面板
        JPanel p5 = new JPanel();
        …
public void display(JPanel p) {
        s1 = p;
}
public void display1(JPanel p) {
        s2 = p;
}
```

```
String otherchoice = new String(" ");
String dotherchoice = new String(" ");
String motherchoice = new String(" ");
boolean isFull = false;//座位是否已满标记
public void actionPerformed(ActionEvent e) {//处理按钮事件
    String year1 = new String(boxyear.getSelectedItem().toString().trim());
    String month1 = new String(boxmonth.getSelectedItem().toString().trim());
    String day1 = new String(boxday.getSelectedItem().toString().trim());
    String year2 = new String(boxyear1.getSelectedItem().toString().trim());
    String month2 = new String(boxmonth1.getSelectedItem().toString().trim());
    String day2 = new String(boxday1.getSelectedItem().toString().trim());
    string[2] = year1 + "-" + month1 + "-" + day1 ;
    string[3] = year1 + "-" + month1 + "-" + day1;
    string[4] = jbtflight.getText().trim();
    string[9] = year2 + "-" + month2 + "-" + day2 ;
    string[10] = year2 + "-" + month2 + "-" + day2;
    string[11] = jbtflight1.getText().trim();
    string[16] = jbtflight2.getText().trim();
    String year3 = new String(boxyear2.getSelectedItem().toString().trim());
    String month3 = new String(boxmonth2.getSelectedItem().toString().trim());
    String day3 = new String(boxday2.getSelectedItem().toString().trim());
    string[17] = year3 + "-" + month3 + "-" + day3;
    string[18] = year3 + "-" + month3 + "-" + day3 ;
    // 预定票
    if (e.getSource() == jbtbutton) {
        otherchoice = " ";
        dotherchoice = " ";
        isFull = seatinformation.isFull(string[4], string[3]);//判断座位是否已满
        int sflight = singleflight();//读取单程航班信息标志
        int dflight = 0;
        int mflight = 0;
        String year = string[3].substring(0, 4);
        String month = string[3].substring(5, 7);
        String day = string[3].substring(8, 10);
        boolean before = isTimeValid(year, month, day);//判断日期是否合理
        if (before) {
            if (jbrsingle.isSelected()) {//选择单程预定方式
                if (sflight == 1) {
                    JOptionPane.showMessageDialog(this, "航班号不能为空!", "错误信息",
                            JOptionPane.ERROR_MESSAGE);
                    jbtflight.setText("");
                } else if (sflight == 2) {
                JOptionPane.showMessageDialog(this,
                    "你要预定的航班已经满座!\n 您可以改定同一天的航班:\n" + otherchoice,
                            "客户信息", JOptionPane.INFORMATION_MESSAGE);
                    jbtflight.setText("");
                } else if (sflight == 3) {
                JOptionPane.showMessageDialog(this,
 "您要预定的航班已经满座了!\n 而且当天其他航班也已无票售!\n 建议您重新选择航班日期",
                            "错误信息", JOptionPane.ERROR_MESSAGE);
```

```
                jbtflight.setText("");
            } else if (sflight == 4) {
                JOptionPane.showMessageDialog(this, "没有此次航班，请您重新查阅！",
                        "错误信息", JOptionPane.ERROR_MESSAGE);
                jbtflight.setText("");
            } else {
                clientFrame.getContentPane().add(client.panel(string));
                clientFrame.setTitle("客户资料");
                clientFrame.setSize(450, 460);
                clientFrame.setVisible(true);
                this.setVisible(false);
                client.jbtname.setText("");
                client.jbtid.setText("");
                client.jbtps.setText("");
                client.jbttelephone.setText("");
                client.jbtadultticketnumber.setText("1");
                client.jbtchildticketnumber.setText("0");
            }
        } else if (jbrdouble.isSelected()) {//选择往返预定方式
            isFull = seatinformation.isFull(string[11], string[10]);
            dflight = doubleflight();
            if (sflight == 1) {
                JOptionPane.showMessageDialog(this, "第一航班号不能为空!",
                        "错误信息", JOptionPane.ERROR_MESSAGE);
            } else if (sflight == 2) {
                JOptionPane.showMessageDialog(this,
                "你要预定的第一航班号已经满座!\n 您可以改定同一天的航班:\n"
                                    + otherchoice, "客户信息",
                            JOptionPane.INFORMATION_MESSAGE);
                jbtflight.setText("");
            } else if (sflight == 3) {
            JOptionPane.showMessageDialog(this,"您要预定的第一航班已经满座了!\n 而且当天
            其他航班也已无票售!\n 建议您重新选择第一航班日期",
                            "错误信息", JOptionPane.ERROR_MESSAGE);
                jbtflight.setText("");
            } else if (sflight == 4) {
            JOptionPane.showMessageDialog(this, "没有第一航班号，请您重新查阅！",
                        "错误信息", JOptionPane.ERROR_MESSAGE);
                jbtflight.setText("");
            } else {
                if (dflight == 1) {
                    JOptionPane.showMessageDialog(this, "返回航班号不能为空!",
                    "错误信息", JOptionPane.ERROR_MESSAGE);

                } else if (dflight == 2) {
                JOptionPane.showMessageDialog(this,
                    "你要预定的返回航班号已经满座!\n 您可以改定同一天的航班:\n"
                                + otherchoice, "客户信息",
                        JOptionPane.INFORMATION_MESSAGE);
                    jbtflight1.setText("");
```

```
                } else if (dflight == 3) {
                    JOptionPane.showMessageDialog(this,
                  "您要预定的返回航班号已经满座了!\n 而且当天其他航班也已无票售!\n 建
                  议您重新选择返回日期",
                                        "错误信息", JOptionPane.ERROR_MESSAGE);
                    jbtflight1.setText("");
                } else if (dflight == 4) {
                    JOptionPane.showMessageDialog(this,
                    "不存在您要预定的返回班号，请您重新查阅！", "错误信息",
                            JOptionPane.ERROR_MESSAGE);
                    jbtflight1.setText("");
                } else if (dflight == 5) {
                    JOptionPane.showMessageDialog(this,
            "返回航班号与第一航班号不匹配\n 请重新输入返回航班号！", "错误信息",
                            JOptionPane.ERROR_MESSAGE);
                    jbtflight1.setText("");
                } else {
                    clientFrame.getContentPane().add(
                            client.panel(string));
                    clientFrame.pack();
                    clientFrame.setTitle("客户资料");
                    clientFrame.setVisible(true);
                    this.setVisible(false);
                }
            }
        } else if (jbrmultiple.isSelected()) {//选择联程预定方式
            isFull = seatinformation.isFull(string[11], string[10]);
            mflight = multipleflight();
            if (sflight == 1) {
                JOptionPane.showMessageDialog(this, "第一航班号不能为空!",
                        "错误信息", JOptionPane.ERROR_MESSAGE);
            } else if (sflight == 2) {
                JOptionPane.showMessageDialog(this,
                "你要预定的第一航班号已经满座!\n 您可以改定同一天的航班:\n"
                                        + otherchoice, "客户信息",
                                JOptionPane.INFORMATION_MESSAGE);
                jbtflight.setText("");
            } else if (sflight == 3) {
                JOptionPane.showMessageDialog(this,
               "您要预定的第一航班已经满座了!\n 而且当天其他航班也已无票售!\n 建议您重
               新选择第一航班日期",
                                "错误信息", JOptionPane.ERROR_MESSAGE);
                jbtflight.setText("");
            } else if (sflight == 4) {
            JOptionPane.showMessageDialog(this, "没有第一航班号，请您重新查阅！",
                        "错误信息", JOptionPane.ERROR_MESSAGE);
                jbtflight.setText("");
            } else {
                if (mflight == 1) {
                    JOptionPane.showMessageDialog(this, "第二航班号不能为空!",
```

```
                                    "错误信息", JOptionPane.ERROR_MESSAGE);
                    } else if (mflight == 2) {
                        JOptionPane.showMessageDialog(this,
                        "你要预定的第二航班号已经满座!\n 您可以改定同一天的航班:\n"
                                                + otherchoice, "客户信息",
                                    JOptionPane.INFORMATION_MESSAGE);
                        jbtflight1.setText("");
                    } else if (mflight == 3) {
                        JOptionPane.showMessageDialog(this,
                    "您要预定的第二航班号已经满座了!\n 而且当天其他航班也已无票售!\n 建议您
                    重新选择第二航班日期",
                                                "错误信息", JOptionPane.ERROR_MESSAGE);
                        jbtflight1.setText("");
                    } else if (mflight == 4) {
                        JOptionPane.showMessageDialog(this,
                        "不存在您要预定的第二航班号，请您重新查阅！", "错误信息",
                                    JOptionPane.ERROR_MESSAGE);
                        jbtflight1.setText("");
                    } else if (mflight == 5) {
                JOptionPane.showMessageDialog(this,
                "第二航班号与第一航班号不匹配\n 请重新输入返回航班号！", "错误信息",
                                    JOptionPane.ERROR_MESSAGE);
                        jbtflight1.setText("");
                    } else {
                        clientFrame.getContentPane().add(
                                    client.panel(string));
                        clientFrame.setTitle("客户资料");
                        clientFrame.setSize(450, 460);
                        clientFrame.setVisible(true);
                        this.setVisible(false);
                    }
                }
            }
        } else {
            JOptionPane.showMessageDialog(null, "对不起，不能预定以前的票了", "客户信息",
                    JOptionPane.ERROR_MESSAGE);
        }
    }
    if (e.getSource() == jbtreturn) {//返回主界面
        this.setVisible(false);
        this.dispose();
    }
    if (e.getSource() == jbrsingle) {
        string[11] = jbtflight1.getText().trim();
        // string[12]="single";
        string[5] = "单程";
        s1.setVisible(false);
        s2.setVisible(false);
        jblsecondflight.setVisible(false);
        jbtflight1.setVisible(false);
```

```
            jblreturnflight.setVisible(false);
            jbtflight2.setVisible(false);
        }
        if (e.getSource() == jbrdouble) {
            // string[12]="double";
            string[5] = "往返";
            s2.setVisible(false);
            s1.setVisible(true);
            jblreturnflight.setVisible(true);
            jbtflight1.setVisible(true);
            jblsecondflight.setVisible(false);
            jbtflight2.setVisible(false);
        }
        if (e.getSource() == jbrmultiple) {
            // string[12]="multiple";
            string[5] = "联程";
            s1.setVisible(false);
            jblreturnflight.setVisible(false);
            jbtflight1.setVisible(false);
            s2.setVisible(true);
            jblsecondflight.setVisible(true);
            jbtflight2.setVisible(true);
        }
    }
    String startplace = new String();
    String endplace = new String();
    private JLabel jLabel_IL4;
    private JLabel jLabel_IL12;
    public int singleflight() {//读取单程信息
        if (jbtflight.getText().trim().length() == 0)
            return 1;
        else {
            try {
                DataBaseManager DbBean = new DataBaseManager();
                Connection con = DbBean.getDb();
                Statement stmt = con.createStatement();
                ResultSet rs = stmt.executeQuery("select * from flightTick");
                while (rs.next())
                    if (rs.getString(1).trim().equals(string[4]))//航班号
                        flag = 1;
                if (flag == 1) {
                    String airfirm1 = new String();
                    String sql = "select start,destination,airFirm from flightTick where flight='"
                            + string[4] + "'";
                    ResultSet rs1 = stmt.executeQuery(sql);
                    while (rs1.next()) {
                        startplace = rs1.getString(1).trim();
                        endplace = rs1.getString(2).trim();
                        airfirm1 = rs1.getString(3).trim();
                    }
```

```
                    if (!isFull) {
                        string[0] = startplace;
                        string[1] = endplace;
                        string[6] = airfirm1;
                        string[8] = string[5] + "票";
                    } else {
                        String[] flightcode = new String[50];
                        int i = 0;
                        for (i = 0; i < 50; i++)
                            flightcode[i] = new String("null");
                        i = 0;
                        sql = "select flight from flightTick where start='"
                                + startplace + "' AND destination='" + endplace
                                + "'";
                        ResultSet rs2 = stmt.executeQuery(sql);
                        while (rs2.next()) {
                            flightcode[i] = rs2.getString(1);
                            i++;
                        }
                        stmt.close();
                        con.close();
                        i = 0;
                        while (!(flightcode[i].equals("null"))) {
                            if (!(flightcode[i].equals(string[4])))
                            {
                                isFull = seatinformation.isFull(flightcode[i],
                                        string[3]);//判断座位是否已满
                                if (!isFull) {
                                    otherchoice = otherchoice + flightcode[i];
                                }
                            }
                            i++;
                        }
                        if (!(otherchoice.equals(" ")))
                            return 2;
                        else
                            return 3;
                    }
                }
                if (flag == 0)
                    return 4;
            } catch (Exception ex) {
                ex.printStackTrace();
            }
        }
        return 0;
    }
    public int doubleflight() {//读取往返信息
        if (jbtflight1.getText().trim().length() == 0)
            return 1;
```

```
else {
        try {
                DataBaseManager DbBean = new DataBaseManager();
                Connection con = DbBean.getDb();
                Statement stmt = con.createStatement();
                ResultSet drs = stmt.executeQuery("select * from flightTick");
                while (drs.next()) {
                        if (drs.getString(1).trim().equals(string[11])) {
                                flag = 1;
                        }
                }
                if (flag == 1) {
                        String dstartplace = new String();
                        String dendplace = new String();
                        String sql = "select start,destination from flightTick where flight='"
                                        + string[11] + "'";
                        ResultSet drs1 = stmt.executeQuery(sql);
                        while (drs1.next()) {
                                dstartplace = drs1.getString(1).trim();
                                dendplace = drs1.getString(2).trim();
                        }
                        if (dstartplace.equals(endplace)
                                        && dendplace.equals(startplace)) {
                                if (isFull) {
                                        String[] dflightcode = new String[50];
                                        int i = 0;
                                        for (i = 0; i < 50; i++)
                                                dflightcode[i] = new String("null");
                                        i = 0;
                                        sql = "select flight from flightTick where start='"
                                                        + startplace + "' AND destination='"
                                                        + endplace + "'";
                                        ResultSet drs2 = stmt.executeQuery(sql);
                                        while (drs2.next()) {
                                                dflightcode[i] = drs2.getString(1);
                                                i++;
                                        }
                                        stmt.close();
                                        con.close();
                                        i = 0;
                                        while (!(dflightcode[i].equals("null"))) {
                                                if (!(dflightcode[i].equals(string[11])))
                                                        ;
                                                {
                                                        isFull = seatinformation.isFull(
                                                                        dflightcode[i], string[3]);
                                                        if (!isFull) {
                                                                dotherchoice = dotherchoice
                                                                                + dflightcode[i];
                                                        }
```

```
                        }
                        i++;
                    }
                    if (!(dotherchoice.equals(" ")))
                        return 2;
                    else
                        return 3;
                }
            } else
                return 5;
        }
        if (flag == 0)
            return 4;
    } catch (Exception ex) {
        ex.printStackTrace();
    }
  }
  return 0;
}

public int multipleflight() {//读取联程信息
    if (jbtflight2.getText().trim().length() == 0)
        return 1;
    else {
        try {
            DataBaseManager DbBean = new DataBaseManager();
            Connection con = DbBean.getDb();
            Statement stmt = con.createStatement();
            ResultSet mrs = stmt.executeQuery("select * from flightTick");
            while (mrs.next()) {
                if (mrs.getString(1).trim().equals(string[16])) {
                    flag = 1;
                }
            }
            string[11] = string[16];
            if (flag == 1) {
                String mstartplace = new String();
                String mendplace = new String();
                String sql = "select start,destination from flightTick where flight='"
                        + string[16] + "'";
                ResultSet mrs1 = stmt.executeQuery(sql);
                while (mrs1.next()) {
                    mstartplace = mrs1.getString(1).trim();
                    mendplace = mrs1.getString(2).trim();
                }
                if (mstartplace.equals(endplace)) {
                    if (isFull) {
                        String[] mflightcode = new String[50];
                        int i = 0;
                        for (i = 0; i < 50; i++)
```

```
                                        mflightcode[i] = new String("null");
                                i = 0;
                                sql = "select flight from flightTick where start='"
                                                + startplace + "' AND destination='"
                                                + endplace + "'";
                                ResultSet mrs2 = stmt.executeQuery(sql);
                                while (mrs2.next()) {
                                        mflightcode[i] = mrs2.getString(1);
                                        i++;
                                }
                                stmt.close();
                                con.close();
                                i = 0;
                                while (!(mflightcode[i].equals("null"))) {
                                        if (!(mflightcode[i].equals(string[16])))
                                                ;
                                        {
                                                isFull = seatinformation.isFull(
                                                                mflightcode[i], string[17]);
                                                if (!isFull) {
                                                        motherchoice = motherchoice
                                                                        + mflightcode[i];
                                                }
                                        }
                                        i++;
                                }
                                if (!(motherchoice.equals(" ")))
                                        return 2;
                                else
                                        return 3;
                        }
                } else
                        return 5;
        }
        if (flag == 0)
                return 4;
    } catch (Exception ex) {
        ex.printStackTrace();
    }
  }
  return 0;
}
//预定票日期不能小于当前日期
    private boolean isTimeValid(String year, String month, String day) {
        int y = Integer.parseInt(year);
        int m = Integer.parseInt(month);
        int d = Integer.parseInt(day);
        Calendar cal = Calendar.getInstance();
        cal.setTime(new java.util.Date());
        int py = cal.get(Calendar.YEAR);
```

```
        int pm = cal.get(Calendar.MONTH) + 1;
        int pd = cal.get(Calendar.DAY_OF_MONTH);
        if (y == py) {
            if (m < pm)
                return false;
            else if (d < pd)
                return false;
        }
        return true;
    }
}
```

在上面程序的定票处理中，程序首先调用每期航班座位信息类中提供的 isFull 方法来判断座位是否已满，并用 isTimeValid 方法来判断预定票日期不能小于当前日期，然后根据单程、返程、联程分别调用 singleflight()、doubleflight()、multipleflight()方法来判断用户预定的航班是否已经满座、当天其他航班也已无票可售或没有此次航班。

18.3.9　定票客户信息类

当用户在定票管理界面中选择定票类型（单程、往返、联程）后，输入相应的航班号，出发日期后，单击“机票预定”按钮后，弹出如图 18-18 所示的录入客户资料对话框，程序会根据用户录入的航班号自动从数据库取出航班信息显示在客户资料录入界面中，用户录入客户资料后，单击“提交”按钮后，弹出如图 18-19 所示的对话框，程序实现代码如清单 18-11 所示，完整代码请参考光盘中的 javaapp\src\com\javapp\ch18\ClientInfo.java 文件。

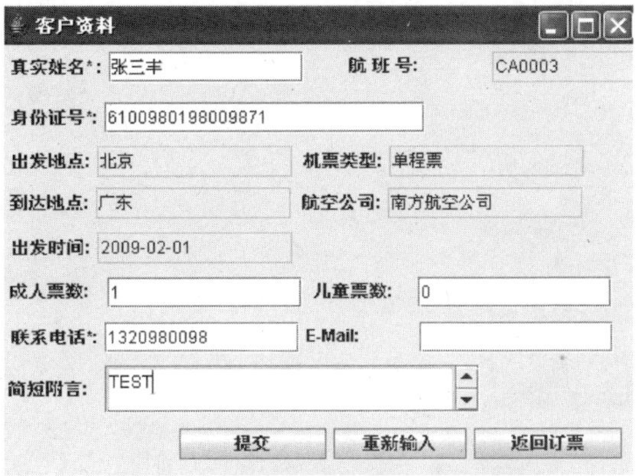

图 18-18　录入客户资料对话框

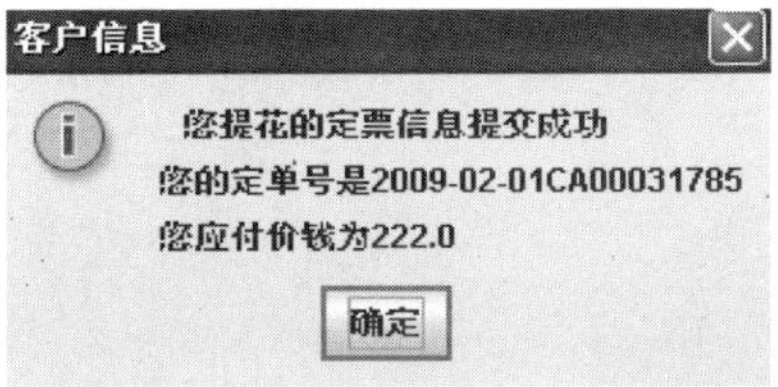

图 18-19　显示定票成功对话框

清单 18-11

```
package com.javapp.ch18;
…
/**
 * Description:定票客户信息类
 * @version 1.0,jdk1.6
*/
public class ClientInfo extends JFrame implements ActionListener {
	// 定义组件标识
	DataBaseManager DbBean = new DataBaseManager();
	private JLabel name = new JLabel("真实姓名* :");
	private JLabel id = new JLabel("身份证号*:");
	…
	public ClientInfo() {
		…
		initGUI();
	}
	public JPanel panel(String[] string) {
		this.string = string;
		jbtstart.setText(string[0]);
		jbtend.setText(string[1]);
		jbtstarttime.setText(string[2]);
		jbtairfirm.setText(string[6]);
		jbtflight.setText(string[4]);
		jbtstyle.setText(string[8]);
		// 单程
		if (string[5].equals("单程")) {
			…
		}
		// 往返
		else if (string[5].equals("往返")) {
			…
		}
		// 联程
		else if (string[5].equals("联程")) {
			string[9] = string[18];
			string[10] = string[17];
			string[11] = string[16];
		}
		jbtreturnflight.setText(string[11]);
		jbtreturntime.setText(string[9]);
		jbtreturntime.setPreferredSize(new java.awt.Dimension(104, 20));
		return p10;
	}
	int adultnumber = 0;
	int childnumber = 0;
	int ticketnumber = 0;
	public void actionPerformed(ActionEvent e) {
		int len1 = jbtname.getText().trim().length();
		int len2 = jbtid.getText().trim().length();
```

```
int len3 = jbtadultticketnumber.getText().trim().length();
int len4 = jbtchildticketnumber.getText().trim().length();
int len5 = jbttelephone.getText().trim().length();
float piaojia = 0;
if (e.getSource() == handin) {
        string[12] = jbtname.getText().trim();
        string[13] = jbtid.getText().trim();
        int i = 0;// 单程定票数量
        int j = 0;// 住返和联程定票数量
        if (len1 == 0 || len2 == 0 || len3 == 0 || len4 == 0 || len5 == 0) {
                String str = getstring(len1, len2, len3, len4, len5);
                JOptionPane.showMessageDialog(this, str, "错误信息！ ",
                                JOptionPane.ERROR_MESSAGE);
        } else {
                adultnumber = Integer.parseInt(jbtadultticketnumber.getText().trim());
                childnumber = Integer.parseInt(jbtchildticketnumber.getText()
                                .trim());
                string[14] = String.valueOf(adultnumber);
                string[15] = String.valueOf(childnumber);
                ticketnumber = adultnumber + childnumber;
                // //单程
                if (string[5].toString().trim().equals("单程")) {
                        i = seatinformation.dingPiao(string[4], string[3],
                                        ticketnumber);
                        if (i != -2) {
                                if (i == -1) {
                                        float adultfare = 0;
                                        float childfare = 0;
                                        try {
                                                Connection con = DbBean.getDb();
                                                Statement stmt = con.createStatement();
                                                ResultSet rs = stmt.executeQuery("select adultFare,childFare from
                                        flightTick where flight='"+ string[4] + "'");
                                                while (rs.next()) {
                                                        adultfare = rs.getFloat(1);
                                                        childfare = rs.getFloat(2);
                                                }
                                                rs.close();
                                                stmt.close();
                                                con.close();
                                        } catch (Exception ex) {
                                                ex.printStackTrace();
                                        }
                                        piaojia = adultnumber * adultfare + childnumber* childfare;
                                        String dingdan = string[3]
                                                        + string[4]+ String.valueOf((int) (2000 * Math.random()));
                                        string[16] = dingdan;
                                        string[21] = "" + piaojia;
                                        JOptionPane.showMessageDialog(this,
                                        " 您提花的定票信息提交成功\n 您的定单号是" + dingdan + "\n"
```

```
                                    + "您应付价钱为" + piaojia, "客户信息",
                                JOptionPane.INFORMATION_MESSAGE);
                        TickManager.clientFrame.setVisible(false);
                        TickManager.clientFrame.dispose();
                        TickManager.frame.setVisible(true);
                        saveClient(piaojia,dingdan);
                    } else {
                        JOptionPane.showMessageDialog(this, "非常抱歉！只有" + i
                                + "张航班票剩余\n 请您重新选择票数", "客户信息",
                                JOptionPane.INFORMATION_MESSAGE);
                        jbtadultticketnumber.setText(" ");
                        jbtchildticketnumber.setText(" ");
                    }
                } else {
                    JOptionPane.showMessageDialog(null, "对不起，今天没有这个航班",
                            "客户信息", JOptionPane.ERROR_MESSAGE);
                }
            }
            // 往返
            else
            {
                i = seatinformation.dingPiao(string[4], string[3],ticketnumber);
                j = seatinformation.dingPiao(string[11], string[10],ticketnumber);
                if (i == -2)
                    JOptionPane.showMessageDialog(null, "对不起，今天没有第一个航班",
                            "客户信息", JOptionPane.ERROR_MESSAGE);
                else if (j == -2)
                    JOptionPane.showMessageDialog(null, "对不起，今天没有第二个航班",
                            "客户信息", JOptionPane.ERROR_MESSAGE);
                else {
                    if (i == -1 && j == -1) {
                        float adultfare = 0;
                        float childfare = 0;
                        try {
                            Connection con = DbBean.getDb();
                            Statement stmt = con.createStatement();
                          ResultSet  rs  =  stmt.executeQuery("select  adultFare,childFare  from
                          flightTick where flight='"+ string[4] + "'");
                            while (rs.next()) {
                                adultfare = rs.getFloat(1);
                                childfare = rs.getFloat(2);
                            }
                            rs.close();
                            stmt.close();
                            con.close();
                        } catch (Exception ex) {
                        }
                        piaojia = adultnumber * adultfare + childnumber* childfare;
                        try {
                            Connection con = DbBean.getDb();
```

```
                Statement stmt = con.createStatement();
            ResultSet rs = stmt.executeQuery("select adultFare,childFare from
            flightTick where flight='"+ string[11] + "'");
                while (rs.next()) {
                    adultfare = rs.getFloat(1);
                    childfare = rs.getFloat(2);
                }
                rs.close();
                stmt.close();
                con.close();
            } catch (Exception ex) {
            }
            piaojia = piaojia + adultnumber * adultfare
                    + childnumber * childfare;
            String dingdan = string[3]
                    + string[4]
                    + String.valueOf((int) (100 * Math.random()));
            string[16] = dingdan;
            string[21] = "" + piaojia;
            JOptionPane.showMessageDialog(this,
                    "    恭喜！提交成功\n 你的定单号是" + dingdan + "\n"
                            + "你应付价钱为" + piaojia, "客户信息",
                    JOptionPane.INFORMATION_MESSAGE);
            saveClient(piaojia,dingdan);
            TickManager.clientFrame.setVisible(false);
            TickManager.clientFrame.dispose();
            TickManager.frame.setVisible(true);
        }
        else {
            if (i != -1) {
                JOptionPane.showMessageDialog(this, "非常抱歉！只有"
                + i + "张第一航班票剩余\n 请您重新选择票数", "客户信息",
                        JOptionPane.INFORMATION_MESSAGE);
                jbtadultticketnumber.setText(" ");
                jbtchildticketnumber.setText(" ");
            } else {
                if (j != -1) {
                    JOptionPane.showMessageDialog(this,
                        "非常抱歉！只有" + j
                        + "张返回航班票剩余\n 请您重新选择票数",
                            "客户信息",
                            JOptionPane.INFORMATION_MESSAGE);
                    jbtadultticketnumber.setText(" ");
                    jbtchildticketnumber.setText(" ");
                }
            }
        }
    }
  }
}
```

```
        }
        if (e.getSource() == rewrite) {
            jbtname.setText("");
            jbtid.setText("");
            jbtadultticketnumber.setText("");
            jbtchildticketnumber.setText("");
            jbttelephone.setText("");
            jbtemail.setText("");
            jbtps.setText("");
        }
        if (e.getSource() == return1) {
            TickManager.clientFrame.setVisible(false);
            TickManager.clientFrame.dispose();
            TickManager.frame.setVisible(true);
        }
    }
//保存客户定票信息
    public void saveClient(float piaojia,String dingdan) {
        Connection con = DbBean.getDb();
        String sql = "insert into ClientInfo(name,id,start,end,starttime,returntime,flight,telephone,email" +
                ",ps,returnflight,adultticketnumber,childticketnumber,airfirm,style,piaojia,po)" +
                " values(?,?,?,?,?,?,?,?,?,?,?,?,?,?,?,?,?)";
        try {
            java.sql.PreparedStatement pstmt = con.prepareStatement(sql);
            pstmt.setString(1, this.jbtname.getText());
            pstmt.setString(2, this.jbtid.getText());
            pstmt.setString(3, this.jbtstart.getText());
            pstmt.setString(4, this.jbtend.getText());
            pstmt.setString(5, this.jbtstarttime.getText());
            pstmt.setString(6, this.jbtreturntime.getText());
            pstmt.setString(7, this.jbtflight.getText());
            pstmt.setString(8, this.jbttelephone.getText());
            pstmt.setString(9, this.jbtemail.getText());
            pstmt.setString(10, this.jbtps.getText());
            pstmt.setString(11, this.jbtreturnflight.getText());
            pstmt.setInt(12, adultnumber);
            pstmt.setInt(13, childnumber);
            pstmt.setString(14, this.jbtairfirm.getText());
            pstmt.setString(15, this.jbtstyle.getText());
            pstmt.setDouble(16, piaojia);
            pstmt.setString(17,dingdan);
            pstmt.execute();
            con.commit();
            pstmt.close();
            con.close();
        } catch (java.sql.SQLException ex) {
            ex.printStackTrace();
        }
    }
    public String getstring(int i, int j, int r, int s, int l) {
```

```
        if (i == 0)
            return "姓名不能为空！";
        else if (j == 0)
            return "证件号不能为空！";
        else if (r == 0)
            return "成人票数不能为空！";
        else if (s == 0)
            return "儿童票数不能为空";
        else if (l == 0)
            return "电话号码不能为空";
        return "ERROR!";
    }
    private void initGUI() {
        try {
            getContentPane().add(p10, BorderLayout.CENTER);
            {
                this.setSize(581, 325);
            }
        } catch (Exception e) {
            e.printStackTrace();
        }
    }
}
```

在上面程序中，程序根据用户选择的定票类型（如单程、联程）动态改变录入界面的输入项，并调用每期航班座位信息类中提供的 dingPiao 方法来判断定票的合法性，用户得到的返回值为-1表示定票信息合法，然后产生定单编号和机票价格显示给用户，同时调用 saveClient 方法保存客户定票信息到 ClientInfo 表中。

18.3.10 退票管理类

在客户退票管理中，先输入定票客户的订单号和身份证号，然后查询客户的定票信息，如果系统中存在客户的定票信息则办理退票手续，同时更新数据库的票务信息。退票程序运行界面如图 18-20 所示，当用户输入的退票数大于定票时，程序提示对话框如图 18-21 所示，当用户输入正确的退票数后，退票成功提示界面如图 18-22 所示，程序实现代码如清单 18-12 所示，完整代码请参考光盘中的 javaapp\src\com\javapp\ch18\Refundticket.java 文件。

图 18-20 退票程序运行界面

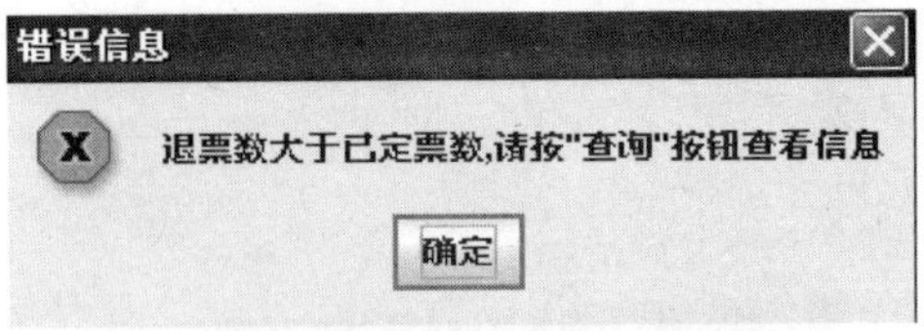

图 18-21 退票数大于定票运行界面

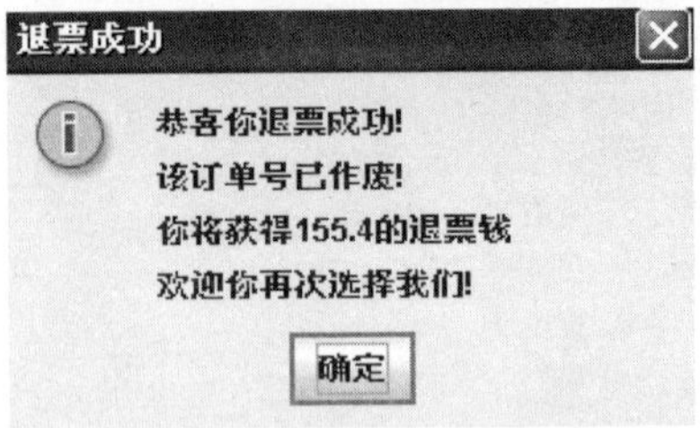

图 18-22 退票成功提示界面

清单 18-12

```
package com.javapp.ch18;
…
/**
 * Description:退票管理类
* @version 1.0,jdk1.6*/
public class Refundticket extends JFrame implements ActionListener {
        …
        public Refundticket() {
                File f = new File(".", "data");
                f.mkdir();
                file = new File(f, "ClientInfo.txt");
                …
        }
        public void actionPerformed(ActionEvent e) {
                if (e.getSource() == jbQuery)
                        query();
                else if (e.getSource() == jbRewrite)
                        rewrite();
                else if (e.getSource() == jbOK)
                        tuiPiao();
                else if (e.getSource() == jbCancel) {
                        this.setVisible(false);
                        this.dispose();
                }
        }
        private void query() {
                String dingdan = jtfDingDan.getText().trim();
                if (dingdan.length() == 0) {
                        JOptionPane.showMessageDialog(null, "订单号不能为空", "错误信息",
                                        JOptionPane.ERROR_MESSAGE);
                        return;
                }
```

```
String id = jtfID.getText().trim();
if (id.length() == 0) {
        JOptionPane.showMessageDialog(null, "身份证号不能为空", "错误信息",
                        JOptionPane.ERROR_MESSAGE);
        return;
}
boolean isValid = getClientInfo(dingdan, id);
if (isValid == false) {
        rewrite();
        return;
}
else {
        jtfName.setText(name);
        jtfChildNum.setText(childNum);
        jtfAdultNum.setText(adultNum);
        jtfOriginCost.setText(cost);
        jtfTuiPiaoCost.setText("退还 70%价钱");
        if (Integer.parseInt(childNum) == 0) {
                jtfChildTuiPiaoShu.setText("0");
                jtfChildTuiPiaoShu.setEditable(false);
        } else {
                jtfChildTuiPiaoShu.setEditable(true);
        }
        if (Integer.parseInt(adultNum) == 0) {
                jtfAdultTuiPiaoShu.setText("0");
                jtfAdultTuiPiaoShu.setEditable(false);
        } else {
                jtfAdultTuiPiaoShu.setEditable(true);
        }
        if (ticketType.equals("单程")) {
                jlTime1.setText("出发时间");
                jtfTime1.setText(leaveTime1);
                jlTime2.setVisible(false);
                jtfTime2.setVisible(false);
                jtfFlightInfo.setText("(单程机票)" + "航班号:" + flight1);
        }
        else if (ticketType.equals("往返")) {
                jlTime1.setText("出发时间");
                jtfTime1.setText(leaveTime1);
                jlTime2.setText("返回时间");
                jlTime2.setVisible(true);

                jtfTime2.setText(leaveTime2);
                jtfTime2.setVisible(true);
                jtfFlightInfo.setText("(往返机票) " + "  去: " + flight1 + "; 返: "+ flight2);
        }
        else if (ticketType.equals("联程")) {
                jlTime1.setText("第一出发时间");
                jtfTime1.setText(leaveTime1);
                jlTime2.setText("第二出发时间");
```

```
                    jlTime2.setVisible(true);
                    jtfTime2.setText(leaveTime2);
                    jtfTime2.setVisible(true);
                    jtfFlightInfo.setText("(联程机票) " + "航班 1: " + flight1 + "; 航班 2: "+ flight2);
                }
            }
    }
    private void rewrite() {
        jtfDingDan.setText("");
        jtfID.setText("");
        jtfName.setText("");
        jtfFlightInfo.setText("");
        jtfChildNum.setText("");
        jtfAdultNum.setText("");
        jtfOriginCost.setText("");
        jtfTuiPiaoCost.setText("");
        jtfTime1.setText("");
        jtfTime2.setText("");
        jtfChildTuiPiaoShu.setText("0");
        jtfAdultTuiPiaoShu.setText("0");
        jlTime1.setText("出发时间");
        jtfChildTuiPiaoShu.setEditable(true);
        jtfAdultTuiPiaoShu.setEditable(true);
        jlTime2.setVisible(false);
        jtfTime2.setVisible(false);
    }

    private void tuiPiao() {
        String dingdan = jtfDingDan.getText().trim();
        if (dingdan.length() == 0) {
            JOptionPane.showMessageDialog(null, "订单号不能为空", "错误信息",
                    JOptionPane.ERROR_MESSAGE);
            return;
        }
        String id = jtfID.getText().trim();
        if (id.length() == 0) {
            JOptionPane.showMessageDialog(null, "身份证号不能为空", "错误信息",
                    JOptionPane.ERROR_MESSAGE);
            return;
        }
        boolean isValid = getClientInfo(dingdan, id);
        if (isValid == false) {
            rewrite();
            return;
        }
        else {
            String childTuiPiaoShu = jtfChildTuiPiaoShu.getText().trim();
            String adultTuiPiaoShu = jtfAdultTuiPiaoShu.getText().trim();
            int cTuiPiaoShu = Integer.parseInt(childTuiPiaoShu);
            int aTuiPiaoShu = Integer.parseInt(adultTuiPiaoShu);
```

```
            if (cTuiPiaoShu == 0 && aTuiPiaoShu == 0) {
                JOptionPane.showMessageDialog(null, "请输入退票数", "错误信息",
                        JOptionPane.ERROR_MESSAGE);
                return;
            }
            if (cTuiPiaoShu != 0 && cTuiPiaoShu > Integer.parseInt(childNum)) {
            JOptionPane.showMessageDialog(null, "退票数大于已定票数,请按\"查询\"按钮查看信息",
                        "错误信息", JOptionPane.ERROR_MESSAGE);
                return;
            }
            if (aTuiPiaoShu != 0 && aTuiPiaoShu > Integer.parseInt(adultNum)) {
            JOptionPane.showMessageDialog(null, "退票数大于已定票数,请按\"查询\"按钮查看信息",
                        "错误信息", JOptionPane.ERROR_MESSAGE);
                return;
            }
            operationForTuiPiao(cTuiPiaoShu, aTuiPiaoShu);
        }

}

private void operationForTuiPiao(int childTuiPiaoShu, int adultTuiPiaoShu) {
        int newChildNum = Integer.parseInt(childNum) - childTuiPiaoShu;
        int newAdultNum = Integer.parseInt(adultNum) - adultTuiPiaoShu;
        float tuiPiaoCost = caculateTuiPiaoCost(childTuiPiaoShu,
                adultTuiPiaoShu);//计算退票钱
        float newCost = Float.parseFloat(cost) - tuiPiaoCost;
        try {
            String sqls = "update ClientInfo set adultticketnumber=?" +
                    ",childticketnumber=?, piaojia=?,po=? where id=? and po=? ";
            java.sql.Connection con = DbBean.getDb();
            java.sql.PreparedStatement pst = con.prepareStatement(sqls);
            pst.setInt(1, newAdultNum);
            pst.setInt(2, newChildNum);
            pst.setFloat(3, newCost);
            pst.setString(4, "");
            pst.setString(5, jtfID.getText().trim());
            pst.setString(6, jtfDingDan.getText().trim());
            pst.execute();
            con.commit();
            pst.close();
            con.close();
            int totalTuiPiaoShu = childTuiPiaoShu + adultTuiPiaoShu;
            seatInfo.tuiPiao(flight1, leaveTime1, totalTuiPiaoShu);
            if (flight2.length() != 0)
                seatInfo.tuiPiao(flight2, leaveTime2, totalTuiPiaoShu);
            if (newChildNum == 0 && newAdultNum == 0)
                JOptionPane.showMessageDialog(null, "恭喜你退票成功!" + "\n"
                        + "该订单号已作废!" + "\n" + "你将获得" + tuiPiaoCost + "的退票钱"
                        + "\n" + "欢迎你再次选择我们!", "退票成功",
                        JOptionPane.INFORMATION_MESSAGE);
```

```
            else
                JOptionPane.showMessageDialog(null, "恭喜你退票成功!" + "\n" + "你现在剩余"
                        + newChildNum + "张儿童票和" + newAdultNum + "张成人票" + "\n"
                        + "你将获得" + tuiPiaoCost + "的退票钱" + "\n" + "欢迎你再次选择我们!",
                        "退票成功", JOptionPane.INFORMATION_MESSAGE);
        } catch (Exception e) {
            e.printStackTrace();
        }
    }
//计算退票钱
    private float caculateTuiPiaoCost(int childTuiPiaoShu, int adultTuiPiaoShu) {
        float tuiPiaoCost = 0;
        try {
            String sqlString = "select childFare,adultFare from flightTick where flight='"+ flight1 + "'";
            ResultSet rs = DbBean.executeQuery(sqlString);
            float childFare1 = 0;
            float adultFare1 = 0;
            while (rs.next()) {
                childFare1 = rs.getFloat(1);
                adultFare1 = rs.getFloat(2);
            }
            float childFare2 = 0;
            float adultFare2 = 0;
            if (flight2.length() != 0) {
            String sqlString2 = "select childFare,adultFare from flightTick where flight='"+ flight2 + "'";
                ResultSet rs2 = DbBean.executeQuery(sqlString2);
                while (rs2.next()) {
                    childFare2 = rs2.getFloat(1);
                    adultFare2 = rs2.getFloat(2);
                }
            }
            if (flight2.length() == 0) {
                tuiPiaoCost = (childFare1 * childTuiPiaoShu + adultFare1* adultTuiPiaoShu)* (float) 0.7;
            } else {
                tuiPiaoCost = ((childFare1 + childFare2) * childTuiPiaoShu + (adultFare1 + adultFare2)
                        * adultTuiPiaoShu)* (float) 0.7;
            }
        } catch (Exception e) {
            e.printStackTrace();
        }
        return tuiPiaoCost;
    }
    private boolean getClientInfo(String dingdan, String id) {
        try {
            Connection con = DbBean.getDb();
            String sql = "select * from ClientInfo where id='" + id
                    + "' and po='" + dingdan + "'";
            java.sql.Statement st = con.createStatement();
            java.sql.ResultSet rs = st.executeQuery(sql);
            if (rs.next()) {
```

```
                    dingdanNum = dingdan;
                    name = rs.getString("name");
                    idNum = rs.getString("id");
                    flight1 = rs.getString("flight");
                    flight2 = rs.getString("returnflight");
                    ticketType = rs.getString("style");
                    leaveTime1 = rs.getString("starttime");
                    leaveTime2 = rs.getString("returntime");
                    childNum = rs.getString("childticketnumber");
                    adultNum = rs.getString("adultticketnumber");
                    cost = rs.getString("piaojia");
                    boolean isValid = canReturn(leaveTime1);
                    if (!isValid) {
                        JOptionPane.showMessageDialog(null, "该票已经过期!不能再退!", "错误信息",
                                JOptionPane.ERROR_MESSAGE);
                        return false;
                    }
                    String year = "";
                    String month = "";
                    String day = "";
                    if (Integer.parseInt(childNum) == 0
                            && Integer.parseInt(adultNum) == 0) {
                        JOptionPane.showMessageDialog(null, "该订单号已经无效!", "错误信息",
                                JOptionPane.ERROR_MESSAGE);
                        return false;
                    }
                }
                else {
                    JOptionPane.showMessageDialog(null, "订单号或身份证号不正确", "错误信息",
                            JOptionPane.ERROR_MESSAGE);
                    return false;
                }
                rs.close();
            } catch (Exception e) {
                e.printStackTrace();
            }
            return true;
        }
        private boolean canReturn(String time) {
            String year = time.substring(0, 4);
            String month = time.substring(5, 7);
            String day = time.substring(8, 10);
            int y = Integer.parseInt(year);
            int m = Integer.parseInt(month);
            int d = Integer.parseInt(day);
            // Get the present time
            Calendar cal = Calendar.getInstance();
            cal.setTime(new java.util.Date());
            int py = cal.get(Calendar.YEAR);
            int pm = cal.get(Calendar.MONTH) + 1;
```

```
            int pd = cal.get(Calendar.DAY_OF_MONTH);
            if (y == py) {
                  if (m < pm)
                        return false;
                  else if (d < pd)
                        return false;
            }
            return true;
      }
      private void initGUI() {
            try {
                  {
                        this.setSize(550, 330);
                  }
            } catch (Exception e) {
                  e.printStackTrace();
            }
      }
}
```

在上面程序中，根据输入的订单号和身份证号调用 getClientInfo 方法查询客户的定票信息，如果系统中存在客户的定票信息，则提取数据并显示在退票界面相应字段中，然后调用 operationForTuiPiao 方法办理退票手续，同时更新数据库的票务信息。在办理退票手续时，通过调用 caculateTuiPiaoCost 方法来计算退票钱。

18.3.11 查询客户已定票信息类

用于从定票客户信息 clientInfo 中查询客户已订票信息。程序运行界面如图 18-23 所示，程序实现代码如清单 18-13 所示，完整代码请参考光盘中的 javaapp\src\com\javapp\ch18\ FrameTable.java 文件。

图 18-23　查询客户已订票信息程序运行界面

清单 18-13

```
package com.javapp.ch18;
…
/**
 * @Description:查询客户已定票信息
*/
public class FrameTable extends JFrame {
      private boolean DEBUG = true;
      public FrameTable() {
```

```
        // 实现构造方法
        super("客户已定票信息查询"); // 首先调用父类 JFrame 的构造方法生成一个窗口
        MyTableModel myModel = new MyTableModel(); // myModel 存放表的数据
        JTable table = new JTable(myModel); // 表对象 table 的数据来源是 myModel 对象
        table.setPreferredScrollableViewportSize(new Dimension(400, 100));
        // 表的显示尺寸
        table.setAutoResizeMode(table.AUTO_RESIZE_OFF);// 设置自动横向滚动
        TableColumnModel md7 = (TableColumnModel) table.getColumnModel();
        md7.getColumn(0).setMinWidth(30);// 设置列的宽度
        md7.getColumn(1).setMaxWidth(150);
        md7.getColumn(2).setMaxWidth(60);
        JScrollPane scrollPane = new JScrollPane(table);// 产生一个带滚动条的面板
        table.setRowMargin(2);// 设置表线的宽度
        table.setRowHeight(20);// 设置行的高度
        getContentPane().add(scrollPane, BorderLayout.CENTER);
        // 将带滚动条的面板添加入窗口中
        addWindowListener(new WindowAdapter() {
            public void windowClosing(WindowEvent e)// 注册窗口监听器
            {
            }
        });
    }
    // 把要显示在表中的数据存入字符串数组和 Object 数组中
    class MyTableModel extends AbstractTableModel {
        // 表中第一行所要显示的内容存放在字符串数组 columnNames 中
        final String[] columnNames = { "姓名", "身份证", "出发地", "到达地  ", "出发时间", "联系电话","航班号
      ","航空公司","成人票数" };
        // 表中各行的内容保存在二维数组 data 中
        Object[][] data=null;
        {
        try {
            DataBaseManager DbBean = new DataBaseManager();
            Connection con = DbBean.getDb();
            String sql = "select * from ClientInfo ";
            java.sql.Statement st = con.createStatement();
            java.sql.ResultSet rs = st.executeQuery(sql);
            int rows=0;
            while(rs.next()) rows++;
            data=new Object[rows][9];
            rs = st.executeQuery(sql);
           int i=0;
            while (rs.next()) {
                data[i][0] = rs.getString("name");
                data[i][1]  = rs.getString("id");
                data[i][6]  = rs.getString("flight");
                data[i][2] =rs.getString("start");
                data[i][3]=rs.getString("end");
                data[i][4]=rs.getString("starttime");
                data[i][5]=rs.getString("telephone");
                data[i][7]=rs.getString("airfirm");
```

```
                data[i][8]=rs.getString("adultticketnumber");
            }
            rs.close();
            st.close();
            con.close();
            }catch(Exception ex){
                ex.printStackTrace();
            }
    }
```

// 下述方法是重写 AbstractTableModel 中的方法，其主要用途是被 JTable 对象调用，以便在表中正确的显示出来。程序员必须根据采用的数据类型加以恰当实现。

```
    // 获得列的数目
    public int getColumnCount() {
        return columnNames.length;
    }
    // 获得行的数目
    public int getRowCount() {
        return data.length;
    }
    // 获得某列的名字，而目前各列的名字保存在字符串数组 columnNames 中
    public String getColumnName(int col) {
        return columnNames[col];
    }
    // 获得某行某列的数据，而数据保存在对象数组 data 中
    public Object getValueAt(int row, int col) {
        return data[row][col];
    }
    // 判断每个单元格的类型
    public Class getColumnClass(int c) {
        return getValueAt(0, c).getClass();
    }
    // 将表声明为可编辑的
    public boolean isCellEditable(int row, int col) {
        if (col < 2) {
            return false;
        } else {
            return true;
        }
    }
    // 改变某个数据的值
    public void setValueAt(Object value, int row, int col) {
        if (DEBUG) {
            System.out.println("设置值在  " + row + ",     " + col + " to " + value
                    + " (an instance of " + value.getClass() + ")");
        }
        if (data[0][col] instanceof Integer && !(value instanceof Integer)) {
            try {
                data[row][col] = new Integer(value.toString());
                fireTableCellUpdated(row, col);
            } catch (NumberFormatException e) {
```

```
                    JOptionPane.showMessageDialog(FrameTable.this, "The \""
                            + getColumnName(col) + "\" 列只接受整型数据.");
                }
            } else {
                data[row][col] = value;
                fireTableCellUpdated(row, col);
            }
        }
    }
    public static void main(String[] args) {
        FrameTable frame = new FrameTable();
        frame.pack();
        frame.setVisible(true);
    }
}
```

在上面的 FrameTable 类中，通过自定义一个内部类 MyTableModel 来定义表数据，MyTableModel类继承AbstractTableModel类，并重写了AbstractTableModel类中的getColumnCount、getRowCount、getColumnName、getValueAt 等方法。

一个表通常由两部分构成，一部分为表头显示的标题数据，另一部分为每一行显示的数据。表头数据需要放在一个一维的字符串数组，例如在上面的程序中，定义表头的方法为：

```
final String[] columnNames = { "姓名", "身份证", "出发地", "到达地 ", "出发时间", "联系电话","航班号","航空公司","成人票数" };
```

而表中的行数据是一个任意类型的二维数组，例如在上面的程序中，定义表行数据的方法为：

```
Object[][] data=null;
```

18.4 本章小结

本章应用 Java 图形界面结合 JDBC 实现了一个简单的数据库管理系统。首先进行了系统需求分析和用例说明，然后对数据库业务实体层进行了设计。在本章最后，对系统进行了实现。